U0851392

高等教育新工科人才培养机械类系列教材

数字化设计制造技术及应用案例

易际明　袁景阳◎编著

中国铁道出版社有限公司
CHINA RAILWAY PUBLISHING HOUSE CO., LTD.

内 容 简 介

本书是普通高等院校数字化设计与制造(CAD/CAM)课程的教学用书。数字化设计制造技术是普通高等院校机械工程类专业的一门重要专业必修课程。全书共分8章,在论述数字化设计与制造技术的基本原理、关键技术和应用方法的基础上,结合 Siemens PLM 软件公司 UG NX 12 等软件,介绍了图形处理技术、三维建模技术、数字化装配技术、数字化仿真技术、数控加工编程、CAM 系统自动编程、产品数字化开发集成技术等。每章附有思考题,个别图片可扫码观看彩色效果,以便于教学和研讨。

本书适合作为普通高等院校机械工程类专业课教材,也可作为从事产品数字化开发工作的科研人员和数控加工技术人员的参考书。

图书在版编目(CIP)数据

数字化设计制造技术及应用案例/易际明,袁景阳编著．—北京:中国铁道出版社有限公司,2024.10
高等教育新工科人才培养机械类系列教材
ISBN 978-7-113-30810-0

Ⅰ.①数… Ⅱ.①易…②袁… Ⅲ.①数字技术-应用-机械设计-高等学校-教材②数字技术-应用-机械制造工艺-高等学校-教材
Ⅳ.①TH122②TH164

中国国家版本馆 CIP 数据核字(2024)第106549号

书　　名:数字化设计制造技术及应用案例
作　　者:易际明　袁景阳

策　　划:曾露平　　　　　　　　**编辑部电话:**(010)63551926
责任编辑:曾露平　包　宁
编辑助理:郭馨宇
封面设计:郑春鹏
责任校对:刘　畅
责任印制:赵星辰

出版发行:中国铁道出版社有限公司(100054,北京市西城区右安门西街8号)
网　　址:https://www.tdpress.com/51eds
印　　刷:河北宝昌佳彩印刷有限公司
版　　次:2024年10月第1版　2024年10月第1次印刷
开　　本:787 mm×1 092 mm 1/16　**印张:**20.5　**字数:**499千
书　　号:ISBN 978-7-113-30810-0
定　　价:55.00元

前　言

党的二十大报告强调,“坚持把发展经济的着力点放在实体经济上,推进新型工业化,加快建设制造强国、质量强国、航天强国、交通强国、网络强国、数字中国”,“推动制造业高端化、智能化、绿色化发展”。工业和信息化部等部门印发的《“十四五”智能制造发展规划》也指出,智能制造是制造强国建设的主攻方向,其发展程度直接关乎我国制造业质量水平。数字化设计制造(digital design and manufacturing)是指采用数字化方式,利用计算机软硬件及网络环境,以提高产品开发质量和效率为目标的相关设计制造方法和软件系统有机集成的产品开发技术,是实施智能制造的关键技术,该技术的发展和应用使传统的产品开发技术发生了深刻变化,对制造业生产模式和人才知识结构等产生了重大影响。目前,数字化设计制造技术被广泛应用于机械、电子、汽车、模具、航空航天、交通运输、工程建筑、军工等各个领域,它的研究与应用水平已成为衡量一个国家技术发展和工业现代化的重要标志之一。

毫无疑问,对于新时代的工程技术人员来说,学习和掌握数字化设计制造技术原理、方法及应用软件是十分重要的。及时、系统地反映数字化设计制造最新技术与典型软件应用方法,满足当前数字化设计制造技术教学、研究和技术应用的需求,是编写本书的基本出发点。基于高等教育培养高素质和创新型人才的要求,编者结合多年教学实践和产学研应用案例,编写了这部应用型特色教材。本书有以下特点:

(1)保持理论系统性。本书系统介绍了数字化设计制造技术的基本概念、理论和方法等。

(2)突出工程应用性。基于 UG NX 12 等软件平台,通过论述图形处理技术、三维建模技术、数字化装配技术、数字化仿真技术、数字化制造技术、产品数字开发集成技术等知识,并结合工程案例进行讲解,注重培养读者工程应用能力。

(3)提高创造性。通过新技术、新方法及工程案例,启发读者的创新思维,培养读者分析和解决工程实际问题的能力,提高读者从事技术研究和工程应用的创造性思维能力。

本书内容安排如下:

第 1 章数字化设计与制造概述,介绍了数字化设计制造的内涵与体系、数字化设计制造技术学科基础和发展趋势、数字化开发软件功能与特点。重点介绍了 UG NX 12 软件功能与基本操作。

第 2 章图形处理技术基础,介绍了计算机图形学的基本概念和基础知识,包括二维与三维图形变换技术,Bézier 曲线、B 样条曲线、NURBS 曲线以及 Bézier 曲面、B 样条曲面和 NURBS 曲面的构造方法。结合车身 A 级曲面设计与质量评价方法,帮助读者掌握复杂曲线模型和曲面模型设计的基本技能。

第 3 章三维建模技术,在分析点、线、面、体等基础几何元素构成和图形几何信息及拓扑信息处理的基础上，阐述了数字化设计之线框建模、表面建模、实体建模、特征建模以及参数化设计技术。结合产品设计实例，使读者初步掌握 UG NX 12 软件三维建模方法。

第 4 章数字化装配技术，论述了装配设计原理和方法，装配约束与 WAVE 技术，自底向上（bottom-up）和自顶向下（top-down）两种装配建模方法的特点、优势，以齿轮油泵设计为例介绍了 UG NX 12 装配建模操作。以二级齿轮减速器装配为例，分析了 bottom-up 和 top-down 两种装配建模方法的技术特点。

第 5 章数字化仿真技术，介绍了数字化仿真分析基本概念、弹性力学基础知识、有限元前处理与后处理的基本方法、运动仿真分析方法、虚拟样机技术。结合传动轴应力分析和液压挖掘机工作装置运动仿真分析，使读者初步掌握 UG NX CAE 的基本操作。以装载机工作装置参数优化设计为例，使读者基本了解虚拟样机技术及其应用。

第 6 章数控加工编程基础，介绍了数控编程基础知识、机床坐标系和工件坐标系、数控加工工艺基础、数控编程中的刀位点计算，给出了数控车编程、数控铣编程和数控语言自动编程实例，使读者初步掌握数控编程技术。

第 7 章 CAM 系统自动编程，介绍了 NX CAM 功能模块与基本操作；阐述了自动编程系统的刀位算法，重点讲解了二维轮廓数控编程、三坐标数控编程和多坐标数控编程技术。以叶轮五坐标数控编程为例，使读者初步掌握 NX CAM 数控编程技术。

第 8 章产品数字化开发集成技术，介绍了产品数据交换技术、产品全生命周期管理技术、三维数字化工艺设计与数字制造信息集成技术。

本书由厦门理工学院易际明、袁景阳编著。其中，第 1、3、6、7 章由易际明编著，第 2、4、5、8 章由袁景阳编著，易际明负责全书统稿。

在本书编著过程中，参考了作者近年来参与和承担的智能制造新模式应用项目等相关课题成果，同时参考了国内外专家和同行的大量论文、著作等文献资料。除所列主要参考文献之外，书中还参考了网络等媒体资料，由于有些资料来源无法考证，难以指明其准确出处，在此一并向所有文献作者表示衷心感谢！

厦门理工学院 2021 年度校级教育教学改革研究项目（项目编号 202109）为本书出版提供了资助，谨此致谢！

数字化设计制造技术内容十分丰富，技术日新月异，限于笔者水平，书中难免存在不妥之处，恳请读者批评指正。建议与意见请发至 2273832932@ qq. com。

2024 年 2 月

目　　录

第 1 章　数字化设计与制造概论

数字化设计与制造技术内涵十分广泛,从"大制造"的角度看,数字化设计与制造是一种广义概念,指将数字化技术应用于产品设计、制造以及管理等产品全生命周期中,以达到提高制造效率和质量、降低制造成本、快速响应市场所涉及的一系列活动的总称。数字化设计与制造简称数字化制造,一般包括数字化设计、数字化加工、数字化装配、数字化检测、数字化工厂及数字化管理等。数字化制造是实现智能制造的必由之路,只有完成数字化制造,才能真正走向智能制造。

1.1　数字化制造学科体系

1.1.1　基本概念

(1) 数字化设计。数字化设计偏重设计阶段的数字化与三维化,以产品设计为目的,利用数字化的产品建模、仿真、多学科综合优化、虚拟样机、信息集成及过程集成等技术和方法,完成产品的概念设计、工程与结构分析、性能优化、工艺设计与数控编程。数字化设计可以实现产品的优化设计、提高开发决策能力、加速产品开发过程、缩短研制周期、降低研制成本。

(2) 数字化制造。数字化制造偏重制造阶段的数字化与自动化,以实际产品为目的。广义的数字化制造是支持信息化或知识化的制造业技术,是同制造业相关的所有制造活动的数字化技术,既包含设计阶段的数字化设计,也包含制造阶段的数字化制造,还与销售、维护、保养等内容相关。狭义的数字化制造是将现代信息技术(如计算机技术、网络技术等)与制造科学技术在更深层次上结合而产生的交叉科学技术,如制造过程的建模与仿真、网络化制造、数字化装配、数控加工等。

(3) 智能制造。智能制造是人机一体的智能系统,智能设备可承担分析判断等传统中由人决定的任务,在制造过程中能够进行分析、推理、判断、构思和决策等智能程度较高的活动。通过人与智能机器的合作,扩大、延伸和部分取代技术专家在制造过程中的脑力劳动。智能制造将制造自动化延伸到柔性化、智能化和高度的集成化。在智能制造系统中,依然突出人在制造系统中的核心地位,在智能机器设备的配合下,可更好地发挥人的潜能。

(4) 数字化工厂。数字化工厂是由数字化模型、方法和工具构成的综合网络,包括仿真和三维虚拟现实可视化,通过连续的没有中断的数据管理集成在一起。数字化工厂集成了产品、过程和工厂模型数据库,通过先进的可视化、仿真和文档管理,提高产品的质量和生产过程所涉及的质量与动态性能。数字化工厂在计算机虚拟环境的支持下,对整个生产过程进行仿真、评估和优化,并进一步扩展到整个产品生命周期,其本质是实现信息集成。

(5) 智能工厂。智能工厂在数字化工厂的基础上扩展了物联网技术和监控技术,以加强信息管理,提高生产过程的可控性,减少人工干预,提高计划安排的自动化程度和合理性,构建高效、节能、环保、绿色的人性化工厂。智能工厂具备一定的自主能力，可对生产过程进行采集、分析、判断和规划；具备协调、重组及扩充特性，初步具备自我学习、自行维护能力，实现了工人与设备之间的相互协调合作。

1.1.2 学科体系

随着计算机技术、网络技术、数据库技术的成熟以及产品数据交换标准的不断完善，各种数字化开发技术呈现交叉、融合、集成的趋势，使得数字化制造的功能更完整、信息更畅通、效率更显著、使用更便捷。图 1-1 所示为产品数字化开发环境及其学科体系。

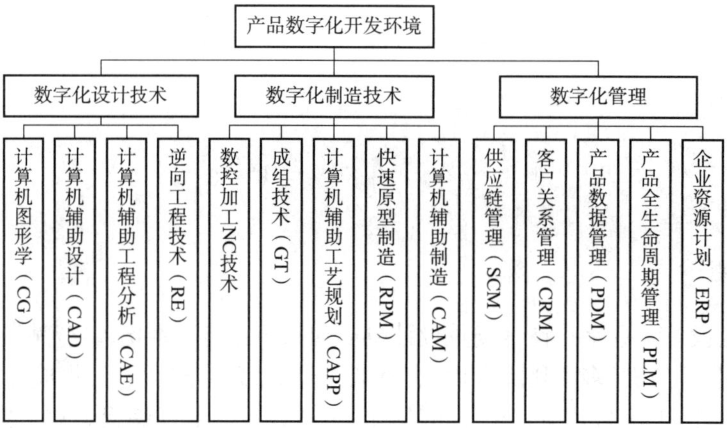

图 1-1　产品数字化开发环境及其学科体系

（1）计算机图形学（computer graphics，CG）是一种使用数学算法将二维或三维图形转化为计算机显示器的栅格形式的科学。计算机图形学主要研究如何在计算机中表示图形，以及利用计算机进行图形的计算、处理和显示的相关原理与算法。其研究内容包括图形硬件、图形标准、图形交互技术、光栅图形生成算法、曲线曲面造型、实体造型、真实感图形计算与现实算法、非真实感绘制，以及科学计算可视化、计算机动画、自然景物仿真、虚拟现实等。

（2）计算机辅助设计（computer aided design，CAD）是利用计算机及其图形设备帮助设计人员进行设计工作。在工程和产品设计中，计算机可以帮助设计人员担负计算、信息存储和制图等工作。在设计中通常要用计算机对不同方案进行大量的计算、分析和比较，以决定最优方案；各种设计信息，无论是数字的、文字的或图形的，都可以存放在计算机的内存或外存中，并能快速检索；设计人员通常用草图开始设计，将草图变为工作图的繁重工作可以交给计算机辅助完成；利用计算机可以进行与图形的编辑、放大、缩小、平移和旋转等有关的图形数据加工工作。

（3）计算机辅助工程分析（computer aided engineering，CAE）是应用计算机、工程软件、相关学科知识等，对产品（或系统）的性能（或功能）进行计算、分析、优化及仿真验证。目前，产品的设计和仿真分析技术已从静态、线性分析向动态、非线性过渡；从经验类比向最优设计过渡；从过程人工控制计算向过程自动控制计算过渡；从近似计算向精确计算过渡。在产品的整个生命周期中，从方案论证到工程设计、加工制造、试验验证，再到运行维护等各个阶段，工程计算、仿真分析技术的应用无处不在，发挥的作用越来越重要。

(4) 逆向工程技术(reverse engineering,RE)又称反向工程、反求工程等。它是对已存在的产品、零件(或部件)的原型或模型,运用先进的测试技术,对其进行三维扫描、数字化处理,并以数字化处理的结果为基础,对其进行分析和修改,最后通过先进的制造技术对其分析修改的结果进行生产制造。

(5) 计算机辅助工艺规划(computer aided process planning,CAPP)是通过向计算机输入被加工零件的原始数据、加工条件和加工要求,由计算机自动地进行编码、编程,直至最后输出经过优化的工艺规程卡片的过程。其内容主要有:毛坯的选择及毛坯图的生成、定位基准与夹紧方案的选择、加工方法的选择、加工顺序的安排、通用机床/刀具/夹具/量具等工艺装备的选择、工艺参数的计算、专用机床/刀具/夹具/量具等工艺装备设计方案的提出、工艺文件的输出等。

(6) 计算机辅助制造(computer aided manufacture,CAM)是指在机械制造业中,利用计算机通过各种数字控制机床和设备,自动完成离散产品的加工、装配、检测和包装等制造过程。其核心是将计算机应用于制造生产过程或系统,如根据 CAD 模型自动生成零件加工的数控代码,对加工过程进行动态模拟,对生产作业任务进行多级分解和资源分配,并对生产任务执行过程进行监控,对生产过程各类参数和质量数据进行采集和管理等。

(7) 产品数据管理(product data management,PDM)是一种用于管理所有与产品相关信息(包括零件信息、配置、文档、CAD 文件、结构、权限信息等)和所有与产品相关过程(包括过程定义和管理)的技术。通过实施 PDM,可以提高生产效率,有利于对产品的全生命周期进行管理,加强对文档、图纸、数据的高效利用,使工作流程规范化。PDM 制造过程数据文档管理系统能够有效组织企业生产工艺过程卡片、零件蓝图、三维数模、刀具清单、质量文件和数控程序等生产作业文档,实现车间无纸化生产。

(8) 产品全生命周期管理(product lifecycle management,PLM)是指从人们对产品的需求开始,到产品淘汰报废的全部生命历程。PLM 是一种先进的企业信息化思想,它让人们思考在激烈的市场竞争中,如何用最有效的方式和手段为企业增加收入和降低成本。PLM 是一个企业级的信息基础框架,它提供了产品单一的信息源和一致的信息管理机制,保证正确的人在正确的时间,以正确的格式访问到正确的信息。

(9) 企业资源计划(enterprise resource planning,ERP)是以企业运营管理经济指标的最优化为导向,以信息技术为手段,对企业所拥有的人、财、物、生产、销售、时间和空间等资源进行综合平衡和优化管理的一种技术。ERP 技术用以协调企业各生产管理部门,围绕市场导向开展业务活动,提高企业的核心竞争力,从而取得最好的经济效益。

1.2　数字化制造的科学技术基础

1. 制造科学基础

先进制造技术依赖于数学、物理、化学、材料科学、系统科学、计算机科学与技术等诸多理工学科及人文管理学科的基本理论和最新成果,这些科学改变着制造业的面貌,而制造业的发展又为这些科学提供新的工具,促进这些科学的进一步发展,两者相辅相成。

随着制造水平的发展和提高,制造已由经验、技艺、技术发展为科学,并由此奠定了制造工程发展的理论基础。制造科学已成为一门新型工程科学,并正在不断发展、完善。在此基础上,新的制造手段和加工方式不断涌现。以系统论、信息论和方法论为核心的系统科学及管理科学、人文科学等思想和方法融入制造过程的各环节,使人们对生产过程中的物质流、能量流和信息流有了更为完整和全面的认识;人工智能技术在制造领域中的广泛应用,正在形成智能制造,促进了由劳动密集型制造技术向信息密集型制造技术及知识密集型制造技术的转变。

制造系统通过计算机技术、信息技术、控制与自动化技术、系统管理技术的集成向智能化过渡,逐步实现自适应性和自组织性。计算机科学和电子科学的发展已渗入并融合到现代制造系统中,现代科学理论的系统论、信息论、控制论、智能理论与控制技术有机地融为一体,新的制造科学体系在多学科的交叉融合下形成。

制造科学从理论上确定制造系统的基本内涵和外延,研究的内容涉及制造哲理、制造策略、制造系统的体系结构、各种基础性的理论和方法等方面。在发达的工业国家,已将制造科学与信息科学、材料科学、生物科学一起列为当今时代四大支柱科学。

2. 计算几何基础

20 世纪 70 年代,理论计算几何作为独立的研究领域发展起来,初期解决的问题包括旅行商问题、最小生成树问题及线性规划等,近年来着重于处理点、线和超平面等几何实体在系统中的几何算法实现问题。

计算机辅助设计与制造、反求工程、测量、机器人路径规划、零件的寻位(如 localization)及三维现实空间(3-real space)中运用了大量的计算几何知识,尤其是几何表示、几何计算和几何推理。当前的研究表明,制造领域中的几何表示和推理有许多内在联系和共同点,集成化和相互渗透的倾向明显,形成了制造领域计算几何和几何推理的研究方向,以解决这些领域中与智能化有关的空间推理和计算机表示的理论等问题。

几何推理(geometric reasoning)又称空间推理,源自古代几何学的公理体系,其发展又与近代人工智能有关。自动几何推理的产生既是工程实际的需要,也是计算机广泛应用的结果。一方面,软件工程的成熟,保证了自动几何推理实现的可能性;另一方面,几何理论和有关的近代数学为几何推理提供了坚实的理论基础。为适应各种任务的需要,几何推理不仅具有在较高层次上定义几何信息和推理几何对象特性的能力,还具有将几何对象从一种表示转化成另一种表示的能力。

几何推理的理论和方法在制造领域有广阔的应用背景,如自适应夹具设计、物体操作(夹持、抓取和装配等)描述和机器人多指抓取规划、约束运动规划等。在面向装配的设计(DFA)中,为了得到最优的装配顺序,几何推理不仅是评价可装配性的有力手段,而且可用于对装配算法复杂性进行分析,达到降低装配成本及生产成本的目的。基于特征功能的 CAD 系统采用装配模型统一概念设计和详细设计,既能支持产品结构的功能描述,又能支持精确表示的造型设计,其概念设计将具有极强的智能分析和几何推理能力,是一个选择、综合和优化的设计过程。

3. 信息技术基础

数字化设计中的信息主要包括产品信息、加工信息及装配信息。产品信息主要包括产品的几何形状、尺寸、加工精度、材质、信息定义规范、定义流程等各种技术要求,反映了产品本身的属性。加工信息则是指为了实现某一加工过程或者加工工艺而需要的信息,包括加工工艺信息、设备选型信息、产品过程控制信息等。加工信息的有效利用与集成将大大提高产品生产的精度与质量。装配信息是指产品加工完成后,产品内部零件需要组装成为产品整体的过程信息。装配信息包括零部件装配基准信息、精度、装配关系、装配要求、工装资源、消耗件辅料等信息。

4. 智能计算基础

自 20 世纪 50 年代以来，人工智能技术得到长足的发展，并且成功地应用于数字化设计与制造领域。智能计算的初步表现形式是计算机符号推理技术，专家知识系统作为符号推理技术的代表，推动了人工智能计算技术从对人类的一般思维规律转向了对专家知识的研究。通过知识表示、获取、推理和知识应用，形成了知识工程。但是由于知识获取渠道较难，很多知识难以数字化表达，灵活性较低，所以专家知识系统的发展也受到了一定的限制。

近年来，智能计算逐渐从专家知识系统向计算智能技术发展。计算智能充分利用了计算机的处理技术，基于数值计算方法，在通用性、灵活性、信息传递性上有了新的突破。根据算法的发展，逐渐形成了优势明显的人工智能技术，目前较为成熟的计算智能算法包括蚁群算法、遗传算法、人工神经网络算法、模拟退火算法等，在数字化制造发展史上，起到了极大的推动作用。

5. 制造过程建模与仿真技术

为实现在制造阶段对制造过程的数字化管控，需要对制造过程进行建模与仿真。其根本目的是为制造服务，为工艺设计的效果提供评估、分析的方法和手段，以便更快、更好、更经济地完成工艺设计。产品设计完成之后，需要在工艺设计时对产品的制造过程进行设计，形成产品各部分的工艺流程，定义工艺路线、方法、设备和工艺参数。制造过程建模就是根据这些离散的工艺数据，形成能够反映制造过程行为和特性的过程模型，既能够完整表达工艺设计内容，又可直观地描述制造零件的动态过程。目前，产品制造过程建模研究主要集中在产品制造过程描述、产品制造过程规划和制造资源建模等方面。在完成建模后，还需要对制造过程进行仿真，大致包括以产品模型为中心的仿真、以制造系统为中心的仿真和以产品开发过程为中心的仿真。制造过程仿真将产品模型和制造系统模型结合起来，同时考虑控制策略、库存能力和负载等因素，具体又可分为面向进程的仿真方法和面向对象的仿真方法。

6. 数控加工技术

数控加工是在数控机床上进行零件加工的工艺方法。数控机床加工与传统机床加工的工艺过程总体一致，但也有明显变化。数控加工具有极强的自动性、灵活性和高效性。数控加工使用数字化信号对机床运动及加工过程进行控制。目前数控加工技术不仅适用于机加工设备，同样也适用于数控折弯、弯管、冲床等各类加工设备，并且在各类新型加工方法中出现。数控加工设备的基本原理是基于轮廓控制进行插补，不同厂家有不同的数控系统，目前典型的数控系统有 FANUC 系统、西门子系统、华中数控系统等。由于采用数控方法需要编制数控加工程序，所以数控程序编制是数控加工过程的一项重要内容，在程序编制过程中，需要考虑工艺参数、数控刀具、加工要求、切削用量和加工路线等因素。数控编程方法分为手工编程和自动编程，目前较多采用 CAD/CAM 系统自动编程。

7. 虚拟现实技术

虚拟现实技术是一种可以创建和体验虚拟世界的计算机仿真系统。利用它可以使计算机生成一个模拟环境，将三维动态场景和交互行为近乎真实地表现给用户。虚拟现实技术是许多相关学科领域交叉、集成的产物，是一门具有挑战性的前沿学科。其基础是仿真技术、计算机图形学、人机接口技术、多媒体技术、传感器技术等多种技术的融合。虚拟现实技术一般包括视觉感知、听觉感知、运动感知和触觉感知,甚至还可包括味觉和嗅觉感知。目前,虚拟现实技术在视频游戏、电影娱乐行业应用较多,且正在向制造业和智能制造方向扩展。一些大型企业广泛应用虚拟现实技术,提高开发效率,加强数据采集、分析和处理能力,减少决策失误,降低企业产品研发风险。典型虚拟现实技术的制造应用有虚拟制造、虚拟设计和虚拟装配等。

1.3 数字化制造发展历程与发展趋势

1.3.1 发展历程

从最复杂的飞机制造业来看,数字化制造技术发展分为三个阶段。

1. 初级 CAD 软件在飞机部件上的应用

第一个阶段是从 20 世纪 80 年代初到 90 年代初。在这个阶段,人们采用初级的三维数字化设计方法。特点就是把现有的产品、零件和结构件,用 CAD 工具进行建模、装配和分析,形成初级的以几何为中心的部件及数字模型。

这个阶段解决的问题是零件的几何定义及简单的装配协调。该阶段所用的计算机以大型计算机为主。由于图形处理的难度和计算量非常大,而当时的计算机能力非常薄弱,价值数百万美元的大型计算机,只能连接 3 ~ 5 个三维设计的图形终端完成三维零件建模及简单的计算分析,做简单的装配。由于计算机硬件和初级 CAD 软件的能力不足,更大规模的装配无法在计算机上完成。该阶段代表案例是达索公司设计的小型公务机,以及波音公司在波音 747/757/767 等飞机上所做大量设计、工艺、制造的三维数字化验证,还有建立基于三维设计的技术标准。

2. 全三维数字化整机设计

1990 年波音公司在波音 777 飞机的研制中,全面采用数字化技术,实现了三维数字化定义、三维数字化预装配和并行工程,取消了全尺寸实物样机,通过精确定义几何尺寸和形状,建立了全球第一个整机数字样机,使工程设计水平和飞机研制效率得到了巨大的提高。与波音历史上的同类双通道、200 座以上大型飞机 767 相比,设计更改和返工率减少了 50% 以上,装配时出现的问题减少了 50% ~ 80%,制造成本降低了 30% ~ 40%,产品开发周期缩短了 40% ~ 60%。在此过程中还获得了大量经验与教训,制定了一系列有关数字化设计与制造的规范、手册、说明等技术文件,基本建立起数字化设计与制造技术体系。

作为数字化设计与制造的典范,其技术手段主要包括以下几部分。

(1) 100% 的数字化定义。选用 CATIA 系统进行零件三维建模具有一些突出的优点,例如,可以建立飞机零件的三维实体模型,可方便地在计算机上进行装配以检查零件的干涉和配合不协调情况,可准确地进行质量、平衡和应力的分析等。零件几何的可视化便于设计且方便制造人员从美学方面理解零件的构造,从实体模型提取截面轮廓,便于数控加工的程序设计。产品的三维分解图也很容易建立,利用 CAD 数据还可方便地生成技术出版资料。

所有零件的三维数字模型是唯一的权威性数据集,可供用户所有后续环节使用。用户评审的唯一依据也是这套数据集,而不再是图纸。每个零件的数据包含三维模型和必要的二维模型,数控加工件还包括三维的线框和表面模型数据。

(2) 100% 三维实体模型数字化预装配。数字化预装配是在计算机上进行零件造型和装配的过程,达到零件加工前就能进行配合检查的目的。在波音 777 飞机的研制中,采用数字化预装配取消了主要的实物样机,修正了两千余处设计干涉问题。数字化预装配的成功依赖于零件设计信息共享,数字化预装配的使用降低了由于工程错误和返工带来的设计更改成本。

数字化预装配还支持如干涉检查、工程分析、材料选用、工艺计划、工装设计以及用户支持等相关设计,及早把反馈信息提供给设计人员。数字化预装配还可以用于进行结构与系统布局、管路安装、导线走向等设计集成,以及论证零件的可安装性和可拆卸性。

(3) 并行方式产品定义。并行产品定义是一个系统工程方法,包括产品各部分的同时设计和综合,以及有关工程、制造和支持等相关性协调的处理。为了在波音 777 飞机的研制中全面实施并行工程,波音公司从组织机制上进行了改革,建立了 238 个设计建造团队(DBT)。开发人员一开始就能考虑到全生命周期的所有环节,从项目规划到产品交付的有关质量、成本、周期和用户要求等。硬件方面,该项目采用了 8 台大型计算机和 3 200 台 UNIX 三维 CAD 工作站,另外还有两万台个人计算机。软件方面,采用了 800 个设计、分析、仿真和工艺软件,并形成了 14 类不同的物料明细表(BOM),形成巨大的设计数据,工业大数据的应用是从波音 777 飞机的研制开始的。波音 777 飞机新开发技术与传统技术的比较情况见表 1-1。

表 1-1　波音 777 飞机新开发技术与传统技术的比较

工作	新技术	传统技术
工程设计	在 CATIA 上设计和发放所有零件 在数字化预装配中定义管路、线路和机舱预装配数字飞机 在数字化预装配中解决干涉问题 在 CATIA 上生成生产工艺分解图	聚酯薄膜图(图模合一)实物模型 实物模型 在实际飞机生产中 利用实物模型
工程分析	在 CATIA 上完成分析 在零件设计发放前完成载荷分析	聚酯薄膜图 在有效日期内完成
制造计划	与设计员并行工作 定义工程零件结构树 在 CATIA 上建立图解工艺计划 软件工具检查特征,辅助设计改型	顺序工作 部分零件 绘制工程图 未做
工装设计	与设计员并行工作 在 CATIA 上设计和发放所有工装 在 CATIA 上解决工装干涉问题 保证零件和工装完全协调	顺序工作 聚酯薄膜图 工装制造中解决 工装安装中解决
数控编程	与设计员并行工作 在 CATIA 上生成和验证 NC 走刀路径	顺序工作 用其他系统
用户支持	与设计员并行工作 在 CATIA 上设计和发放所有地面设备 利用工程数字化数据出版技术文件 数字化预装配保证零件和地面设备的协调	顺序工作 聚酯薄膜图 图解法 零件和工装制造中解决
协调	设计、计划、工装和其他人员都在同一综合设计队进行	分开在不同组织中

3. 打通设计与制造

由于波音 777 飞机的设计在数据管理上主要是采用传统的文件管理系统,因此造成了前后数据不一致。这带来了很多后续问题，最主要的问题有以下两个：

一是几万台个人计算机的数据不一致问题。以前传统的研制方法都少不了蓝图、工艺卡片、各类表格及技术文档，这些纸质的技术文档关联性很差，完全不能够协同和相互转换。靠人力协同则非常困难，因为每天几万人在各自的计算机上生成大量的工作数据，很多数据是无法关联的。

二是在三维模型上，无法表达零部件的制造工艺和检测数据。尽管人们在三维空间设计了零件，装配后的组件/部件形成了结构数字样机，再经过大量的分析、协调、工艺检测，最后形成了完整的结构数字样机。因为模型中的信息不足以指导制造，后续加工不能顺利使用样机进行生产。因此，人们不得不把用 CAD 生成的三维数字模型，重新制作成二维的工程图样。而复杂的工程图样尤其是大部件的装配图，非常难以生成，最终形成的纸质图样送到生产工厂后，技术人员也难以理解复杂的装配图，有时会因为一个小错误而造成一连串的错上加错。于是，波音公司考虑能否不用转换为二维图样，而是持续用三维模型，直接指导工艺和制造。

波音 777 飞机项目组重点针对上述两个关键问题，给出了解决方案。第一个解决方案就是在 1994 年，波音公司启动了“飞机定义与构型/制造资源管理(DCAC/MRM)”项目，对波音 PDM 项目进行了严格的定义，在组织实施两期 DCAC/MRM 项目中，投资超过 10 亿美元。

第二个解决方案就是波音推动了三维产品标准的制定。1996 年波音公司联合 16 家制造业公司，推动美国机械工程师协会(ASME)制定基于三维模型的制造标准，即基于模型的定义(model based definition，MBD)标准。该标准要求在三维模型上表达零件工艺数据、材料数据等，包含其形状、工艺数据、制造质量及检测的数据。这样一来，三维模型就能够完整地表达某个零件的全部数据，包括通过装配和工艺检测到的各类数据，这就意味着传统的二维图样可以舍弃了。第二个解决方案在波音 787-9 飞机的研制中得到了较好的体现，真正实现了基于数字化的设计和制造。

制造业因为波音 787-9 飞机进入了数字化制造的第三个阶段。这个阶段取消了蓝图、工艺卡片、各类表格和纸质的技术文档，这些材料的取消也意味着产品的全数字化。在产品和工艺开发阶段创建的模型和数据，可以直接在整个产品生命周期的各个阶段使用，给用户和维护人员提供不断向下游传递的三维模型和数据。

1.3.2 发展趋势

1. 基于模型的定义

长期以来国内外的研究机构都在探索一种自然、便于理解、准确高效的产品设计制造等信息表达方法，以支持产品设计、工艺设计、加工装配和维修等产品全生命周期各个阶段数据的定义和传递，MBD 的出现为解决这一难题提供了一种有效的途径。MBD 技术将产品的所有相关设计定义、工艺描述属性和管理等信息，都附着在产品的三维模型中。以波音空客为代表的飞机制造企业，在基于 MBD 的数字化制造应用方面取得了巨大的成功。在开发 787 客机的过程中，波音公司摒弃二维工程图，建立了三维数字化设计与制造一体化集成应用体系，直接以三维模型为制造依据，实现了产品设计、工艺设计、工装设计、零件加工装配与检测的高度信息集成及并行协同，开创了飞机三维数字化设计与制造崭新模式，从而大幅提高了产品研制能力。随着 MBD 技术的发展及其在国内外军工行业的应用，产品设计与制造流程发生了重大变革。传统的以数字量为主、以模拟量为辅的协调工作方法，开始被全数字量传递的协调工作法代替。三维数模取代二维工程图纸成为产品研制的唯一制造依据，消除了产品研制中模拟量传递所带来的形状和尺寸的传递误差，也避免了传统的三维设计模型→二维纸质图纸→三维工艺模型研制过程中信息传递链的断裂。这样既提高了研制效率，又保证了研制质量。

MBD 技术将改变产品研发设计模式，从传统的以经验为主的设计模式向基于建模和仿真的科学设计模式转变。基于 MBD 的产品研制关键技术，包括基于三维数模的产品定义、基于三维模型的工程分析优化、基于三维模型的数字化工艺设计、基于仿真的三维工艺验证与优化、三维工艺信息的集成应用、基于三维模型的数字化检测技术等。通过 MBD 技术提高产品开发决策能力和水平，提高产品研发效率、保障产品研发质量。

2. 集成设计制造

现代数字化设计技术中，单一的系统研究已经逐渐被淘汰，产品全生命周期信息集成化日益成为数字化设计的发展趋势。集成化不局限于计算机运用技术的集成，更强调多种技术、资源管理、工艺信息的集成。在数字化设计与制造应用过程中，利用产品数据管理技术实现并行工程，可以极大地提高产品开发的效率和质量。企业通过 PDM 可以进行产品功能配置，利用系列件、标准件、借用件、外购件以减少重复设计，在 PDM 环境下进行产品设计和制造，实现产品无图纸设计和全数字化制造。网络化制造是数字化制造信息集成发展的一个鲜明的示例，通过物联网技术，可实现整个企业产品全生命周期数据的集成；通过管理模式的改革，可建立管理信息企业动态联盟，实现优势互补、资源信息集成共享。

3. 真正实现并行和协同

通过 MBD/MBI（model based instruction，基于模型的作业指导书）技术的应用，提供了一种自然、准确、高效的方法实现产品结构设计、工艺设计与制造间的数据传递和信息集成，解决了并行工程的核心难点，为真正并行协同的实现奠定了基础。同时通过产品、工艺过程和生产资源的建模仿真及集成优化，提高了多学科设计制造的协同性和并行性。如现代飞机研制方法的核心是从原有的基于物理（实物）样机的串行方式演变成基于数字样机的并行方式，MBD/MBI 技术改变了传统的飞机串行制造模式，实现了产品设计、工艺设计、工装设计的并行工程，从而降低产品研制风险、缩短产品研制周期，减少开发成本。

4. 虚拟化

虚拟设计和虚拟制造技术以仿真技术为前提，形成虚拟的环境、虚拟的设计与制造过程、虚拟的产品、虚拟的企业，从而大大缩短产品开发周期，提高产品设计开发的一次成功率。在网络技术高速发展的背景下，企业可通过国际互联网、局域网和内部网，组建动态联盟企业，进行异地设计、异地制造，然后在最接近用户的生产基地制造成产品；以提高对市场快速反应能力为目标的制造技术将得到超速发展和应用。瞬息万变的市场促使交货期成为诸多竞争力因素中的首要因素，为此，许多与此有关的新观念、新技术在 21 世纪得到迅速发展和应用，其中代表性的有并行工程技术、模块化设计技术、快速原型成形技术、快速资源重组技术、大规模远程定制技术、客户化生产方式等。

先进的制造工艺、智能化软件和柔性的自动化设备、柔性的发展战略构成未来企业竞争的软件和硬件资源；个性化需求和不确定的市场环境，要求规避设备资源沉淀造成的成本升高风险。制造资源的柔性和可重构性将成为 21 世纪企业装备的显著特点。将数字化技术用于制造过程,可大大提高制造过程的柔性和加工过程的集成性,从而提高产品生产过程的质量和效率,增强工业产品的市场竞争力。

5. 数字化工厂

数字化制造技术主要用于实现产品的设计、工艺、制造过程及其管理的数字化,而企业的立足与发展还需要市场、销售、财务、采购等部门的支持,所以制造系统的数字化必然向这些部门扩展、延伸和融合。如企业资源计划(ERP)是以实现企业产、供、销、人、财、物的管理为目标;供应链管理(SCM)用于实现企业内部与上游企业之间的物流管理;客户关系管理(CRM)可以帮助企业建立、挖掘和改善与客户之间的关系。上述各类信息技术的集成,可整合企业的管理,建立从企业的供应决策到企业内部技术、工艺、制造和管理部门,再到用户的信息集成,实现企业与外界的信息流、物质流和资金流的顺畅传递,从而有效地提高企业的市场反应速度和产品开发速度,确保企业在竞争中取得优势。

6. 智能制造

智能制造以数字化实现为前提,没有数字化的实现就没有智能制造的实现。制造过程数字化是制造过程数字信息的总集成,是在计算机虚拟环境中,对整个产品研发及其生产过程进行数字化仿真、评估和优化的过程,并进一步扩展到整个产品生命周期,是沟通产品设计、制造、管理和服务之间的桥梁。智能制造是在数字化实现基础上的升级,是制造过程中进行的智能活动,实现感知、学习、分析、推理、判断、构思和决策等。产品全生命周期管理的数字化、企业数字化架构、企业数字化的技术路线和实现路径、数字化产品的智能设计与协同研发、数字化制造以及基于数字化的服务与管理等,为智能制造打下坚实基础。

数字化是智能制造的基础和前提,数字化企业平台是实现智能制造的重要支撑。智能制造是工业4.0的重要标志,没有数字化,产品制造信息无法在网络化的世界里流转,智能制造将会像无源之水,也无从落地,工业4.0更无从谈起,因此工业4.0将是数字化、网络化与智能化的融合,首先便是数字化,其次网络化,最终智能化。

1.4 UG NX 软件介绍

UG(unigraphics)NX起源于美国麦道公司,2007年5月被SIEMENS收购,是Siemens PLM Software公司数字化开发解决方案,它为用户提供了一个基于过程的产品设计环境,使产品开发从设计到加工真正实现了数据的无缝集成,从而优化了企业的产品设计与制造。UG NX面向过程驱动是虚拟产品开发的关键技术,在面向过程驱动技术的环境中,用户的全部产品以及精确的数据模型能够在产品开发全过程的各个环节保持相关,从而有效地实现了并行工程。

UG NX是计算机辅助设计、分析和制造集成软件,不仅具有强大的实体建模、曲面建模、虚拟装配和生成工程图等设计功能,而且在设计过程中可进行有限元分析、机构运动分析、动力学分析和仿真模拟,提高设计的可靠性。同时,可用建立的三维模型直接生成数控代码,用于产品的加工,其后处理程序支持多种类型数控机床。它所提供的二次开发语言UG/Open GRIP和UG/Open API简单易学,功能强大,使企业能够通过数字化产品开发系统,实现产品全生命周期管理的目标。

UG NX 面世以来,在航空航天、汽车、通用机械、工业设备、医疗器械以及其他高科技应用领域得到了广泛应用。UG NX 主要客户包括通用汽车、通用电气、福特、波音公司、劳斯莱斯、普惠发动机、日产、克莱斯勒等。几乎所有飞机发动机和大部分汽车发动机都采用 UG NX 进行设计,充分体现了 UG NX 在高端工程领域的强大实力。

1.4.1　UG NX 用户界面

启动 NX 12 后首先出现欢迎界面,然后进入 NX 12 操作界面,如图 1-2 所示。

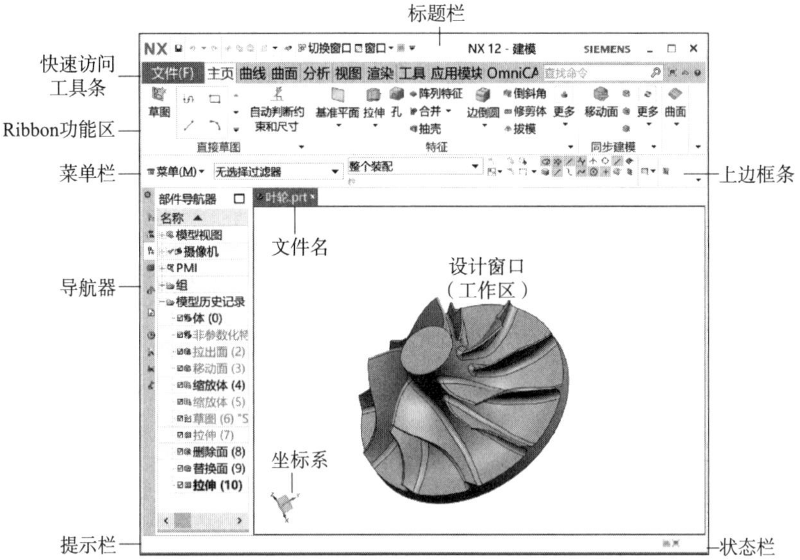

图 1-2　NX 12 用户操作界面

NX 12 操作界面友好,符合 Windows 风格。基本界面主要由标题栏、菜单栏、图形区、提示栏、状态栏、Ribbon 功能区、坐标系和导航器等部分组成。

1. 标题栏

标题栏位于 NX 12 用户界面的最上方,它显示软件的名称和当前部件文件的名称。如果对部件文件进行了修改,但没有保存,在名称后还会显示“(修改的)”提示信息。

2. 菜单栏

菜单栏包括了该软件的主要功能,系统所有的命令和设置选项都归属于不同的菜单下,分别为文件、编辑、视图、插入、格式、工具、装配、信息、分析、首选项、窗口和帮助菜单。

3. 图形区

图形区是用户进行 3D、2D 设计的图形创建、编辑区域。

4. 提示栏

提示栏主要用于提示用户如何操作,是用户与计算机信息交互的主要窗口之一。在执行每个命令时,系统都会在提示栏中显示用户必须执行的动作,或者提示用户的下一个动作。

5. 状态栏

状态栏位于提示栏的右侧,显示有关当前选项的消息或最近完成的功能信息,这些信息不需要回应。

6. Ribbon 功能区

Ribbon 功能区是新的 Microsoft Office Fluent 用户界面(UI)的一部分。功能区包含一些用于创建、编辑和导出仪表板及其元素的上下文工具,是一个收藏了命令按钮和图示的面板。它把命令组织成一组“标签”,每一组包含了相关的命令。每个应用程序都有一个不同的标签组,展示了程序所提供的功能。在每个标签中,各种相关的选项被组织在一起。Ribbon 功能区拥有一个汇集基本要素并直观呈现这些要素的控制中心,如图 1-3 所示。

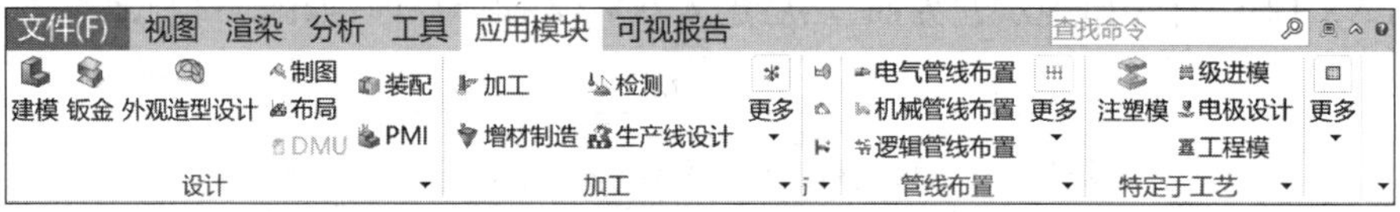

图 1-3　Ribbon 功能区

Ribbon 功能区由三个基本部分组成。

(1) 选项卡:在功能区顶部,每一个选项卡都代表在特定程序中执行的一组核心任务。

(2) 组:显示在选项卡上,是相关命令的集合。组将用户需要执行某种类型任务的一组命令直观地汇集在一起,更加方便使用。

(3) 命令:按组排列,命令可以是按钮。

7. 坐标系

在 NX 12 的窗口左下角新增了绝对坐标系图标。在绘图区中央有一个坐标系图标,该坐标系称为工作坐标系 WCS,它反映了当前所使用的坐标系形式和坐标方向。

8. 导航器

导航器用于浏览编辑创建的草图、基准平面、特征和历史记录等。在默认的情况下,导航器位于窗口的左侧。通过选择导航器上的图标可以调用装配导航器、部件导航器、工序导航器、Internet、帮助和历史记录等。

1.4.2　UG NX 功能模块

UG NX 利用不同的功能模块实现不同的用途。下面简要介绍常用功能模块。

1. UG/Gateway

UG/Gateway 模块是 UG 的基本模块,是所有 UG NX 应用的必要基础,是用户打开 UG NX 进入的第一个应用模块,如图 1-4 所示。每个应用模块都以 Gateway 环境为基础,它们之间既有联系又相互独立。该模块为 UG NX 的其他模块运行提供了底层统一的数据库支持和一个图形交互环境,支持打开已保存的部件文件、建立新的部件文件、绘制工程图以及输入/输出不同格式的文件等操作,也提供图层控制、视图定义和屏幕布局、表达式和特征查询、对象信息和分析、显示控制和隐藏/再现对象等操作。

2. CAD 模块

UG NX 包括了功能强大、应用广泛的设计模块,具有高性能的机械设计、工程图设计和工业产品造型设计功能,可迅速创建和改进复杂产品的形状,并能使用渲染和可视化工具满足设计概念的审美要求。CAD 模块常用功能如下:

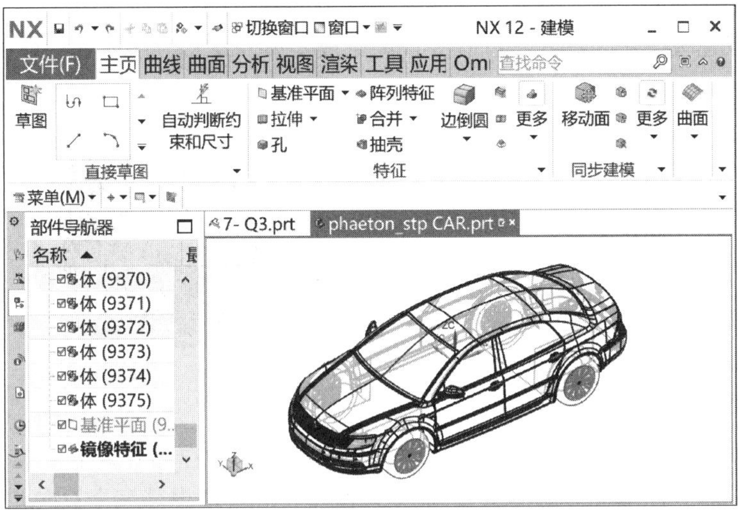

图 1-4　NX 12 Gateway 环境

(1) 实体建模。实体建模定义一些基本体素,通过基本体素的集合运算或变形操作生成复杂形体;也可以建立二维和三维线框模型,通过扫描和旋转形成实体,并可对实体进行布尔运算和参数化编辑。由于实体建模能够定义三维物体的内部结构形状,因此能完整描述物体的所有几何信息和拓扑信息,包括物体的体、面、边和顶点的信息。

(2) 特征建模。特征是一种综合概念,它作为“产品开发过程中各种信息的载体”,除了包含零件的几何拓扑信息外,还包含了设计制造等过程需要的一些非几何信息,如材料信息、尺寸、形状公差信息、热处理及表面粗糙度信息和刀具信息等。因此特征建模包含丰富的工程语义,是在更高层次上对几何形体上的凹腔、孔、槽等的集成描述。图 1-5 所示为机座零件设计,是实体建模与特征建模相结合的设计过程。

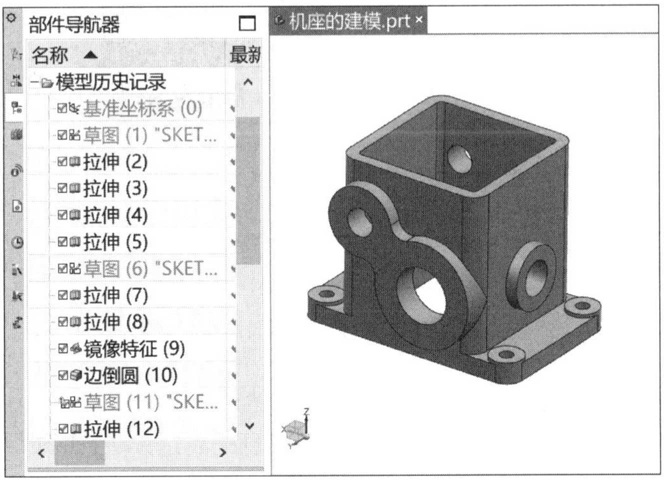

图 1-5　特征建模

（3）自由形状建模。图 1-6 所示为鼠标零件，表面形状复杂，常规建模方法难以创建，可以采用自由形状建模方法，既能生成曲面，也能生成实体。定义自由形状特征可以采用点、线、片体或实体的边界和表面。

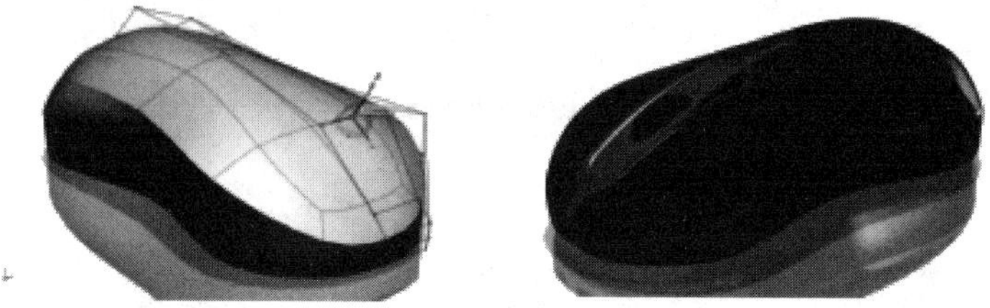

图 1-6　鼠标自由形状建模

（4）装配设计。装配设计提供了自顶向下和自底向上的产品开发方法，其生成的装配模型中零件数据是对零件本身的链接映像，保证装配模型和零件设计完全双向相关，并改进了软件操作性能，减少对存储空间的需求。零件设计修改后装配模型中的零件会自动更新，同时可在装配环境下直接修改零件设计。装配建模的主模型可以在总装配的上下文中设计和编辑，组件以接触对齐、同心和距离等方式被灵活地配对或定位。图 1-7 所示为齿轮油泵装配树与装配模型。

图 1-7　齿轮油泵装配树与装配模型

（5）MBD 是一个用集成的三维实体模型完整表达产品定义信息的方法体，它详细规定了三维实体模型中产品尺寸、公差的标注规则和工艺信息的表达方法，如图 1-8 所示。

（6）PMI（product and manufacturing information，产品制造信息）是一种三维标注技术，可以在三维模型上添加标注和说明信息，方便工业设计师、制造工程师、制造商等领域的人员协同工作。二级减速器的三维标准示例如图 1-9 所示。

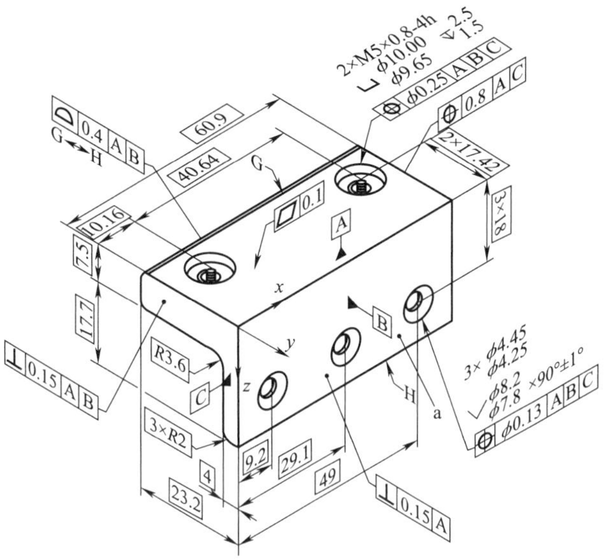

图 1-8　基于模型的定义

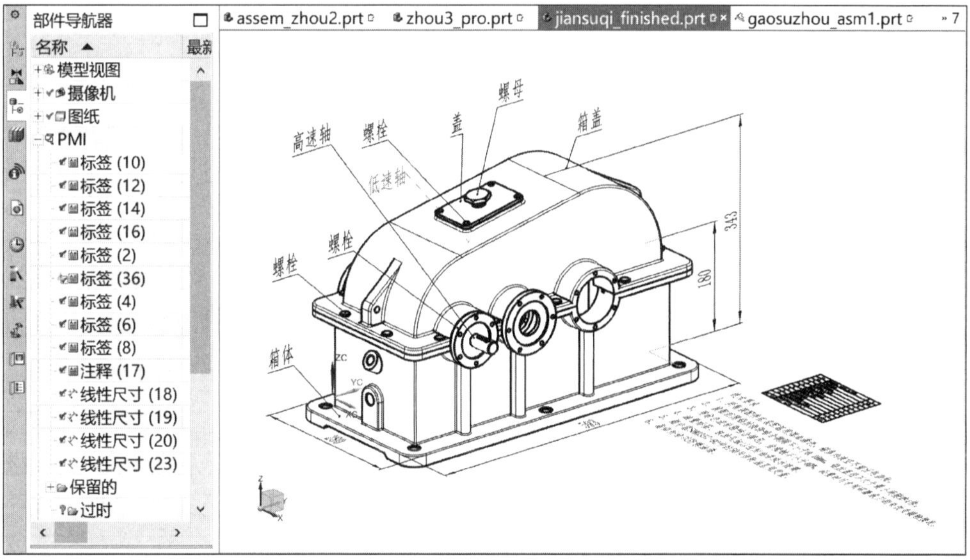

图 1-9　二级减速器的三维标注

（7）制图模块。制图模块即工程图模块，通过该模块设计人员能够快速、方便地由三维实体模型直接生成全相关的二维工程图，当实体模型改变时，工程图将被同步更新，从而减少工程图生成的时间和成本，提高设计效率。制图模块提供自动的视图布局（包括基本视图、剖视图、投影视图和局部放大图等），可以自动、手动标注尺寸，自动绘制剖面线、标注形位公差和表面粗糙度等。利用装配模块创建的装配信息可以方便地建立装配图，包括快速建立装配图剖视、爆炸图等。图 1-10(a)所示为齿轮零件图，图 1-10(b)所示为柱塞泵装配图。

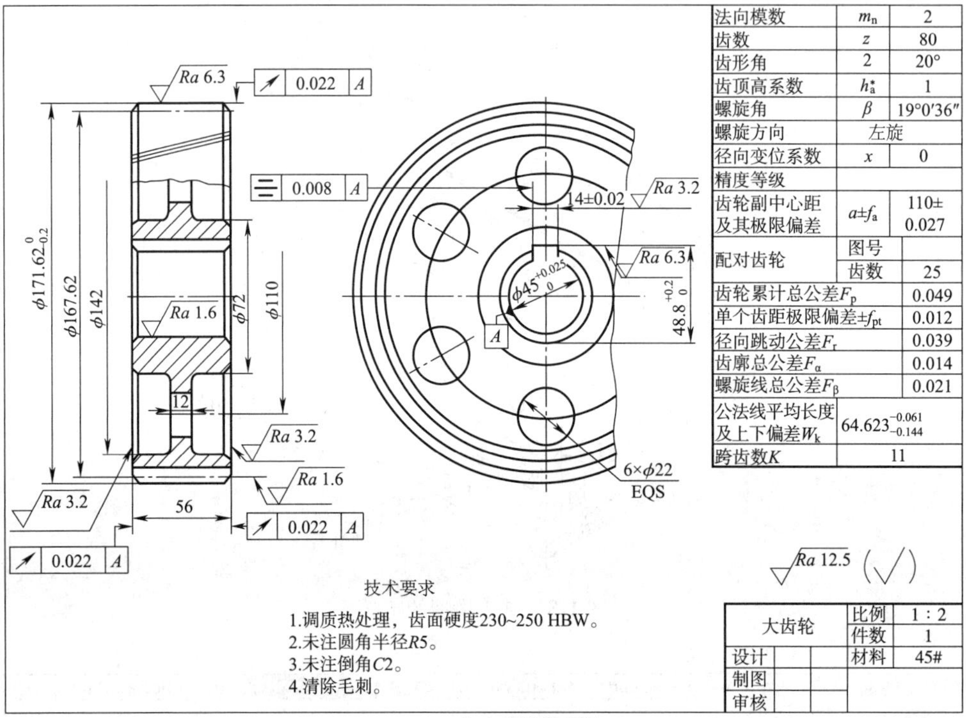

（a）齿轮零件图

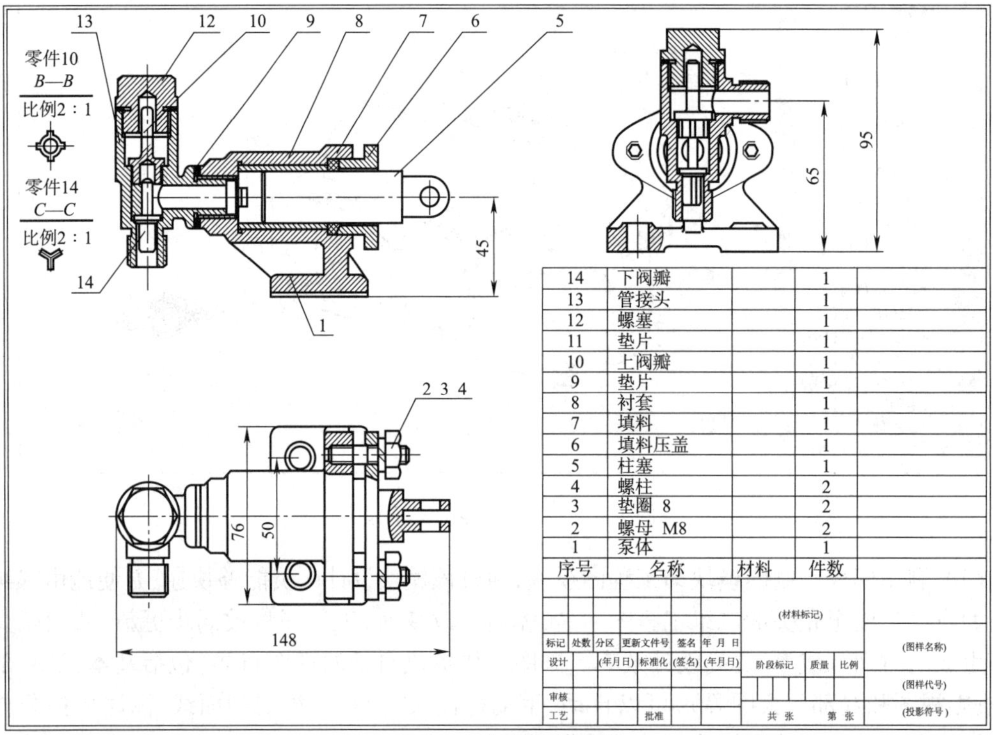

（b）柱塞泵装配图

图 1-10　制图模块

3. CAM 模块

使用加工模块可根据建立的三维模型生成数控代码,用于产品的加工,其后处理程序支持多种类型的数控机床。加工模块提供了众多的基本模块,如车削、固定轴铣削、可变轴铣削、线切割、切削仿真等。

(1) 车削。提供生产高质量车削零件需要的所有功能,包括粗车、多刀路精车、车沟槽、车螺纹、钻孔和中心钻等子程序,可以产生直接被后处理器读取的源文件。为了自动更新,该模块在零件几何体与刀轨间是全相关的。用户控制的参数如进给速度、主轴转速和加工余量等,可以通过屏幕模拟显示生成的刀轨,检测参数设置是否正确。最后可生成刀位源文件,刀轨文件可以进行存储和更改。图 1-11 所示为阶梯轴的车削加工程序设计。

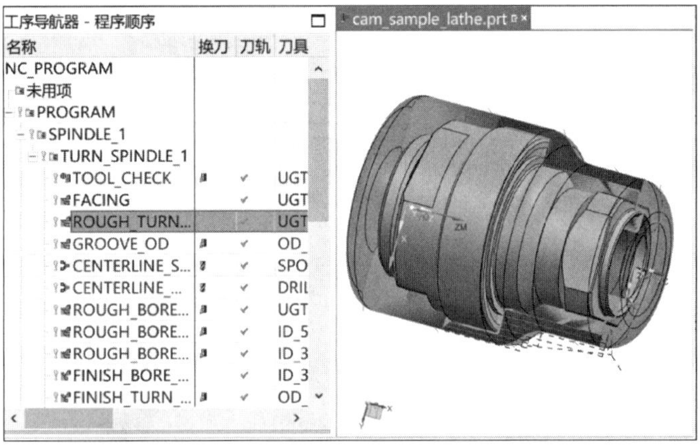

图 1-11　阶梯轴的车削加工程序设计

(2) 平面铣和型腔铣削。平面铣和型腔铣削模块常用于模具和冲模加工中,在汽车和消费品工业中也常被用到。它提供粗加工单个或多个型腔的功能,可沿非常复杂的形状产生刀具运动轨迹。程序设计示例如图 1-12 所示。

(3) 固定轴曲面轮廓铣削。提供生成 3 轴联动运动刀轨、加工区域选择、多种驱动方法和走刀方式选择等功能。提供顺铣和逆铣以及螺旋进刀等切削方式,可自动识别前道工序未能切除区域和陡峭区域,以便进一步清理,主要进行曲面精加工。程序设计如图 1-13 所示。

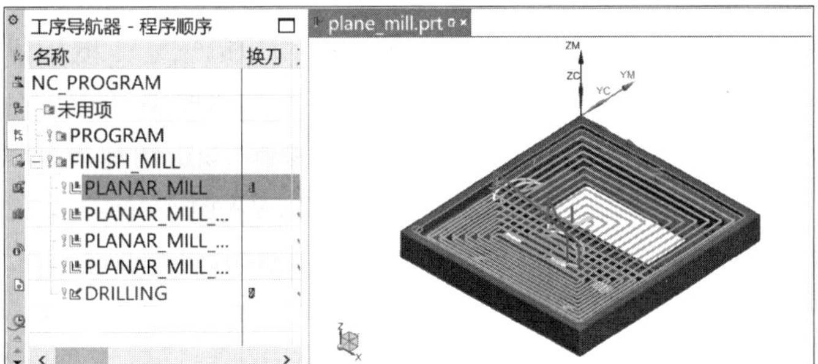

(a) 平面铣

图 1-12　型腔铣削加工

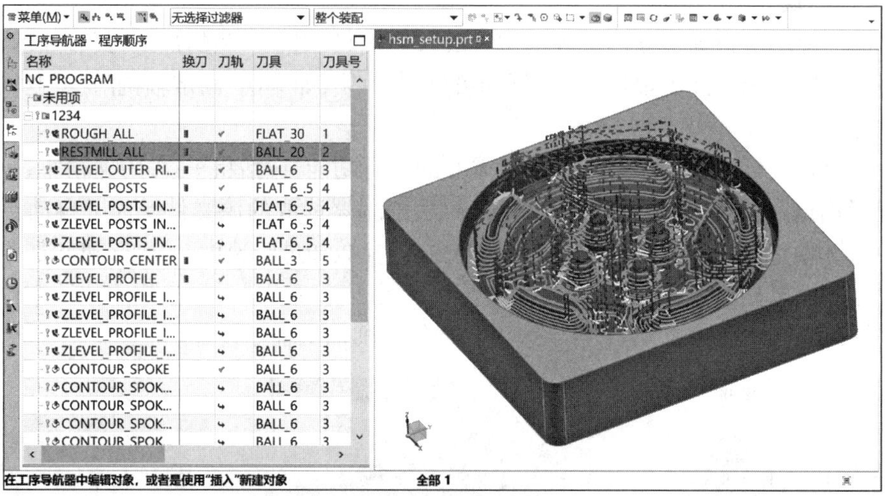

(b) 汽车轮毂模具型腔铣削

图 1-12 型腔铣削加工(续)

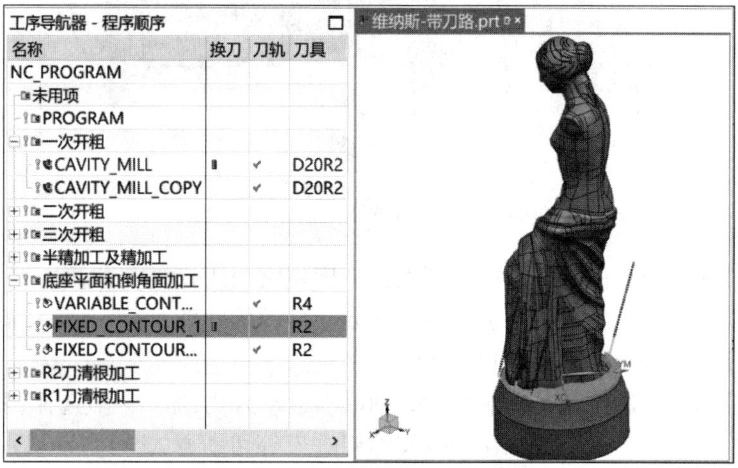

图 1-13 固定轴曲面轮廓铣削加工

(4) 可变轴铣削。支持定轴和多轴铣削功能,可加工 UG NX 建模生成的任何几何体,并保持主模型相关性。该模块提供 3 ~ 5 轴铣削功能,提供刀轴控制、走刀方式选择和刀具路径生成功能。可变轴铣削模块可方便地设定所有需要的参数,如进给速度、主轴转速和加工余量等,用户可以在任何时间生成刀轨。程序设计示例如图 1-14 所示。

(5) 车铣复合加工。复合加工是目前机械加工领域最流行的加工工艺之一,是一种先进制造技术。复合加工就是将几种不同的加工工艺,在一台机床上实现。复合加工应用最广泛、难度最大的,就是车铣复合加工。车铣复合加工中心相当于一台数控车床和一台加工中心的复合。车铣中心的车床主轴和铣削主轴头都采用带编码器、能精确定位和锁紧的电主轴,在车削时车床主轴带动工件旋转,铣削主轴锁紧,做带 b 轴的车床刀架使用;而在铣削时,车床主轴则反过来做 a 轴转盘使用。图 1-15 所示为车铣复合加工中心。

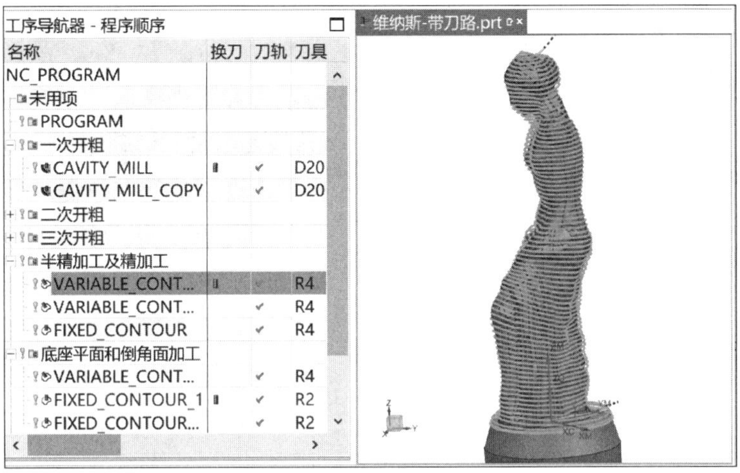

图 1-14　可变轴铣削加工

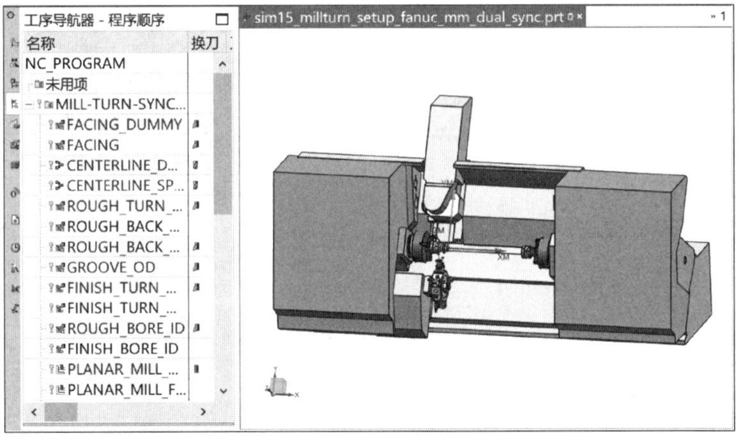

图 1-15　车铣复合加工中心

与常规加工设备不同的是，一台车铣复合加工中心实际上相当于一条生产线，工序集中是复合加工最为鲜明的工艺特点。如何根据零件工艺特性和车铣复合加工的工艺特点制定合理的工艺路线、装卡方法和选用合理的数控刀具是实现高效精密加工的关键。

（6）后处理与加工仿真。该模块包括一个通用的后置处理器，使用户能够方便地建立自己的加工后置处理程序，适用于目前世界上几乎所有的主流 NC 机床和加工中心。通过使用加工数据文件生成器，用户可以选择适合特定机床和控制器特性的参数。对后置处理生成的 G 代码仿真示例如图 1-16 所示。

4. 钣金模块

UG NX 钣金模块可实现如下功能：复杂钣金零件的生成；参数化编辑；定义和仿真钣金零件的制造过程；展开和折叠的模拟操作；生成精确的二维展开图样数据；展开功能可考虑可展和不可展曲面情况，并根据材料中性层特性进行补偿，汽车发动机内板拉延模具如图 1-17 所示。

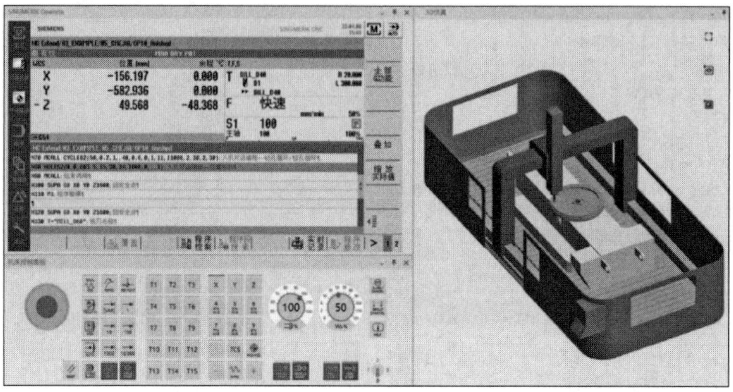

图 1-16　加工仿真

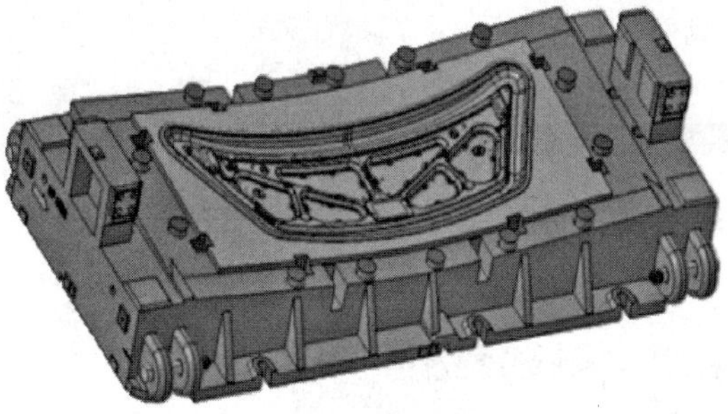

（a）发动机盖内板拉延模上模（凹模）

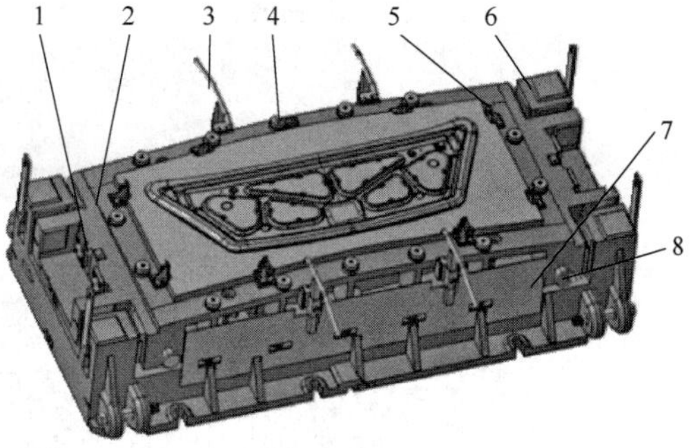

（b）发动机盖内板拉延模下模

1—导板；2—压边圈；3—托料架；4—平衡块；5—定位器；6—下模座；7—安全防护板；8—铸入式起重棒。

图 1-17　发动机盖内板拉延模

5. MoldWizard 模块

MoldWizard 是运行在 UG NX 软件基础上的一个智能化、参数化的注塑模具设计模块。MoldWizard 为复杂型芯或型腔轮廓创建电火花加工的电极以及模具的模架、浇注系统和冷却系统等提供了快捷的设计途径，可以生成与产品参数相关的、可用于数控加工的三维模具模型，图 1-18 所示为汽车前保险杠零件、热流道、动模侧、定模侧及斜顶机构图。

（a）汽车前保险杠

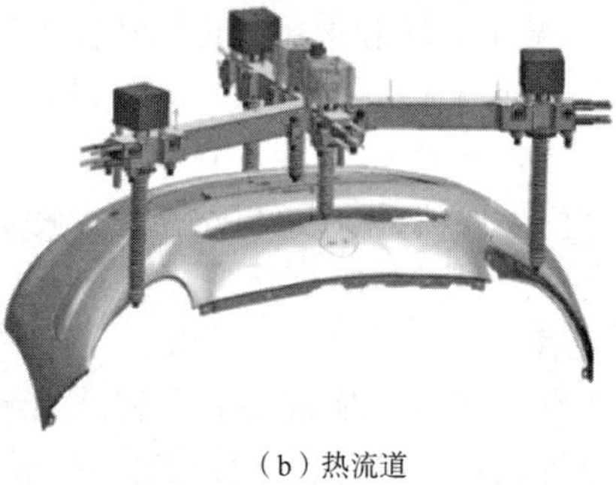

（b）热流道

图 1-18　汽车前保险杠与注塑成型模具

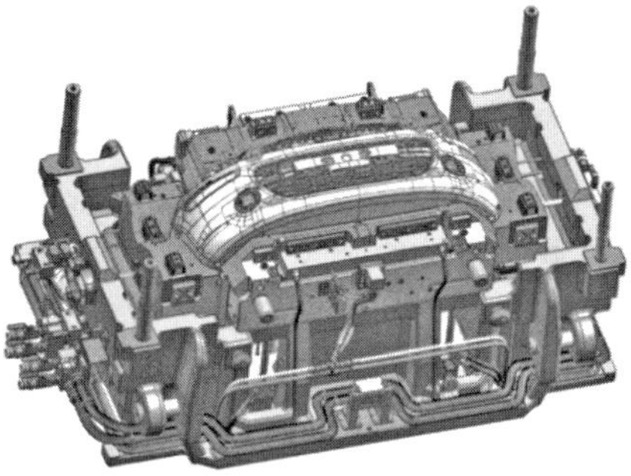

（c）动模侧

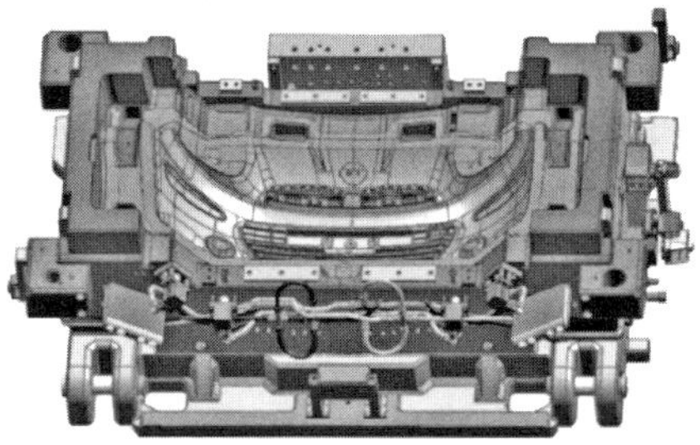

（d）定模侧

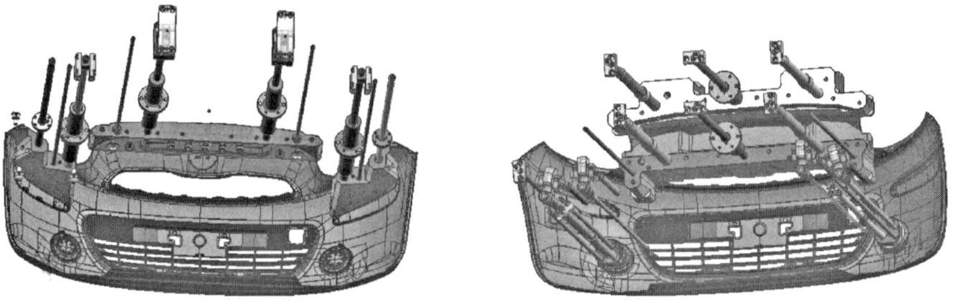

（e）斜顶机构

图 1-18　汽车前保险杠与注塑成型模具（续）

6. CAE 模块

主要包括 UG 有限元解算器（UG/FEA）、UG 有限元前后置处理（UG/Scenario for FEA）及注射模分析（UG/MF part advisor）。其中 UG/FEA 是一个与 UG/Scenario for FEA 前处理和后处理功能紧密集成的有限元解算器。FEA 是基于世界领先的 FEA 程序 MSC/NASTRAN 开发的。图 1-19 所示为阶梯轴零件静力分析示例。

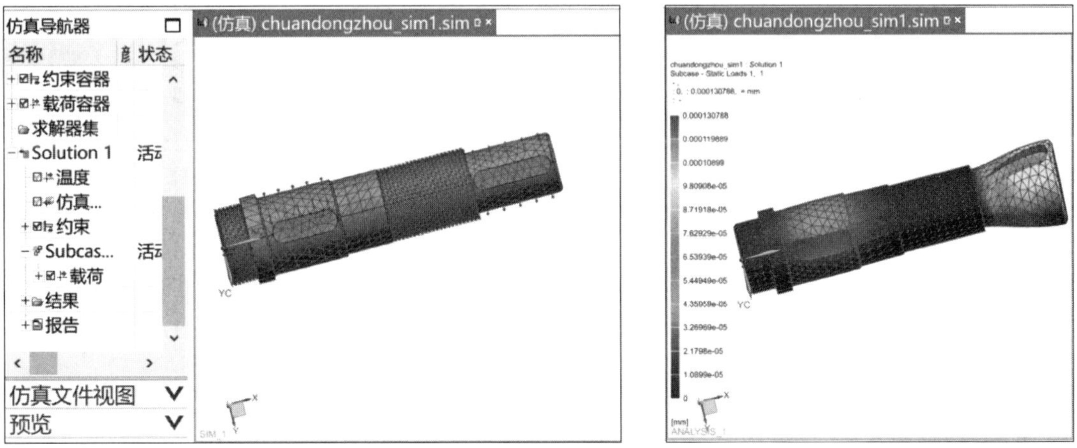

图 1-19　阶梯轴零件静力分析

7. 运动仿真模块

UG NX 运动仿真模块提供机构设计、分析、仿真和文档生成功能，可在 UG 实体模型或装配环境中定义机构，包括铰链、连杆、弹簧、阻尼、初始运动条件等要素，定义好的机构可直接在 UG NX 中进行分析，包括最小距离、干涉检查和轨迹包络线等选项，同时可实际仿真机构运动。另外，用户还可以分析反作用力，图解合成位移、速度、加速度曲线。运动分析使用嵌入的来自机构动力学公司（MDI）的 ADAMS/Kinematics 解算器，对于更复杂的应用，可以为 ADAMS/Solver 的动力学解算器建立一个输入文件。图 1-20 所示为并联机器人运动分析示例。

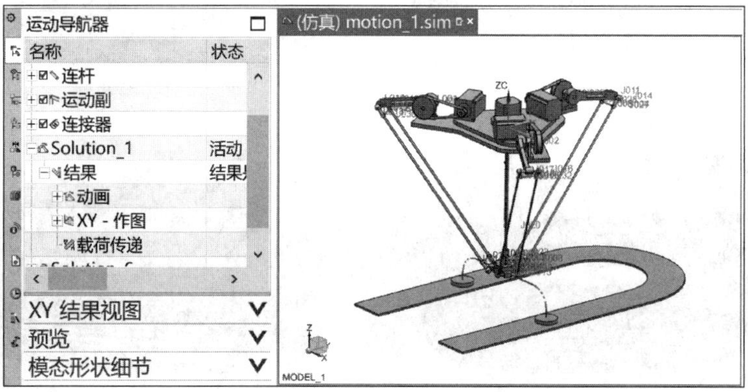

图 1-20　并联机器人运动分析

8. MCD 模块

MCD（mechatronics concept designer，机电一体化概念设计）可对包含多物理场及自动化相关行为的概念进行三维建模和仿真，包括机械设计、电气设计及软件/自动化工程。可集成上游和下游工程领域，通过 NX 机电概念设计的外部接口，可以实现 NX 数据导出，与其他设计软件实现数据共享。图 1-21 所示为 MCD 环境六关节机器人与运动轨迹。

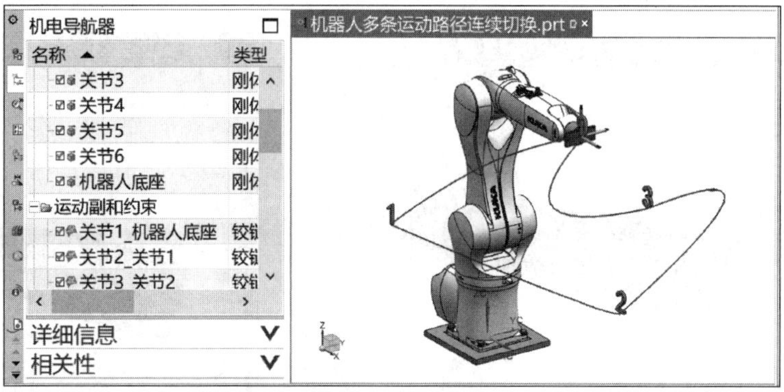

图 1-21　MCD 环境六关节机器人与运动轨迹

9. 其他模块

除了以上介绍的常用模块外，还有专业管路和线路设计系统、质量工程应用、逆向工程、3D 打印和机器人 CNC 编程等应用模块，以及其他行业设计所需的专业应用程序，可供用户进行二次开发的由 UG/Open GRIP、UG/Open API 和 UG/Open＋＋组成的 UG NX 开发模块等。

图 1-22 所示为机器人 CNC 加工示例。

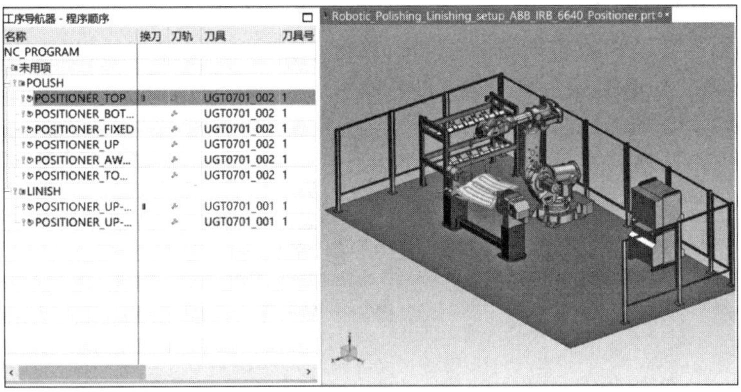

图 1-22　机器人 CNC 加工

1.4.3　UG NX 基本操作

1. 环境设置

用户可根据需要修改 UG NX 系统默认的基本参数进行环境设置,以提高工作效率。常用基本参数有对象参数、用户界面参数、图形窗口的背景特性、可视化性能参数等,通过选择“首选项”菜单中对应的命令即可实现 UG NX 系统参数的设置。

2. 坐标系设置

在 CAD 环境下工作需要选择合理的坐标系。UG NX 常用坐标系有绝对坐标系、工作坐标系、基准坐标系及加工坐标系四种。

绝对坐标系(absolute coordinate system,ACS)是系统默认坐标系,原点位置和各坐标轴的方向永远保持不变。UG NX 绝对坐标系有且只有一个,决定 x、y、z 轴的绝对方向和绝对零点,是判断俯视图、仰视图、左视图等基本视图的依据。

工作坐标系(work coordinate system,WCS)又称相对坐标系,是建模时使用的参考坐标系。工作坐标系可以改变且不唯一,用户根据需要进行定义,但处于激活状态的工作坐标系始终只有一个。绝对坐标系是工作坐标系的基准,工作坐标系通过绝对坐标系变换而来。在默认情况下,UG NX 绝对坐标系与工作坐标系重合。

基准坐标系(criterion coordinate system,CCS)是 UG NX 辅助建模所用的参考系,作为基准使用。基准坐标系是一个 UG NX 特征,和 Axis、Point 等类似。基准坐标系可以有多个,既可以被创建也可以被删除。

加工坐标系(machine coordinate system,MCS)即机床坐标系,仅用于加工模块。它是所有刀具轨迹输出点坐标值的基准,刀具轨迹中所有点的数据都是根据加工坐标系生成的。

3. 视图与布局设置

在 UG NX 建模模块中,沿着某个方向观察模型得到的图形称为视图。不同的视图用于显示在不同方位和观察方向上的图形,视图的观察位置与方向只和 UG NX 绝对坐标系有关,与工作坐标系无关。UG NX 系统预定义的视图称为标准视图。

布局是指在绘图区中将多个视图按一定规则显示出来。同一布局中只有一个视图是工作视图，所有操作都是针对工作视图，用户可根据需要改变工作视图。

UG NX 12 预定义了六种布局，称为标准布局。用户可以创建布局，也可以保存、修改和删除布局，图 1-23 所示为视图与布局设置示例。

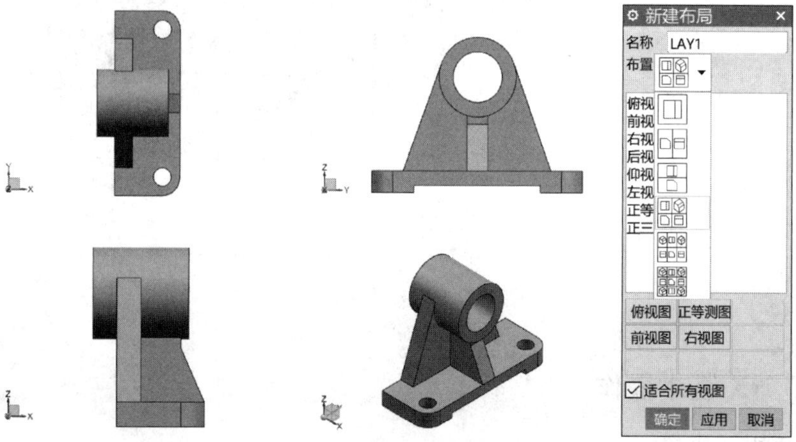

图 1-23　视图与布局设置

4. 图层设置

图层（layer）类似于透明胶片，在不同图层上可以创建数目任意的几何体，多个图层叠放在一起构成完整复杂的设计对象。图层主要用于管理和控制复杂图形，建模时将不同种类或用途的图形分别置于不同的图层，可以方便控制图形的显示、编辑及状态。

UG NX 利用图层组织部件文件的数据，利用层类型（layer categories）组织和命名图层。UG NX 支持 256 个图层，即每个 UG NX 部件文件均拥有 256 个图层。图层有四种状态，即工作状态、可选状态、仅可见状态和不可见状态。

（1）工作图层。当前执行操作的图层称为工作图层，工作图层不能被关闭，有 work 标志。

（2）可选图层。可以对该图层上的对象进行选择与编辑等操作，有 select able 标志。

（3）仅可见图层。仅可见图层处于被锁定状态，图层上的图形对象可见，但不能对该图层上的图形对象进行选择与编辑操作，有 visible 标志。

（4）不可见图层。将该图层中的图形对象进行隐藏，使之不可见。不可见图层处于关闭状态，不加任何标志。

打开“图层设置”对话框，如图 1-24 所示，用户可设置图层的可选状态、工作状态及可见或不可见状态，也可将图形对象从一个图层移动或复制到另一个图层。

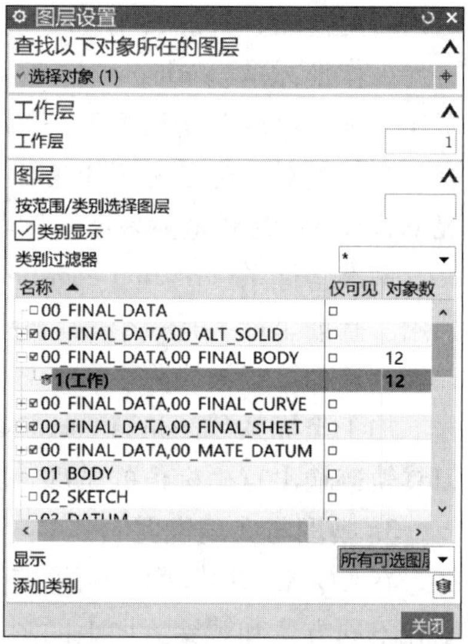

图 1-24　“图层设置”对话框

5. 对象选择操作

UG NX 中的任何几何元素都是对象。操作或编辑对象时,必须先选择该对象。UG NX 提供多种对象选择方式和工具:当鼠标指针移动到任何一个可选择对象时,这个对象被加亮显示,单击即可选中该对象;对于重叠对象中实体的拾取可通过“快速拾取”对话框实现;当需要选择不同类型的对象时,使用“类选择”对话框(见图 1-25)可实现限定条件选择对象,提高工作效率。

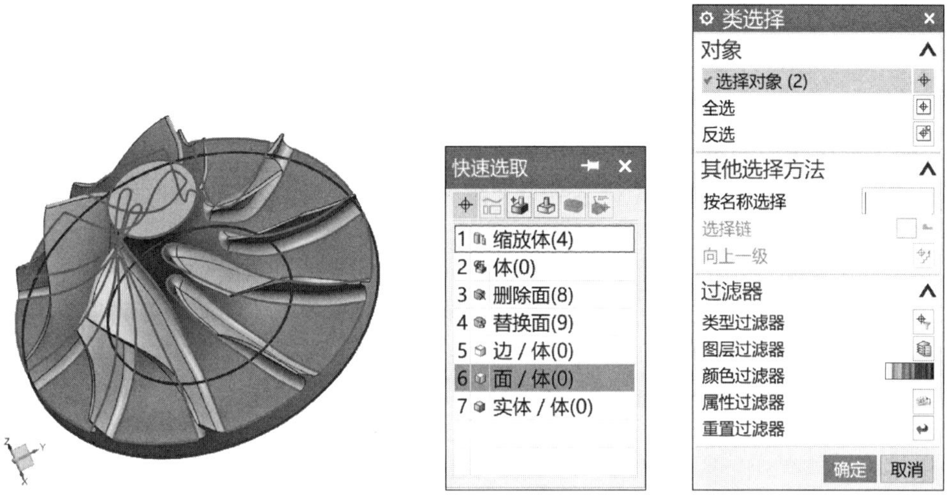

图 1-25　对象选择操作

绘图区中所有对象均可显示或隐藏。UG NX 提供了编辑对象显示的工具,可以设置对象的颜色、线型、透明度等属性。

思考题

1. 与传统的产品设计和制造方法相比,数字化设计和数字化制造有哪些优点?

2. 分析产品数字化开发的基本流程,阐述数字化设计、数字化仿真、数字化制造以及数字化管理等技术在产品开发中的功能与作用,分析它们之间的相互关系。

3. 论述数字化设计与制造的发展历程,分析不同发展阶段的关键技术和瓶颈环节,理解技术创新的价值和意义。

4. 分析数字化设计与制造技术的发展趋势。

5. 简述 UG NX 系统基本参数设置、布局设置、图层使用方法和实体造型的基本方法。

第 2 章　图形处理技术基础

图形是工程上进行交流和表达的最基本元素。随着数字化设计与制造技术不断发展，计算机图形处理(computer graphics process)已成为工程技术人员必须掌握的重要技能。工程设计、科学计算中涉及的图形很多，如各种视图表达、曲线曲面表示、立体造型、图表的表示等。本章介绍图形的几何变换，包括图形变换中的基本数学知识、齐次坐标、二维图形变换、三维图形变换、投影变换等。

很多产品要求有光滑的表面，如汽车、飞机、轮船等的外形曲面，而机器末端运动轨迹、高速加工刀具路径要求光顺的曲线。因此，掌握曲线曲面的表示方法和造型方法是非常重要的。本章介绍了 Bézier 曲线、B 样条曲线、NURBS 曲线以及 Bézier 曲面、B 样条曲面和 NURBS 曲面的构造方法，理解曲线模型和曲面模型建立的基础原理，并给出了在汽车造型设计中的应用案例。

2.1　坐标系与窗口

2.1.1　坐标系统

计算机在处理图形信息时，几何图形的定义和图形的输入/输出都是在一定的坐标系下进行的。图形在输入/输出的不同阶段需要采用不同的坐标系，以方便设计人员理解和操作，提高图形处理效率。常用坐标系有世界坐标系、设备坐标系、规格化坐标系三种。

1. 世界坐标系

世界坐标系(world coordinate，WC)是最常用的坐标系，用于协助用户定义在二维或三维世界中物体的坐标系，因此也称为用户坐标系。如图 2-1 所示，用户坐标系符合右手定则，可以是二维的，也可以是三维的，其定义域为实数域。

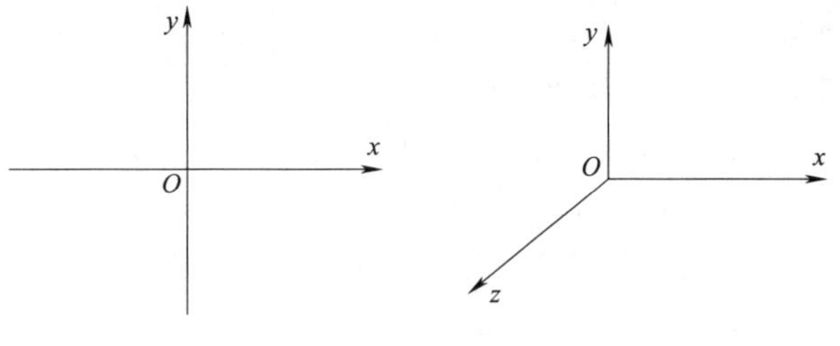

图 2-1　用户坐标系

2. 设备坐标系

设备坐标系(device coordinate，DC)又称物理坐标系，是指图形输出设备(如显示器、绘图仪)上的坐标系。设备坐标系是一个二维平面坐标系，其度量单位为步长(绘图仪)或像素(显示器)，因此它的定义域是整数域且是有界的。通常将显示器上的设备坐标系称为屏幕坐标系。屏幕坐标用对象距离窗口左上角的水平距离和垂直距离确定对象的位置。屏幕坐标系的 x 轴方向向右，y 轴方向向下，坐标原点始终位于应用程序窗口的左上角，如图 2-2 所示。

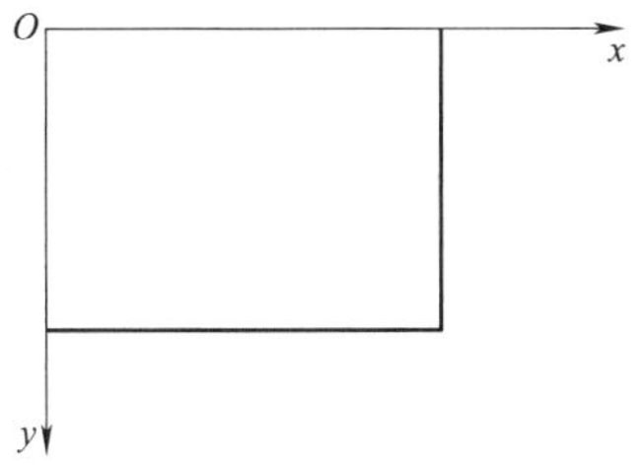

图 2-2　屏幕坐标系

3. 规格化设备坐标系

用户图形定义在用户坐标系中，而图形输出定义在设备坐标系中，不同图形设备具有不同的设备坐标系，且其坐标范围也不一定相同，这使得应用程序与具体图形输出设备有关。为了便于图形处理，增强应用程序可移植性，定义规格化的设备坐标系(normalized device coordinate，NDC)，采用一种无量纲的单位代替设备坐标，当输出图形时，再转换为具体的设备坐标。

规格化设备坐标系的坐标轴方向及原点与设备坐标系相同，但其最大工作范围的坐标值规范化为 1。以屏幕坐标为例，其原点仍在左上角，坐标为(0.0，0.0)，距原点最远的屏幕右下角，其坐标是(1.0，1.0)。规格化设备坐标系与设备坐标系相差一个固定倍数，即相差该图形输出设备的分辨率。

当开发一个应用于不同分辨率设备的图形软件时，首先将输出图形转换为规格化设备坐标系，以控制图形在设备显示范围内的相对位置。当转换到具体的不同输出设备时，只需将图形规格化坐标再乘以相应设备分辨率即可。这样使图形软件与图形设备相隔离，增加了图形软件可移植性。

2.1.2　窗口和视区

1. 窗口

当通过房间里的窗户观察外面的世界时，能看到的只是整个世界的一小部分，其余部分则被窗户周围的墙壁遮挡。这时，窗户就是一个窗口。

计算机图形学中，窗口是在用户坐标系中定义的确定显示内容的一个矩形区域，在窗口内的图形才能在设备坐标系下输出，窗口外的部分则被裁掉，相当于通过窗口观察这部分图形。如图 2-3 所示，窗口的位置和大小在用户坐标系中一般用矩形的左下角(x_{w1}，y_{w1})和右上角(x_{w2}，y_{w2})表示。窗口技术应用的典型示例是在各种 CAD 系统中经常用到的框选放大操作。

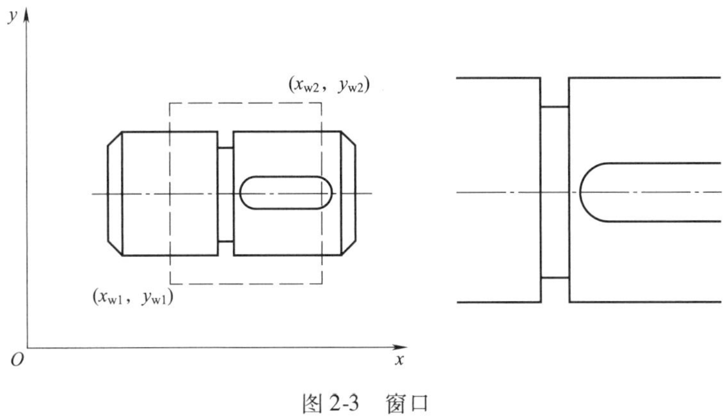

图 2-3　窗口

2. 视区

视区是在设备坐标系(通常显示屏幕)中定义的用于输出窗口中的图形的矩形区域。任何小于或等于屏幕域的区域都可以称为视区,视区是一个有限的整数域,它小于或等于屏幕区域。视区的位置和大小同样是用矩形的左下角(x_{v1},y_{v1})和右上角(x_{v2},y_{v2})表示。视区决定了窗口中图形要显示在屏幕上的位置和大小。如果在同一屏幕上定义多个视区,则可同时显示不同的图形信息,如在绘图时常将图形屏幕分为四个视区,其中三个视区用于显示零件的三视图,另一个用于显示零件的轴测图。如图 2-4 所示,一个屏幕上定义四个视区,同时输出机座零件的三视图和轴测图。

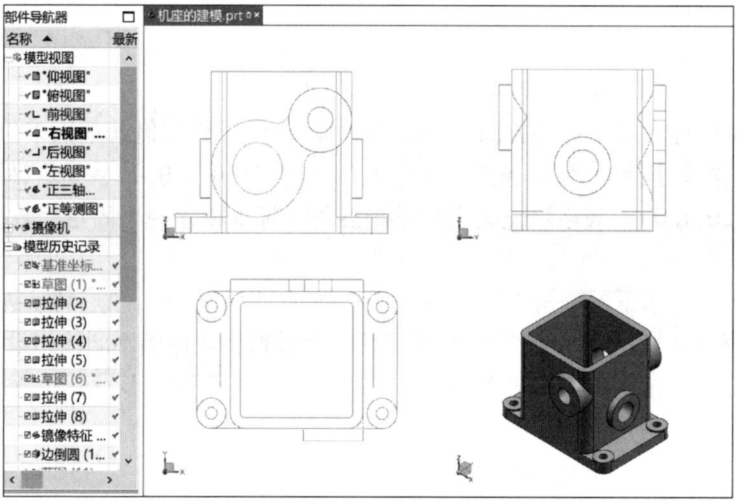

图 2-4　视区

3. 窗口与视区的变换

如图 2-5 所示,窗口和视区是在不同的坐标系中定义的,其大小和单位也不尽相同。窗口中的图形信息送到视区输出前,需要进行坐标变换,即把用户坐标系的坐标值转化为设备(屏幕)坐标系的坐标值,此变换即窗口→视区变换。

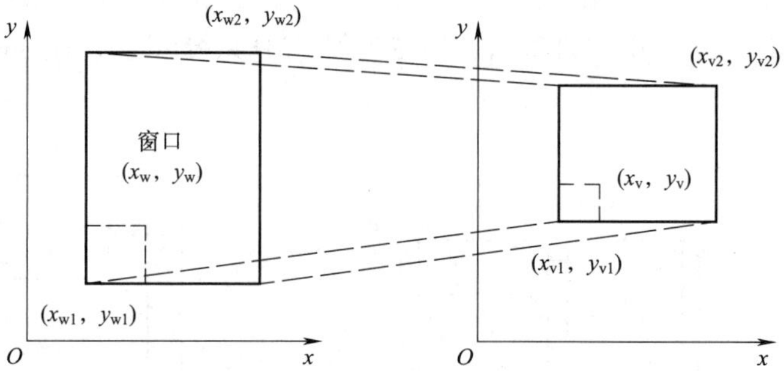

图 2-5　窗口与视区的变换

设窗口内某一点坐标为(x_w,y_w),映射到视区内坐标为(x_v,y_v),则它们之间的变换关系为

$$
\begin{cases}
x_v = x_{v1} + \dfrac{x_{v1} - x_{v2}}{x_{w1} - x_{w2}}(x_w - x_{w1}) \\
y_v = y_{v1} + \dfrac{y_{v1} - y_{v2}}{y_{w1} - y_{w2}}(y_w - y_{w1})
\end{cases}
$$

从上式可得出以下结论：

（1）当视区大小不变，窗口缩小或放大时，显示的图形会相应地放大或缩小。

（2）当窗口大小不变，视区缩小或放大时，显示的图形会相应地缩小或放大。

（3）当窗口与视区大小相同时，显示的图形大小比例不变。

（4）若视区纵横比不等于窗口的纵横比时，显示的图形会有伸缩变化。

一般情况下，由用户定义的图形从窗口区到视区的输出过程如图 2-6 所示。

图 2-6　图形输出过程

2.2　图形几何变换

在计算机绘图中，经常根据需要将已定义的图形从屏幕的某一位置移动到另一位置，或改变图形大小、形状，或利用已有图形生成复杂图形，这种变换过程称为几何变换。图形几何变换技术在工程中应用广泛，利用图形几何变换，还可以实现二维图形和三维图形之间转换，甚至还可以把静态图形变为动态图形。在数控加工程序设计中，利用图形几何变换技术可以实现刀具路径的平移、旋转、镜像等操作，提高编程效率和质量；在机构设计中，利用图形几何变换技术可以进行运动学和动力学分析等。

2.2.1　几何变换基础

1. 图形变换形式

图形有两种变换形式：一种是图形不动，而坐标系变动，即变换前与变换后的图形是针对不同坐标系而言的，称为坐标模式变换，如图 2-7(a)所示。另一种是坐标系不动，而图形改变，即变换前与变换后的坐标值是针对同一坐标系而言的，称为图形模式变换，又称几何变换，如图 2-7(b)所示。基本的几何变换有五种，即平移变换、比例变换、旋转变换、对称变换和错切变换。

2. 齐次坐标的引入

任何一个图形都可以认为是点的集合。对一个图形作几何变换，实际上就是对组成图形的各顶点进行坐标变换。在解析几何中，点可以用向量表示。在二维空间中可用(x_i, y_i)表示平面上的任意一个点 P_i，在三维空间则用(x_i, y_i, z_i)表示空间的任意一个点 P_i。一个平面图形或三维图形的坐标矩阵形式为

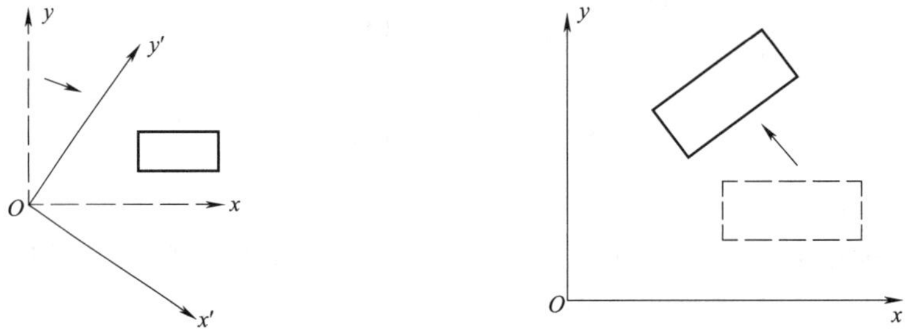

（a）坐标模式变换　（b）图形模式变换

图 2-7　图形变换形式

$$\begin{pmatrix} p_1 \\ p_2 \\ \vdots \\ p_n \end{pmatrix} = \begin{pmatrix} x_1 & y_1 \\ x_2 & y_2 \\ \vdots & \vdots \\ x_n & y_n \end{pmatrix}_{n\times 2} \qquad \begin{pmatrix} p_1 \\ p_2 \\ \vdots \\ p_n \end{pmatrix} = \begin{pmatrix} x_1 & y_1 & z_1 \\ x_2 & y_2 & z_2 \\ \vdots & \vdots & \vdots \\ x_n & y_n & z_n \end{pmatrix}_{n\times 3}$$

齐次坐标表示法就是用 $n+1$ 维向量表示一个 n 维向量。n 维空间中点的位置向量用非齐次坐标表示时，具有 n 个坐标分量$(p_1,p_2,\cdots,p_n)$，并且是唯一的。若用齐次坐标表示时，此点的位置向量有 $n+1$ 个坐标分量$(hp_1,hp_2,\cdots,hp_n,h)$，并且不唯一。从 n 维空间到 $n+1$ 维空间存在“一对多”的变换关系，但不影响图形的形状。其中 h 是不为零的比例因子，一般取 $h=1$，称为规格化齐次坐标。

二维图形上任一点(x_i,y_i)可用三维向量$(x_i,y_i,1)$表示。$(x_i,y_i,1)$可看作 $z=1$ 平面上的点，即图形落于 $z=1$ 平面上，但对图形形状没有影响。与此类似，三维图形上任一点(x_i,y_i,z_i)可用四维向量$(x_i,y_i,z_i,1)$表示。一个平面图形或三维图形的齐次坐标矩阵形式为

$$\begin{pmatrix} p_1 \\ p_2 \\ \vdots \\ p_n \end{pmatrix} = \begin{pmatrix} x_1 & y_1 & 1 \\ x_2 & y_2 & 1 \\ \vdots & \vdots & \vdots \\ x_n & y_n & 1 \end{pmatrix}_{n\times 3} \qquad \begin{pmatrix} p_1 \\ p_2 \\ \vdots \\ p_n \end{pmatrix} = \begin{pmatrix} x_1 & y_1 & z_1 & 1 \\ x_2 & y_2 & z_2 & 1 \\ \vdots & \vdots & \vdots & \vdots \\ x_n & y_n & z_n & 1 \end{pmatrix}_{n\times 4}$$

由于平移、比例和旋转等变换的处理形式不统一，进行组合变换时很难把它们级联在一起，引入齐次坐标后，各种变换将具有统一的表示形式，有利于变换合成和软件实现。

3. 变换矩阵

图 2-8 所示的平面三角形图形 A 的齐次坐标矩阵可表示为

$$\boldsymbol{A} = \begin{pmatrix} x_1 & y_1 & 1 \\ x_2 & y_2 & 1 \\ x_3 & y_3 & 1 \end{pmatrix}_{3\times 3}$$

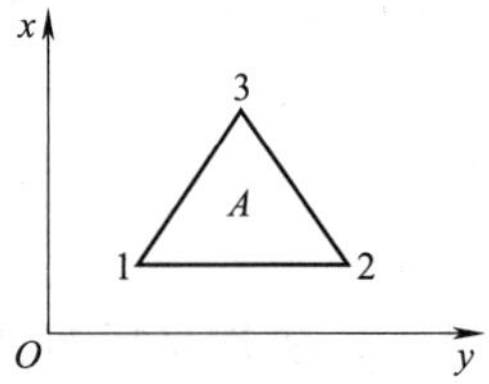

图 2-8　图形模式变换

若图形 A 经过某种变换后得到图形 B，则有：

$$\boldsymbol{B} = \boldsymbol{A} \times \boldsymbol{T}$$

其中 $\boldsymbol{T}$ 称为变换矩阵，对于二维图形，$\boldsymbol{T}$ 为 3×3 矩阵；对于三维图形，$\boldsymbol{T}$ 为 4×4 矩阵。

2.2.2　二维图形的基本几何变换

1. 平移变换

图形的每一个点在给定的方向上移动相同距离所得的变换称为平移变换。如图 2-9 所示，图形在 x 轴方向、y 轴方向的平移量分别为 l、m，则坐标点的平移变换为

$$\begin{cases} x' = x + l \\ y' = y + m \end{cases}$$

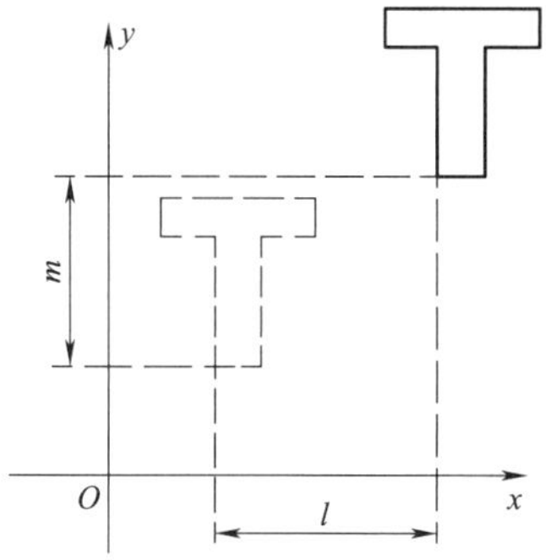

图 2-9　平移变换

写成矩阵的形式为

$$(x' \quad y' \quad 1) = (x \quad y \quad 1)\boldsymbol{T} = (x \quad y \quad 1)\begin{pmatrix} 1 & 0 & 0 \\ 0 & 1 & 0 \\ l & m & 1 \end{pmatrix}$$

$$= (x + l \quad y + m \quad 1)$$

平移变换不改变图形的大小和形状，只改变图形的位置。

2. 比例变换

图形中的每一个点以坐标原点为中心，在给定的方向上按相同的比例进行放大或缩小所得到的变换称为比例变换。如图 2-10 所示，若图形在 x 轴方向、y 轴方向放大或缩小的比例分别为 a 和 d，则坐标点的比例变换为 $\begin{cases} x' = ax \\ y' = dy \end{cases}$。

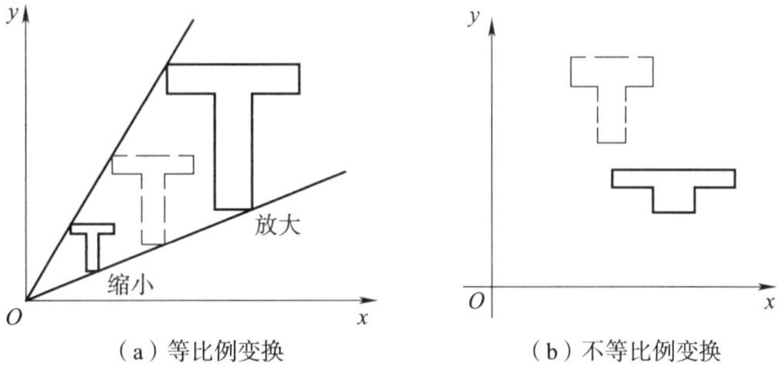

图 2-10　比例变换

写成矩阵的形式为

$$(x' \quad y' \quad 1) = (x \quad y \quad 1)\boldsymbol{T} = (x \quad y \quad 1)\begin{pmatrix} a & 0 & 0 \\ 0 & d & 0 \\ 0 & 0 & 1 \end{pmatrix} = (ax \quad dy \quad 1)$$

比例变换是图形上每一点相对于坐标原点的变换，因此，它不但改变图形的大小和形状，而且改变图形的位置。

（1）$a = d = 1$ 时，为恒等比例变换，即图形不变。

（2）$a = d > 1$ 时，图形沿两个坐标轴方向等比例放大，如图 2-10（a）所示。

（3）$a = d < 1$ 时，图形沿两个坐标轴方向等比例缩小，如图 2-10（a）所示。

（4）$a \neq d$ 时，图形沿两个坐标轴方向进行不同的比例变换，如图 2-10(b)所示。

3. 旋转变换

旋转变换是将图形绕坐标原点逆时针或顺时针方向进行旋转，且逆时针为正，顺时针为负。如图 2-11 所示，若图形绕坐标原点逆时针方向旋转角度为 θ，则坐标点的旋转变换为

$$\begin{cases} x' = r\cos(\theta+\varphi) = r\cos\varphi\cos\theta - r\sin\varphi\sin\theta = x\cos\theta - y\sin\theta \\ y' = r\sin(\theta+\varphi) = r\cos\varphi\sin\theta + r\sin\varphi\cos\theta = x\sin\theta + y\cos\theta \end{cases}$$

写成矩阵的形式为

$$\begin{aligned}(x' \quad y' \quad 1) &= (x \quad y \quad 1)\boldsymbol{T} = (x \quad y \quad 1)\begin{pmatrix} \cos\theta & \sin\theta & 0 \\ -\sin\theta & \cos\theta & 0 \\ 0 & 0 & 1 \end{pmatrix} \\ &= (x\cos\theta - y\sin\theta \quad x\sin\theta + y\cos\theta \quad 1)\end{aligned}$$

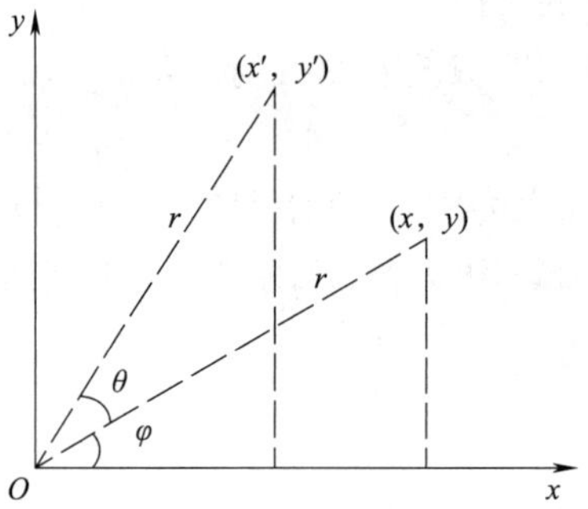

图 2-11 旋转变换

例 2-1 已知图 2-12 右侧图形的各点坐标，将其绕坐标原点逆时针旋转 60°，求旋转后各点的坐标。

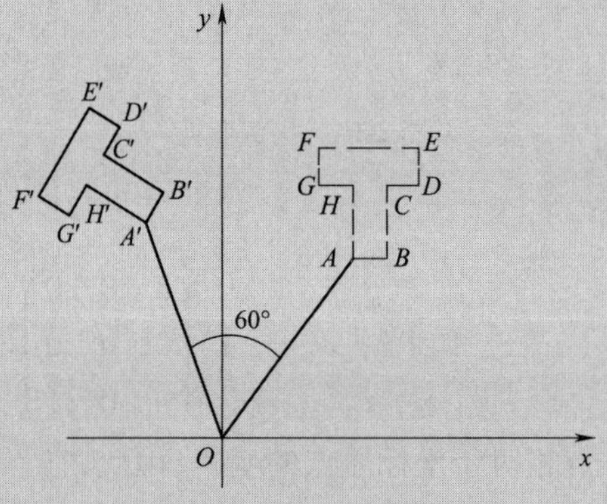

图 2-12 图形 T 旋转变换

$$
\begin{matrix}A\\B\\C\\D\\E\\F\\G\\H\end{matrix}\begin{pmatrix}16 & 20\\20 & 20\\20 & 28\\24 & 28\\24 & 32\\12 & 32\\12 & 28\\16 & 28\end{pmatrix}\begin{pmatrix}0.5 & 0.866\\-0.866 & 0.5\end{pmatrix}=\begin{pmatrix}-9.32 & 23.856\\-7.32 & 27.32\\-14.248 & 31.32\\-12.248 & 34.784\\-15.712 & 36.784\\-21.712 & 26.392\\-18.248 & 24.392\\-16.248 & 27.856\end{pmatrix}\begin{matrix}A'\\B'\\C'\\D'\\E'\\F'\\G'\\H'\end{matrix}
$$

旋转变换不改变图形的大小和形状,只改变图形的位置。

4. 对称变换

对称变换指变换前后的点对称于 x 轴、y 轴、某一直线或某一点。

(1) 以 x 轴为对称线的对称变换:如图 2-13(a)所示,变换后写成矩阵的形式为 $\begin{cases}x'=x\\y'=-y\end{cases}$。

$$
(x' \quad y' \quad 1)=(x \quad y \quad 1)\boldsymbol{T}=(x \quad y \quad 1)\begin{pmatrix}1 & 0 & 0\\0 & -1 & 0\\0 & 0 & 1\end{pmatrix}=(x \quad -y \quad 1)
$$

(2) 以 y 轴为对称线的对称变换:如图 2-13(b)所示,变换后写成矩阵的形式为 $\begin{cases}x'=-x\\y'=y\end{cases}$。

$$
(x' \quad y' \quad 1)=(x \quad y \quad 1)\boldsymbol{T}=(x \quad y \quad 1)\begin{pmatrix}-1 & 0 & 0\\0 & 1 & 0\\0 & 0 & 1\end{pmatrix}=(-x \quad y \quad 1)
$$

(3) 以原点为对称点的对称变换:如图 2-13(c)所示,变换后写成矩阵的形式为 $\begin{cases}x'=-x\\y'=-y\end{cases}$。

$$
(x' \quad y' \quad 1)=(x \quad y \quad 1)\boldsymbol{T}=(x \quad y \quad 1)\begin{pmatrix}-1 & 0 & 0\\0 & -1 & 0\\0 & 0 & 1\end{pmatrix}=(-x \quad -y \quad 1)
$$

(4) 以直线 $y=x$ 为对称线的对称变换:如图 2-13(d)所示,变换后写成矩阵的形式为 $\begin{cases}x'=y\\y'=x\end{cases}$。

$$
(x' \quad y' \quad 1)=(x \quad y \quad 1)\boldsymbol{T}=(x \quad y \quad 1)\begin{pmatrix}0 & 1 & 0\\1 & 0 & 0\\0 & 0 & 1\end{pmatrix}=(y \quad x \quad 1)
$$

(5) 以直线 $y=-x$ 为对称线的对称变换:如图 2-13(e)所示,变换后写成矩阵的形式为 $\begin{cases}x'=-y\\y'=-x\end{cases}$。

$$
(x' \quad y' \quad 1)=(x \quad y \quad 1)\boldsymbol{T}=(x \quad y \quad 1)\begin{pmatrix}0 & -1 & 0\\-1 & 0 & 0\\0 & 0 & 1\end{pmatrix}=(-y \quad -x \quad 1)
$$

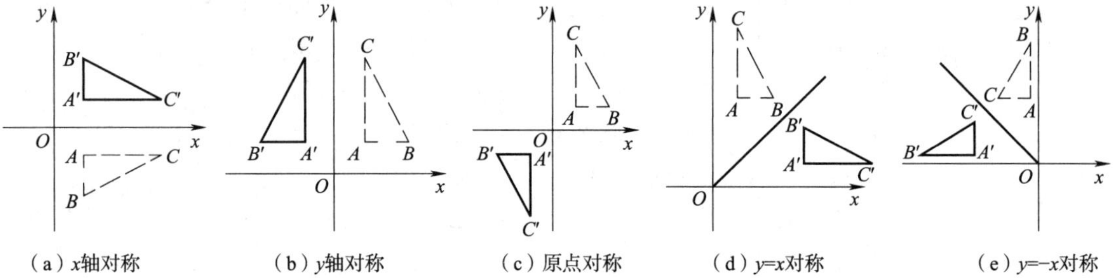

图 2-13 对称变换

5. 错切变换

错切变换是图形的每一个点在某一方向上坐标保持不变，而另一坐标方向上的坐标进行线性变换，或都进行线性变换。

(1) 沿 x 轴方向关于 y 错切：变换前和变换后 y 坐标不变，而 x 坐标根据 y 坐标值呈线性变化。如图 2-14(a)所示，变换前后点的坐标之间的关系为$\begin{cases}x' = x + cy \\ y' = y\end{cases}$，写成矩阵的形式为

$$(x' \quad y' \quad 1) = (x \quad y \quad 1)\boldsymbol{T} = (x \quad y \quad 1)\begin{pmatrix}1 & 0 & 0 \\ c & 1 & 0 \\ 0 & 0 & 1\end{pmatrix} = (x + cy \quad y \quad 1)$$

(2) 沿 y 轴方向关于 x 错切：变换前和变换后 x 坐标不变，而 y 坐标根据 x 坐标值呈线性变化。如图 2-14(b)所示，变换前后点的坐标之间的关系为$\begin{cases}x' = x \\ y' = bx + y\end{cases}$，写成矩阵的形式为

$$(x' \quad y' \quad 1) = (x \quad y \quad 1)\boldsymbol{T} = (x \quad y \quad 1)\begin{pmatrix}1 & b & 0 \\ 0 & 1 & 0 \\ 0 & 0 & 1\end{pmatrix} = (x \quad bx + y \quad 1)$$

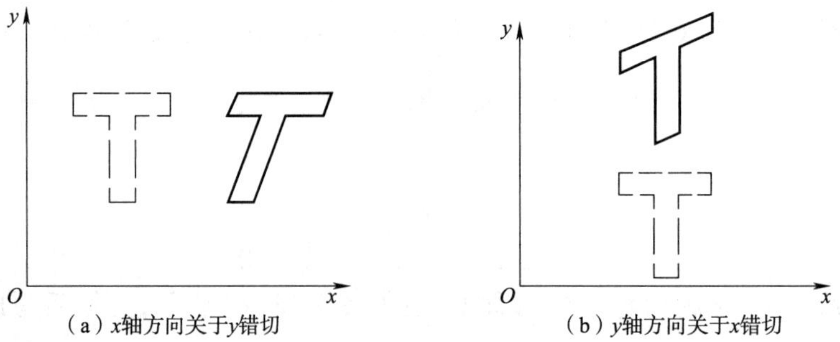

图 2-14 错切变换

6. 小结

由上述二维图形的五种基本几何变换可知，各种图形变换取决于变换矩阵 $\boldsymbol{T}$ 中各元素的

取值。按照变换矩阵中各元素的功能,可将二维变换矩阵 $\boldsymbol{T}$ 的一般表达式按如下虚线分为四个子矩阵:

$$\boldsymbol{T}=\left(\begin{array}{cc:c} a & b & p \\ c & d & q \\ \hdashline l & m & s \end{array}\right)$$

其中:

$\boldsymbol{T}_1=\begin{pmatrix} a & b \\ c & d \end{pmatrix}$实现图形的比例、旋转、对称、错切等基本几何变换;

$\boldsymbol{T}_2=(l \quad m)$实现图形平移变换;

$\boldsymbol{T}_3=\begin{pmatrix} p \\ q \end{pmatrix}$实现图形透视变换;二维图形没有透视变换,其值为$\begin{pmatrix} 0 \\ 0 \end{pmatrix}$;

$\boldsymbol{T}\ =(s)$实现图形全比例变换,$s>1$ 时图形等比例缩小;$0<s<1$ 时图形等比例放大。

2.2.3　二维图形的组合变换

基本变换是在特定的约束条件下进行的,如比例变换是关于坐标原点的放大或缩小,旋转变换是指绕坐标原点的旋转等。有些变换仅用一种基本变换是不能实现的,必须由两种或多种基本变换组合才能实现。这种由多种基本变换组合而成的变换称为组合变换。

1. 对任意点做比例变换

平面图形对任意点 $P(x,y)$ 做比例变换,须经过以下步骤。

(1) 将点 $P(x,y)$移到坐标原点,即

$$\boldsymbol{T}_1=\begin{pmatrix} 1 & 0 & 0 \\ 0 & 1 & 0 \\ -x & -y & 1 \end{pmatrix}$$

(2) 做关于原点的比例变换,即

$$\boldsymbol{T}_2=\begin{pmatrix} a & 0 & 0 \\ 0 & d & 0 \\ 0 & 0 & 1 \end{pmatrix}$$

(3) 对原点做反平移变换,即

$$\boldsymbol{T}_3=\begin{pmatrix} 1 & 0 & 0 \\ 0 & 1 & 0 \\ x & y & 1 \end{pmatrix}$$

因此对任意点做比例变换的变换矩阵为

$$\boldsymbol{T}=\boldsymbol{T}_1\boldsymbol{T}_2\boldsymbol{T}_3$$

2. 绕任意点的旋转变换

平面图形绕任意点 $P(x,y)$ 旋转 α 角,须通过以下几个步骤实现。

(1) 将旋转中心平移到原点,即

$$\boldsymbol{T}_1=\begin{pmatrix} 1 & 0 & 0 \\ 0 & 1 & 0 \\ -x & -y & 1 \end{pmatrix}$$

（2）将图形绕坐标原点旋转 α 角，即

$$T_2=\begin{pmatrix}\cos\alpha & \sin\alpha & 0\\ -\sin\alpha & \cos\alpha & 0\\ 0 & 0 & 1\end{pmatrix}$$

（3）将旋转中心平移到原来位置，即

$$T_3=\begin{pmatrix}1 & 0 & 0\\ 0 & 1 & 0\\ x & y & 1\end{pmatrix}$$

因此绕任意点旋转 α 角变换矩阵为

$$T=T_1T_2T_3$$

3. 对任意直线做对称变换

设任意直线的方程为：$Ax+By+C=0$，如图 2-15 所示，直线在 x 轴的截距为 $-C/A$，在 y 轴上的截距为：$-C/B$，直线与 x 轴夹角为 a，对任意直线的变换由以下几个步骤实现。

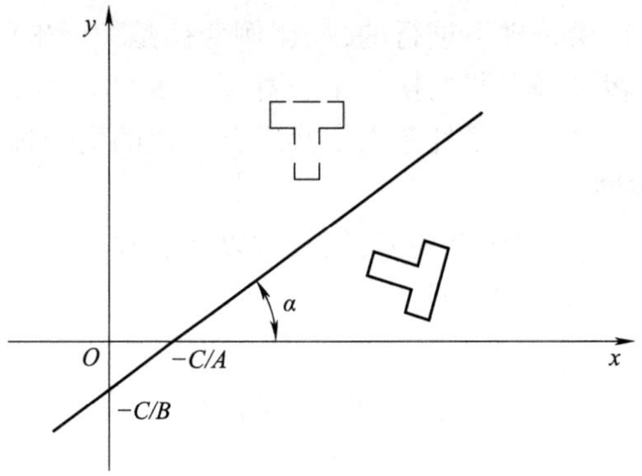

图 2-15　任意直线对称变换

（1）平移直线，使其通过原点（可以沿 x 向或 y 向平移，这里沿 x 向平移），即

$$T_1=\begin{pmatrix}1 & 0 & 0\\ 0 & 1 & 0\\ C/A & 0 & 1\end{pmatrix}$$

（2）绕原点旋转，使直线与某坐标轴重合（这里与 x 轴重合），即

$$T_2=\begin{pmatrix}\cos(-\alpha) & \sin(-\alpha) & 0\\ -\sin(-\alpha) & \cos(-\alpha) & 0\\ 0 & 0 & 1\end{pmatrix}=\begin{pmatrix}\cos\alpha & -\sin\alpha & 0\\ \sin\alpha & \cos\alpha & 0\\ 0 & 0 & 1\end{pmatrix}$$

（3）关于坐标轴（x 轴）对称变换，即

$$T_3=\begin{pmatrix}1 & 0 & 0\\ 0 & -1 & 0\\ 0 & 0 & 1\end{pmatrix}$$

（4）绕原点旋转，使直线回到原来与 x 轴成 α 角的位置，即

$$T_4=\begin{pmatrix}\cos\alpha & \sin\alpha & 0\\ -\sin\alpha & \cos\alpha & 0\\ 0 & 0 & 1\end{pmatrix}$$

(5) 平移直线,使其回到原来位置,即

$$T_5=\begin{pmatrix}1 & 0 & 0\\ 0 & 1 & 0\\ -C/A & 0 & 1\end{pmatrix}$$

综合变换:$\boldsymbol{T}=\boldsymbol{T}_1\boldsymbol{T}_2\boldsymbol{T}_3\boldsymbol{T}_4\boldsymbol{T}_5$。

4. 组合变换顺序对图形的影响

复杂变换是通过基本变换组合而成的,由于矩阵乘法不符合交换律,即 $\boldsymbol{AB}\neq\boldsymbol{BA}$。因此,组合的顺序一般是不能颠倒的,顺序不同,则变换的结果不同。先沿 x 轴正向平移后再绕原点旋转 90°的结果[见图 2-16(a)]与先绕原点旋转 90°再沿 x 轴正向平移的结果[见图 2-16(b)]并不一致。

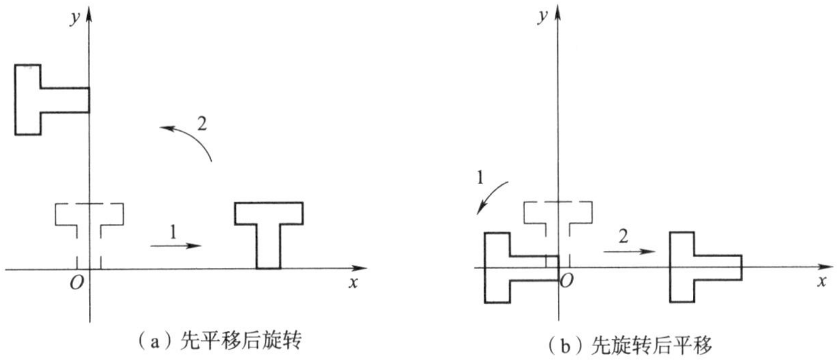

图 2-16　不同组合变换顺序

2.2.4　三维图形的几何变换

三维图形变换是二维图形变换的扩展,在三维空间中,用四维齐次坐标$(x\quad y\quad z\quad 1)$表示三维点,三维变换矩阵 $\boldsymbol{T}$ 则用 4×4 阶矩阵表示,即

$$(x'\quad y'\quad z'\quad 1)=(x\quad y\quad z\quad 1)\boldsymbol{T}$$

$\boldsymbol{T}$ 为三维基本变换矩阵:

$$\boldsymbol{T}=\begin{pmatrix}a & b & c & p\\ d & e & f & q\\ h & i & j & r\\ l & m & n & s\end{pmatrix}$$

其中,

$$\boldsymbol{T}_1=\begin{pmatrix}a & b & c\\ d & e & f\\ h & i & j\end{pmatrix}$$ 实现比例、旋转、对称、错切基本变换;

$\boldsymbol{T}_2=(l \quad m \quad n)$实现平移变换；

$\boldsymbol{T}_3=\begin{pmatrix} p \\ q \\ r \end{pmatrix}$实现透视变换；

$\boldsymbol{T}=(s)$实现全比例变换，$s>1$ 时图形等比例缩小；$0<s<1$ 时图形等比例放大。

1. 平移变换

若三维图形在 x 轴、y 轴、z 轴方向的平移量分别为 l、m、n，则坐标点的平移变换为 $\begin{cases} x'=x+l \\ y'=y+m \\ z'=z+n \end{cases}$，写成矩阵的形式为

$$(x' \quad y' \quad z' \quad 1)=(x \quad y \quad z \quad 1)\boldsymbol{T}=(x+l \quad y+m \quad z+n \quad 1)$$

其中变换矩阵为 $\boldsymbol{T}=\begin{pmatrix} 1 & 0 & 0 & 0 \\ 0 & 1 & 0 & 0 \\ 0 & 0 & 1 & 0 \\ l & m & n & 1 \end{pmatrix}$。

2. 比例变换

若图形在 x 轴、y 轴、z 轴方向放大或缩小的比例分别为 a、e、j，则坐标点的比例变换为 $\begin{cases} x'=ax \\ y'=ey \\ z'=jz \end{cases}$，写成矩阵的形式为

$$(x' \quad y' \quad z' \quad 1)=(x \quad y \quad z \quad 1)\boldsymbol{T}=(ax \quad ey \quad jz \quad 1)$$

其中变换矩阵为 $\boldsymbol{T}=\begin{pmatrix} a & 0 & 0 & 0 \\ 0 & e & 0 & 0 \\ 0 & 0 & j & 0 \\ 0 & 0 & 0 & 1 \end{pmatrix}$。

(1) $a=e=j=1$ 时，为恒等比例变换，即图形不变。

(2) $a=e=j>1$ 时，图形沿三个坐标轴方向等比例放大。

(3) $a=e=j<1$ 时，图形沿三个坐标轴方向等比例缩小。

(4) $a \neq e \neq j$ 时，图形沿三个坐标轴方向进行不同比例的变换。

3. 旋转变换

二维图形绕原点的旋转变换实际上是 xy 平面内图形绕 z 轴旋转的变换。三维图形的旋转变换应按绕不同的轴线旋转分别处理。旋转角的正负按右手定则，即右手拇指指向旋转轴正向，其余四指的旋向为转角的正向。

(1) 绕 z 轴旋转 α 角。三维立体绕 z 轴旋转 α 角时，立体上各顶点的 z 坐标不变，x、y 坐标的变化相当于二维平面的点绕原点旋转。变换矩阵为

$$T_z = \begin{pmatrix} \cos\alpha & \sin\alpha & 0 & 0 \\ -\sin\alpha & \cos\alpha & 0 & 0 \\ 0 & 0 & 1 & 0 \\ 0 & 0 & 0 & 1 \end{pmatrix}$$

（2）同理，当绕 x 轴旋转 β 角、绕 y 轴旋转 γ 角时，变换矩阵分别为

$$T_x = \begin{pmatrix} 1 & 0 & 0 & 0 \\ 0 & \cos\beta & \sin\beta & 0 \\ 0 & -\sin\beta & \cos\beta & 0 \\ 0 & 0 & 0 & 1 \end{pmatrix} \qquad T_y = \begin{pmatrix} \cos\gamma & 0 & -\sin\gamma & 0 \\ 0 & 1 & 0 & 0 \\ \sin\gamma & 0 & \cos\gamma & 0 \\ 0 & 0 & 0 & 1 \end{pmatrix}$$

4. 对称变换

二维图形的对称变换是关于坐标轴或任意直线的对称，而三维图形的对称变换是关于三个坐标平面、三个坐标轴及原点的对称。

（1）关于 xy 平面的对称变换。

$$(x' \quad y' \quad z' \quad 1) = (x \quad y \quad z \quad 1)T = (x \quad y \quad -z \quad 1)$$

其中变换矩阵为 $T_{xy} = \begin{pmatrix} 1 & 0 & 0 & 0 \\ 0 & 1 & 0 & 0 \\ 0 & 0 & -1 & 0 \\ 0 & 0 & 0 & 1 \end{pmatrix}$。

（2）关于 xz 平面的对称变换。

$$(x' \quad y' \quad z' \quad 1) = (x \quad y \quad z \quad 1)T = (x \quad -y \quad z \quad 1)$$

其中变换矩阵为 $T_{xz} = \begin{pmatrix} 1 & 0 & 0 & 0 \\ 0 & -1 & 0 & 0 \\ 0 & 0 & 1 & 0 \\ 0 & 0 & 0 & 1 \end{pmatrix}$。

（3）对 yz 平面的对称变换。

$$(x' \quad y' \quad z' \quad 1) = (x \quad y \quad z \quad 1)T = (-x \quad y \quad z \quad 1)$$

其中变换矩阵为 $T_{yz} = \begin{pmatrix} -1 & 0 & 0 & 0 \\ 0 & 1 & 0 & 0 \\ 0 & 0 & 1 & 0 \\ 0 & 0 & 0 & 1 \end{pmatrix}$。

（4）关于 x 轴的对称变换。

$$(x' \quad y' \quad z' \quad 1) = (x \quad y \quad z \quad 1)T = (x \quad -y \quad -z \quad 1)$$

其中变换矩阵为 $T_x = \begin{pmatrix} 1 & 0 & 0 & 0 \\ 0 & -1 & 0 & 0 \\ 0 & 0 & -1 & 0 \\ 0 & 0 & 0 & 1 \end{pmatrix}$。

（5）关于 y 轴的对称变换。

$$(x' \quad y' \quad z' \quad 1) = (x \quad y \quad z \quad 1)T = (-x \quad y \quad -z \quad 1)$$

其中变换矩阵为 $\boldsymbol{T}_y=\begin{pmatrix}-1 & 0 & 0 & 0\\0 & 1 & 0 & 0\\0 & 0 & -1 & 0\\0 & 0 & 0 & 1\end{pmatrix}$。

（6）关于 z 轴的对称变换。

$$(x' \quad y' \quad z' \quad 1)=(x \quad y \quad z \quad 1)\boldsymbol{T}=(-x \quad -y \quad z \quad 1)$$

其中变换矩阵为 $\boldsymbol{T}_z=\begin{pmatrix}-1 & 0 & 0 & 0\\0 & -1 & 0 & 0\\0 & 0 & 1 & 0\\0 & 0 & 0 & 1\end{pmatrix}$。

（7）关于原点的对称变换。

$$(x' \quad y' \quad z' \quad 1)=(x \quad y \quad z \quad 1)\boldsymbol{T}=(-x \quad -y \quad -z \quad 1)$$

其中变换矩阵为 $\boldsymbol{T}_o=\begin{pmatrix}-1 & 0 & 0 & 0\\0 & -1 & 0 & 0\\0 & 0 & -1 & 0\\0 & 0 & 0 & 1\end{pmatrix}$。

5. 错切变换

错切变换是指三维立体沿 x、y、z 三个方向产生错切，错切变换是绘制斜轴测图的基础。

$$(x' \quad y' \quad z' \quad 1)=(x \quad y \quad z \quad 1)\boldsymbol{T}=(x+dy+hz \quad bx+y+iz \quad cx+fy+z \quad 1)$$

其变换矩阵为

$$\boldsymbol{T}=\begin{pmatrix}1 & b & c & 0\\d & 1 & f & 0\\h & i & 1 & 0\\0 & 0 & 0 & 1\end{pmatrix}$$

由变换结果可以看出，一个坐标的变化受另外两个坐标变化的影响。其中，d、h 为沿 x 轴方向的错切变换系数，b、i 为沿 y 轴方向的错切变换系数，c、f 为沿 z 轴方向的错切变换系数。

2.2.5 三维图形的投影变换

三维图形的投影变换是组合变换的应用。投影变换可以用于绘制工程图，分为正投影变换和轴测投影变换。通过正投影变换画出三视图，通过轴侧投影变换画出轴侧图。

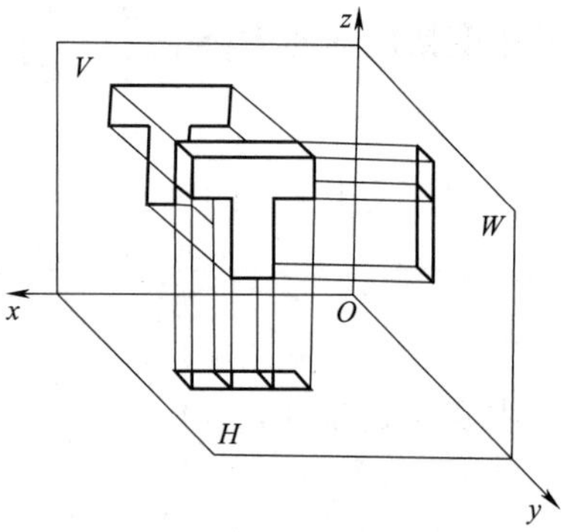

图 2-17 三维图形的投影变换

1. 正投影变换

正投影变换是以物体的坐标轴方向作为投影方向，并令该方向的坐标为0，如图 2-17 所示。

（1）正面投影：生成物体的主视图。

$$(x' \quad y' \quad z' \quad 1)=(x \quad y \quad z \quad 1)\boldsymbol{T}=(x \quad 0 \quad z \quad 1)$$

其中变换矩阵为 $\boldsymbol{T}_V=\begin{pmatrix}1&0&0&0\\0&0&0&0\\0&0&1&0\\0&0&0&1\end{pmatrix}$。

（2）水平面投影：生成物体的俯视图。

令 $z=0$，投影后绕 x 轴逆时针旋转 90°，再向下平移 n 得到俯视图。其中变换矩阵为

$$\boldsymbol{T}_H=\begin{pmatrix}1&0&0&0\\0&1&0&0\\0&0&0&0\\0&0&0&1\end{pmatrix}\begin{pmatrix}1&0&0&0\\0&\cos\left(-\frac{\pi}{2}\right)&\sin\left(-\frac{\pi}{2}\right)&0\\0&-\sin\left(-\frac{\pi}{2}\right)&\cos\left(-\frac{\pi}{2}\right)&0\\0&0&0&1\end{pmatrix}\begin{pmatrix}1&0&0&0\\0&1&0&0\\0&0&1&0\\0&0&-n&1\end{pmatrix}$$

$$=\begin{pmatrix}1&0&0&0\\0&0&-1&0\\0&0&0&0\\0&0&-n&1\end{pmatrix}$$

则点的投影坐标为

$$(x\quad y\quad z\quad 1)\boldsymbol{T}_H=(x\quad 0\quad -y-n\quad 1)$$

（3）侧面投影：生成物体的左视图。

令 $x=0$，然后绕 z 轴逆时针旋转 90°，再沿 x 轴负向平移 l 得到侧视图。其中变换矩阵为

$$\boldsymbol{T}_W=\begin{pmatrix}0&0&0&0\\0&1&0&0\\0&0&1&0\\0&0&0&1\end{pmatrix}\begin{pmatrix}\cos\frac{\pi}{2}&\sin\frac{\pi}{2}&0&0\\-\sin\frac{\pi}{2}&\cos\frac{\pi}{2}&0&0\\0&0&1&0\\0&0&0&1\end{pmatrix}\begin{pmatrix}1&0&0&0\\0&1&0&0\\0&0&1&0\\-l&0&0&1\end{pmatrix}$$

$$=\begin{pmatrix}0&0&0&0\\-1&0&0&0\\0&0&1&0\\-l&0&0&1\end{pmatrix}$$

则点的投影坐标为

$$(x\quad y\quad z\quad 1)\boldsymbol{T}_W=(-y-l\quad 0\quad z\quad 1)$$

2. 轴测投影变换

正投影图的缺点是图形的立体感不强，当转动物体的方位，使物体的长、宽、高方向与投影方向不重合，此时按平行投影绘制的图称为轴测投影图。轴测投影图可以同时显示不同方向的表面形状，立体感较强。

（1）正轴测投影。如果物体绕 z 轴逆时针旋转 γ 角，再绕 x 轴顺时针旋转 α 角，最后向 $y=0$ 的 xOz 平面作平行投影，即可得到正轴测投影图，如图 2-18 所示。

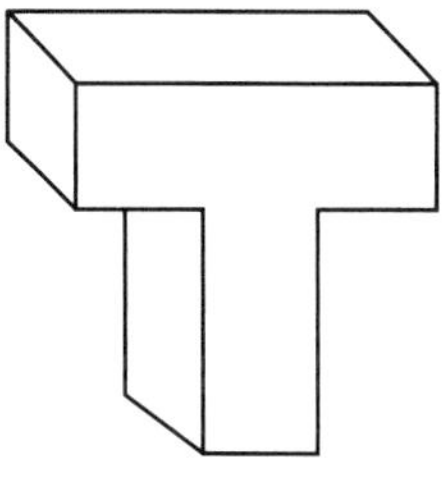

图 2-18　正轴测投影

其中变换矩阵为

$$T=\begin{pmatrix}\cos\gamma & \sin\gamma & 0 & 0\\ -\sin\gamma & \cos\gamma & 0 & 0\\ 0 & 0 & 1 & 0\\ 0 & 0 & 0 & 1\end{pmatrix}\begin{pmatrix}1 & 0 & 0 & 0\\ 0 & \cos\alpha & -\sin\alpha & 0\\ 0 & \sin\alpha & \cos\alpha & 0\\ 0 & 0 & 0 & 1\end{pmatrix}\begin{pmatrix}1 & 0 & 0 & 0\\ 0 & 0 & 0 & 0\\ 0 & 0 & 1 & 0\\ 0 & 0 & 0 & 1\end{pmatrix}$$

$$=\begin{pmatrix}\cos\gamma & 0 & -\sin\gamma\sin\alpha & 0\\ -\sin\gamma & 0 & -\cos\gamma\sin\alpha & 0\\ 0 & 0 & \cos\alpha & 0\\ 0 & 0 & 0 & 1\end{pmatrix}$$

在正轴测投影图中，物体在三个主方向的长度缩短比例相等。其中变换矩阵为

$$T=\begin{pmatrix}0.7071 & 0 & -0.4082 & 0\\ -0.7071 & 0 & -0.4082 & 0\\ 0 & 0 & 0.8165 & 0\\ 0 & 0 & 0 & 1\end{pmatrix}$$

(2) 斜轴侧投影。物体沿 x 轴错切，再沿 z 轴错切，最后向 xOz 平面作正投影得到斜轴侧图。其中变换矩阵为

$$T=\begin{pmatrix}1 & 0 & 0 & 0\\ d & 1 & 0 & 0\\ 0 & 0 & 1 & 0\\ 0 & 0 & 0 & 1\end{pmatrix}\begin{pmatrix}1 & 0 & 0 & 0\\ 0 & 1 & f & 0\\ 0 & 0 & 1 & 0\\ 0 & 0 & 0 & 1\end{pmatrix}\begin{pmatrix}1 & 0 & 0 & 0\\ 0 & 0 & 0 & 0\\ 0 & 0 & 1 & 0\\ 0 & 0 & 0 & 1\end{pmatrix}$$

$$=\begin{pmatrix}1 & 0 & 0 & 0\\ d & 0 & f & 0\\ 0 & 0 & 1 & 0\\ 0 & 0 & 0 & 1\end{pmatrix}$$

2.3 曲线与曲面的参数表示

随着三维设计技术的不断发展，复杂曲面在产品设计中得到广泛应用。曲线与曲面参数表达是复杂零件建模的理论基础。1991 年，国际标准化组织 ISO 颁布的工业产品数据交换标准 STEP 中，把 NURBS(non-uniform rational b-splines，非均匀有理 B 样条)作为定义工业产品几何形状的唯一数学方法，从而使 NURBS 方法成为曲面造型技术最重要的基础方法。1992 年，国际标准化组织又将 NURBS 纳入国际标准 PHIGS(程序员层次交互图形系统)中，作为 PHIGS 的扩充(plus)部分，Bézier、有理 Bézier、均匀 B 样条和非均匀 B 样条都被统一到 NURBS 中。

2.3.1 曲线的参数表示

1. 曲线的数学表示形式

在数学上，曲线常常采用显式、隐式和参数表示方法。

(1) 显式表示。对于一条平面曲线,可显式表示为

$$y = f(x)$$

在这种显式表达式中,不能表示封闭或多值曲线,如圆等。

(2) 隐式表示。用隐式方程表示曲线的形式为

$$F(x, y, z) = 0$$

这种隐式方程可表示多值曲线,如抛物线、椭圆等圆锥曲线,且在曲面求交计算中具有优势,但仍存在与坐标轴选取相关的斜率无穷大、不便于计算和编程等问题。

(3) 参数表示。将曲线上点的坐标表示为某参数的函数。

例如,半径为 1 的圆,可表示为参数 u 的函数:

$$x = \cos u, y = \sin u$$

与曲线显式和隐式表示法相比,参数表示法具有以下优点:

① 可方便地表示三维曲线,并有更多的自由度控制曲线形状。

② 参数表示的曲线与坐标系的选择无关。因此,在几何变换过程中,不必对曲线上的每个点进行变换,可直接对曲线参数方程实施变换,从而节省计算工作量。

③ 在参数表达式中,使用切矢量代替非参数方程中的斜率,便于处理斜率无穷大的问题,因此不会造成计算中断。

④ 参数表达式一般都有明确的定义域,使其对应的几何量都是有界的,不必再进行边界定义。

⑤ 易于用矢量和矩阵表示几何量,便于计算和编程。

2. 参数曲线定义及其切矢量、法矢量和曲率

一条用参数表示的三维曲线是一个有界、连续的点集,可表示为

$$x = x(u), y = y(u), z = z(u) \quad 0 \leqslant u \leqslant 1$$

如图 2-19 所示,曲线的两个端点分别在 $u = 0$、$u = 1$ 处,曲线上任一点的位置矢量(即其坐标)可用矢量 $P(u)$ 表示为

$$P(u) = (x(u) \quad y(u) \quad z(u)) \quad 0 \leqslant u \leqslant 1$$

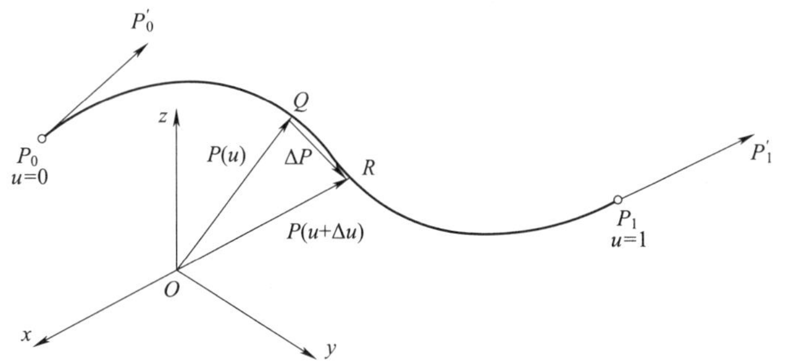

图 2-19　参数曲线上的相关矢量

设曲线上有 Q、R 两点,其参数值分别为 u、$u + \Delta u$,位置矢量分别为 $P(u)$、$P(u + \Delta u)$。矢量 $\Delta P = P(u + \Delta u) - P(u)$ 的大小表示连接 QR 的弦长,若使 R 点逐渐靠近 Q 点,即当 $\Delta u \to 0$ 时,位置矢量 $P(u)$ 关于参数 u 的一阶导数矢量 $P(u) = \mathrm{d}P/\mathrm{d}u$ 称为曲线在该点处的切矢量,切

矢量方向即为曲线在该点处的切线方向。如果曲线以弧长 s 为参数,则

$$\dot{P}(s)=\frac{\mathrm{d}P}{\mathrm{d}s}=\frac{\mathrm{d}P}{\mathrm{d}u}\Big/\frac{\mathrm{d}s}{\mathrm{d}u}=\dot{P}(u)/|\dot{P}(u)|=T(s)$$

其中,以弧长 s 为参数的切矢量 $T(s)$ 为单位切矢量,即 $|T(s)|=1$。

曲线的主法矢 $N(s)$ 定义为

$$N(s)=\frac{\ddot{P}(s)}{|\ddot{P}(s)|}=\frac{\dot{T}(s)}{|\dot{T}(s)|}$$

主法矢总是指向曲线凹进的方向。

曲线的曲率 $k(s)$ 为

$$k(s)=|\ddot{P}(s)|=|\dot{T}(s)|=\left|\lim_{\Delta s\to 0}\frac{\Delta T}{\Delta s}\right|$$

$$k(s)=|\dot{T}(s)|=\left|\frac{\mathrm{d}T}{\mathrm{d}s}\right|=\left|\frac{\mathrm{d}^2P}{\mathrm{d}s^2}\right|=\left[\left(\frac{\mathrm{d}^2x}{\mathrm{d}s^2}\right)+\left(\frac{\mathrm{d}^2y}{\mathrm{d}s^2}\right)+\left(\frac{\mathrm{d}^2z}{\mathrm{d}s^2}\right)\right]$$

曲率表示切向量沿曲线的变化率,它描述了曲线在某点的弯曲程度。曲率越大,曲线在此点弯曲得越厉害。曲率的倒数称为曲率半径。

2.3.2 Bézier 曲线

Bézier 曲线是法国雷诺汽车公司的 Bézier 于 1962 年提出的一种曲线构造方法。Bézier 曲线不通过给定的中间离散点,但是设计人员可以通过改变这些离散点的位置控制和改变拟合的 Bézier 曲线的形状。因此,给出的离散点又称控制点。Bézier 曲线适用于像汽车车身等自由形状的构形设计。

1. 曲线方程

给定空间 $n+1$ 个点的位置矢量 $P_i(i=0,1,2,\cdots,n)$,则 Bézier 参数曲线上各点坐标的插值公式为

$$P(u)=\sum_{i=0}^{n}P_iB_{i,n}(u)\quad u\in[0,1]$$

将其写成矩阵表达形式为

$$P(u)=(B_{0,n}(u)\quad B_{1,n}(u)\quad\cdots\quad B_{n,n}(u))\begin{pmatrix}P_0\\P_1\\\vdots\\P_n\end{pmatrix}$$

式中　u——参变量,取值范围为 0 ~ 1,0 对应小段起点,1 对应小段终点;

$P(u)$——任意拟合点的坐标,$P(u)=(x(u),y(u))$;

P_i——给定的第 i 个点的坐标 $P_i=(x_i,y_i)$;

$B_{i,n}(u)$——n 次 Bernstein 基函数,反映第 i 个点对拟合点的影响,定义为

$$B_{i,n}(u)=\frac{n!}{i!(n-i)!}u^i(1-u)^{n-i}=\mathrm{C}_n^iu^i(1-u)^{n-i}\quad(i=0,1,\cdots,n)$$

约定:$0^n=1,0!=1$;

$n=0, B_{0,0}(u)=1$;

$n=1, B_{0,1}(u)=1-u, B_{1,1}(u)=u$;

$n=2, B_{0,2}(u)=(1-u)^2, B_{1,2}(u)=2u(1-u), B_{2,2}(u)=u^2$;

$n=3, B_{0,3}(u)=(1-u)^3, B_{1,3}(u)=3u(1-u)^2, B_{2,3}(u)=3u^2(1-u), B_{3,3}(u)=u^3$;

⋮

2. 三次 Bézier 曲线

$$P(u)=\sum_{i=0}^{3} p_i B_{i,3}(u) \quad u \in [0,1]$$

其中，$B_{0,3}(u)=(1-u)^3, B_{1,3}(u)=3u(1-u)^2, B_{2,3}(u)=3u^2(1-u), B_{3,3}(u)=u^3$。因此其矩阵表达式为

$$P(u)=(B_{0,3}(u) \quad B_{1,3}(u) \quad B_{2,3}(u) \quad B_{3,3}(u))(P_0 \quad P_1 \quad P_2 \quad P_3)^{\mathrm{T}}$$

$$=(u^3 \quad u^2 \quad u \quad 1)\begin{pmatrix} -1 & 3 & -3 & 1 \\ 3 & -6 & 3 & 0 \\ -3 & 3 & 0 & 0 \\ 1 & 0 & 0 & 0 \end{pmatrix}\begin{pmatrix} P_0 \\ P_1 \\ P_2 \\ P_3 \end{pmatrix}$$

如果用上式求 $P_x(u)$ 的值，则取 P_i 的 x 坐标进行计算，同理可求 $P_y(u)$，$P_z(u)$，具体如下：

$$P_x(u)=(B_{0,3}(u) \quad B_{1,3}(u) \quad B_{2,3}(u) \quad B_{3,3}(u))(P_{0x} \quad P_{1x} \quad P_{2x} \quad P_{3x})^{\mathrm{T}}$$

$$P_y(u)=(B_{0,3}(u) \quad B_{1,3}(u) \quad B_{2,3}(u) \quad B_{3,3}(u))(P_{0y} \quad P_{1y} \quad P_{2y} \quad P_{3y})^{\mathrm{T}}$$

$$P_z(u)=(B_{0,3}(u) \quad B_{1,3}(u) \quad B_{2,3}(u) \quad B_{3,3}(u))(P_{0z} \quad P_{1z} \quad P_{2z} \quad P_{3z})^{\mathrm{T}}$$

由上式可以看到 Bernstein 基函数仅需计算一次。一次、二次和三次 Bézier 曲线如图 2-20 所示。

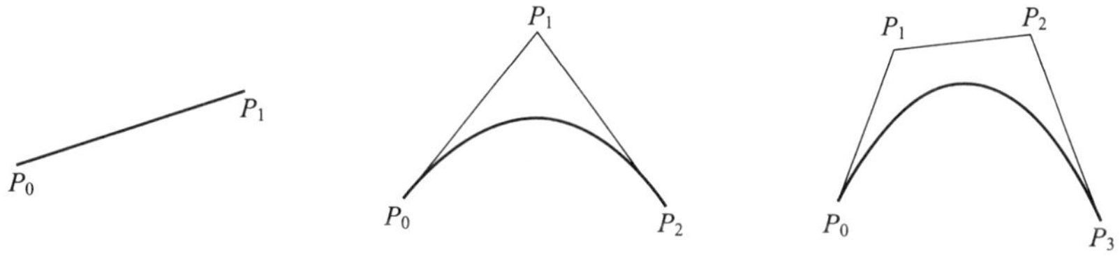

（a）一次Bézier曲线　（b）二次Bézier曲线　（c）三次Bézier曲线

图 2-20　三种 Bézier 曲线

3. Bézier 曲线几何作图

解析几何中有关于抛物线的三切线定理如图 2-21 所示，设 P_0、P_0^2、P_2 是一条抛物线上三个顺序不同的点。过 P_0 和 P_2 点的两切线交于 P_1 点，在 P_0^2 点的切线交 P_0P_1 和 P_2P_1 于 P_0^1 和 P_1^1 点，则如下比例成立：

$$\frac{P_0P_0^1}{P_0^1P_1}=\frac{P_1P_1^1}{P_1^1P_2}=\frac{P_0^1P_0^2}{P_0^2P_1^1}$$

当 P_0, P_1, P_2 固定，引入参数 u，令上述比值为 $u:(1-u)$，即有

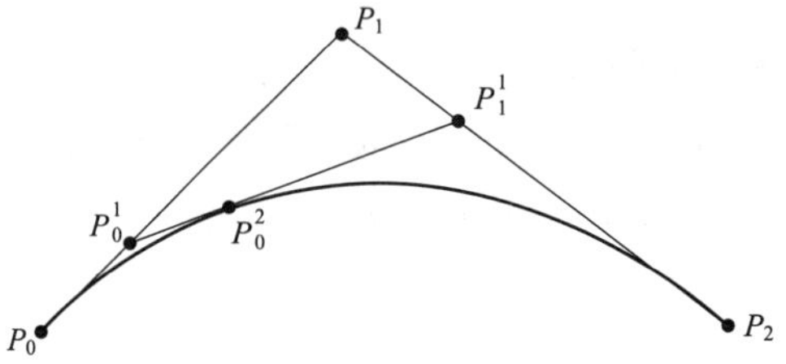

图 2-21 抛物线的三切线定理

$$\begin{cases} P_0^1 = (1-u)P_0 + uP_1 & (1) \\ P_1^1 = (1-u)P_1 + uP_2 & (2) \\ P_0^2 = (1-u)P_0^1 + uP_1^1 & (3) \end{cases}$$

u 从 0 变到 1,(1)、(2)式就分别表示控制二边形的第一、二条边,它们正好是两条一次 Bézier 曲线。将(1)、(2)式代入(3)式得:

$$P_0^2 = (1-u)^2 P_0 + 2u(1-u)P_1 + u^2 P_2$$

当 u 从 0 变到 1 时,表示由三顶点 P_0、P_1、P_2 定义的一条二次 Bézier 曲线,并且表明这条二次 Bézier 曲线的点 P_0^2 可以定义为由前两个顶点(P_0,P_1)和后两个顶点(P_1,P_2)决定的一次 Bézier 曲线的线性组合。

依此类推,由四个控制点定义的三次 Bézier 曲线 P_0^3 可被定义为分别由(P_0,P_1,P_2)和(P_1,P_2,P_3)确定的两条二次 Bézier 曲线的线性组合;进一步由($n+1$)个控制点 P_i($i=0,1,\cdots,n$)定义的 n 次 Bézier 曲线 P_0^n 可被定义为分别由前、后 n 个控制点定义的两条($n-1$)次 Bézier 曲线 P_0^{n-1} 与 P_1^{n-1} 的线性组合:

$$P_0^n = (1-u)P_0^{n-1} + uP_1^{n-1} \quad u \in [0,1]$$

由此得到 Bézier 曲线的递推公式如下:

$$P_i^k = \begin{cases} P_i & k=0 \\ (1-u)P_i^{k-1} + uP_{i+1}^{k-1} & k=1,2,\cdots,n \quad i=0,1,\cdots,n-k \end{cases}$$

这便是著名的 de Casteljau 算法,该算法可用简单的几何作图实现。给定参数 $u \in [0,1]$,将定义域分成长度为 $u:(1-u)$ 的两段。依次对原始控制多边形每一边执行同样的定比分割,所得分割点就是第一级递推生成的中间顶点 P_i^1($i=0,1,\cdots,n-1$),对这些中间顶点构成的控制多边形再执行同样的定比分割,得第二级中间顶点 P_i^2($i=0,1,\cdots,n-2$)。重复进行下去,直到第 n 级递推得到一个中间顶点 P_0^n 即为所求曲线上的点 $P(u)$。图 2-22 所示为几何作图求三次 Bézier 曲线(给定参数域 $u \in [0,1]$)上 $u=1/3$ 的点。把定义域分成长度为 $1/3:(1-1/3)$ 的两段。依次对原始控制多边形每一边执行同样的定比分割,所得分割点就是第一级递推生成的中间顶点 P_0^1、P_1^1、P_2^1,对这些中间顶点构成的控制多边形再执行同样的定比分割,得第二级中间顶点 P_0^2、P_1^2。重复进行下去,直到第三级递推得到一个中间顶点 P_0^3 即为所求曲线上的点 $P(u)$。

上述过程的 de Casteljau 算法递推出的 P_1^k 呈三角形,对应结果如图 2-23 所示。递归算法是上述过程的逆过程,首先从上向下递归,直到底层后开始返回,顶层点 P_0^3 即为曲线上的点。

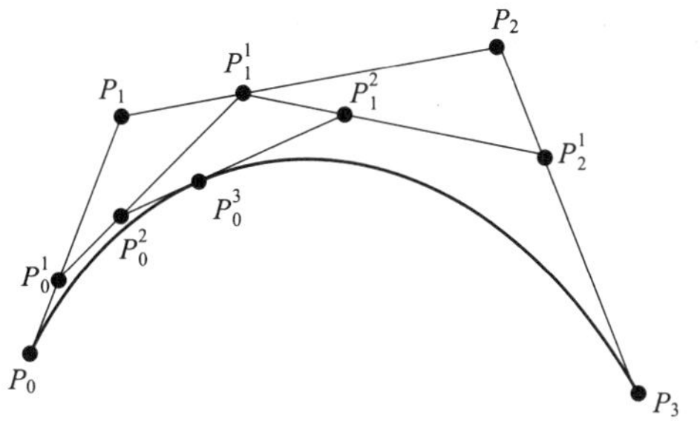

图 2-22　几何作图法求 Bézier 曲线上一点（$n=3, u=1/3$）

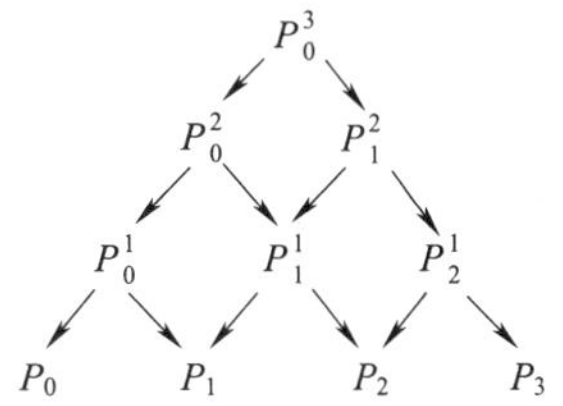

图 2-23　$n=3$ 时，P_i^n 的递推关系

另外，这一算法隐含说明任一 Bézier 曲线均可被分割为两段 Bézier 曲线。第一段由 P_0、P_0^1、P_0^2、P_0^3 确定，参数空间为[0,1/3]；第二段由 P_0^3、P_1^2、P_2^1、P_3 确定，参数空间为[1/3,1]，分割后的曲线形状保持不变。如图 2-24 所示，三次 Bézier 曲线是通过 P_0、P_3 首末两点，并受 P_0、P_1、P_2、P_3 四点位置控制的三次曲线。

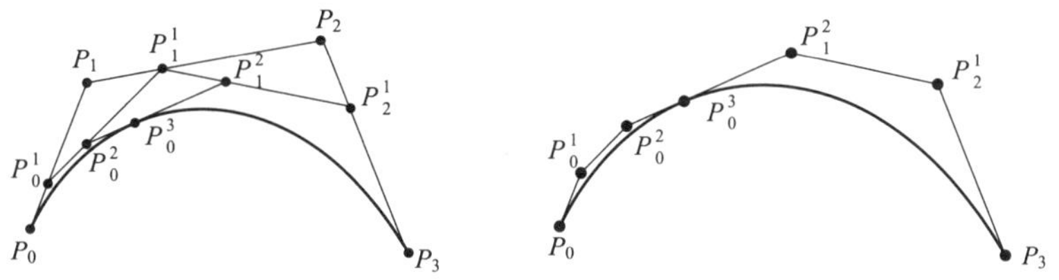

图 2-24　Bézier 曲线的分割（$n=3, u=1/3$）

4. Bézier 曲线性质

以三次 Bézier 曲线为例进行讨论。

（1）端点性质。曲线通过给定点的始点和终点处的切线方向分别与特征多边形的首、末两边重合，其大小为首、末两边长的 3 倍。

（2）凸包性。Bézier 曲线的凸包性表现为曲线落在由特征多边形控制顶点所构成的最小凸多边形内，如图 2-25 所示。

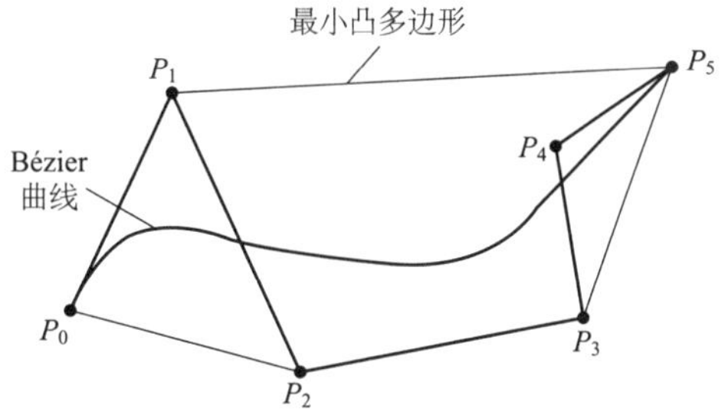

图 2-25　Bézier 曲线的凸包性

（3）几何不变性。Bézier 曲线的位置与形状仅与特征多边形顶点的位置有关，而与坐标系的选择无关。在几何变换中，只要针对特征多边形的顶点变换即可，而无须对曲线上的每一点进行变换。

(4) 全局控制性。将给出的控制点顺序连接可组成一折线，Bézier 曲线光滑地随着该折线的变化而变化，在两端处曲线切于控制点连线折线的起始边和终止边。根据这一性质，设计者可以通过改动控制点的配置，控制 Bézier 曲线的变化趋势。对 Bézier 曲线，改变一个控制点的位置，将影响整条曲线的形状，所以总控制点数目不宜过多。

5. Bézier 曲线的拼接

Bézier 曲线函数也是多项式，其次数为段内控制点数目减 1。当控制点数目较多时，用一个整段拟合，则多项式的次数太高，此时宜分段拟合。

如图 2-26 所示，若给定两条三次 Bézier 曲线段 $P(u)$ 和 $Q(u)$，使曲线 $P(u)$ 的终点 P_3 与曲线 $Q(u)$ 的起点 Q_0 重合，讨论拼接后的连续性条件。

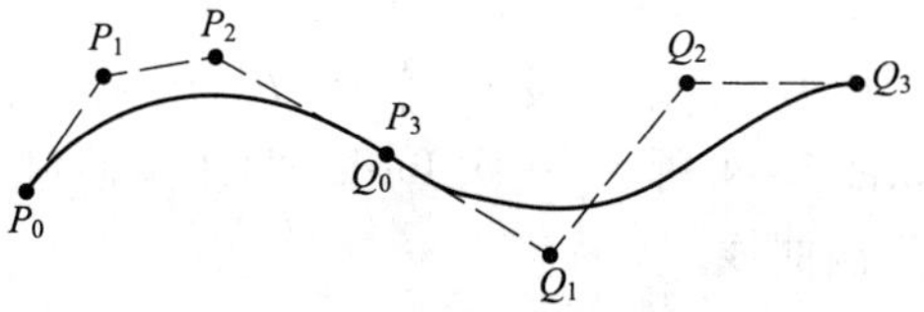

图 2-26 Bézier 曲线的拼接

(1) G^0 连续。曲线 $P(u)$ 的终点与曲线 $Q(u)$ 的起点相连，满足 G^0 连续条件，此时有

$$P(1)=Q(0)$$

(2) G^1 连续。要求曲线在连接点处具有相同的单位切矢量，即 $P'(1)=\lambda Q'(0)$。代入 Bézier 曲线的方程有

$$P'(1)=3(P_3-P_2) \quad Q'(0)=3(Q-Q_0)$$

$$3(P_3-P_2)=3\lambda(Q_1-Q_0)$$

要保证三次 Bézier 曲线在连接点处达到 G^1 连续，应满足 P_2、$P_3(Q_0)$、Q_1 三点共线，如图 2-26 所示。

(3) G^2 连续。应满足 $P''(1)=Q''(0)$，代入 Bézier 曲线的方程有

$$P''(1)=6(P_3-2P_2+P_1) \quad Q''(0)=6(Q_2-2Q+Q_0)$$

所以

$$P_3-2P_2+P_1=Q_2-2Q+Q_0$$

$$(P_3-P_2)+(P_1-P_2)=(Q_2-Q_1)+(Q_0-Q_1)$$

因此，由连接点两边各两个顶点所构成的平行四边形对角线须平行且相等，并位于同一平面，如图 2-27 所示。Bézier 曲线 G^0、G^1、G^2 连续性关系如图 2-28 所示。

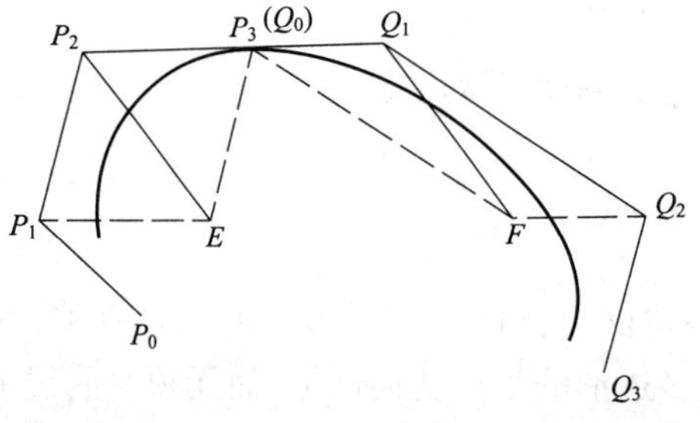

图 2-27 Bézier 曲线 G^2 连续条件

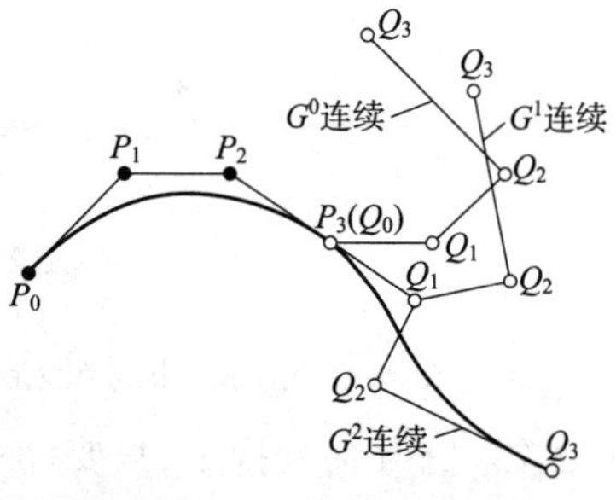

图 2-28 Bézier 曲线连续性

2.3.3　B 样条曲线

Bézier 曲线虽然有许多优点，但也有明显的不足之处。一是缺乏局部修改的能力，移动一个顶点的位置将会影响整条曲线的形状；二是曲线的次数受多边形点数的限制，对 Bézier 曲线曲面的拼接要达到二阶连续还须附加一些条件，比较复杂。

为克服上述缺点，专家学者们在研究 Bézier 方法的基础上构造了 B 样条曲线，在保留 Bézier 方法优点的同时，克服了 Bézier 方法的劣势。B 样条曲线是分段连续的多项式曲线，曲线的次数与控制点的个数无关，控制点只影响曲线的局部性质。B 样条曲线的表示方法，是由 B 样条基函数代替 Bézier 曲线中的 Bernstein 基函数。

最常使用的 B 样条曲线是三次（部分造型软件为六次）B 样条曲线。对三次 B 样条曲线来说，任意插值点的坐标值只与相邻四个控制点坐标有关；如果改动任意控制点的坐标，其对曲线形状影响波及的范围只是前后各三个小段。

1. 一次均匀 B 样条曲线的矩阵表示

空间 $n+1$ 个顶点 $P_i(i=0,1,\cdots,n)$ 定义 n 段一次（$k=1$，二阶）均匀 B 样条曲线，即每相邻两个点可构造一曲线段 $P_i(u)$，其定义表达为

$$
\begin{aligned}
P_i(u) &= (u \quad 1)\begin{pmatrix} -1 & 1 \\ 1 & 0 \end{pmatrix}\begin{pmatrix} P_{i-1} \\ P_i \end{pmatrix} \quad i=1,\cdots,n; \quad 0\leqslant u\leqslant 1 \\
&= (1-u)P_{i-1} + uP_i \\
&= N_{0,1}(u)P_{i-1} + N_{1,1}(u)P_i
\end{aligned}
$$

由图 2-29 可知，第 i 段曲线端点位置矢量为 $P_i(0)=P_{i-1}$，$P_i(1)=P_i$，且一次均匀 B 样条曲线就是控制多边形。

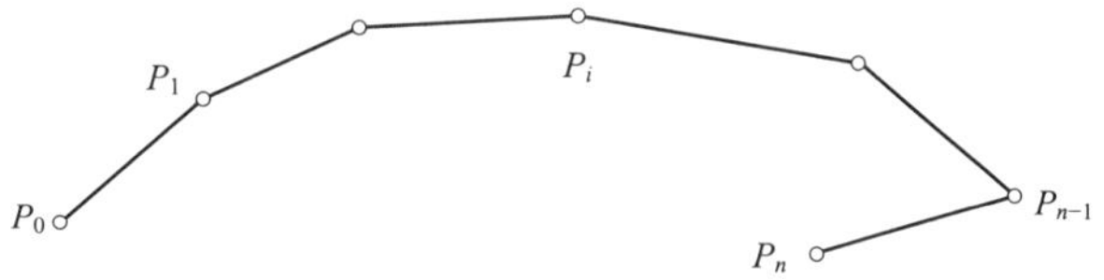

图 2-29　一次 B 样条曲线

2. 二次均匀 B 样条曲线

空间 $n+1$ 个顶点的位置矢量 $P_i(i=0,1,\cdots,n)$ 定义 $n-1$ 段二次（$k=2$，三阶）均匀 B 样条曲线，每相邻三个点可构造一曲线段 $P_i(u)(i=0,1,\cdots,n-1)$，其定义表达为

$$
\begin{aligned}
P_i(u) &= \frac{1}{2}(u^2 \quad u \quad 1)\begin{pmatrix} 1 & -2 & 1 \\ -2 & 2 & 0 \\ 1 & 1 & 0 \end{pmatrix}\begin{pmatrix} P_{i-1} \\ P_i \\ P_{i+1} \end{pmatrix} \quad i=1,\cdots,n-1; \quad 0\leqslant u\leqslant 1 \\
&= \frac{1}{2!}(1-2u+u^2)P_{i-1} + \frac{1}{2!}(1-2u-2u^2)P_i + \frac{1}{2!}u^2P_{i+1} \\
&= N_{0,2}(u)P_{i-1} + N_{1,2}(u)P_i + N_{2,2}(u)P_{i+1}
\end{aligned}
$$

由图 2-30 可知,二次 B 样条曲线有如下矢量:

(1) 端点位置矢量:$P_i(0)=0.5(P_{i-1}+P_i)$,$P_i(1)=0.5(P_i+P_{i+1})$,即曲线的起点和终点分别位于控制多边形 $P_{i-1}P_i$ 和 P_iP_{i+1} 的中点。若 P_{i-1}、P_i、P_{i+1} 三个顶点位于同一条直线上,$P_i(u)$ 退化成 $P_{i-1}P_iP_{i+1}$ 直线边上的一段直线。

(2) 端点一阶导数矢量:$P_i(0)=P_i-P_{i-1}$,$P_i(1)=P_{i+1}-P_i$,$P_i'(0)=P_{i+1}-P_i$,$P_i'(1)=P_{i+2}-P_{i+1}$,即曲线的起点切矢和终点切矢分别和两边重合,且相邻两曲线段在节点处的一阶导数连续。

(3) 二阶导数矢量:$P_i''(0)=P_{i-1}-2P_i+P_{i+1}=P_i''(1)=P_i''(t)$,即曲线段内任何点处的二阶导数均相等,且相邻两曲线段在节点处的二阶导数不连续。

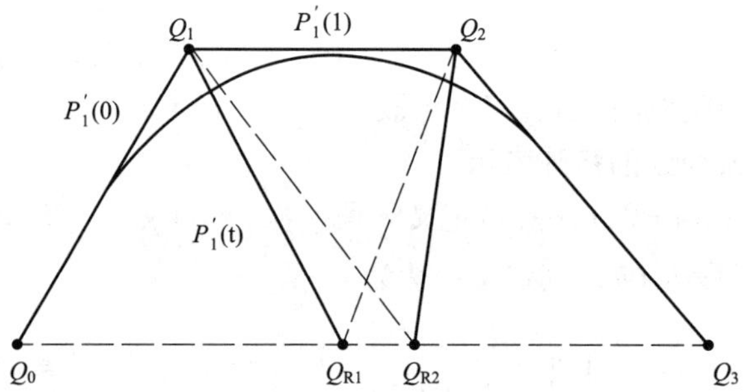

图 2-30 二次 B 样条曲线

3. 三次均匀 B 样条曲线

空间 $n+1$ 个顶点的位置矢量 $P_i(i=0,1,\cdots,n)$ 构造 $n-2$ 段三次($k=3$,四阶)均匀 B 样条曲线段,每相邻四个点可定义一曲线段 $P_i(u)(i=0,1,\cdots,n-2)$,其定义表达为

$$P_i(u)=\frac{1}{6}(u^3\quad u^2\quad u\quad 1)\begin{pmatrix}-1 & 3 & -3 & 1\\ 3 & -6 & 3 & 0\\ -3 & 0 & 3 & 0\\ 1 & 4 & 1 & 0\end{pmatrix}\begin{pmatrix}P_{i-1}\\ P_i\\ P_{i+1}\\ P_{i+2}\end{pmatrix}\quad i=1,\cdots,n-2;\quad 0\leqslant u\leqslant 1$$

$$=\frac{1}{3!}(1-u)^3P_{i-1}+\frac{1}{3!}(4-6u^2+3u^3)P_i+\frac{1}{3!}(1+3u+3u^2-3u^3)P_{i+1}+\frac{1}{3!}u^3P_{i+2}$$

$$=N_{0,3}(u)P_{i-1}+N_{1,3}(u)P_i+N_{2,3}(u)P_{i+1}+N_{3,3}(u)P_{i+2}$$

如图 2-31 所示,讨论三次 B 样条曲线几何特征。

(1) 端点位置矢量:$P(0)=\frac{1}{6}(P_0+4P_1+P_2)$,$P(1)=\frac{1}{6}(P_1+4P_2+P_3)$,由此可知,三次 B 样条曲线的起点和终点分别位于 $\triangle P_0P_1P_2$、$\triangle P_3P_1P_2$ 中线的 1/3 处。

(2) 端点切矢量:$P'(0)=\frac{1}{2}(P_2-P_0)$,$P'(1)=\frac{1}{2}(P_3-P_1)$,曲线段起点与终点切矢量分别平行于 P_0P_2、P_1P_3 边,其模长为该边的一半。

(3) 端点的二阶导数矢量:$P''(0)=P_0-2P_1+P_2$,$P''(1)=P_1-2P_2+P_3$,曲线起点和终点的二阶导数矢量等于特征多边形相邻两直线边所构成的平行四边形的对角线。

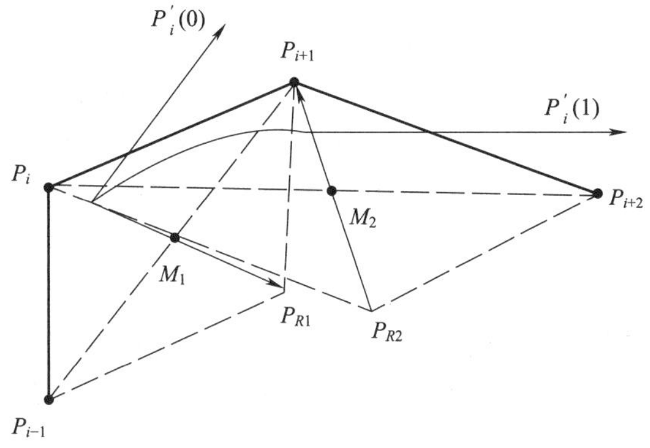

图 2-31　三次 B 样条曲线

4. B 样条曲线的性质

(1) 局部性。k 次 B 样条曲线上的一点只被相邻的 $k+1$ 个控制顶点所控制，而与其他控制顶点无关。当改变一个控制顶点的坐标位置，只对 $k+1$ 条曲线段产生影响，对整条曲线的其他部分没有影响。因此，B 样条曲线具有局部控制性。

(2) 连续性。三次 B 样条曲线在整个拟合范围内具有二阶导数连续性。

(3) 几何不变性。B 样条曲线的形状和位置与坐标系的选择无关。

(4) 凸包性。B 样条曲线比 Bézier 曲线更逼近于控制点组成的特征多边形。

(5) 当连线相邻的 4 个控制点处于一条直线上时，三次 B 样条曲线变为一条直线，且与该直线的一部分重合。

(6) 当连续 3 个控制点重合时，拟合的三次 B 样条曲线将通过此重合点。

(7) 当连续 3 个控制点处于一条直线连线上时，拟合的三次 B 样条曲线将与此直线相切。

2.3.4　NURBS 曲线

一条 k 次 NURBS 曲线的定义为

$$P(u)=\frac{\sum_{i=0}^{n}\omega_i d_i N_{i,k}(u)}{\sum_{i=0}^{n}\omega_i N_{i,k}(u)}$$

其中 $\omega_i(i=0,1,\cdots,n)$ 称为权，与控制顶点 $d_i(i=0,1,\cdots,n)$ 相关联，其作用类似基函数，但比基函数更直接。令 ω_0、$\omega_n>0$，$\omega_i\geqslant 0$，可防止分母为零、保留凸包性及曲线不退化性。$d_i(i=0,1,\cdots,n)$ 为控制顶点，$N_{i,k}(u)$ 是由节点 $\boldsymbol{U}=(u_0,u_1,\cdots,u_{n+k+1})$ 决定的 k 次($k+1$ 阶)B 样条基函数。

对于非周期 NURBS 曲线，两端点的重复度可取 $k+1$，即 $u_0=u_1=\cdots=u_k$，$u_{n+1}=u_{n+2}=\cdots=u_{n+k+1}$，且在大多数实际应用中，节点值分别取为 0 与 1，因此，其曲线定义域为 $u\in[u_k,u_{n+1}]=[0,1]$。

由于 NURBS 曲线与 B 样条曲线采用相同的基函数，因此 NURBS 曲线具有和 B 样条曲线相同的性质。除此之外，由于权因子的作用，使 NURBS 曲线具有更强的灵活性和表达能力，

NURBS 曲线能统一表达圆锥曲线、B 样条曲线和 Bézier 曲线。

（1）若固定所有控制顶点及除 ω_i 外的所有其他权因子不变，当 ω_i 变化时，P 点随之移动，它在空间扫描出一条过控制顶点 d_i 的直线。当 $\omega_i \to +\infty$ 时，P 点趋近与控制顶点 d_i 重合。

（2）若 ω_i 增加，则曲线被拉向控制顶点 d_i；若 ω_i 减小，则曲线被推离控制顶点 d_i。

（3）若 ω_i 增加，则曲线在受影响的范围内被推离除顶点 d_i 外的其他相应控制顶点；若 ω_i 减小，则相反。

图 2-32 所示为权因子对 NURBS 曲线的影响示意图。

图 2-33 所示为二次 NURBS 曲线表达圆的一种方法，图中各顶点 V_i 的权因子 ω_i 的取值分别为（1，0.707 1，1，0.707 1，1，0.707 1，1，0.707 1，1），其节点矢量 $\boldsymbol{T}$ =（0，0，0，1，1，1，2，2，3，3，4，4，4）。

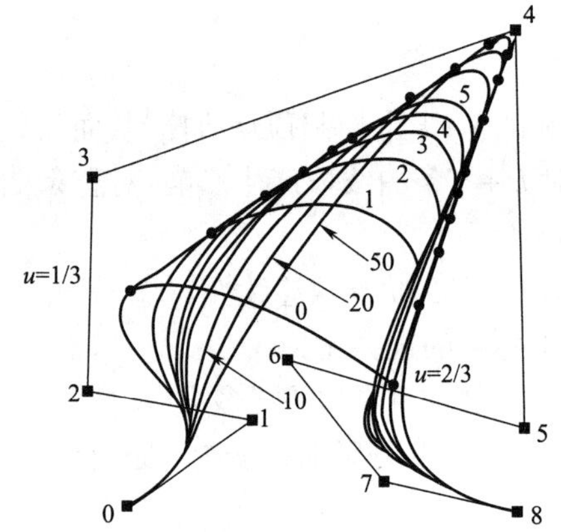

图 2-32 权因子 ω_i 对曲线的影响示意图

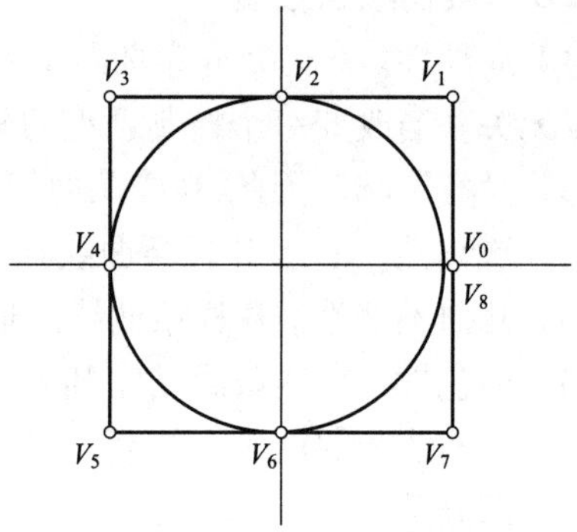

图 2-33 二次 NURBS 曲线定义圆

2.3.5 曲面的参数表示

曲面分为规则曲面与不规则曲面。规则曲面常见的有柱面、锥面、球面、环面、双曲面、抛物面等，这些曲面都可用函数或参数方程表示；而常见的不规则曲面有 Bézier 曲面、B 样条曲面、孔斯曲面和 NURBS 曲面等，这些曲面采用分片的参数方程表示。

不规则曲面的基本生成原理是：先确定曲面上特定离散点（型值点）的坐标位置，通过拟合使曲面通过或逼近给定的型值点，得到相应的曲面。一般情况下，曲面的参数方程不同，即可得到不同类型及特性的曲面。基于 Bézier 曲线、B 样条曲线和 NURBS 曲线的讨论，可以很方便地将曲线定义方法扩展到曲面的定义。

1. Bézier 曲面

Bézier 曲面是 Bézier 曲线的拓展。用一个参数 t 描述的向量函数可以表示一条空间曲线，而用两个参数 u、v 描述的向量函数就能表示一个曲面。设 $P_{ij}(i=0,1,\cdots,n;j=0,1,\cdots,m)$ 为 $(n+1)\times(m+1)$ 个空间点列，则 $m \times n$ 次张量积形式的 Bézier 曲面定义为

$$P(u,v)=\sum_{i=0}^{n}\sum_{j=0}^{m}P_{ij}B_{i,n}(u)B_{j,m}(v) \quad u,v \in [0,1]$$

其中，$B_{i,n}(u)=C_n^i u^i(1-u)^{n-i}$、$B_{j,m}(v)=C_m^j v^j(1-v)^{m-j}$ 是 Bernstein 基函数。依次用线段连接

点列 $P_{ij}(i=0,1,\cdots,n;j=0,1,\cdots,m)$ 中相邻两点所形成的空间网格称为特征网格。

Bézier 曲面的矩阵表示式为

$$P(u,v)=\begin{pmatrix}B_{0,n}(u) & B_{1,n}(u) & \cdots & B_{n,n}(u)\end{pmatrix}\begin{pmatrix}P_{00} & P_{01} & \cdots & P_{0m}\\ P_{10} & P_{11} & \cdots & P_{1m}\\ \vdots & \vdots & & \vdots\\ P_{n0} & P_{n1} & \cdots & P_{nm}\end{pmatrix}\begin{pmatrix}B_{0,m}(v)\\ B_{1,m}(v)\\ \vdots\\ B_{m,m}(v)\end{pmatrix}$$

在一般实际应用中，m,n 不大于 4。

以双三次 Bézier 曲面为例，将其写为矩阵表达式为

$$P(u,v)=(B_{0,3}(u)\quad B_{1,3}(u)\quad B_{2,3}(u)\quad B_{3,3}(u))(P_{ij})_{4\times 4}(B_{0,3}(v)\quad B_{1,3}(v)\quad B_{2,3}(v)\quad B_{3,3}(v))^{\mathrm{T}}$$

$$=(u^3\quad u^2\quad u\quad 1)\begin{pmatrix}-1 & 3 & -3 & 1\\ 3 & -6 & 3 & 0\\ -3 & 3 & 0 & 0\\ 1 & 0 & 0 & 0\end{pmatrix}\begin{pmatrix}P_{00} & P_{01} & P_{02} & P_{03}\\ P_{10} & P_{11} & P_{12} & P_{13}\\ P_{20} & P_{21} & P_{22} & P_{23}\\ P_{30} & P_{31} & P_{32} & P_{33}\end{pmatrix}\begin{pmatrix}-1 & 3 & -3 & 1\\ 3 & -6 & 3 & 0\\ -3 & 3 & 0 & 0\\ 1 & 0 & 0 & 0\end{pmatrix}\begin{pmatrix}v^3\\ v^2\\ v\\ 1\end{pmatrix}$$

其具体计算方法为

$$P_x(u,v)=(B_{0,3}(u)\quad B_{1,3}(u)\quad B_{2,3}(u)\quad B_{3,3}(u))(P_{ijx})_{4\times 4}(B_{0,3}(v)\quad B_{1,3}(v)\quad B_{2,3}(v)\quad B_{3,3}(v))^{\mathrm{T}}$$

$$P_z(u,v)=(B_{0,3}(u)\quad B_{1,3}(u)\quad B_{2,3}(u)\quad B_{3,3}(u))(P_{ijz})_{4\times 4}(B_{0,3}(v)\quad B_{1,3}(v)\quad B_{2,3}(v)\quad B_{3,3}(v))^{\mathrm{T}}$$

$$P_y(u,v)=(B_{0,3}(u)\quad B_{1,3}(u)\quad B_{2,3}(u)\quad B_{3,3}(u))(P_{ijy})_{4\times 4}(B_{0,3}(v)\quad B_{1,3}(v)\quad B_{2,3}(v)\quad B_{3,3}(v))^{\mathrm{T}}$$

其中，上式中各基函数的值只需计算一次。

双三次 Bézier 曲面由 4×4 个控制顶点构成的控制网格定义，先按等参数方向均匀离散成网格点，再按一定规则绘制网格线及其线框图，如图 2-34 所示。

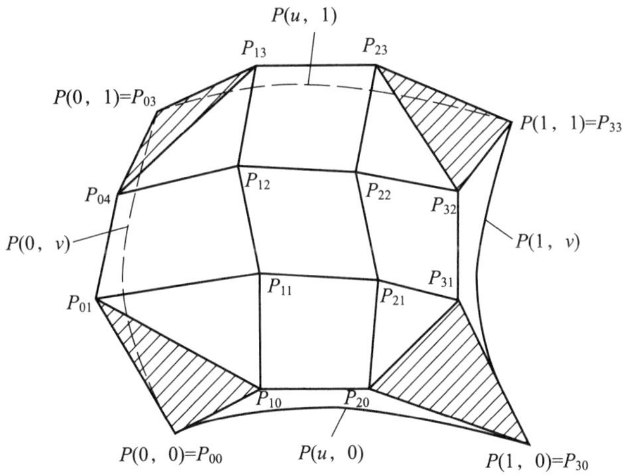

图 2-34　双三次 Bézier 曲面片及边界信息

2. B 样条曲面

B 样条曲面同样也是 B 样条曲线的拓展。通过 B 样条曲面方程，给定 $(m+1)\times(n+1)$ 个控制点 $P(i=0,1,2,\cdots,m;j=0,1,2,\cdots,n)$，可定义 $k\times l$ 次 B 样条曲面：

$$p(u,v)=\sum_{i=0}^{m}\sum_{j=0}^{n}p_{i,j}N_{j,k}(u)N_{j,l}(v)$$

式中,$N_{i,k}(u)$和$N_{j,l}(v)$分别为k次和l次B样条基函数,由控制点$P_{i,j}$组成的空间网格称为B样条曲面的特征网格。如图2-35所示,对于$k=l=3$,双三次B样条曲面方程为

$$p(u,v)=\sum_{i=0}^{3}\sum_{j=0}^{3}p_{i,j}N_{i,3}(u)N_{j,3}(v)$$

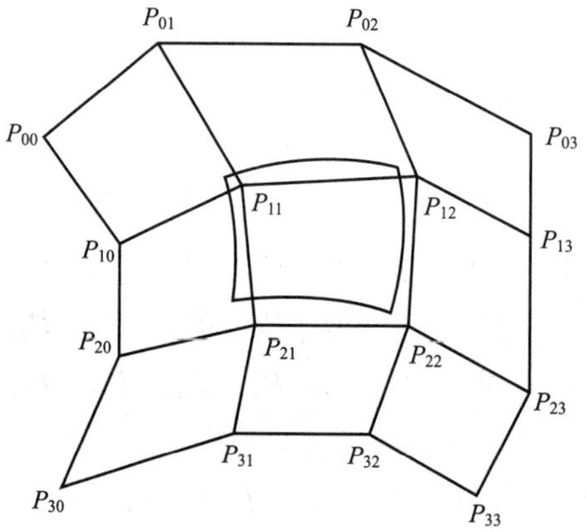

图2-35 双三次B样条曲面片

由图2-35可以看出,$k\times l$次B样条曲面片的四个角点不经过任何特征网格顶点,且仅与该角点对应的$k\times l$个特征网格顶点有关;B样条曲面的边界曲线仍为B样条曲线,该边界B样条曲线由对应的k条(或l条)边界特征网格顶点确定。而且B样条曲面也具有几何不变性、对称性和凸包性。B样条曲面边界的跨界导数只与定义边界的顶点及相邻$k-1$排(或$l-1$排)顶点有关,具有$(k-1)\times(l-1)$阶函数连续性。这是由三次B样条基函数族的连续性保证的。所以,双三次B样条曲面的突出特点就在于相当轻松地解决了曲面片之间的连接问题。

3. NURBS曲面

由双参数变量分段有理多项式定义的NURBS曲面为

$$P(u,v)=\frac{\sum_{i=0}^{m}\sum_{j=0}^{n}\omega_{i,j}d_{i,j}N_{i,k}(u)N_{j,l}(v)}{\sum_{i=0}^{m}\sum_{j=0}^{n}\omega_{i,j}N_{i,k}(u)N_{j,l}(v)}$$

其中控制顶点$d_{i,j}(i=0,1,\cdots,m;j=0,1,\cdots,n)$呈拓扑矩形阵列,形成一个控制网格。

$\omega_{i,j}$是与顶点$d_{i,j}$联系的权因子,规定四角顶点处用正权因子,即$\omega_{0,0}$、$\omega_{m,0}$、$\omega_{0,n}$、$\omega_{m,n}>0$,其余$\omega_{i,j}\geqslant 0$;$N_{i,k}(u)(i=0,1,\cdots,m)$和$N_{j,l}(v)(j=0,1,\cdots,n)$分别为$u$向$k$次和$v$向$l$次的规范B样条基。它们分别由$u$向与$v$向的节点矢量$\boldsymbol{U}=[u_0,u_1,\cdots,u_{m+k+1}]$与$\boldsymbol{V}=[v_0,v_1,\cdots,v_{n+l+1}]$决定。

由于NURBS曲面与B样条曲面采用相同的基函数,因此NURBS曲面具有和B样条曲面相同的性质。除此之外,由于权因子的作用,使NURBS曲面具有更强的灵活性和表达能力,NURBS曲面能统一表达二次曲面(如球面、柱面、圆环面等)、B样条曲面和Bézier曲面等。

2.4　UG NX 曲线与曲面设计案例

2.4.1　UG NX 曲线与曲面设计

使用 UG NX 软件进行产品设计时,对于形状比较规则的零件,利用实体特征的造型方法快捷方便,基本能满足造型的需要。但对于形状复杂的零件,该方法显得力不从心,这时需要实体和曲面混合设计才能完成。曲面是对点、线、面进行操作后生成的片体,是定义了边界的非实体特征。曲面建模的一般步骤是先创建曲线,根据曲线构造曲面,对曲面进行编辑,得到用户需要的曲面模型。

1. 基本术语

(1) 实体、片体和曲面。在 UG NX 中构造的物体类型有两种:实体与片体。实体是具有一定体积和质量的实体性几何特征;片体是相对于实体而言的,它只有表面,没有体积,并且一个片体是一个独立的几何体,可以包含一个特征,也可以包含多个特征。

① 实体:具有厚度、由封闭曲面包围的具有体积的物体。

② 片体:厚度为 0 的实体,它只有表面,没有体积。

③ 曲面:曲面是一种泛称,片体、片体组合、实体的所有表面都可以称为曲面。

(2) 曲面的 u、v 方向。在数学上,曲面是用两个方向的参数定义的:行方向由 u 参数定义,列方向由 v 参数定义。

对于“通过点”的曲面,大致具有同方向的一组点构成了行,与行大约垂直的一组点构成列方向,如图 2-36 所示。

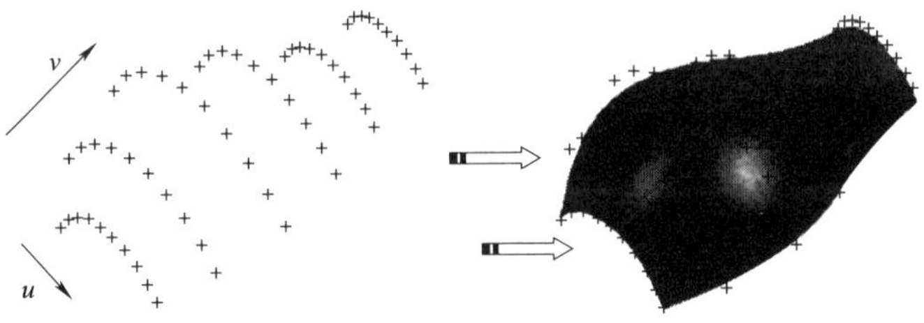

图 2-36　通过点曲面的 u、v 方向

对于“通过曲线”生成曲面和“直纹面”生成曲面的方法,曲线方向代表了 u 方向,如图 2-37 所示。

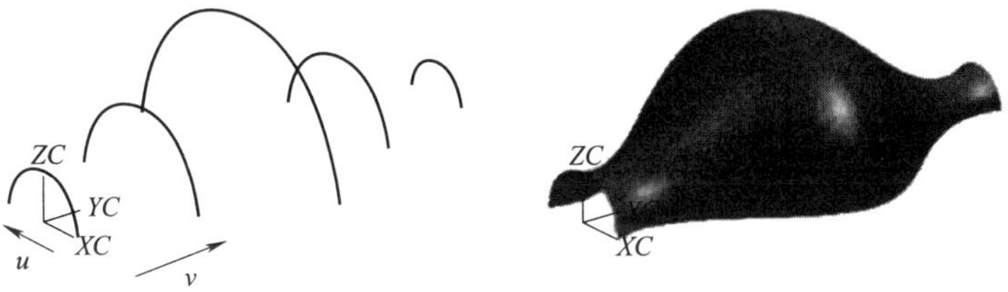

图 2-37　曲线曲面的 u、v 方向

（3）曲面的阶次。曲面的阶次类似于曲线的阶次，是一个数学概念，用于描述片体多项式的最高次数，由于片体具有 u、v 两个方向的参数，因此，须分别指定次数。在 UG NX 中，片体在 u、v 方向的次数必须为 2 ~ 24，最好采用 3 次，称为双三次曲面。曲面的阶次过高会导致系统运算速度变慢，甚至在数据转换时容易发生数据丢失等情况。

（4）补片类型。片体是由补片构成的，根据补片的类型可分为单补片和多补片。

单补片是指所建立的片体只包含一个单一的补片，而多补片则是由一系列的单补片组成的，如图 2-38 所示。用户在相应的对话框中可以控制生成单张或多张曲面片。补片越多，越能在更小的范围内控制片体的曲率半径，一般情况下，减少补片的数量，可以使创建的曲面更光滑，因此，从加工的观点出发，创建曲面时应尽可能使用较少的补片。

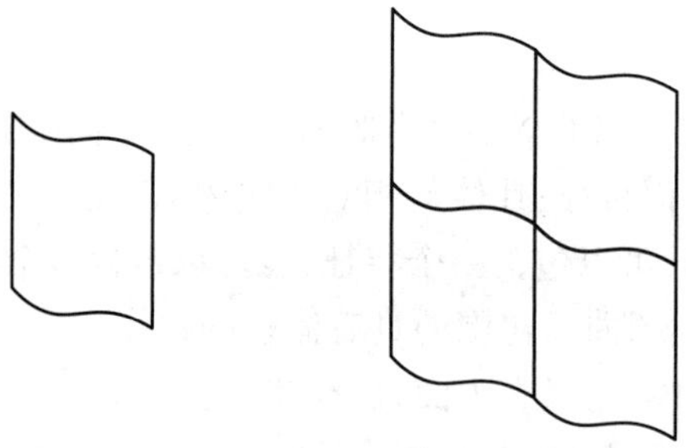

（a）单个补片　　（b）4个补片组成一张片体

图 2-38　补片

（5）曲面公差。在数学上，曲面是采用逼近和插值方法进行计算的，因此需要指定造型误差，具体包括以下两种类型，其公差值在曲面造型预设置中设定。

① 距离公差：指构造曲面与数学表达的理论曲面在对应点所允许的最大距离误差。

② 角度公差：指构造曲面与数学表达的理论曲面在对应点所允许的最大角度误差。

2. 曲线设计

曲线构造和编辑是三维 CAD 软件中最重要、最基本的操作，简单实体模型和复杂曲面模型的创建，一般都从构造曲线开始。

（1）创建基本曲线。UG NX 创建基本曲线的特征命令主要包括点、直线、圆弧/圆、规律曲线、艺术样条、螺旋线、曲面上的曲线等。其中规律曲线和艺术样条应用较多。规律曲线是指根据给定规律函数创建曲线，在“规律曲线”对话框中，规律曲线有以下几种形式：恒定、线性、三次、根据方程等。艺术样条可采用通过点或根据极点的方式创建，通过极点创建曲线要确定曲线类型是单段或多段、曲线的阶次等；通过已知数据点进行样条曲线构造，可以精确控制曲线的形状和尺寸。

（2）创建派生曲线。派生曲线种类很多，可用桥接、连接、投影、相交、截面等命令创建。

（3）编辑曲线。已创建的曲线特征可以通过编辑命令进行修改。

3. 曲面设计

在 UG NX 中，曲面特征是构建特殊造型必备的要素，其厚度为 0，有表面大小没有质量和体积，但不影响模型特征参数的修改。一个曲面可包含多个片体，每个片体都是独立的几何体，每个片体也可包含多个特征。曲面可以是点的集合，也可以是线的集合或面与面的组合。

（1）创建曲面。创建曲面有三种常用方法，即由点构面、由线构面和由面构面。最常用的创建方法是先创建曲线，利用曲线构建曲面框架再获得曲面。此方法创建的曲面全参数化，曲面和曲线之间具有关联性，即曲线修改后相关曲面会自动更新。UG NX 提供直纹曲面，通过曲线组、通过曲线网格、扫掠等多种由曲线创建曲面的命令。

（2）编辑曲面。编辑曲面用于对已有曲面进行修改。利用编辑曲面功能可重新定义曲面特征参数，也可通过变形和再生命令对曲面直接进行编辑，从而创建出风格多变的自由曲面，满足设计需要。

4. 曲线与曲面编辑

Bézier 曲线是由单一表达式控制的单段曲线，其形状由控制顶点和插值方式决定。Bézier 曲线内部光滑，其形状调节有很强的整体性，移动一个控制点对整个曲线都有影响，可通过增减次数实现形状调节的灵活性。随着其次数的增加，调控性变差。

NURBS 曲线是 CAD 软件中常见的自由曲线表达方法，图 2-39 所示为 4 段 3 次 NURBS 曲线图。

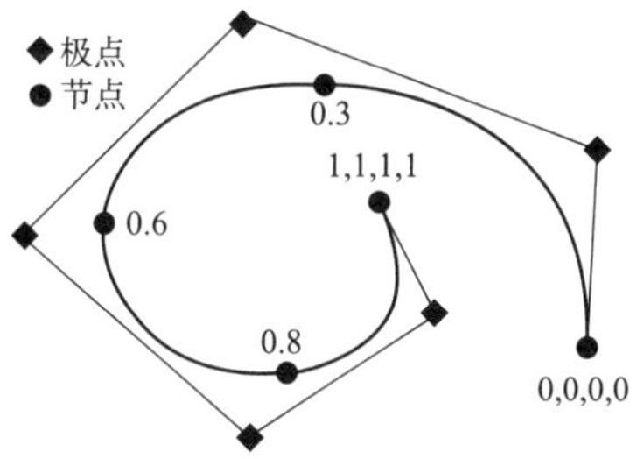

图 2-39　4 段 3 次 NURBS 曲线

与 Bézier 曲线相同，NURBS 曲线形状同样是由控制顶点和插值方式决定。NURBS 样条曲面表达式更复杂，但更灵活，通过调整插值方式改变曲面形状，复杂的形状可通过低阶的次数获得，并可准确表达二次曲面。NURBS 曲线可以认为是多段 Bézier 曲线首尾相接而成，如图 2-40 所示，每一段有自己的控制表达式。图 2-41 所示为 4 段 3 次 NURBS 极点控制区域示意图。Bézier 曲线可看作只有一段的特殊 NURBS 曲线。通过增加 NURBS 曲线次数或内部的段数改善样条局部属性，提升其形状控制灵活性。曲线内部参数连续性由插入的节点数量决定。可以用编辑曲线的方法编辑曲面。

图 2-40　NURBS 的 Bézier 理解图

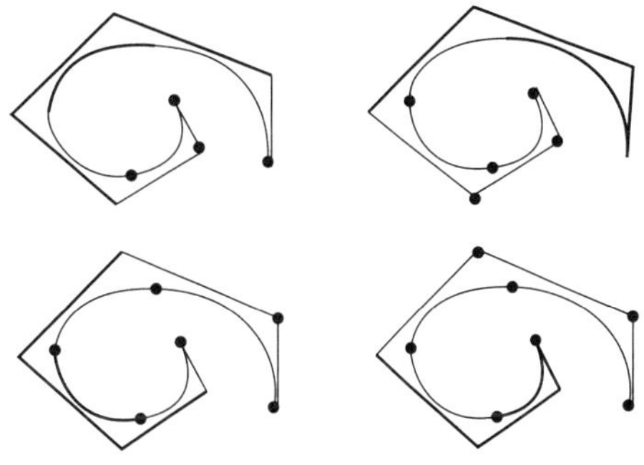

图 2-41　4 段 3 次 NURBS 极点控制区域

2.4.2 车身表面建模方法

1. 车身曲面设计基本概念

1）车身坐标系设置

车身坐标系中，*X* 指汽车的前后方向，*Y* 为左右方向，*Z* 为上下方向，坐标系及坐标原点选择如图 2-42 所示。

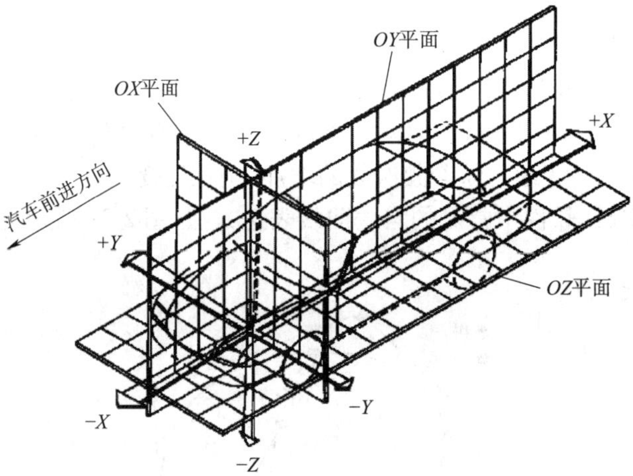

图 2-42 车身坐标系

2）车身曲面的分类

与一般的机械零件完全不同，汽车车身上的很多零件有着复杂的三维曲面，尤其是外覆盖件。汽车车身曲面按照可见性的高低可分为 A 级（class A）曲面、B 级曲面和 C 级曲面，其中以 A 级曲面的要求最高，C 级要求最低，B 级介于两者之间。

汽车车身 A 级曲面是指汽车车身外表面中的高可见区域曲面，这些曲面因为是高可见的，所以对其要求非常高。该曲面包括发动机盖、前后翼子板、前后保险杠、车门、A 柱、B 柱、C 柱、后背门、顶盖、侧围以及内饰件中的高可见区域曲面等。

对于汽车车身 A 级曲面，首先，车身曲面要符合造型特征要求，曲面之间的拼接连续性要在 G2 或以上，其连续性偏差 G0 < 0.002 mm，G1 < 0.02°，G2 < 0.5 mm^{-1}，当然，造型特征要求不连续者除外。单个曲面的补片数在 *u*、*v* 两个参数方向上都是 1（通常说的贝塞尔曲面），其控制顶点数目要控制在 6 排（5 次）以内，控制顶点分布规则有序，各行控制顶点间角度变化均匀，单个曲面上尽量没有反凹现象。

C 级曲面是指汽车车身曲面中的不可见曲面或极少可见曲面，这些曲面的连续性要求达到 G1 或以上，局部可达 G0 连续，但以不影响制造为前提。C 级曲面包括车身内板、内饰件中的不可见部分、地板等。C 级曲面之间的拼接位置偏差小于 0.01 mm，角度偏差小于 0.1°。对于极难拼接处位置偏差可放宽为 0.02 mm，角度偏差可为 0.5°，有些不重要的易成形小件的位置偏差甚至可放宽到 0.05 mm，角度偏差可为 1°。C 级曲面的补片数可为多片，次数也可放宽到 6 ~ 12 次，这样可以在保证质量的前提下提高建模的效率。

B 级曲面是介于 A 级曲面和 C 级曲面之间的一类曲面，是车身曲面中的少可见曲面，如门框面、仪表板下部面、顶盖和某些内饰件的下部少可见面。对于 B 级曲面,如果条件允许,还是应尽量向 A 级曲面的标准靠拢。如果难以处理,则可适当放宽要求,如其连续性可适当放宽到 G1 连续,且其位置连续偏差可放松到 0.005 mm,角度为 0.05°,其补片数两个方向可放松为 5 个。

3)车身曲面的光顺

(1)光顺的概念。光顺是一个工程上的术语,包括光滑(smooth)和流畅两层含义。光滑是客观评价,指空间曲线和曲面的参数连续性或几何连续性,主要是从数学角度考虑,例如,数学上的一阶导数连续的曲线就是光滑曲线。流畅是主观评价,指人对空间曲线、曲面凹凸过渡的感觉。光顺既有数学上连续的要求,又需要考虑功能(如美学、空气动力学、加工难易程度等)方面的要求。

对于平面曲线,一般只要满足下列三条准则,就可以称为是光顺的:

① 曲线二阶连续。

② 没有多余的拐点。

③ 曲率变化较均匀。

图 2-43 所示是曲线光顺与不光顺的对比。其中,图 2-43(a)所示曲线满足光顺的三条准则,图 2-43(b)和 2-43(c)所示曲线不满足准则①和准则③,而图 2-43(d)所示曲线三条准则都不满足。

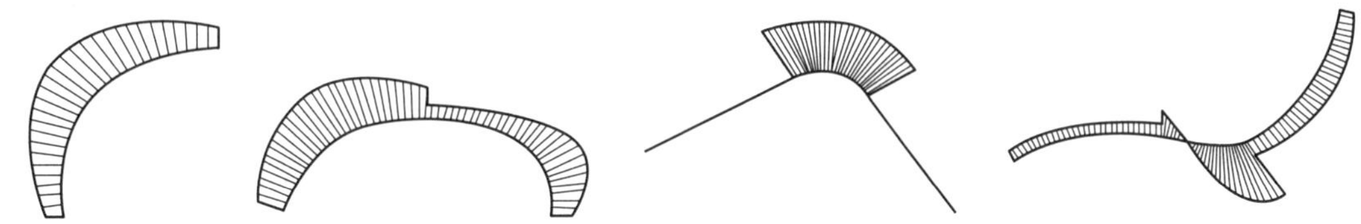

(a) (b) (c) (d)

图 2-43 光顺的曲线与不光顺的曲线对比(带有曲率的变化图示)

对于空间曲线,数学上的光顺准则为:

① 二阶光滑性。

② 不存在多余拐点。

③ 曲率变化较均匀。

④ 不存在多余变挠点。变挠点是指挠率为 0 的点,通常与挠率变号点相关。

⑤ 挠率变化比较均匀。

在满足数学要求的基础上,光顺曲线还要满足造型设计师的主观美学要求。在实际应用过程中,一般把空间曲线投影到三个正交平面上,可以用这三条投影曲线的光顺性作为空间曲线光顺性的判据。

曲面的光顺准则更为复杂,通常根据曲面上的关键曲线(如 u、v 两个方向的等参线,或曲面与某一组平行平面的一系列截线等)是否光顺以及曲面的曲率(主曲率、高斯曲率、平均曲率等)的变化是否均匀等判断。曲面的光顺判断有以下准则:

① 关键曲线(曲面的骨架线)光顺。

② 网格线无多余拐点(或平点)及变挠点。

③ 主曲率变化均匀。

④ 高斯曲率变化均匀。

以上讨论的都是局部光顺准则,只是对曲线、曲面光顺性的一个大致定性描述,在实际应用时还须对其作定量描述。另外,不同的光顺法中,所采用的光顺准则也不尽相同。

(2) 曲线光顺的方法。对曲线的光顺处理主要有选点修改法和优化法等。优化法又可以分为整体优化法和局部优化法。

① 选点修改法。该方法的关键在于坏点的判别与修改,坏点的判别可以由用户根据观察的交互式方法确定,也可以根据一定的光顺准则判别,并由程序自动判断哪些点是坏点。在处理实际问题时,应该使用交互式与自动相结合的方法,具体情况具体分析。

② 整体优化法。能量法和最小二乘法都是将曲线、曲面的光顺问题转化为最优化问题进行求解。能量法可以对空间曲线进行整体光顺,而不需要将空间曲线投影后进行光顺,使得其在实际应用中方便简洁。

③ 局部优化法。整体优化方法具有很好的整体光顺效果,但计算量大,计算速度慢。为了减少计算量,提高计算效率,可采用局部优化方法。在局部优化时每次光顺处理中只将少数控制顶点作为未知量,采用最优化的方法对其进行调整,而其他控制顶点则保持不变。

在实际应用中,有时给定的大部分型值点是比较好的,只是少数型值点不够理想,如果采用整体优化法,必然耗费大量时间,而且会使一些不应修改的型值点被修改。如果采用选点法和局部优化法相结合的方法,则可以扬长避短。另外,有时还会遇到带有约束条件的光顺处理,如关键的型值点要求保持不变,边界位置、切矢保持不变等。

(3) 曲面光顺的方法。对曲面进行光顺有两种方式。一种是将曲面的光顺性转变成网格线的光顺性问题进行处理,即只要对曲面上的两族或三族曲面进行光顺处理,称为网格线光顺。但对三族剖面线独立进行光顺时,必须满足网格的协调条件,即分属于两族的每对曲线在空间必须是相交的,不允许出现间隙。这个过程称为三向光顺。为了满足协调的条件,通常需要对三族剖面线反复进行对比迭代。如果曲面的两族等参数线光顺了,就认为曲面达到了光顺,即将曲面的光顺转化为参数线网格的光顺;另一种方式则根据曲面特有的一些量对曲面进行光顺处理,而不是仅考虑曲面的网格线,如能量法。曲面光顺的能量法是目前应用广泛的一种处理方法,其基本思想是使曲面的整体能在一定的约束条件下达到最小。其特点是具有很强的物理背景,整体效果好,但计算量大,计算速度慢。网格能量法是一种简化的能量法,利用所用网格线的能量之和代替曲面的能量,计算量比能量法小,应用较多。

2. 利用点云数据进行车身曲面设计

1) 车身 A 级曲面设计流程

图 2-44 所示为车身 A 级曲面开发流程图,在车身总体布置方案完成后进入车身外形设计阶段。首先通过绘制草图(见图 2-45),进行概念草模的构建、渲染、评审、修改,设计草图主要突出设计创意,是设计师快速捕捉创意灵感的最好方法。接着进入精细效果图绘制阶段,即产品数据模型构建阶段,通过添加局部细节细化模型,添加前大灯、前格栅等细节部分,确定具体样式,内部评审、修改数字模型,将最后确定的数字模型反馈到 1∶5 小比例油泥模型即数模验证模型上。经过反复评审、修改、检测、完善,直到确定符合要求的 1∶1 全尺寸油泥模型(见

图 2-46),并将最终确定的全尺寸油泥模型通过逆向工程反馈成计算机数据模型。该数据模型是用于后期工程输入的数据,因此对数据模型曲面质量要求很高,即 A 级曲面标准。A 级曲面完成后即可对该车进行数字模型发布,该车的外形设计阶段也到此结束。由图 2-44 可知,油泥模型扫描得到点云数据,快速实现精确曲面构建,是车身 A 级曲面设计最关键的一环。

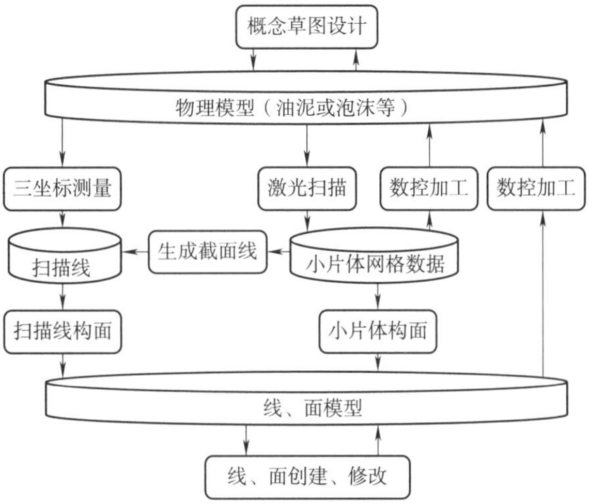

图 2-44　车身 A 级曲面设计流程

图 2-45　绘制草图

图 2-46　1:1全尺寸油泥模型

曲面构建是车身 A 级曲面设计的关键环节，通过划分的几何特征结构，选定合理的造型方法，先构建各主曲面再构建辅助区域，桥接过渡面、圆角面、消失面等，实现曲面建模。主曲面构建方法一般遵循由点→线→面和由点→面的原则进行。

2）基于曲线的构建方法

基于曲线的构建方法可分为以下两类：

（1）过网格曲线。直接由扫描数据点拟合网格曲线，再通过这些网格曲线构建主片体。曲面品质主要由输入拟合曲线决定。网格线要求：与输入点数据贴合度高[由偏置误差检测（deviation gauge）保证]，分布均匀，走势合理、一致、渐变[由曲率梳检测（curve analysis）保证]，光顺度高达 G2 以上连续[由曲线间连续性检测（curve continuity）保证]。通常是根据输入点云轮廓走势，截取特征轮廓线，轮廓线采样，再由艺术样条（studio spline）、圆弧、直线、二次、三次曲线等拟合采样点构建，接着应用过网格（through curve mesh）、过曲线网格（through curve mesh）等命令构建曲面。UG NX 提供了强大的拟合曲线功能（fit curve）。

（2）扫掠。通过对输入数据点的几何拓扑结构进行分析，确定扫掠区域：相对独立的、大面积、小曲率且无曲率反转片体，构建扫掠截面线和轨道线，生成扫掠主片体。该方法的难点在于抽取合理造型特征主轮廓和引导曲线，相较过网格线法有较少的拟合曲线过程。通过扫掠，由输入点数据得到的高品质拟合曲线构建相应的曲面特征。

3）基于曲面的构建方法

该方法不需要提前构建任何输入曲线，是由输入数据点直接拟合特征曲面。一般是先构建 4 点面（four point surface）或拟合面（fit surface）覆盖输入的点云（覆盖范围比点云片略大），然后应用 UG NX 高级曲面编辑功能“X 成型”（X form）拖动调节控制极点，逐步达到所需面体形状，并结合实时的面品质分析工具保证所构建面的品质。该方法对设计人员的要求比较高。

各主曲面构造完成后，应用 UG NX 提供的曲线拟合（fit curve）、桥接曲线（bridge curve）、艺术圆角（styled blend）、艺术倒角（styled corner）、法兰构建（silhouette flange）等命令完成辅助特征曲面的构建。注意在构建桥接过渡面片所需网格曲线时，为保证桥接片体与主体面间的光顺性，一般要求连接主片体的过渡线连续性满足 G2 以上。在曲面建构过程中，如果零件对称，只需对其一半进行建模后镜像，最后再填充两者之间的间隙，这样可以减少建模工作量。

造型时所采用的方法、步骤、技巧往往因设计师的经验和技术特点而有所差异。在设计中一般混合使用上述方法。过网格曲线是一种传统方法；而对表面几何特征明显、分布均一的大曲面可以通过扫掠快速获取；对表面形状几何不宜描述清楚的面片，则通过拖动控制点基于曲面的构建方法实现。同时对一些特征比较明显的规整部位，可由 UG NX 提供的造型功能直接实现，如连接大片体间过渡曲面通常可考虑二次曲面组功能、艺术圆角功能、艺术倒角功能等。

图 2-47 所示为某汽车造型设计过程与效果图，左侧为模型树曲线与曲面设计过程，右侧为造型设计效果图。图 2-48 所示为曲率图显示，连接主片体的过渡线满足 G2 以上连续性要求。

图 2-47　汽车造型设计过程与效果图

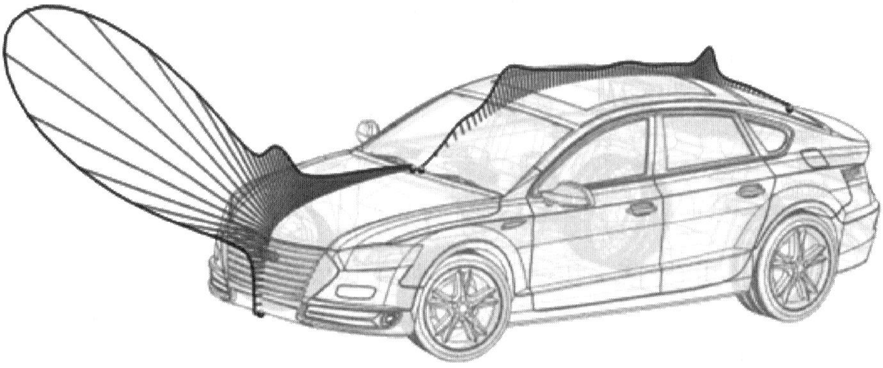

图 2-48　主片体的过渡线

3. 利用光栅图组合投影实现车身曲面设计

1）光栅图组合投影设计方法

在利用 UG NX 软件进行产品外观造型设计时，客户一般会提供产品的 2D 图样或光栅图，设计师根据客户的图样，利用软件建构产品的空间曲线，进而画出产品的外观曲面，最后得到实体。空间曲线构建中，一个重要的技术就是曲线的组合投影。组合投影命令是结合两条存在的曲线、边、曲面的边缘、草图、线串的投影效果生成一条投影线，即被投影的曲线按各自的投影方向投影，在投影过程中交点的集合即为生成的投影线，此时两条被投影的曲线在投影方向必须是相交的。根据曲线在两个相互垂直的面上的投影得到该曲线，是投影的逆过程，它用于将两条选定的曲线沿各自的投影方向投影生成一条新曲线。具体步骤为：调用组合投影命令；选择第一条曲线；选择第二条曲线；设定第一条曲线的投影方向；设定第二条曲线的投影方向；单击“确定”或“应用”按钮，即得到新产生的曲线，如图 2-49 所示。UG NX 软件系统中提供了七种投影矢量方式，用户可根据具体情况选择合适的投影矢量。

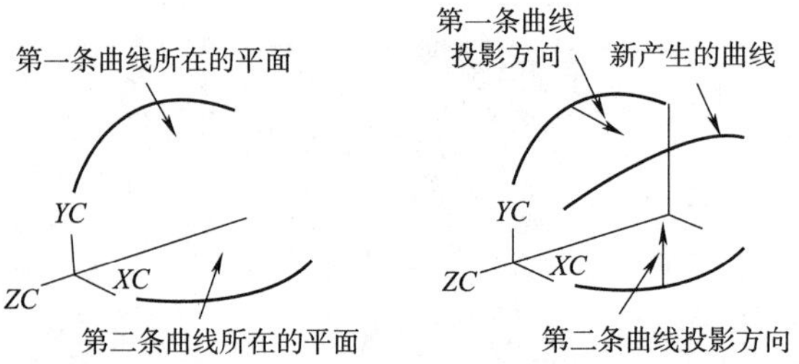

图 2-49　组合投影原理示意图

2）车身光栅图组合投影设计过程

图 2-50 所示为车身光栅图，利用车身光栅图进行车身逆向设计，首先将车身作为一个整体，构建出外形曲面；然后再将构建出的外形曲面作为参照，规划各个零部件。这一过程的关键是，设计完成的曲面结构线应尽量逼近原始光栅图中的参照曲线。

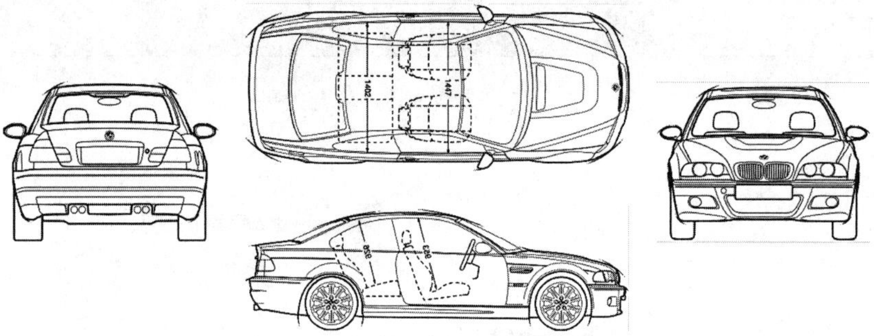

图 2-50　车身光栅图

设计规划时首先确认建模顺序，先创立车顶曲面，再依次创立车头曲面、车身侧曲面、车灯曲面、车尾曲面、车头过渡曲面、车轮过渡曲面、车门过渡曲面；创立车门曲面时，能够将车身侧曲面作为一块整面，再将车门部分移除，最后创立其他过渡曲面。关键步骤如下：

（1）导入汽车车身前视图、俯视图、后视图以及侧视图的光栅图，文件扩展名为 . TIF。注意坐标系设置与尺寸控制，如图 2-51 所示。

图 2-51　导入车身光栅图

(2)选择“直线”“艺术样条”命令,制作图 2-52 所示的直线和艺术样条。

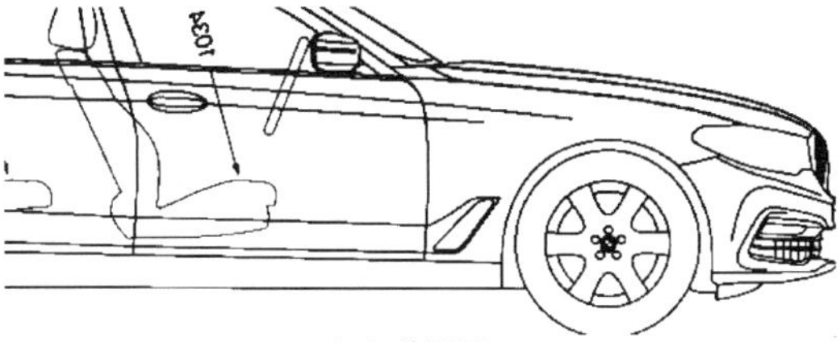

(a)前视图

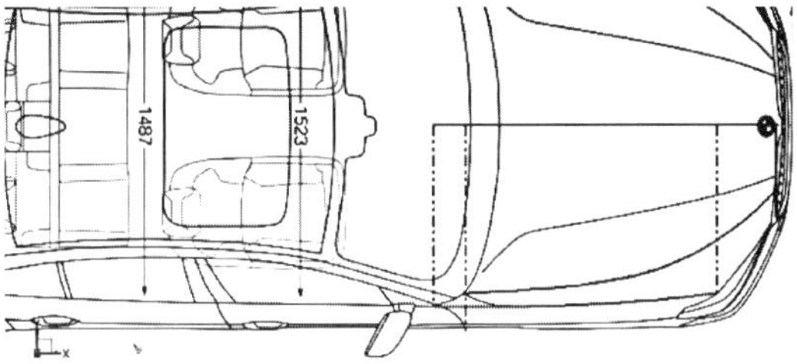

(b)俯视图

图 2-52　设计引擎盖的直线和艺术样条

(3)将图 2-52(a)所示前视图曲线与图 2-52(b)所示俯视图曲线组合投影,生成空间曲线如图 2-53 所示。

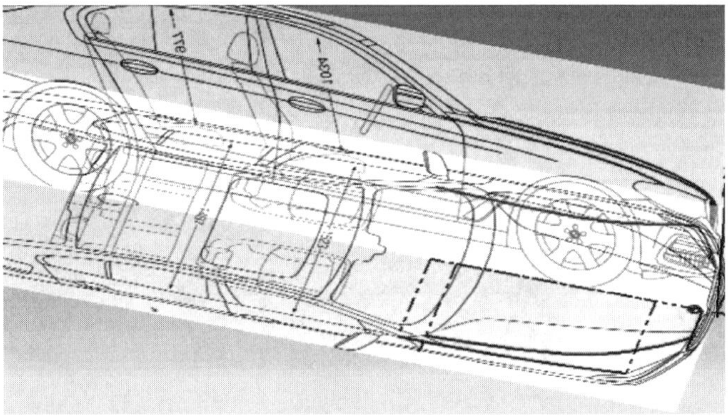

图 2-53　组合投影生成引擎盖空间曲线

(4)重复上述操作过程,创建其余特征曲线,然后选择“经过曲线网格”命令,挑选引擎盖曲面的边缘线作为主线串和穿插线串,创建引擎盖曲面。重复这一过程,完成其他位置的曲面设计,如图 2-54 所示。

(5)选择“隐藏”命令,挑选图中所有的拉伸面、曲线、基准和点作为隐藏特征,单击“确定”按钮完成隐藏,得到图 2-55 所示的车身曲面。

3) 光栅图组合投影曲线的光顺设计

在汽车车身曲面光顺中经常应用高品质空间曲线。在光顺高品质曲线时,通常将该曲线投影到两个互相垂直的平面内,将这两条投影曲线光顺好,再利用这两条曲线通过组合投影获得高品质的空间曲线。图 2-56 所示的某轿车车身腰线的光顺就是这样实现的。

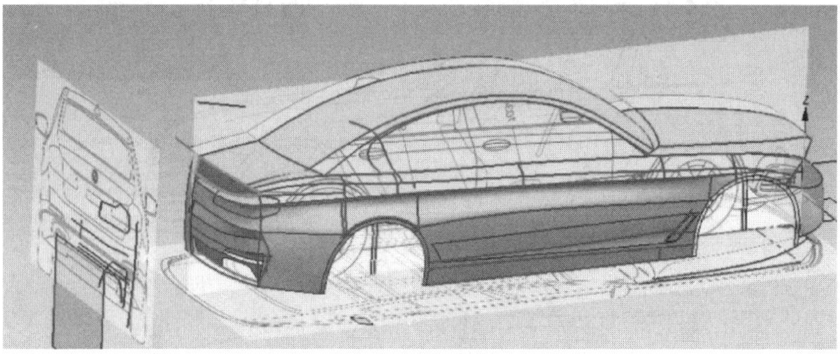

图 2-54　创建车身曲面

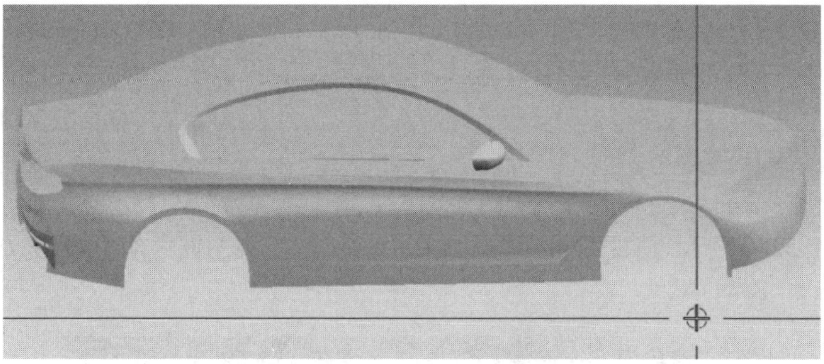

图 2-55　完成后的车身曲面

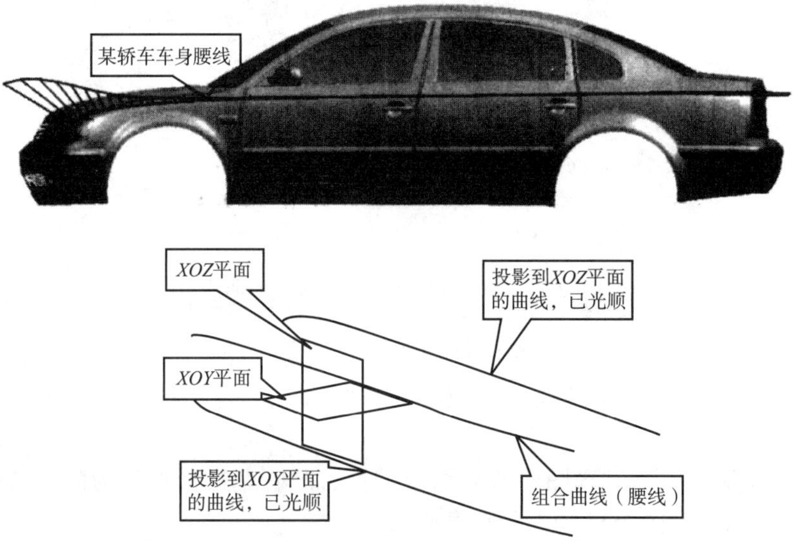

图 2-56　某轿车腰线的光顺

该轿车腰线要求在俯视图看是向外单凸的，在侧视图则是向上单凸的。要得到这样的曲线可以先将该曲线沿 *Y* 向投影到 *XOZ* 平面，将投影线在 *XOZ* 平面内光顺成向上单凸的，同时

将该曲线沿 $-Z$ 向投影到 XOY 平面,将投影线在 XOY 平面内光顺成向外单凸,然后将两条投影线同时沿原投影的反向实行组合投影,得到原来的空间曲线(腰线)。

2.4.3 车身曲面质量的评价方法

汽车车身曲面的评价包括两个方面:一是曲面特征的评价;二是曲面质量的评价。特征评价是造型人员根据汽车造型要求,评价所做的曲面是否符合造型意图。这里主要阐述曲面质量的评价方法。曲面质量评价的主要方法有控制顶点法、曲率梳法、斑马线法、曲率颜色图法和连续性精度的评价等。由于 A 级曲面要求最高,所以下面以 A 级曲面的评价为例进行讨论,B 级曲面和 C 级曲面的评价只需降低相应的要求即可。

1. 利用控制顶点评价汽车车身 A 级曲面

控制顶点是决定汽车车身曲面质量的根本因素。利用控制顶点评价曲面时,要求控制顶点排列均匀或变化均匀,曲率大处控制顶点可密集些,曲率小的位置稀疏些;在曲面的两个方向上,控制顶点的分布都要按照曲面的走势分布;曲面可以根据边界情况进行控制顶点的分布,在进行控制顶点的分布时,必须考虑它们与周边曲面的连续性条件。

在光顺评价时一定要从曲面的正面和侧面两个交叉的方向来看曲面控制顶点的排列,曲面不仅要贴近点云,而且其控制顶点在两个交叉方向上要按照点云的走势有规则地排列,这样不仅单个曲面品质高,而且对后续的曲面拼接有利,能够提高曲面的光顺质量和效率。

2. 利用曲率梳对 A 级曲面进行评价

利用曲率梳评价 A 级曲面实际上是在曲面上取一系列的断面曲线,对断面曲线的曲率梳进行分析,从而评价曲面本身及曲面间连续性的品质。

利用曲率梳分析曲面断面线,即检验曲率梳外缘的变化情况和拼接曲线之间曲率梳的情况。首先用曲率梳分析单条曲线的品质,单条曲线要求曲率梳没有扭曲和波浪,外缘平坦,或者从一端向另一端逐渐变化。相拼接的曲线,根据其几何连续的条件,有图 2-57 所示的几种情况。图 2-57(a)所示的是曲线位置(G0)连续的曲率梳检查情况。可以看出,当曲线只满足位置连续时,只有拼接处的控制顶点重合,曲线曲率梳则在连接处有夹角,而且其外缘高度也不相同。图 2-57(b)所示是曲线相切(G1)连续的曲率梳评价情况。在拼接处两曲线的控制顶点重合,左侧曲线右端两控制顶点与右侧曲线左端两控制顶点共线,曲率梳在公共点处没有夹角,但是其外缘高度存在差距。除非曲面特征要求这样,否则这种情况在高可见区的曲面是不允许出现的。图 2-57(c)所示是曲线曲率(G2)连续的曲率梳评价。在这种情况下,两曲线在拼接处控制顶点排列符合曲率连续的几何条件,曲率梳在公共点处没有夹角,而且曲率梳外缘也是等高的,对于 A 级曲面来说,这种情况是可以接受的。图 2-57(d)所示的是理想的曲率连续(G3)的曲率梳评价。此时曲线的控制顶点排列接近三阶(挠率)连续的几何条件,曲率梳在公共点处没有夹角和差距,而且曲率梳外缘也是光滑过渡的,是理想的曲率连续情况。图 2-58 所示为某汽车翼子板光顺性评价,满足 A 级曲面条件。

如果在评价或在光顺阶段发现曲率梳不符合 A 级曲面的要求时,则要从相关曲面的控制顶点查找其问题并进行修改,直到完全满足要求为止。

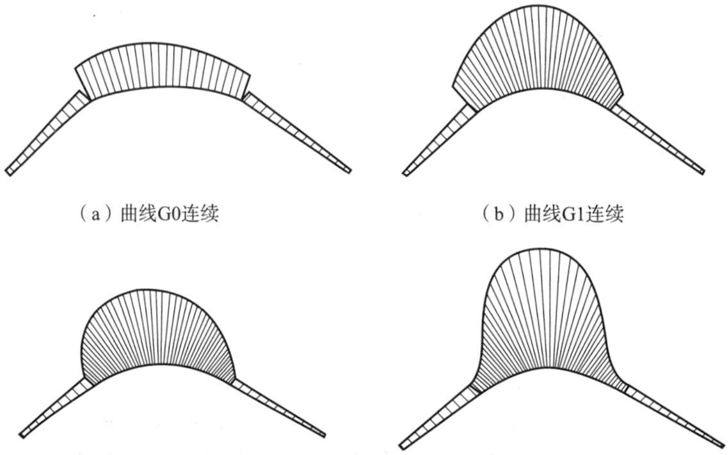

（a）曲线G0连续　　（b）曲线G1连续

（c）曲线G2连续　　（d）曲线G3连续

图 2-57　曲线连续的评价

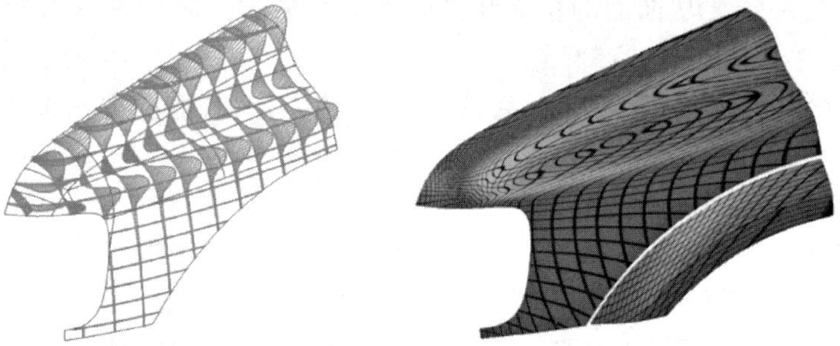

图 2-58　某汽车翼子板光顺性评价

3. 利用斑马线（反射线）评价 A 级曲面

在光顺评价中，对于多个相拼接的曲面，有的曲面平坦（曲率很小），有的曲面弯曲（曲率很大），在用曲率梳评价时难以找到合适的放大系数，此时可用图 2-59 所示的两个曲面拼接后的斑马线情况说明。图 2-59（a）所示的两曲面位置连续，所以其斑马线在公共边界处相互错开。在做 A 级曲面时，除非特征要求这样，否则一般是不允许的。图 2-56（b）所示两个曲面是相切连续的，两曲面的斑马线是对齐的，但是斑马线之间在拼接公共边界处有尖角，一般 A 级曲面的大面拼接是不允许的。图 2-59（c）所示为两曲面曲率连续的情况，这时斑马线在拼接处是光滑过渡的，一般 A 级曲面必须达到这样的要求。图 2-59（d）所示为理想的曲率连续情况。某汽车顶面曲面连续的斑马线评价如图 2-60 所示，曲率连续（G3）满足 A 级曲面要求。

4. 利用曲率颜色图评价 A 级曲面

利用控制顶点、曲率梳和斑马线虽然可以较好地对曲面进行评价，但是对于要求极高的高级轿车 A 级曲面来说还有些欠缺，所以工程上有时用曲率颜色图对曲面进行评价，在自由曲面的曲率颜色图评价中，常用的曲率有：高斯曲率、平均曲率、最大曲率和最小曲率。图 2-61 所示曲率颜色纹理显示表面曲率连续（G3），满足 A 级曲面要求。

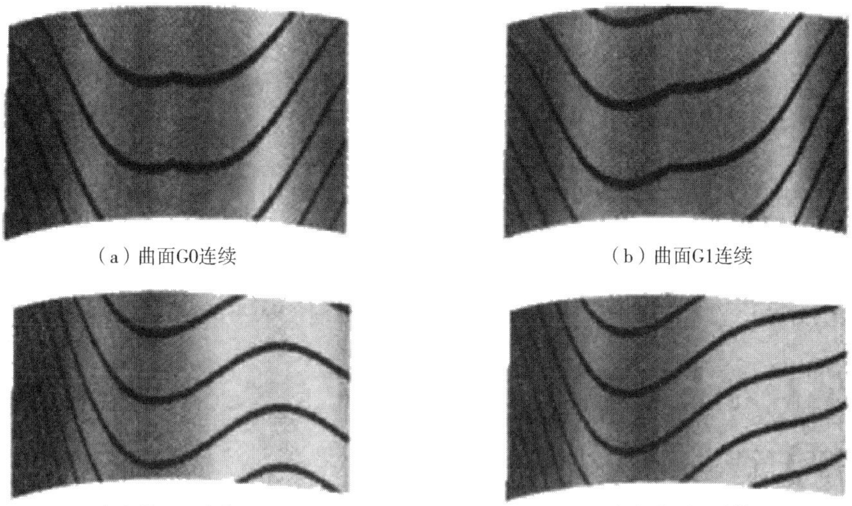

（a）曲面G0连续　（b）曲面G1连续

（c）曲面G2连续　（d）曲面G3连续

图 2-59　曲面连续的斑马线评价

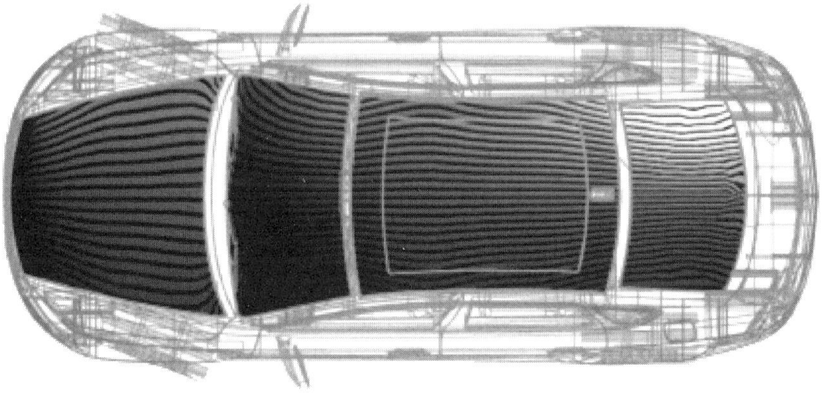

图 2-60　某汽车曲面连续的斑马线

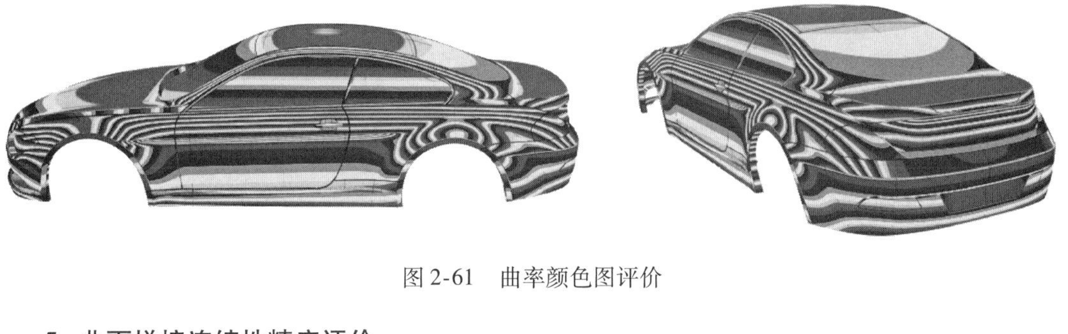

图 2-61　曲率颜色图评价

5. 曲面拼接连续性精度评价

在工程实践中,除了对 A 级曲面进行上述评价外,还要对曲面拼接连续性的精度进行评价。一般 A 级曲面拼接连续性精度包括位置连续、相切连续和曲率连续三项内容。对于高可见的 A 级曲面,位置连续的最大偏差值小于 0.002 mm,相切连续的最大偏差值小于 0.02°,而曲率连续的最大偏差值小于 0.5 mm^{-1}。

当然,曲面的曲率连续和理想曲率连续也不是必需的,如有的过渡曲面比较小,或者为了造型特征的要求,有时可设计为相切连续。在一些少可见部位,对于曲面的几何连续性次数和精度也可以适当放宽。

6. A 级曲面质量综合评价标准

对于汽车车身 A 级曲面,在评价时首先要关注其基本曲面。如前文所述,基本曲面的内部质量及其连续性评价可以从曲面 u、v 两个参数方向的补片数目、阶次、控制顶点的排列及其截面线的曲率梳、斑马线和高斯曲率图颜色变化等方面着手。过渡曲面内部质量及其连续性同样也可以从曲面 u、v 两个参数方向的补片数目、阶次、控制顶点的排列及其截面线的曲率梳、斑马线和高斯曲率图颜色变化等方面着手。如果基本曲面和过渡曲面构造得准确,那么基本曲面和过渡曲面的连续性评价只用曲率梳、斑马线和高斯曲率图评价即可。需要特别指出的是,无论是基本曲面还是过渡曲面,造成其质量好坏的根本原因是曲面控制顶点的排列,而斑马线、曲率梳和高斯评价则是其表象。表 2-1 给出了 A 级曲面综合评价的标准。

表 2-1 A 级曲面综合评价标准

<table>
<tr><th colspan="2">评价内容</th><th>评 价 标 准</th></tr>
<tr><td rowspan="2">基本曲面</td><td>基本曲面内部质量</td><td>曲面在 u、v 两个参数方向是单片体,控制顶点小于或等于 6 排
控制顶点在曲面的同侧,排列均匀或变化均匀,并按照点云走势排列,易于满足后续拼接的连续条件
曲面任意截面线的曲率梳形状一致,或变化呈规律性
斑马线间隔均匀或变化均匀
高斯曲率图颜色均匀自然,或变化自然</td></tr>
<tr><td>基本曲面之间的连续性</td><td>相拼接的曲面控制顶点对齐,满足拼接的连续条件
拼接处两曲面任意截面线曲率梳外缘高度相等,且光滑连接
斑马线对齐,且没有尖角,呈光滑连接
高斯曲率图颜色均匀自然,或变化自然
曲面拼接最大偏差 G0 <0.002 mm,G1 <0.02°,G2 <0.2 mm^{-1}</td></tr>
<tr><td rowspan="2">过渡曲面</td><td>过渡曲面内部质量</td><td>曲面在 u、v 两个参数方向是单片体,控制顶点小于或等于 6 排,极少数曲面在和基面拼接边的方向可以在 8 排内
控制顶点在曲面的同侧,排列均匀或变化均匀,易于满足拼接连续条件
曲面任意截面线的曲率梳形状一致,或者变化呈规律性
斑马线间隔均匀或变化均匀
高斯曲率图颜色均匀自然,或变化自然</td></tr>
<tr><td>过渡曲面之间的连续性</td><td>相拼接的过渡曲面控制顶点对齐,满足拼接的连续条件
拼接处两过渡曲面任意截面线曲率梳外缘高度相等,且光滑连接;斑马线对齐,且没有尖角,呈光滑连接
高斯曲率图颜色均匀自然,没有突变
曲面拼接最大偏差 G0 <0.002 mm,G1 <0.02°,G2 <0.5 mm^{-1}</td></tr>
<tr><td colspan="2">基本曲面与过渡曲面的连续性</td><td>拼接处两过渡曲面任意截面线曲率梳外缘高度相等,最好光滑连接
斑马线对齐,且没有尖角,呈光滑连接
高斯曲率图颜色均匀自然,没有突变
曲面拼接最大偏差 G0 <0.002 mm,G1 <0.02°,G2 <0.5 mm^{-1}</td></tr>
</table>

思考题

1. 什么是齐次坐标？它有什么优点？

2. 在二维图形的变换中，如何进行比例变换、对称变换、平移变换、旋转变换和错切变换？

3. 在三维图形的变换中，如何进行比例变换、对称变换、平移变换和旋转变换？

4. 已知单位立方体各顶点的坐标为：$A(1,1,1)$，$B(1,1,2)$，$C(2,1,2)$，$D(2,1,1,)$，$E(1,2,1)$，$F(1,2,2)$，$G(2,2,2)$，$H(2,2,1)$。

(1) 建立该立方体的左视图，并计算出点 A 在左视图中 A^* 的坐标值。

(2) 编写对应的图形显示程序。

5. 采用正二轴测投影的方式，求第 4 题(1)中立方体各顶点变换后的点坐标。

6. 空间中曲线上某一点的曲率和挠率分别对曲线的形状有什么影响？

7. 空间中两段拼接的曲线，在拼接点处两端点 G0、G1、G2 连续，请分别解释并画图示意它们的连续性情况。

8. 画出两条三次贝齐尔曲线拼接的流程图。

9. 贝齐尔曲线的升阶和降阶对曲线及其控制多边形有什么影响？

10. 画出三次 B 样条曲线的反算算法的流程图。

11. 图示并说明三次参数曲线段的等价表示方法。

12. NUBRS 方法是在怎样的历史条件下发展起来的？

13. NUBRS 方法的优点和缺点都有哪些？

14. 偏置的定义是什么？偏置与平移的区别是什么？

15. 扫掠的原理是什么？为什么在不同的定位方式下，扫掠生成的结果不同？

16. 什么是曲线或曲面的阶次？

17. 简述补片数是否越多越好。

18. 简述曲面建模的基本原则与技巧。

第 3 章　三维建模技术

3.1　三维几何建模

几何建模是 20 世纪 70 年代中期发展起来的一种通过计算机表示、控制、分析和输出几何实体的技术。该技术通过数字化的形式对产品的几何形状进行确切的定义，并赋予一定的数学描述，再以一定的数据结构形式在计算机内部存储，从而构造出一个数字化的产品模型。几何建模对产品的描述和表达，建立在几何信息和拓扑信息处理的基础上；几何信息即指在欧氏空间中的形状、位置和大小，最基本的几何元素是点、直线、面；拓扑信息是指拓扑元素（顶点、边棱线和表面）的数量及其相互间的连接关系。根据描述方法、存储几何信息和拓扑信息的不同，三维几何模型主要有：线框模型（wire frame model）、表面模型（surface model）和实体模型（solid model）。

3.1.1　基本概念

1. 三维形体的几何信息与拓扑信息

几何信息一般是指形体在欧氏空间中的形状、位置和大小。拓扑信息是指形体各分量的数量及相互间连接关系。

（1）几何信息。三维物体几何信息包括有关点、线、面、体的信息，这些信息可以用几何分量方式表示。

例如，常见几何元素的定义如下：

三维空间中的点：$P(x,y,z)$；

直线：$(x-x_0)/A=(y-y_0)/B=(z-z_0)/C$；

平面：$Ax+By+Cz+D=0$；

自由曲面：常用 Bézier 曲面、B 样条曲面、NURBS 曲面和 Coons 曲面等。

但是，仅用几何信息表示形体并不充分，会出现形体表示上的二义性，为了保证描述形体的完整性和数学严密性，必须同时给出几何信息和拓扑信息。

（2）拓扑信息。拓扑信息是指形体各分量（点、边、面）相互间的连接关系，如形体某个边由哪几个顶点构成，而某个面又是由哪几个边构成，等等。各种几何元素相互间关系的总和构成了形体拓扑信息。如果拓扑信息不同，即使几何信息相同，则最终构造的形体可能完全不同。一个立方体几何元素（点、边、面）间可能存在九种拓扑关系，如图 3-1 所示。这九种关系并不是独立的，由一种关系可以导出其他几种关系，这样在表达形体时，可以视具体要求，选择不同的拓扑描述方法。

欧拉提出的关于描述形体的几何元素和拓扑关系的检验公式，可作为检验形体描述正确与否的经验公式，公式如下：

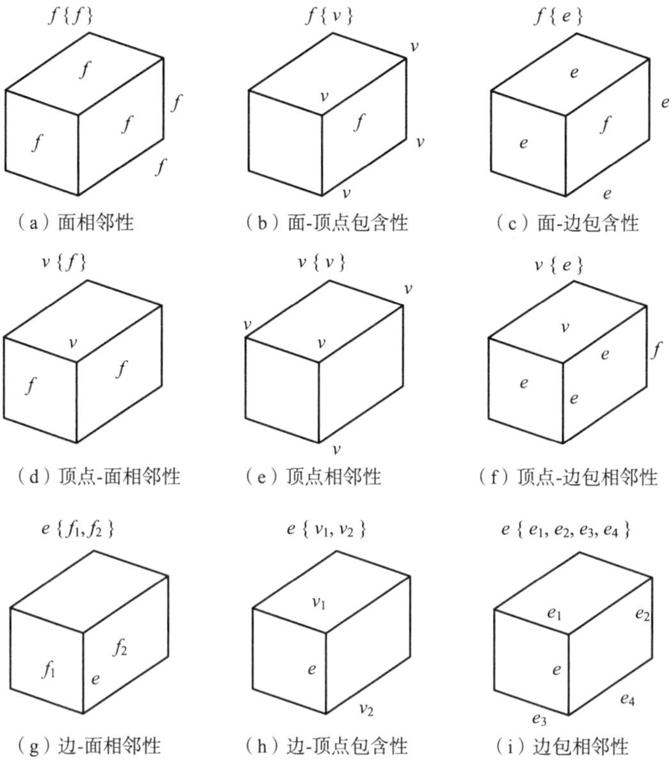

图 3-1　多面体元素间的拓扑关系

$$f+v-e=2+r-2h$$

式中，f 为面数；e 为边数；v 为顶点数；r 为面中的孔洞数；h 为体中的空穴数。

欧拉检验公式是验证生成几何形体边界表示数据结构是否正确的有效工具，也是检验形体描述正确与否的重要依据。

不同的应用与不同拓扑关系有关。对画线式图形系统来说，知道这些拓扑关系就可以知道从顶点如何连接成边、面等几何单元；在消去隐藏线和面的算法中，希望知道面的相邻性；而在形体拼合运算中，则希望知道顶点的邻接面等。显然，已知一些拓扑关系，可以导出另外一些拓扑关系。

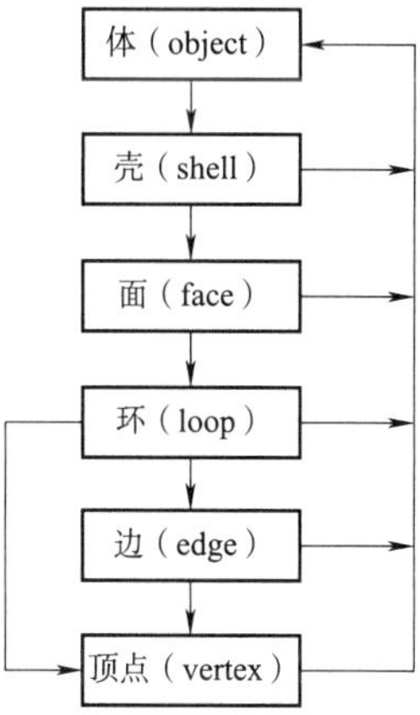

图 3-2　形体的表示

2. 形体的定义

形体在计算机内通常采用六层拓扑结构进行定义，如图 3-2 所示。同时规定，形体及其几何元素均定义在三维欧氏空间中。

各层结构的含义如下：

（1）体。体是由封闭表面围成的有效空间，其边界是有限个面的集合，而外壳是形体的最大边界。

（2）壳。壳是由一组连续面围成的封闭边界。实体边界称为外壳，如果壳所包围的空间是个空集，则为内壳。

（3）面。面是由一个外环和若干个内环界定的有界、不连通的表面。面具有方向性,面的方向用垂直于面的法矢表示,法矢向外的面为正面,反之为反面。法矢方向由外环的旋转方向按右手法则确定。

(4) 环。环是由有序、有向边组成的封闭边界。环中各条边不能自交,相邻两边共享一个端点。环的概念和面的概念密切相关。环有内环、外环之分,确定面最大边界的环称为外环,而确定内孔或凸台边界的环称为内环。内环方向与外环相反,外环通常规定逆时针方向为其正方向,内环通常规定顺时针方向为其正方向。

(5) 边。边是形体中两个相邻面的交界。一条边只能有两个相邻的面,一条边有两个端点定界,分别称为该边的起点和终点。边可以是空间直线,也可以是空间曲线。曲线边则由一系列型值点或控制点表示,也可用显式或隐式方程表示。

(6) 点。点是边的端点,点不允许出现在边的内部,也不能孤立地存在于形体内、形体外或面内。点是几何造型中最基本元素,它可以是形体顶点,也可以是曲线、曲面的控制点、型值点、插值点。

值得一提的是,在几何造型中还有两个常用的概念:顶点和体素。顶点是指面中两条不共线线段的交点;顶点不能孤立存在于实体内、外或面和边的内部。体素是指可由若干个参数描述的基本形体,如方块、圆柱、球、环等;体素也可以是由定义的轮廓沿指定迹线扫描生成的空间。

3. 几何造型的关键问题

由于客观事物大多是三维、连续的,而计算机内部数据均为一维、离散、有限的,因此,为了在计算机中表达与描述三维实体,必须解决以下两个问题:①确定合适的形体描述方法,实现对几何实体准确、完整和唯一的定义,建立起形体信息模型;②选择合适的数据结构描述有关数据,方便存取,确定计算机内部的数据结构与存储结构。

4. 建模技术的发展

主流 CAD/CAM 系统都是基于特征的参数化实体建模系统。特征建模(feature model)技术是在实体模型基础上发展起来的,建模技术发展及代表性系统如图 3-3 所示。

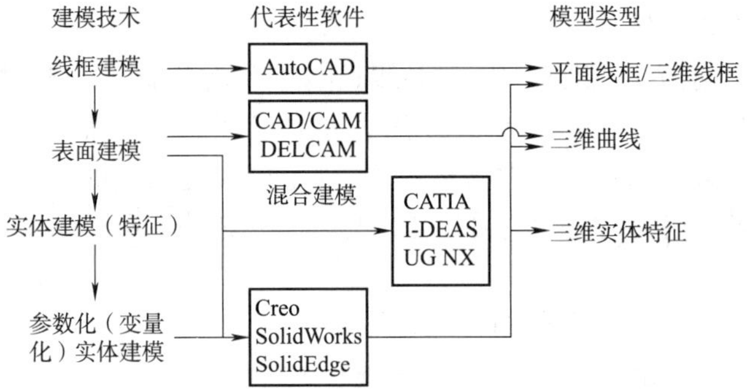

图 3-3　建模技术的发展

3.1.2　线框建模

1. 线框模型的概念

用顶点和棱边表示物体的方法称为线框建模。线框建模采用线框模型描述三维形体,是 CAD/CAM 发展过程中应用最早、也是最简单的一种建模方法。线框建模利用基本线素定义设计目标棱线部分,构成立体框架图。用这种方法生成的三维模型由一系列直线、圆弧、点及自由曲线组成,描述的是产品轮廓外形。图 3-4 所示为轴承座的线框模型。

线框模型的数据结构采用表结构。在计算机内部,存储的是该物体的顶点和棱线信息,将实体的几何信息和拓扑信息层次清楚地记录在顶点表及棱边表中,其中顶点表描述每个顶点的编号和坐标,棱边表记录每一棱边起点和终点的编号,它们构成了线框模型的全部信息。图 3-5 所示为一立方体的线框模型,表 3-1 和表 3-2 分别为立方体顶点表和棱边表。

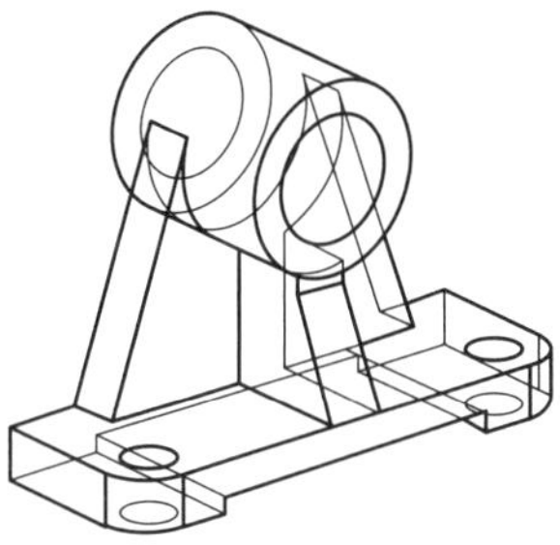

图 3-4　轴承座线框模型

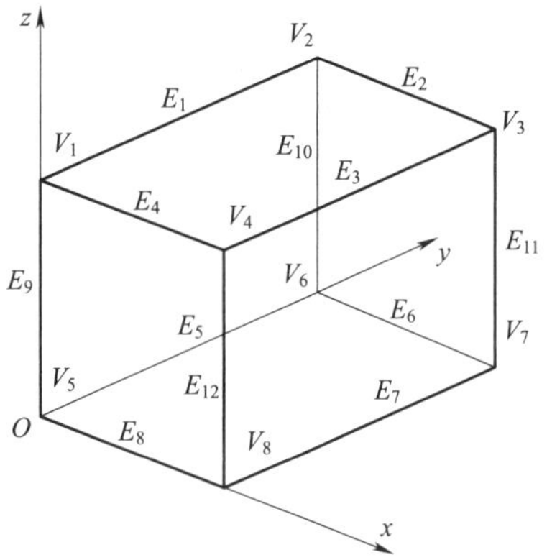

图 3-5　线框建模

表 3-1　顶点表

顶点	x	y	z	顶点	x	y	z
V_1	0	0	1	V_5	0	0	0
V_2	0	1	1	V_6	0	1	0
V_3	1	1	1	V_7	1	1	0
V_4	1	0	1	V_8	1	0	0

表 3-2　棱边表

棱边	顶点号		棱边	顶点号		棱边	顶点号	
E_1	V_1	V_2	E_5	V_5	V_6	E_9	V_1	V_5
E_2	V_2	V_3	E_6	V_6	V_7	E_{10}	V_2	V_6
E_3	V_3	V_4	E_7	V_7	V_8	E_{11}	V_3	V_7
E_4	V_1	V_4	E_8	V_8	V_5	E_{12}	V_4	V_8

2. 线框模型的特点

线框模型数据结构简单、信息量少,计算机内部容易表达和处理,对硬件要求不高、显示响应速度快等。利用线框模型,通过投影变换可以快速生成三视图,以及任意视点和方向的透视图和轴测图,并能保证各视图间正确的投影关系。因此,线框模型至今仍被普遍使用,它作为建模的基础,与表面模型和实体模型密切配合,成为 CAD 建模系统中不可缺少的组成部分。

已建成的实体模型,可以用线框图快速进行显示和处理。但是由于线框模型只有棱边和顶点信息，缺少面与边、面与体等拓扑信息，所以形体信息描述不完整，容易产生多义性，对形体占据的空间不能正确描述。如图 3-6 所示，该长方体上表面既可以理解为凹面又可以理解为凸面。此外，由于没有面和体的信息，不能进行消隐，不能产生剖视图，不能进行物性计算和求交计算，无法检验实体碰撞和干涉情况，无法生成数控加工刀具轨迹，不能进行有限元网格自动划分等。

由于这些缺点的存在，三维线框模型不适用于需要对物体进行完整性信息描述的情况，一般用在实时仿真或中间结果显示中。

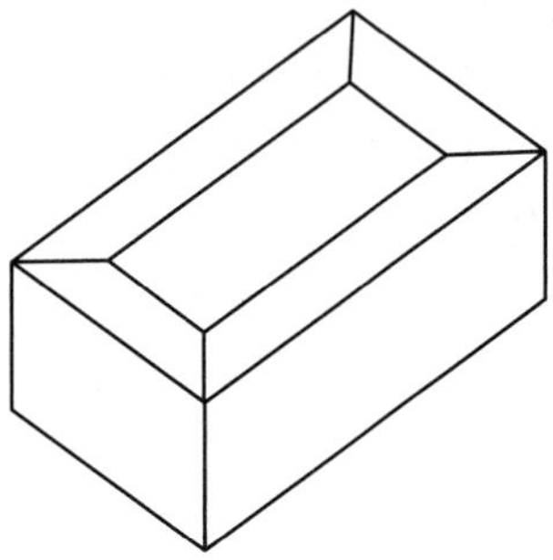

图 3-6　线框模型的多义性

3.1.3　表面建模

1. 表面建模基本原理

表面建模又称曲面建模，是对产品的各个表面或曲面进行描述，从而构造产品模型的一种建模方法。表面建模将物体分解为组成物体的表面、边线和顶点，用顶点、边线和表面的有限集合表示和建立物体的计算机内部模型。表面建模数据结构仍是表结构，表中除了给出边线及顶点信息外，还提供了构成三维立体各组成面的信息，即在计算机内部，除了顶点表和棱边表之外，还提供了面表。对于图 3-5 所示立方体，除了顶点表和棱边表之外，增加了面表结构（见表 3-3）。面表包含构成面边界的棱边序列、面方程系数以及表面可见性等信息。

表 3-3　面表

表面号	组成棱线	表面方程系数	可见性
1	E_1, E_2, E_3, E_4	a_1, b_1, c_1, d_1	Y（可见）
2	E_5, E_6, E_7, E_8	a_2, b_2, c_2, d_2	N（不可见）
3	E_1, E_{10}, E_5, E_9	a_3, b_3, c_3, d_3	N（不可见）
4	E_2, E_{11}, E_6, E_{10}	a_4, b_4, c_4, d_4	Y（可见）
5	E_3, E_{12}, E_7, E_{11}	a_5, b_5, c_5, d_5	Y（可见）
6	E_4, E_9, E_8, E_{12}	a_6, b_6, c_6, d_6	N（不可见）

相对于线框建模来说，表面模型增加了面、边的拓扑关系，因而可以进行消隐处理、剖面图的生成、渲染、求交计算、数控刀具轨迹的生成、有限元网格划分等操作，但表面模型仍缺少体的信息以及体、面间的拓扑关系，无法区分面的哪一侧是体内或体外，仍不能进行物性计算和分析。

2. 表面建模方法

根据形体表面不同，可将表面建模中的曲面分为几何图形曲面和自由型曲面。其中，几何图形曲面是指那些具有固定几何形状的曲面，如球面、圆锥面、牵引曲面和旋转曲面等。自由型曲面主要包括二维和三维扫描曲面、Bézier 曲面、B 样条曲面、NURBS 曲面和 Coons 曲面等。

3.1.4 实体建模

实体建模是利用基本体素（如长方体、圆柱体、锥体、球体等）和扫掠体（如拉伸体、旋转体、沿导线扫掠体、软管等）及其布尔运算（交、并、差）构造几何实体的建模方法，其特点在于覆盖三维立体的表面与其实体同时生成，并且可以实现对可见边的判断，具有消隐的功能。实体模型能够准确定义一个物体的几何形状，完整地描述物体的所有几何信息和拓扑信息，而且能够表示形体的色泽、体积、重心和转动惯量等物性，是对设计对象进行工程分析的基础。实体建模主要包括体素的定义及描述、体素之间的布尔运算。

1. 体素的定义及描述

体素是指由有限个参数描述的基本形体，或由定义的轮廓曲线沿指定轨迹曲线扫描成的形体。体素的定义及描述有以下两种方法：

（1）基本体素法。可通过少量参数进行描述，如长方体是通过长、宽、高进行定义的。除此之外，还应定义基本体素在空间的位置、方向以及基准点。就长方体而言，它的基准点可以位于一个顶点也可位于一个平面的中心。不同的实体建模系统，可提供不同的基本体类型。图 3-7 所示为常见的基本体素及其创建方法。

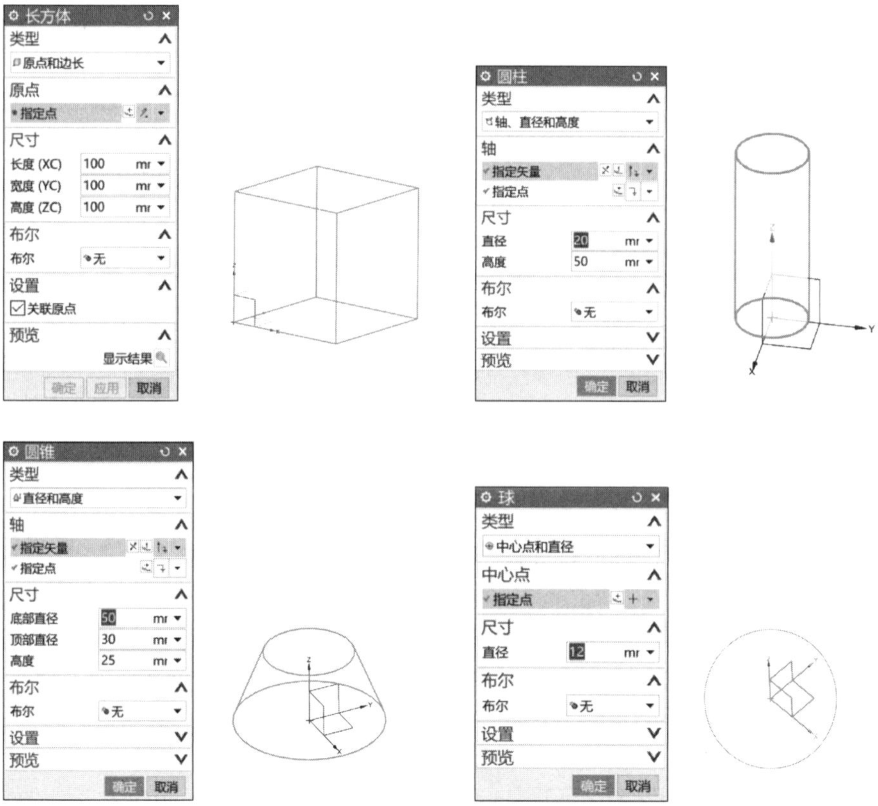

图 3-7 常见的基本体素及其创建方法

(2) 扫描法。扫描法的基本思想是一个二维轮廓在空间平移或旋转扫描出一个实体，扫描的前提条件是要有一个封闭的平面轮廓，封闭的平面轮廓沿着某一坐标方向移动或绕某一给定的轴旋转，便形成了图 3-8 所示的体素。

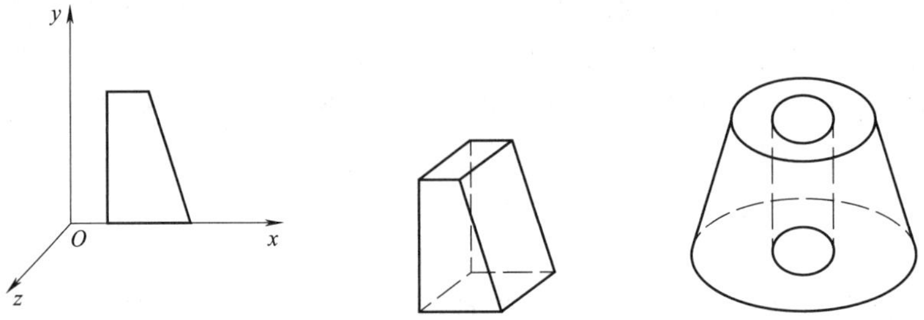

(a) 二维轮廓　(b) 平移　(c) 回转

图 3-8　平面轮廓扫描法生成体素

2. 布尔运算

所需体素通过上述方法生成后，经过集合论中的交、并、差等运算即可得到新的实体模型，称为布尔模型，这种运算称为布尔运算。例如，A、B 两个实体经布尔运算生成实体 C，它通常可直接以二叉树结构表示。图 3-9 所示分别为并、交、差运算的实例。布尔模型是一个过程模型，布尔运算的算子可以是并、交、差等集合运算的算子(分别用 ∪、∩、- 表示)。

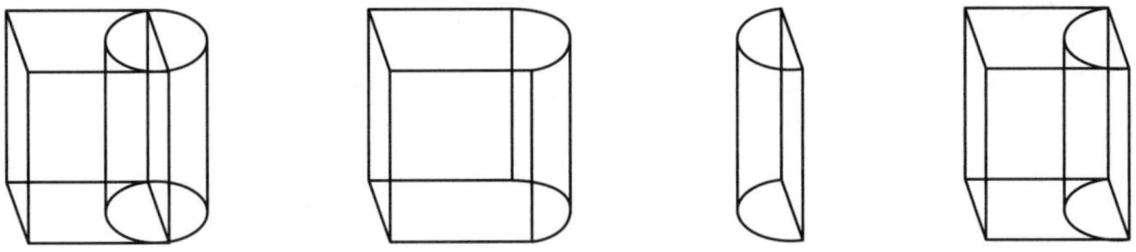

(a) 实体　(b) $A \cup B$　(c) $A \cap B$　(d) $A-B$

图 3-9　布尔运算实例

3. 三维实体模型的计算机内部表示方法

计算机内部表示三维实体模型的方法很多，主要有：边界表示法(B-rep)、构造几何立体法(CSG)、CSG 和 B-rep 混合法、空间单元表示法等。

(1) 边界表示法(boundary representation，B-rep)的基本思想是将物体定义成由封闭的边界表面围成的有限空间，实体的边界是面，由“面”或“片”的子集表示；表面的边界是边，可用“边”的子集表示；边的边界是点，即由“顶点”的子集表示，如图 3-10 所示。边界表示法强调的是形体的外表细节，详细记录了形体的所有几何信息和拓扑信息，将面、边、顶点的信息分层记录，建立层与层之间的联系。其中，几何信息反映模型的大小和位置，拓扑信息反映图形内的相对位置关系。

边界表示法数据结构如图 3-11 所示，它按照面、边、点的方式存储，得到一种网状的数据存储结构。B-rep 法详细记录了构成形体的面、边的方程及顶点坐标值等几何信息，同时描述了这些几何元素之间的连接关系，以利于生成模型的线框图、投影图和工程图，但缺点是信息量大、有冗余。

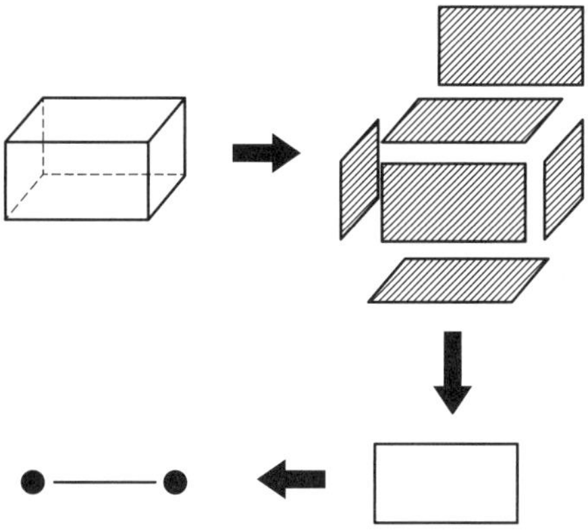

图 3-10　边界表示法示意图

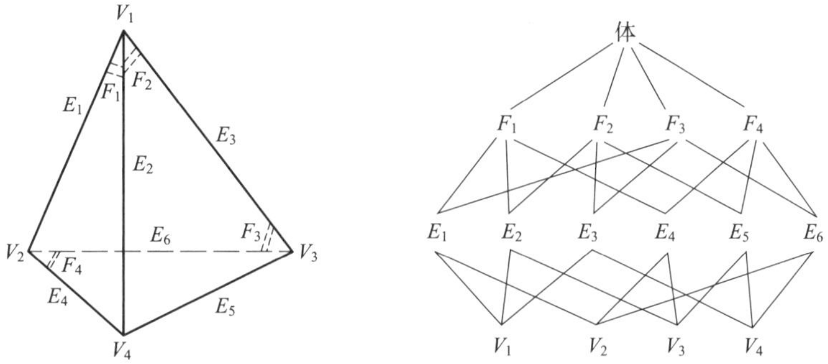

图 3-11　边界表示法数据结构

实体模型的边界表示法和表面模型的区别在于边界表示法的表面必须封闭、有向,各个表面之间具有严格的拓扑关系,从而构成一个整体;而表面模型的表面可以不封闭,不能通过面判别物体的内部与外部;此外,表面模型也没有提供各个表面之间相互连接的信息。早期的 B-rep 法只支持多面体模型,现在由于参数曲面和二次面均可统一用 NURBS 曲面表示,面可以是平面和曲面,边可以是曲线,使实体造型和曲面造型相统一,不仅丰富了造型能力,也使得边界表示可精确地描述形体边界,所以这种表示方法又称精确 B-rep 法。

采用边界表示法建立实体的三维模型,也存在一些缺点。由于在大多数系统中,面的边线是按照逆时针方向存储的,因此边在计算机内部需要存储两次,这样边的数据存储会有冗余。此外,它没有记录实体由哪些基本体素构成,无法记录基本体素的原始数据。

(2) 构造几何立体法(constructive solid geometry, CSG)的基本思想是利用一些简单的体素(如长方体、圆柱体、球体、锥体等),经变换和布尔运算构成复杂形体。

在计算机内部存储的主要是物体的生成过程。在这种表示模式中,采用二叉树结构描述构成的复杂形体关系。如图 3-12 所示,CSG 模型是有序的二叉树,树根表示定义的形体,树叶为体素或几何变换参数,中间节点表示变换方式或布尔运算的算子。体素进行变换(如平移或旋转),使之产生刚体运动,将其定位于空间中的某一位置。

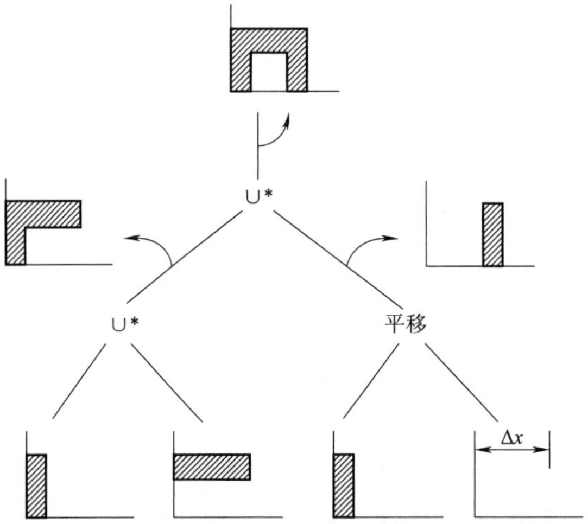

图 3-12 CSG 的二叉树结构

CSG 树表示是无二义性的,也就是说一棵 CSG 树能够完整地确定一个形体,但一个复杂形体可用不同的 CSG 树描述。如图 3-13 所示,图 3-13(a)中物体可以用图 3-13(b)和图 3-13(c)两种 CSG 结构表示。由此可见,CSG 法具备有一定的灵活性。此外,CSG 数据结构很容易转化成其他数据结构,但其他数据结构想要转换成 CSG 结构却很困难。

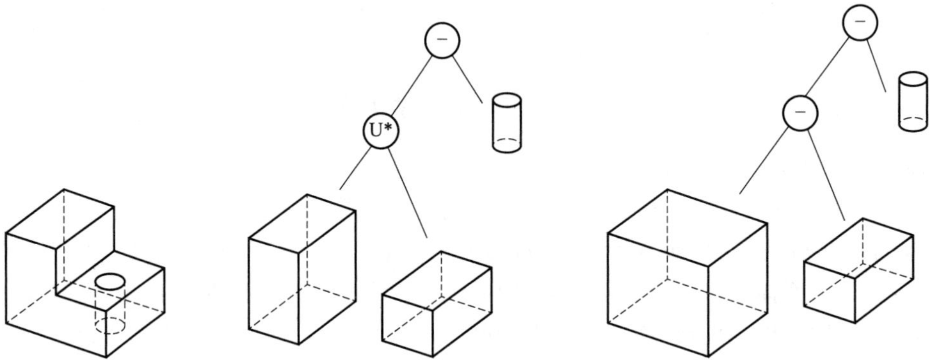

(a) (b) (c)

图 3-13 同一物体的两种 CSG 结构

采用 CSG 树表示形体直观简洁,其表示形体的有效性由基本体素的有效性和布尔运算的有效性保证。通常 CSG 树只定义了它所表示形体的构造方式,但不存储表面、棱边、顶点等形体的有关边界信息,也未显示定义三维点集与所表示形体在空间中的一一对应关系。所以 CSG 树表示又称形体的隐式模型。

采用 CSG 法的几何造型系统通常包括两部分内容:一部分是二叉树的数据结构,另一部分是描述体素位置和几何形状的数值参数。由于 CSG 树提供了足够的信息,因此支持对形体的一切物性计算。

CSG 数据结构比较简单,信息量小,易于管理;每个 CSG 都和一个实际的有效形体相对应;CSG表示可方便地转换成边界表示;CSG树记录了形体的生成过程,可修改形体生成的任意环节以改变形体的形状。但是CSG数据结构也有一些缺陷,对形体修改操作不能深入到形体的局部,如面、边、点等。由于它记录的信息不是很详细,如果在实体操作中需要详细的信息,则需要大量计算。例如,两个体素的交线计算,当计算完成以后,由于没有存储结构,计算结果不能保存,如果需要对屏幕上的图形进行刷新,这时又需要重新计算,显示形体效率很低。此外,对于较复杂的物体,拼合起来还有一定的局限性。因此,单纯CSG的系统很少使用,一般使用混合模型。

(3) CSG法和B-rep法混合表示。从以上两种构造方式看,B-rep法强调的是形体的外表细节,详细记录了形体的所有几何和拓扑信息,具有显示速度快等优点,缺点在于不能记录产生模型的过程。而CSG法具有记录产生实体的过程,便于交、并、差运算等优点,缺点在于对物体的记录不详细。从图3-14中可以看出,两种构造方法互补,如果将它们混合在一起,可发挥各自的优点,克服各自的缺点,这就是混合模型的思想。

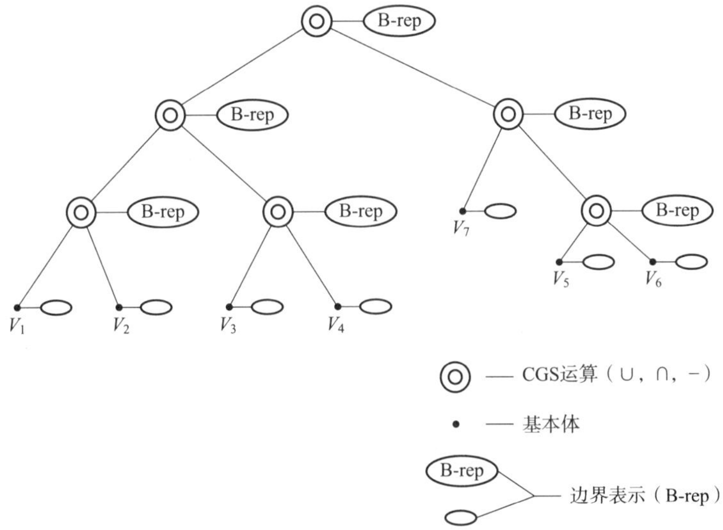

图3-14　混合表示法

在混合模型中,以CSG模型表示几何造型过程及其设计参数,用B-rep模型维护详细几何信息进行显示、查询等操作。基于CSG法造型,可将形状特征、参数化设计引入体素定义、几何变换及最终的几何造型中,而B-rep信息则为这些操作提供了几何参考或基准。CSG信息和B-rep信息相互补充,确保了几何模型的完整和正确。

(4) 空间位置枚举法。又称空间单元表示法或分割法,是通过一系列空间单元图形表示物体的一种表示方法,如图3-15所示。这些单元是有一定大小的空间立方体。在计算机内部通过定义各个单元位置是否填充,建立整个实体的数据结构。这种数据结构通常为四叉树或八叉树。四叉树一般用于描述二维物体,其基本思想是将平面划分为四个子平面,通过定义这些子平面"有图形"和"无图形"描述不同形状物体,而"部分有图形"的部分可以继续划分,直至达到子平面为空或为满为止。三维实体则需要采用八叉树,基本思路是先定义三维实体的外接立方体,并将其分割成八个子立方体,依次判断每个子立方体:若为空,则表示无实体填充;若为满,则表示有实体充满;若部分有实体填充,将该立方体继续分解,使所有子立方体为空或为满,达到给定的精度为止。

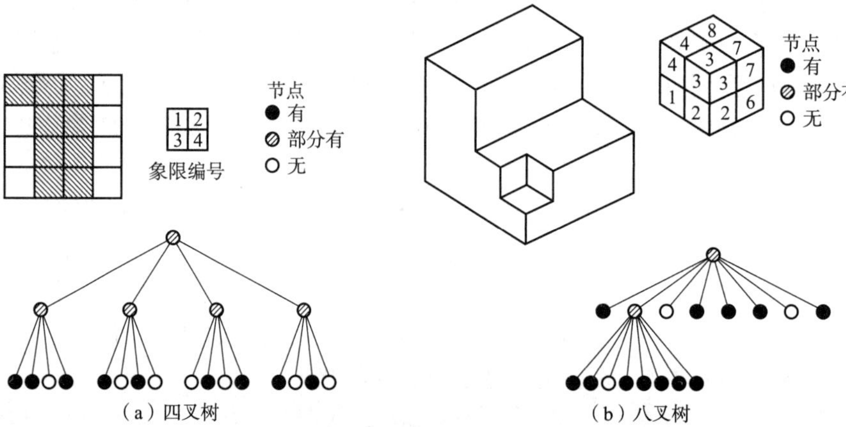

图 3-15 空间单元表示法

空间位置枚举法是一种数字化的近似表示法,单元的大小直接影响到模型的分辨率,特别是对于曲线或曲面,精度越高,单元数目就越大。因此,空间位置枚举法要求有大量的存储空间。但是,它不能表达一个物体任意两部分之间的关系,也没有关于点、线、面的概念,仅仅是一种空间的近似。可是从另一方面讲,它的算法比较简单,同时也是物性计算和有限元网格划分的基础。

空间位置枚举法的最大优点是便于作出局部修改及进行集合运算。在集合运算时,只要同时遍历两个拼合体的四叉树或八叉树,对相应的小立方体进行布尔组合运算即可。另外,八叉树数据结构可大大简化消隐算法,因为各类消隐算法的核心是排序;采用八叉树法最大缺点是占用存储空间大,但由于八叉树结构能表示现实世界物体的复杂性,近年来日益受到人们重视。

3.2 特征建模

3.2.1 特征的定义与分类

1. 特征的定义

特征是一个综合概念,作为产品开发过程中各种信息的载体,除了包含零件几何、拓扑信息外,还包含了设计、制造等过程所需要的一些工程信息,如材料及其热处理信息、尺寸及形位公差信息、表面粗糙度信息和刀具信息等。因此,特征包含丰富的工程语义,它是在更高层次上对几何形体及工程信息的集成描述。1988 年末,ISO 公布的 STEP 标准草案将形状和公差特征等列为产品定义的基本要素,使它从此获得了国际标准法定地位。

国内学者基于设计、制造一体化,将形状特征定义为:具有一定拓扑关系的一组几何元素构成的形状实体,它对应零件的一个或多个功能,并能被一定的加工方式所形成。在形状特征研究的基础上,为进一步拓宽特征含义,又将特征定义为:一组具有确定约束关系的几何实体,

它同时包含某种特定的语义信息。即把特征表达为

特征 = 形状特征 + 工程语义信息

其中语义信息包括以下三类属性信息:

(1) 静态信息描述特征形状、位置属性数据。

(2) 规则和方法确定特征功能和行为。

(3) 特征关系描述特征间相互约束关系。

根据不同应用功能,可以为特征赋予不同的语义信息。由于该种定义强调了特征的工程语义信息,既能表达设计人员的设计意图,又具有相应的制造加工信息,所以特征建模技术成为 CAD/CAE/CAM 集成的核心技术。

总之,特征是构成零件的基本单元,是产品生命周期的信息载体。特征是由一定几何拓扑关系构成的特定形状实体,在几何形体中附加了具体的工程信息和使用功能。

2. 特征的分类

从不同的应用角度出发,形成了不同的特征定义,也产生了不同的特征分类标准。从产品生命周期的角度出发,特征可分为设计特征、分析特征、加工特征、公差及检测特征、装配特征等;从产品功能的角度出发,特征可分为形状特征、精度特征、技术特征、材料特征、装配特征;从复杂程度的角度出发,特征可分为基本特征、组合特征、复合特征。通常,考虑到工程应用的背景和实现上的方便性,可将特征分为以下几类。

(1) 形状特征。用于描述实体的几何形状信息,是产品信息模型中最主要的特征信息之一,主要包括几何信息和拓扑信息,如描述零件的几何形状与尺寸相关信息的集合。它是其他非几何信息(如精度特征、材料特征等)的载体,非几何信息作为属性或约束附加在形状特征组成要素上。

(2) 装配特征。用于表达零件装配关系及在装配过程中所需的信息,包括位置关系、公差配合、功能关系、动力学关系等。

(3) 精度特征。用于描述几何形状和尺寸许可变动量或误差。精度特征又可细分为形状公差特征、位置公差特征、表面粗糙度。

(4) 材料特征。用于描述与零件材料有关的信息,包括材料类型、性能、热处理方式以及硬度值等。

(5) 分析特征。用于表达零件在性能分析时所使用的信息,如有限元网格划分、梁特征和板特征等,有时又称技术特征。

(6) 管理特征。用于描述零件管理信息,如描述零件设计的 GT 码、标题栏等。

一般把形状特征与装配特征称为造型特征,因为它们是实际构造出产品外形的特征。其他特征称为面向过程的特征,因为它们并不实际参与产品几何形状的构造,而是属于那些与生产环境有关的特征。

3. 形状特征的分类

根据构造零件中所起作用不同,形状特征可分为主特征和辅特征两类,如图 3-16 所示。

(1) 主特征。主特征用于构造零件的基本几何形体,包括零件的主要形状、体积(或质量),是最先建立的特征,也是后续特征的基础。根据其特征形状的复杂程度,又分为简单主特征和宏特征两类。

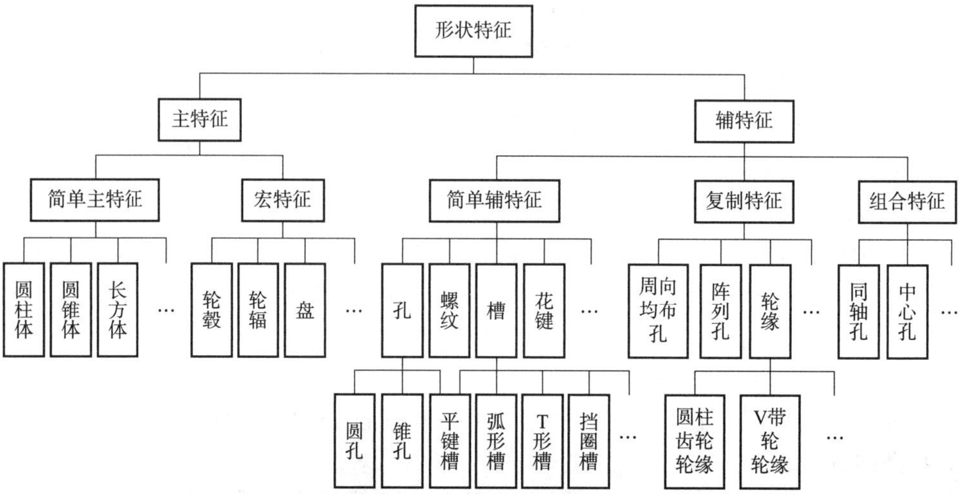

图 3-16　形状特征的分类

简单主特征主要指圆柱体、圆锥体、长方体、球体等基本几何形体。

宏特征指具有相对固定的结构形状和加工方法的形状特征，其几何形状比较复杂，且不便于进一步细分为其他形状特征的组合。如盘类零件、轮类零件的轮辐和轮毂等，基本上都是由宏特征及附加在其上的辅特征（如孔、槽等）构成的。宏特征的定义可以简化建模过程，避免分别描述各个表面特征，并且能反映出零件的整体结构、设计功能和制造工艺。

（2）辅特征。是对主特征的局部修饰，反映了零件几何形状的细微结构。像螺纹、花键、V 形槽、T 形槽、U 形槽等单一的辅特征，它们既可以附加在主特征上，也可以附加在辅特征上，从而形成不同的几何形体。例如，将螺纹特征附加在外圆柱面上，则可形成外圆柱螺纹；将其附加在内圆柱面上，则可形成内圆柱螺纹。同理，花键也可形成外花键和内花键。因此，无须逐一描述内螺纹、外螺纹、内花键和外花键等形状特征，这样就避免了由于特征的重复定义而造成特征库数据的冗余现象。

4. 特征间的关联

为了方便描述特征之间的关系，提出了特征类、特征实例的概念。特征类是关于特征类型的描述，是具有相同信息性质或属性的特征概括。特征实例是对特征属性赋值后的一个特定特征，是特征类的成员。特征类之间、特征实例之间、特征类与特征实例之间有如下关系。

（1）继承关系。继承关系构成特征之间的层次联系，位于层次上级的称为超类特征，位于层次下级的称为亚类特征。亚类特征可继承超类特征的属性和方法，这种继承关系称为 AKO（a-kind-of）关系，如特征与形状特征之间的关系等。另一种继承关系是特征类与特征实例之间的关系，这种关系称为 INS（instance）关系，如某一具体的圆柱体是圆柱体特征类的一个实例，它们之间反映了 INS 关系。

（2）邻接关系。反映形状特征之间的相互位置关系，用 CONT（connect-to）表示。构成邻接关系的形状特征之间的邻接状态可共享，如一根阶梯轴，每相邻两个轴段之间的关系就是邻接关系，其中每个邻接面的状态可共享。

（3）从属关系。描述形状特征之间的依从或附属关系，用 IST（is-sub-ordinate-to）表示。

从属的形状特征依赖于被从属的形状特征而存在,如圆柱倒角附属于圆柱面存在。

(4) 引用关系。描述形状特征之间作为关联属性而相互引用的联系,用 REF(reference)表示。引用关系主要存在于形状特征对精度特征、材料特征的引用中。

3.2.2 特征建模

1. 特征建模及其实现方法

特征建模是一种建立在实体建模基础上,利用特征概念,面向整个产品设计和生产制造过程进行设计的建模方法。在几何造型环境下建立特征模型主要有两种方法:一种方法是特征识别,即首先建立一个几何模型,然后用程序处理这个几何模型,自动发现并提取特征;另一种方法是基于特征的设计,即直接用特征定义零件的几何结构,几何模型可以由特征生成,如图 3-17 所示。除了这两种方法外,近年来,又产生了一种混合特征建模方法,即特征设计与识别的集成建模方法。

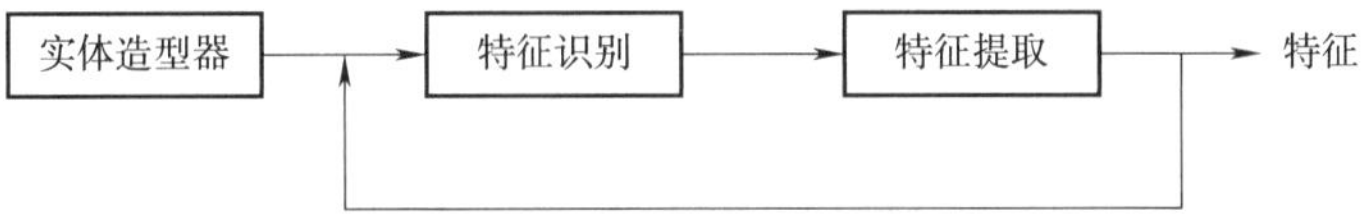

(a) 特征识别

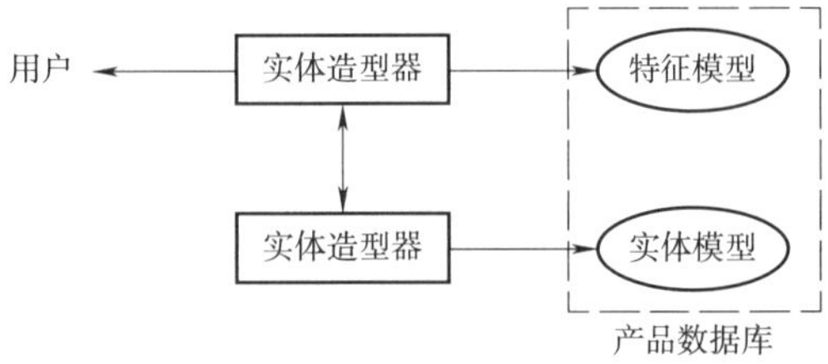

(b) 基于特征的设计

图 3-17　特征识别和基于特征的设计

(1) 特征识别。特征识别又称后定义特征,即在原几何造型系统中获得的几何模型上进行特征识别与提取。首先建立一个几何模型,然后用程序处理这个几何模型,直接从其数据库中获得特征信息。

特征识别通常包含以下几个过程:

① 搜寻特征库,从中找出与之相匹配的拓扑或几何类型。

② 从数据库中选择并确定已识别的特征信息。

③ 确定特征的具体参数(如孔的直径、槽的深度等)。

④ 完成特征的几何模型。

⑤ 将简单的特征组合,以获得高层特征。

特征识别实现了实体建模中特征信息与几何信息的统一,但是特征识别一般只对简单形状有效,对于复杂零件难以实现,且缺乏 CAPP 所需的公差、材料等属性。特征识别的缺点是事后定义实体特征,对已存在的实体建模进行特征识别和提取,而不是重现实体形成过程。

(2) 基于特征的设计。在此方法中,特征模型的定义被预先放入一个库中,然后通过定义尺寸、位置参数和各种属性值建立特征实例。即设计者可以直接从特征库中提取特征并进行布尔运算，最后形成零件模型的设计与定义。下面讨论两种基于特征的设计方法。

① 特征分割造型法：这种方法是在一个基本毛坯模型上用特征进行布尔减操作建立零件模型。利用移去毛坯材料的操作，将毛坯模型转变为最终的零件模型，设计和加工规划可以同时生成。

② 特征合成法：系统允许设计人员通过加或减特征进行设计。首先通过一定的规划和过程预定义一般特征，建立一般特征库，然后将一般特征实例化，并对特征实例进行修改、复制、删除、生成实体模型、导出特定的参数值等操作，建立产品模型。

（3）特征设计与识别的集成建模方法。前面两种方法的问题在于它们通常工作在一个顺序工程的环境中。利用基于特征的设计方法时，特征模型是在设计阶段创建的，这样设计人员所得到的信息就会立即包含在模型中。可是用户在面向一个特定应用之前就需要对特征进行定义，将这种方式用于设计的特征集是有限的，而且生成的特征模型是严格地依赖于某一个应用场合的，它不能在不同的应用场合之间共享。在特征识别方法中，特征是从零件几何模型中提取，设计人员可以较自由地利用几何体素定义物体形状，但已知的功能信息就丢失了。几何描述可以适应不同场合，然而仅可以识别出数据库中已存储的特征。因此，如果单独使用这两种方法，并不能完美地支持产品零件特征模型构建。在并行工程环境中，基于特征建模方法应当是以上两种方法的结合。基于集成方法的系统应该提供以下功能：利用特征和几何体素生成产品的特征模型，创建特定的特征类别，在不同应用场合之间对特征集进行映射。这样，用户可以直接使用特征设计零件的一部分，同时还可以使用底层实体造型器设计零件的其他部分。

2. 特征建模过程

特征建模是一个过程，分先后顺序把特征一一加到形体上，后续特征依附于前面特征。前面特征的变化将影响后续特征变化。为了正确记录特征建模过程，采用“特征树”的概念。特征建模过程就好像一棵树的生长过程，从树根（基本特征）开始逐步长出树枝（附加特征）。零件结构复杂程度不同，特征树复杂程度也不同。一个零件由若干特征构成，特征之间有复杂的依赖关系。

CAD/CAM 系统都提供了特征树管理的专门窗口，图 3-18 所示是 UG NX 软件环境中齿轮轴零件及特征树，可见特征树记录了特征建模过程。

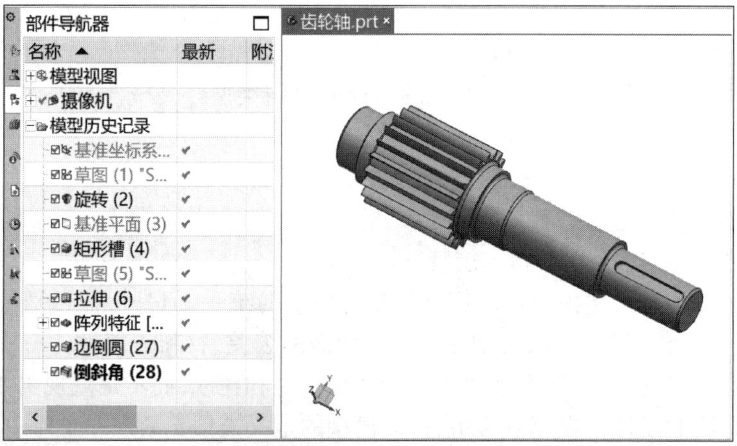

图 3-18　齿轮轴零件及其特征树

特征既可以集合到已存在的实体上,也可以从实体上把某特征删除。删除特征的同时会删除从属于该特征的后续特征。另外,还可以修改现有特征,如改变特征的形状、尺寸或位置,或改变特征的从属关系。

学会把复杂的三维模型分解为简单的模型组合,这对提高建模效率有很大的帮助。有时对于同一个模型,可以有多种创建方法,但是每种方法各有利弊,要视具体情况分别对待。下面以图3-19(a)所示的三维模型为例,说明用"特征添加"创建三维模型的一般过程。其创建过程可以按以下步骤进行,如图3-19(b)所示。

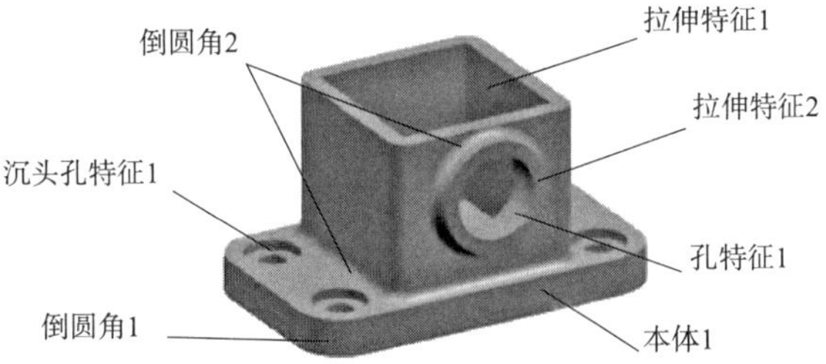

(a)复杂三维模型

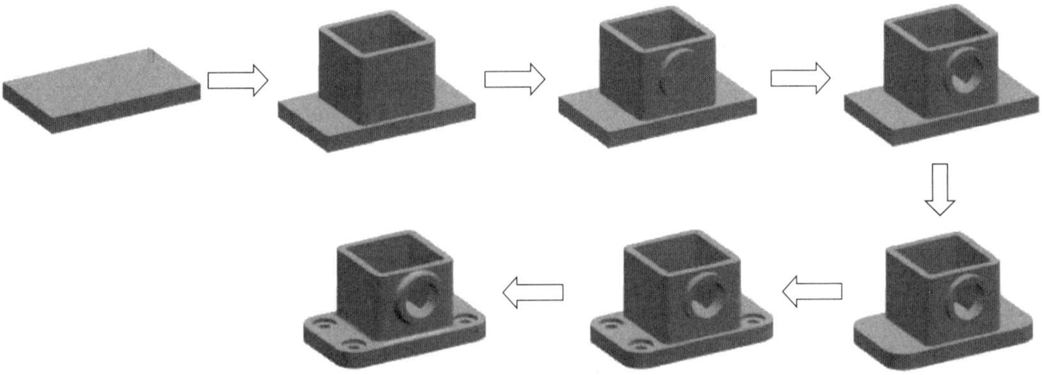

(b)创建流程

图3-19　复杂三维模型的创建流程

① 创建或选取作为模型空间定位的基准特征,如基准面、基准线或基准坐标系。

② 创建基本特征——本体1。

③ 添加拉伸特征——拉伸特征1。

④ 添加拉伸特征——拉伸特征2。

⑤ 添加孔特征——孔特征1。

⑥ 添加倒圆角特征——倒圆角特征1。

⑦ 添加沉头孔特征——沉头孔特征1。

⑧ 添加倒圆角特征——倒圆角特征2。

对于每一个基本体素特征、草图特征、设计特征和细节特征,在UG NX中都提供了相关的特征参数编辑,可以随时通过更改相关参数更新模型形状。这种通过尺寸进行驱动的方式为建模及更改带来了很大的便利。

3.3 参数化设计

参数化是将设计要求、设计原则、设计方法和设计结果用灵活可变的参数表示，以便在人机交互过程中根据实际情况随时加以更改。参数化模型以约束表达产品模型的形状特征，以一组参数控制设计结果，从而能通过变换一组参数值方便地创建一系列形状相似的零件。参数化设计（parametric design）的基本手段有程序驱动与尺寸驱动。程序驱动法是通过分析图形几何模型的特点，确定模型的主参数以及各尺寸间的数学关系，将这种关系输入程序中，进而在零件设计时只需输入几个参数值即可生成所要求的模型。尺寸驱动是对程序驱动的扩展，其基本思想是由应用程序生成所涉及的基图，该图的尺寸有一系列标识，这些尺寸由用户在编程时输入或交互式输入，从而生成用户的模型。参数化技术是全相关和系列化设计的技术基础。

3.3.1 基本概念

1. 约束

约束（constraints）是指构成图形元素的几何尺寸、位置及其各个图素之间的几何及工程关系要求的集合，并以参数等式或不等式进行描述。广义的约束是指构成产品所有特征信息（几何信息与非几何信息）的集合，包括尺寸约束，形状拓扑约束、几何关系约束、工程关系约束等。

（1）尺寸约束。是指产品几何图形元素的尺寸参数描述，尺寸约束包括定形尺寸约束和定位尺寸约束。

（2）形状拓扑约束。是指产品形体的特性和关系的描述。

（3）几何关系约束。是指具有几何意义的点、线、面、体等图形元素之间所有的几何关系描述。

（4）工程关系约束。是指表达设计对象的原理、应力、性能、材料等方面的非几何信息描述。

2. 轮廓

轮廓（profile）由若干首尾相接的直线或曲线组成，用于表达实体模型截面形状或扫描路径。轮廓上的线段（直线或曲线）不能断开、错位或交叉。草图轮廓可以是封闭的，也可以是不封闭的，但不允许既有封闭又包含不封闭的轮廓，如图 3-20（a）所示。一般允许的轮廓类型有单一开环、单一闭环、多个非连通闭环等，如图 3-20（b）所示。

（a）不正确的轮廓

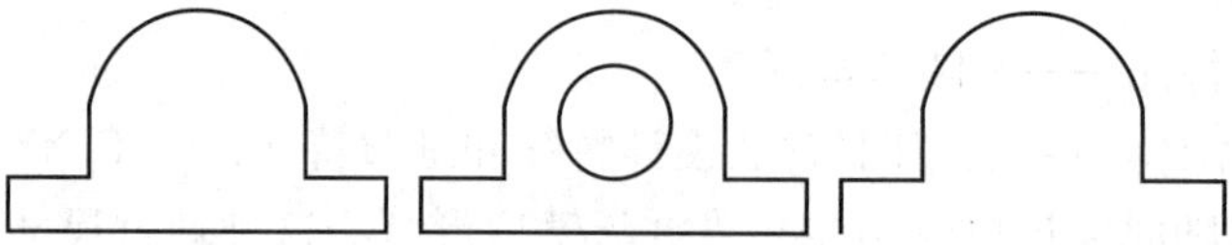

（b）正确的轮廓

图 3-20 不正确的轮廓和正确的轮廓

3. 草图设计

草图(sketch)一词是机械制图中的术语,是指通过目测估计图形与实物比例,按一定画法,徒手(或部分使用绘图仪器)绘制的图。设计人员有了构思要在第一时间记录下来,草图就是最佳选择。引申到数字化设计中,草图设计(sketch design)就是将构思的结构轮廓,以目测估计的图形和尺寸比例,用鼠标点击绘图的方式记录图形轮廓,然后不断添加(修改)尺寸和图素之间的约束关系,控制设计结果,达到所需设计结构的一种设计方法。

草图设计符合工程设计基本过程,即先原理性定性设计、后定量设计的过程。草图设计是实现参数化设计的主要手段之一。在参数化设计系统中,常常利用草图绘制参数化特征的结构轮廓或扫描路径等线框结构,然后从草图轮廓中生成参数化实体结构。当需要对结构实体进行修改调整时,可通过尺寸驱动或修改变量表、参数表达式等方式,驱动结构、尺寸变化,从而控制设计结果的变化。

4. 尺寸驱动

尺寸驱动(dimension driven)是指图素与尺寸之间建立关联关系后,通过编辑尺寸参数数值驱动图素形状和位置变化,来控制设计结果。将尺寸标注的变化和由于计算方法产生的尺寸变化转换成几何形体相应变化,并且保证变化前后的结构约束不变,如图3-21所示。尺寸驱动把设计图形的直观性与设计尺寸的精确性有机地统一起来。如果设计人员确定了设计尺寸,计算机就把这个尺寸所体现的大小和位置信息直观地反馈给设计人员,设计人员可以迅速地发现不合理的尺寸。另外,在设计过程中,设计人员可以在屏幕上大致勾勒出设计要素的位置和大小,计算机自动将位置和大小尺寸化,供设计人员参考,设计人员可以在适当时候修改这些尺寸。尺寸驱动设计极大地改善了图形的修改手段,提高了设计柔性,在概念设计、动态设计、实体造型、装配、公差分析与综合、优化设计等领域发挥着越来越大的作用,体现出很高的应用价值。

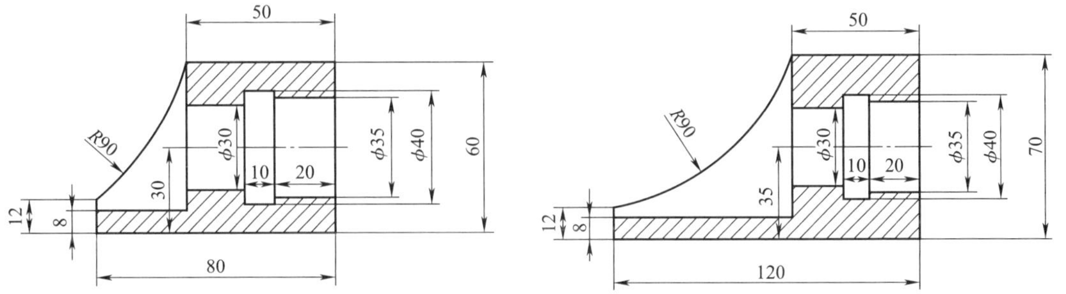

图3-21　尺寸驱动实例

5. 变量驱动

变量驱动(variational driven)是指将所有的设计要素,如几何尺寸、拓扑关系、结构特征的数量、工程关系,甚至公差精度、毛坯类型、材料牌号及热处理工艺参数、加工技术要求等属性都视为约束,称为设计变量,通过修改变量驱动设计结果。变量化设计系统可提供专门的变量编辑工具,利用该工具通过修改变量驱动构成产品的各设计要素发生改变。因此,变量驱动进一步扩展了尺寸驱动这一技术,给设计对象的修改增加了更大的自由度,为数字化系统带来了空前的适应性和易用性,从而使设计自动化程度大大提高。

变量驱动通常是借助一个变量编辑器编辑变量值和计算表达式，实现变量修改和变量之间的关联约束。通过定义变量与几何图素之间的关联关系，可以由变量驱动设计模型的修改。例如，在某个部件的圆周上均匀分布着若干个紧固螺钉，在变量化设计中允许将螺钉的数目作为设计变量，当改变螺钉的数目时，螺钉之间的夹角可通过预定义的表达式计算得到，变量化建模系统会自动地处理这种设计更新，如图 3-22 所示。

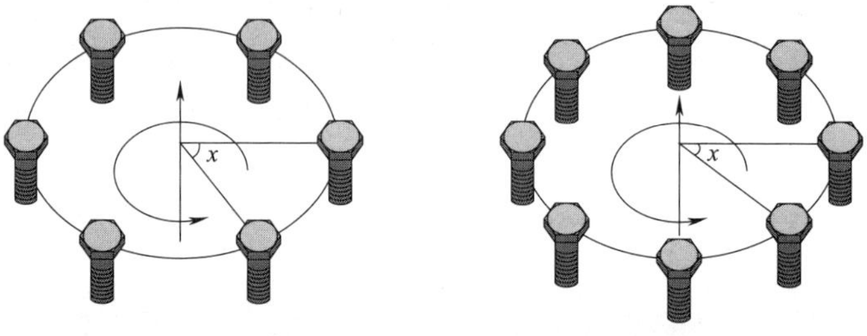

（a）$x=360°/n$，$n=6$　　（b）$x=360°/n$，$n=8$

图 3-22　变量化设计改变均匀分布的螺钉个数

变量驱动设计保留了尺寸驱动的基本特征、全数据相关等优点，与尺寸驱动设计不同的是变量驱动扩展了约束的范围，除了包含结构约束、尺寸约束、参数约束外，还可以定义工程约束，如面积、体积、强度、刚度、运动学、动力学等限制条件或计算方程，并将这些工程约束条件与图形联系起来。将尺寸约束扩展为包括工程约束在内的更加广泛的约束驱动方式，给设计者提供了更大的设计空间。变量化技术解决了任意约束情况下的产品设计问题，不仅可以做到尺寸驱动，还可以做到通过定义几何元素之间的约束关系获得约束驱动，从而实现产品结构优化设计。

但是，变量化技术为设计者提供更大设计自由度的同时，多解性问题成为其中的一个难题。变量的多解性主要由两个原因造成：一是几何系统处于欠约束状态；二是约束方程（组）的数学性质导致多解性。由于设计对象的多样性，不存在适应所有设计对象的优先级和求解规则，所以在设计过程中仍然需要用户设定更多约束条件以获得符合设计意图的有效解。

6. 尺寸驱动系统与变量驱动系统的区别

尺寸驱动系统、变量驱动系统两种技术都属于基于约束的实体造型系统，都强调基于特征的设计和全数据相关，以及尺寸驱动实现设计修改，都提供方法与手段、解决设计时必须考虑的几何约束和尺寸关系等问题。二者主要在约束的处理、特征的管理、应用场合有所区别。

（1）约束的处理区别。尺寸驱动技术在设计全过程中，将形状和尺寸联合起来一起考虑，通过尺寸约束实现对几何形状的控制；变量驱动技术将形状约束和尺寸约束分开处理。

尺寸驱动技术在非全约束时，造型系统不许可执行后续操作，几何方程求解只能顺序求解，所使用的变量必须事先定义，并赋予一确定的尺寸参数。变量驱动技术解决的是任意约束情况下的产品设计问题，操作者可以先决定形状，然后再给定一些必要的尺寸，尺寸是否标注完整并不影响后续操作，其方程与求解顺序无关。

尺寸驱动技术的工程关系不直接参与约束管理，而是另由单独的处理器外置处理；在变量驱动技术中，工程关系可以作为约束直接与几何方程耦合，最后再通过约束解算器统一解算。

尺寸驱动技术解决的是全约束情况下的几何图形问题，表现形式是尺寸驱动几何形状修改；变量驱动技术解决的是任意约束情况下的产品设计问题，不仅可以做到尺寸驱动，亦可以实现约束驱动,即由工程关系驱动几何形状的改变,这对产品结构优化具有重要意义。

由此可见,是否要全约束以及以什么形式施加约束恰恰是两种技术的分水岭。这也是二者的根本性区别。

(2) 应用场合的不同。尺寸驱动系统的内在限定是求解特殊情况,因此系统内部必须将所有可能发生的特殊情况通过程序全盘描述,从而导致设计者被系统寻求特殊情况解的技术限制了设计方法。即尺寸驱动系统的指导思想为:设计者只要按照系统规定的方式操作,系统就保证生成设计的正确性及效率性,否则拒绝操作。造型过程是一个类似模拟工程师读图纸的过程,由关键尺寸、形体尺寸、定位尺寸一直到参考尺寸,待无一遗漏全部看懂(输入计算机)后,形体自然在脑海中(屏幕上)形成,造型必须严格按部就班。这种思路及苛刻规定带来了一些副作用:一是使用者必须遵循软件内在使用机制,如不允许欠尺寸约束、不可以逆序求解等;二是当零件截面形状比较复杂时,参数化系统规定将所有尺寸表达出来的要求让设计者无从下手;三是由于只有尺寸驱动这一种修改方法,那么究竟改变哪一个(或哪几个)尺寸会使产品朝着自己满意方向改变呢? 这些都不容易判断。此外尺寸驱动的范围亦是有限制的,如给出了一个极不合理的尺寸参数,致使某特征过分变形导致与其他特征相干涉,从而引起拓扑关系的改变。

因此从应用上来说,尺寸驱动系统特别适用于那些技术已相当稳定成熟的零配件行业。这些行业,零件形状改变很少,经常只需采用类比设计,即形状基本固定,只需改变一些关键尺寸就可以得到新的系列化设计结果。另一个重要的应用场合就是由二维到三维的抄图式设计,这些图纸通常是绝对符合全约束条件的。

变量驱动技术的指导思想是:设计者可以采用先形状后尺寸的设计方式,允许采用不完全尺寸约束,只给出必要的设计条件,这种情况下仍能保证设计的正确性及效率性,因为系统分担了很多繁杂的工作。造型过程是一个类似工程师在脑海里思考设计方案的过程,满足设计要求的几何形状是第一位的,尺寸细节是后来逐步精确完善的。设计过程相对自由宽松,设计者可以有更多的时间和精力考虑设计方案,而无须过多关心软件的内在机制和设计规则限制,符合工程师的创造性思维规律,所以变量化系统的应用领域也更宽广一些。除了一般的系列化零件设计,变量化系统在做概念设计时有不可替代的优势,比较适用于新产品开发、老产品改形设计这类创新式设计。主要用户集中在整机、整车行业,侧重于产品系统设计。

(3) 特征管理的区别。尺寸驱动技术在整个造型过程中,将所构造的形体中用到的全部特征按先后顺序串联式排列,方便检索。在特征序列中,每一个特征与前一个特征都建立了明确的依附关系。但因设计要求需要修改或去掉前一个特征,则其子特征被架空,这样极易引起数据库混乱,导致与其相关的后续特征受损失,主要原因是由于全尺寸约束的条件不满足及特征管理不完善所致。这是参数化技术目前存在的比较大的缺陷。

变量驱动技术突破了上述限制。它采用历史树表达方式,各特征除了前面特征保持关联外,同时与系统全局坐标系建立联系。前一特征更改时,后面特征会自动更改,保持全过程相关性。一旦前一特征被删除,后面特征失去定位基准时,两特征之间的约束随之自动解除,系统会通过联立求解方程式自动在全局坐标系下将其确定位置,后面特征不会受任何影响。这是针对尺寸驱动技术的缺陷进行深入研究后提出的更好的解决方案。树状结构还许可将复杂零件拆分成数个零件然后合并到一起,可以清楚地记录设计过程,便于修改,有利于多人的协同设计。

从技术理论深度上讲，变量驱动技术比尺寸驱动技术高一个层次。当然这两种技术都在不断的改进和完善之中。

3.3.2 实现方法

1. 参数化设计步骤

(1) 建立几何拓扑模型。参数化非常适合结构比较定性的设计。在进行参数化设计时，首先要建立设计对象的几何、拓扑模型，这是参数化的前提。通常根据设计要求，以相对成熟的产品图为样板，模型一经建立，以后的应用中一般不再作大修改。为此，建模过程根据工程和几何结构要求，定义各图素之间的几何约束关系，如平行、垂直、对称、相切、重合、水平、铅垂、固定(接地)等。通过这些几何约束保证模型结构相对稳定。

(2) 参数和变量定义。在几何模型基础上，分析其结构特点和控制尺寸，定义变量参数，建立参数变量与工程关系之间的关联。在此过程中，主要通过尺寸标注、变量关联进行参数化定义。

(3) 推导参数表达式。几何拓扑模型中的参数之间并非都是相互独立的，通常会有关联关系，有的参数是随着其他参数的变化而变化。另外，由于二维轮廓图绘制最终可以归结为点之间的连线，因此，需要将特征点的坐标用变量参数表达出来，推导出参数之间的表达式。

(4) 编制参数变量约束关系。将参数化几何拓扑模型和参数表达式编写成与 CAD 系统相适应的关系式，实现参数化设计。

下面以图 3-23 所示联轴器零件图形库为例，介绍参数化设计过程与应用。

① 在分析零件几何形状后，衍生出标准模块，建立几何拓扑模型如图 3-23(a)所示。

② 联轴器零件有 12 个尺寸参数，但经过详细分析后发现只需要 3 个可变参数(A、B、C)，经过计算推导(参数表达式)获得其他参数，如图 3-23(b)所示。

③ 基于步骤①、②，建立参数化图形库。

④ 参数驱动图库模板，生成零件实例，如图 3-23(c)所示。

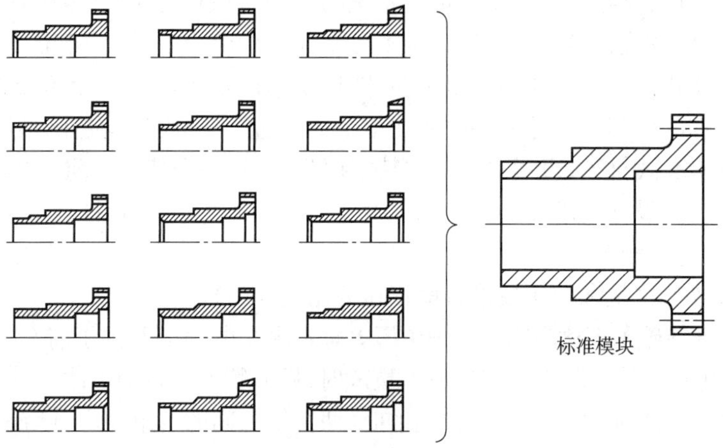

(a) 衍生标准模块

图 3-23 联轴器零件参数化设计

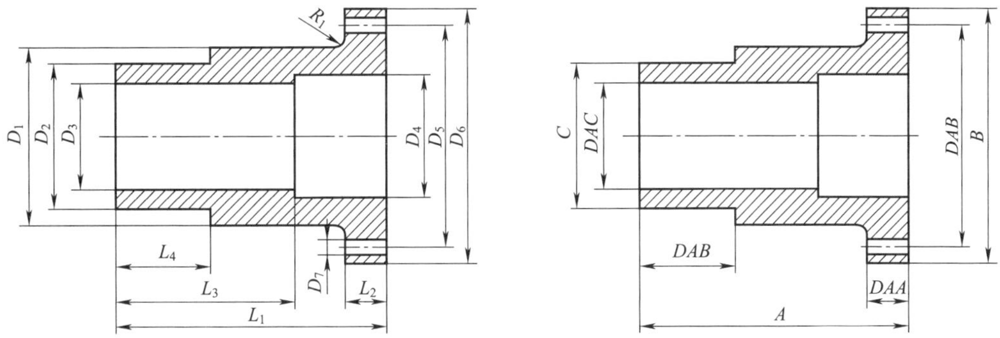

（b）12个尺寸参数与3个可变参数

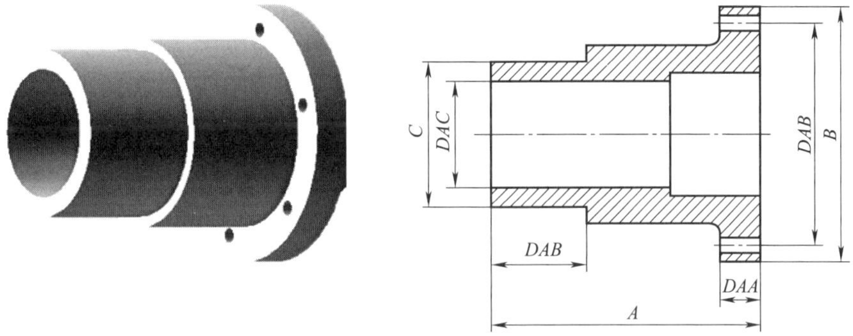

	A	B	C	DAA =DAC/3.0	DAB =A−65.0	DAC =C−20.0	DAD =C+(B−C)/2
0001	100.0	80.0	60.0	13.3	35.0	40.0	70.0
0002	112.0	100.0	65.0	15.0	47.0	45.0	82.5
0003	125.0	105.0	70.0	16.6	60.0	50.0	87.5
…	…	…	…	…	…	…	…

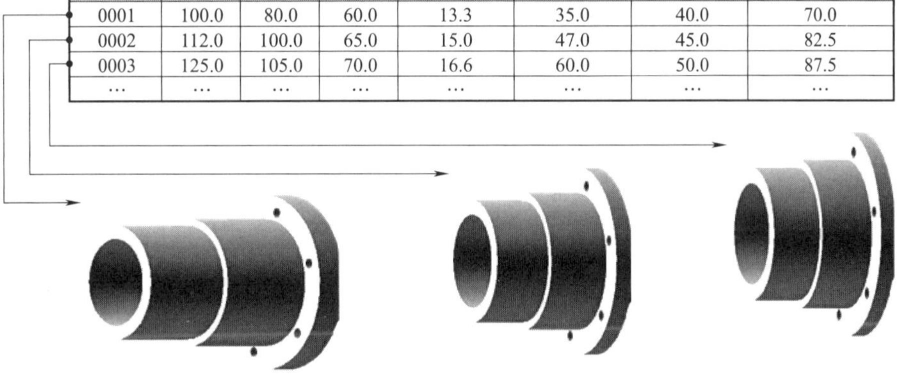

（c）参数化图库

图 3-23　联轴器零件参数化设计（续）

变量化设计除了尺寸形状参数外，还可以建立工程计算、工程数据库的约束关联，修改设计变量，计算机会正确处理这种设计上的变化，控制设计模型得到预期的设计结果，实现设计、计算的自动化。

2. 参数化定义应遵循的原则

（1）注重参数序列的设计含义。

（2）尺寸和几何约束应保证与设计和装配基准相关，并统一考虑装配模型建立时的装配约束问题。

（3）参数序列与几何图形尺寸序列数据结构具有映射关系。

（4）工程图样中的关键尺寸应作为自变量参数。

（5）参数定义不能出现干涉、过约束。

3. UG NX 齿轮参数化设计示例

UG NX 参数表达式是参数化建模的重要工具，包括定义特征的算术表达式和条件表达式，通过表达式不但可以控制同一个部件上不同特征之间的尺寸与位置关系，而且可以控制装配中部件与部件之间的尺寸与位置关系。表达式记录了所有参数化特征的参数值，可在建模任意时刻通过修改表达式的值对模型进行修改。

表达式可以自动建立或手动建立。系统自动生成开头用限定符 p 表示的表达式。利用表达式实现齿轮建模过程如图 3-24 所示。

① 创建草图时，用两个表达式定义草图基准 *xc* 和 *yc* 坐标。

② 特征或草图定位时，每个定位尺寸用一个表达式表示。

③ 定义草图尺寸约束时，每个定位尺寸用一个表达式表示。

④ 建立特征时，某些特征参数将用相应的表达式表示。

⑤ 建立装配配对条件时，会生成相应表达式。

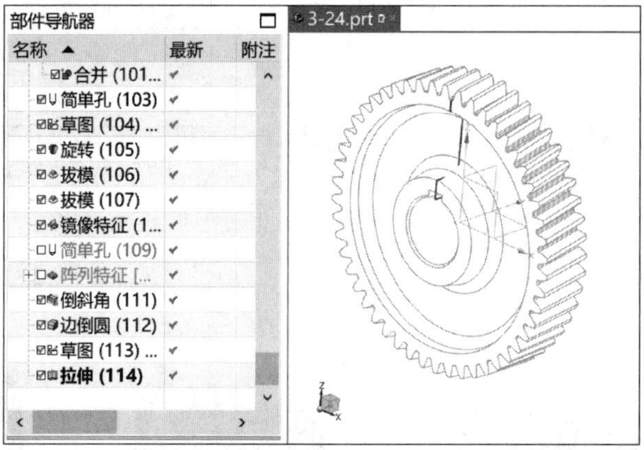

（a）齿轮建模过程

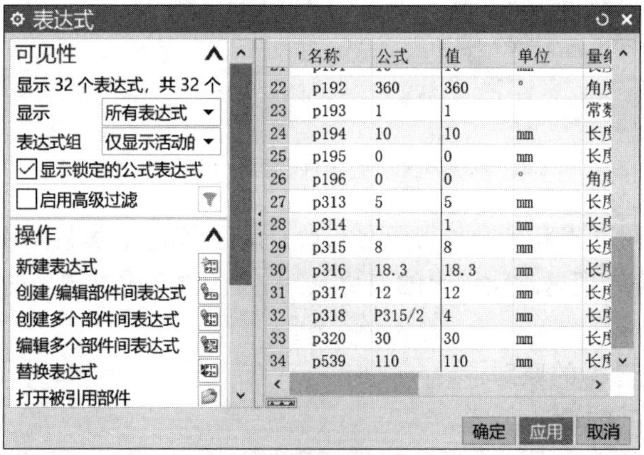

（b）变量表与表达式

图 3-24　齿轮参数化设计

4. ANSYS 齿轮参数化设计示例

ANSYS 提供了二次开发工具 APDL，利用 APDL 参数化设计语言可以更方便地建立参数化模型。例如，建立以下尺寸的渐开线圆柱齿轮：端面模数 $m=6$ mm，齿数 $z=28$，斜齿圆柱齿轮分度圆柱上的螺旋角 $\beta=12°$，齿的支撑部分开 6 个孔，APDL 参数化设计结果如图 3-25(a)所示。改变齿轮结构参数为：端面模数 $m=6.5$ mm，齿数 $z=32$，斜齿圆柱齿轮分度圆柱上的螺旋角 $\beta=-12°$，齿的支撑部分开 4 个孔，执行 APDL 命令流可以得到另一个齿轮模型，如图 3-25(b)所示。

（a）齿轮模型　　（b）改变参数的齿轮模型

图 3-25　ANSYS 齿轮参数化建模

3.4　UG NX 三维建模案例

3.4.1　活塞零件三维设计

例 3-1　活塞零件三维设计。通过对零件的基本结构分析可知，该零件的主体是一个圆柱体，所以在实际绘制中，先绘制一个圆柱，通过拉伸功能添加特征，再通过抽壳和镜像特征操作完成实体的创建，需要解决的问题是特征的定位，以及修剪体的定位问题。活塞零件设计效果图如图 3-26(a)所示，设计流程如图 3-26(b)所示。

（a）活塞零件效果图

图 3-26　活塞零件建模

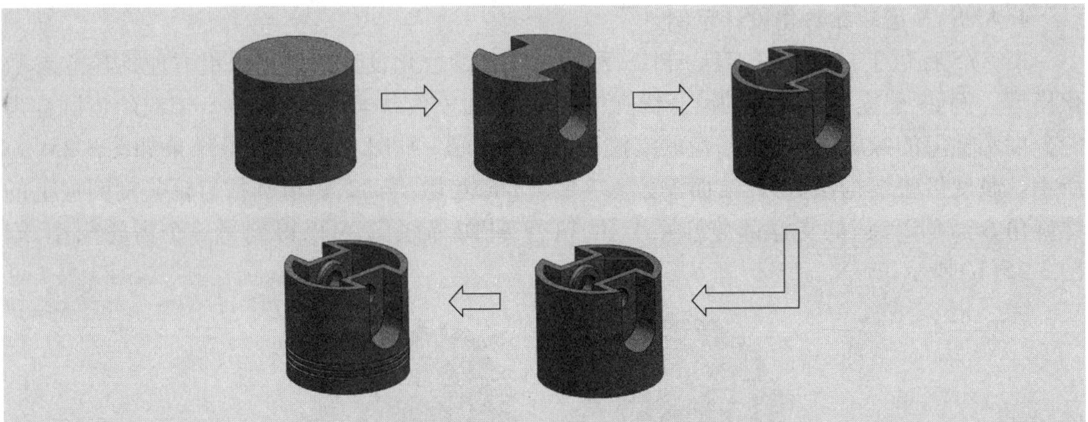

（b）设计流程

图 3-26　活塞零件建模(续)

1. 新建零件文件

(1)在桌面上双击 UG NX 快捷方式图标进入基本环境,在菜单中选择“文件”→“新建”命令,选择“模型”类型,给新文件指定路径和文件名,单击“确定”按钮。

(2)在功能区“特征”工具栏中单击“更多”按钮,弹出图 3-27 所示特征操作界面,选择特征类型,如单击“圆柱”按钮 圆柱。其他特征操作流程,可自行学习探索。

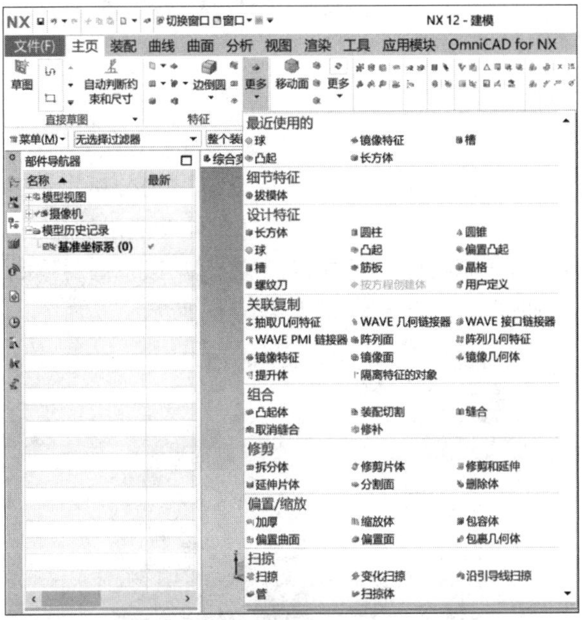

图 3-27　特征操作界面

2. 完成主体造型

(1)绘制圆柱体。单击图 3-27 设计特征中的“圆柱”按钮 圆柱,进入“圆柱”对话框,设置参数如图 3-28 所示,绘制结果如图 3-29 所示。

图 3-28　参数设置

图 3-29　绘制结果

(2)创建拉伸草图曲线。单击“特征”工具栏中的“拉伸”按钮 ▼,弹出“拉伸”对话框,单击“绘制截面”按钮,弹出图 3-30 所示的“创建草图”对话框,进入草图环境,在“草图平面”选项组的“平面方法”中选择“自动判断”选项,并指定平面为 X-Y 平面,单击“确定”按钮进入草图环境。

(3)绘制草图如图 3-31 所示,注意添加约束,使顶部横线在圆柱体上端面,圆心在 Y 轴。

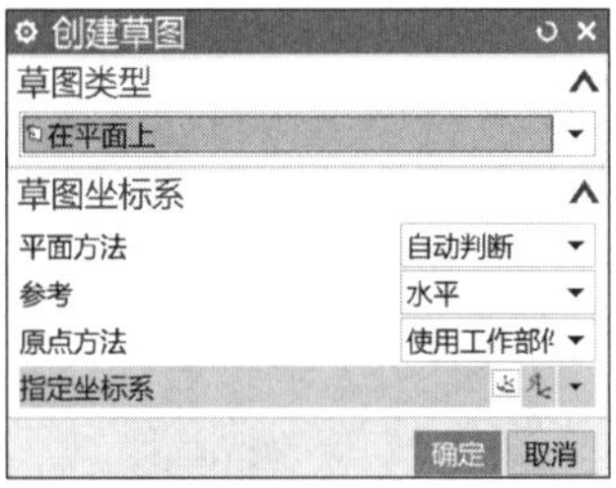

图 3-30　“创建草图”对话框

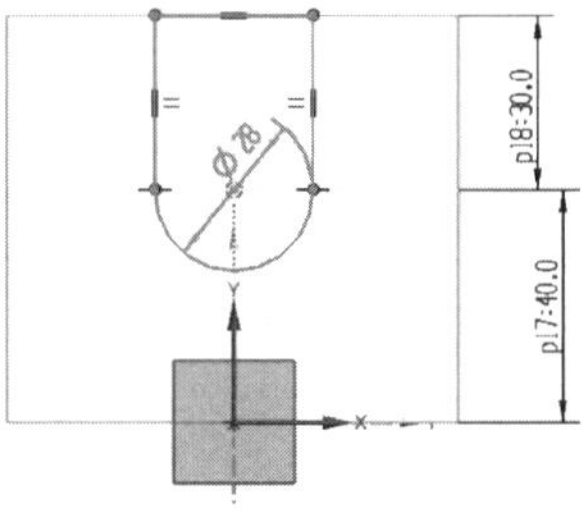

图 3-31　绘制草图

(4)单击“确定”按钮,回到“拉伸”环境,自动判断拉伸矢量,参数设置如图 3-32 所示,单击“确定”按钮,拉伸效果如图 3-33 所示。

图 3-32　参数设定

图 3-33　拉伸效果

(5)镜像特征。单击图 3-27 特征操作界面中关联复制下的“镜像特征”按钮 **镜像特征**，弹出图 3-34 所示的“镜像特征”对话框，选择步骤(4)中创建的拉伸特征为“镜像特征”，“镜像平面” 选择 *Y*-*Z* 平面，单击“确定”按钮，镜像结果如图 3-35 所示。

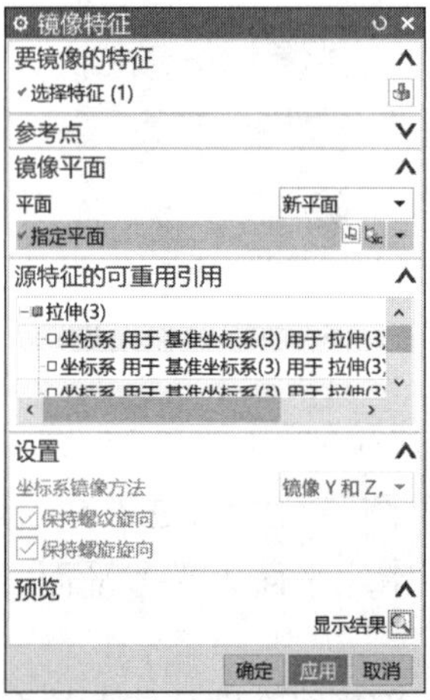

图 3-34 “镜像特征”对话框

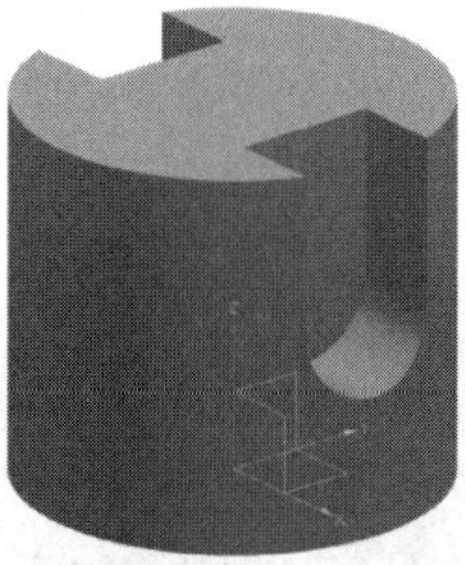

图 3-35 镜像特征效果图

(6)单击“特征”工具栏中的“抽壳”按钮，弹出“抽壳”对话框如图 3-36 所示，在“类型”下拉列表框中选择“移除面”，创建抽壳体如图 3-37 所示。

图 3-36 “抽壳”对话框

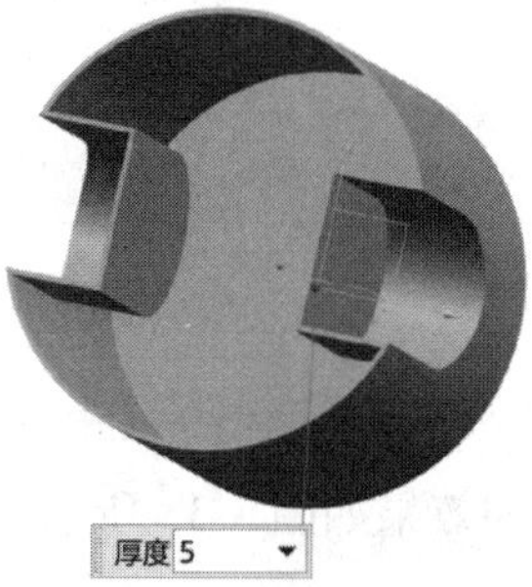

图 3-37 抽壳体效果图

(7)参考(2)的建模步骤，建立活塞销孔。参数设置如图 3-38 所示，拉伸效果如图 3-39。

图 3-38 参数设置

图 3-39 拉伸效果

(8)找到“曲线”菜单项下的“派生曲线”工具栏，单击“偏置曲线”按钮偏置曲线，弹出“偏置曲线”对话框，在“偏置类型”下拉列表框中选择“距离”，选择“曲线”为拉伸内轮廓，偏置方向向外，输入“偏置距离”为 4，参数设置及结果如图 3-40 所示。

图 3-40　偏置曲线参数设置及效果

(9)单击“特征”工具栏中的“拉伸”按钮，选择上一个拉伸的内边缘及偏置曲线，“方向”选择 X，在“布尔”下拉列表框中选择“合并”，如图 3-41 所示。

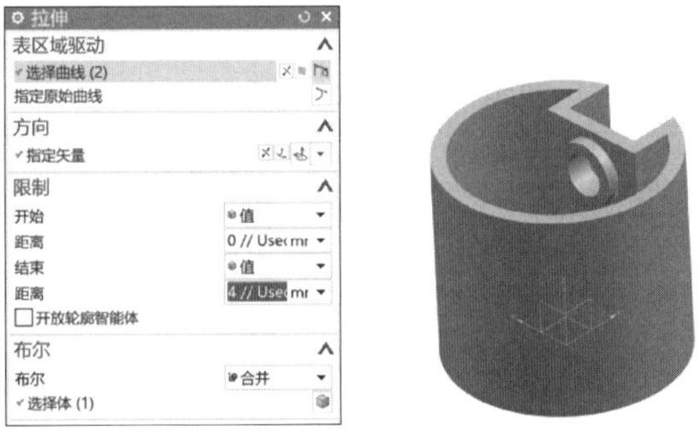

图 3-41　拉伸曲线及效果

(10)单击“特征”工具栏中的“边倒圆”按钮边倒圆，如图 3-42 所示进行参数设置及边的选取。

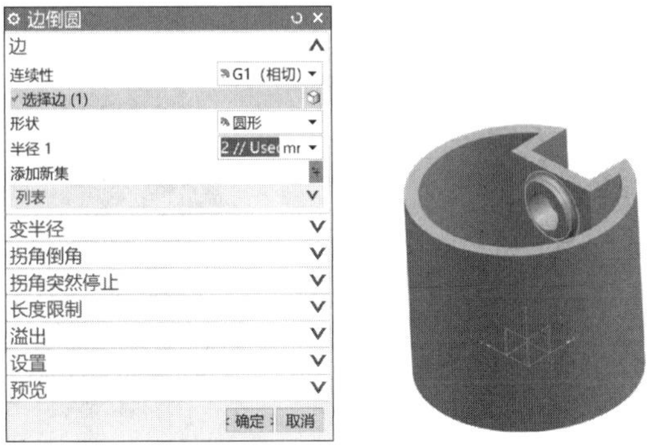

图 3-42　“边倒圆”对话框参数设置及边的选取

（11）参考步骤（5）操作，单击图 3-27 特征操作界面中关联复制下的“镜像特征”按钮 **镜像特征**，在“相关特征”下拉列表框中选中图 3-43 所示的 3 个特征，并选择 *Y-Z* 平面为镜像平面，单击“应用”按钮，镜像效果如图 3-44 所示。

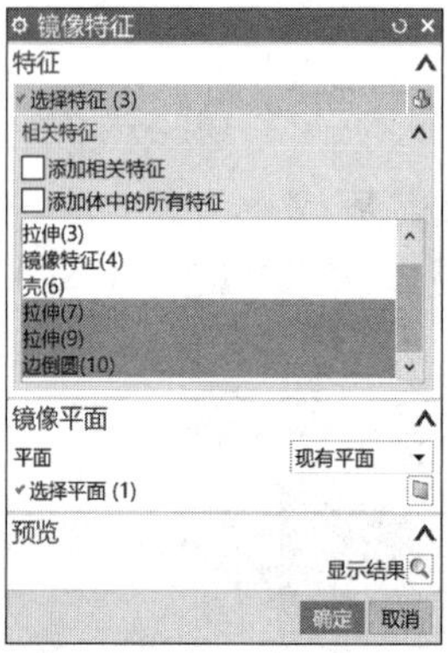

图 3-43 镜像特征列表

图 3-44 镜像特征

（12）单击“特征”工具栏中的“拉伸”→“绘制截面”按钮，进入草图环境，“草图平面”选择 *X-Z* 平面，单击“确定”按钮，进入草图环境。绘制草图截面如图 3-45 所示，注意约束圆心在 *Y* 轴。单击“完成草图”按钮退出草图环境，返回“拉伸”对话框。拉伸参数设置如图 3-46 所示，拉伸示意图如图 3-47 所示，拉伸结果如图 3-48 所示。

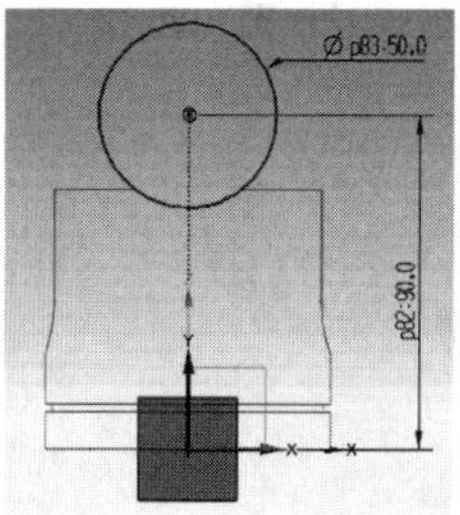

图 3-45 草图参数设置

图 3-46 拉伸参数设置

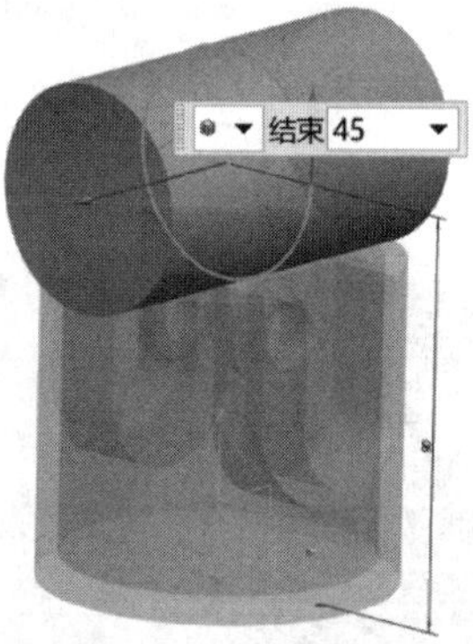

图 3-47 拉伸示意图

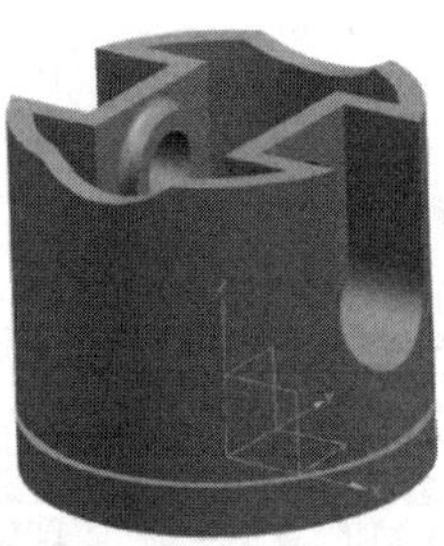

图 3-48 拉伸结果

(13)单击“特征”工具栏中的“拉伸”按钮,在“表区域驱动”下拉列表框中选择底部的边界面,“指定矢量”为 Z 轴,输入“起始距离”为 10、“终止距离”为 12,“布尔”下拉列表框选择“减去”,“偏置”下拉列表框选择“两侧”,“开始”输入为 0,“结束”输入为 -2,单击“确定”按钮,创建拉伸结果如图 3-49 所示,其中图 3-49(a)所示为拉伸参数设置,图 3-49(b)所示为拉伸示意图,图 3-49(c)所示为拉伸结果。

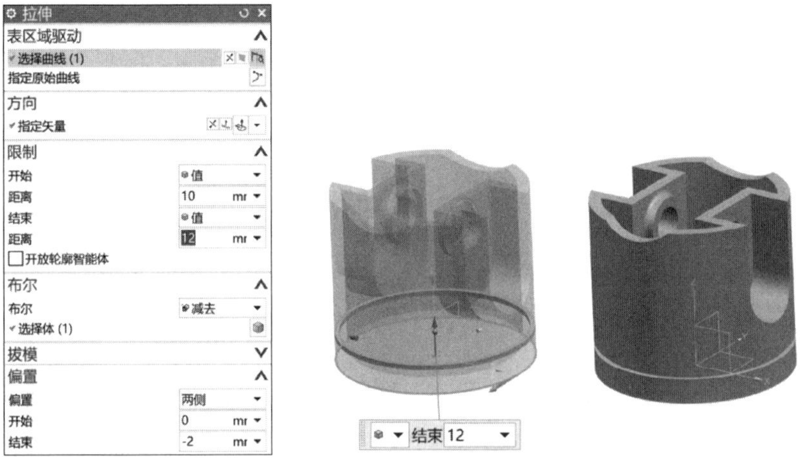

（a）参数设置　　（b）拉伸示意图　　（c）拉伸结果

图 3-49　拉伸过程示意图

(14)在菜单中选择“插入”→“关联复制”→“阵列特征”命令,如图 3-50 所示,弹出“阵列特征”对话框,“参考点”自动选择为圆弧中心,“布局”下拉列表框中选择“线性”,“方向 1”设为 Z 轴正向,“数量”输入 3,“节距”输入 4,单击“确定”按钮,阵列结果如图 3-51 所示,其中图 3-51(a)所示为参数设置,图 3-51(b)所示为阵列结果。

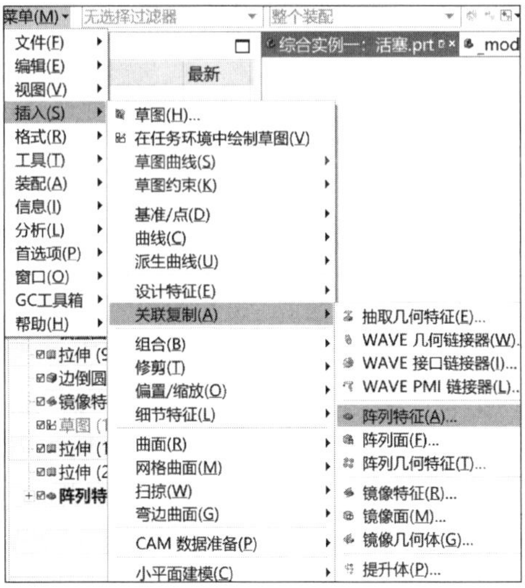

图 3-50　阵列特征命令

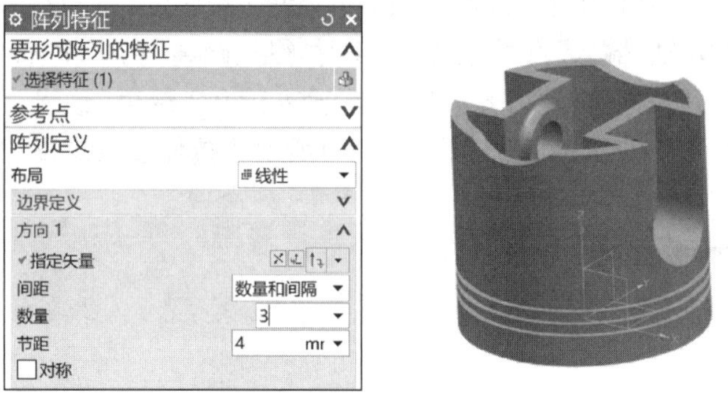

（a）参数设置　　（b）阵列结果

图 3-51　阵列特征

（15）总体示意图如图 3-52 所示。

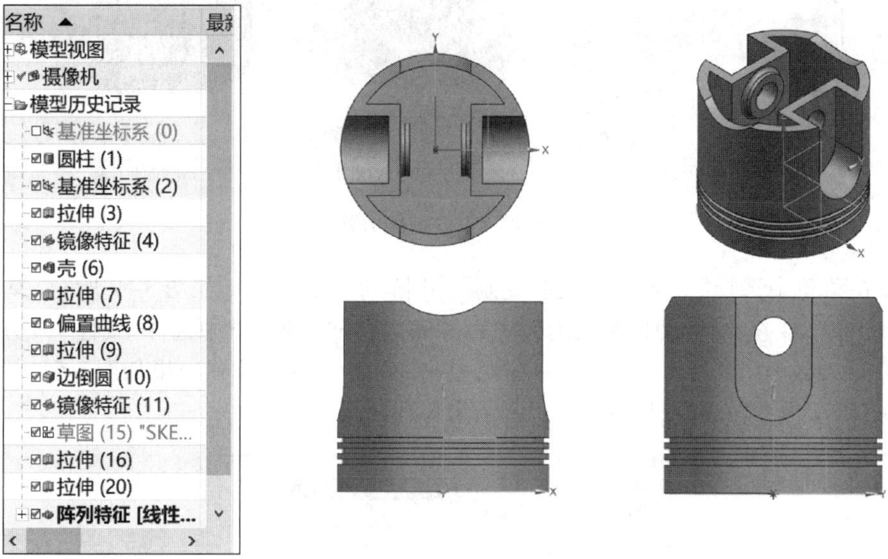

图 3-52　总体示意图

3.4.2　凸轮零件参数化设计

例 3-2　盘形凸轮参数化设计。参数化设计对心直动尖顶推杆盘形凸轮机构中的盘形凸轮，设计要求：当凸轮转过角度 α_1 时，推杆等加速等减速上升 h；凸轮继续转过角度 α_2 时，推杆停止不动；凸轮再继续转过角度 α_3 时，推杆等加速等减速下降 h；凸轮转过余下的角度 $\alpha_4 = 360 - \alpha_1 - \alpha_2 - \alpha_3$ 时，推杆停止不动。凸轮运动规律如图 3-53 所示。

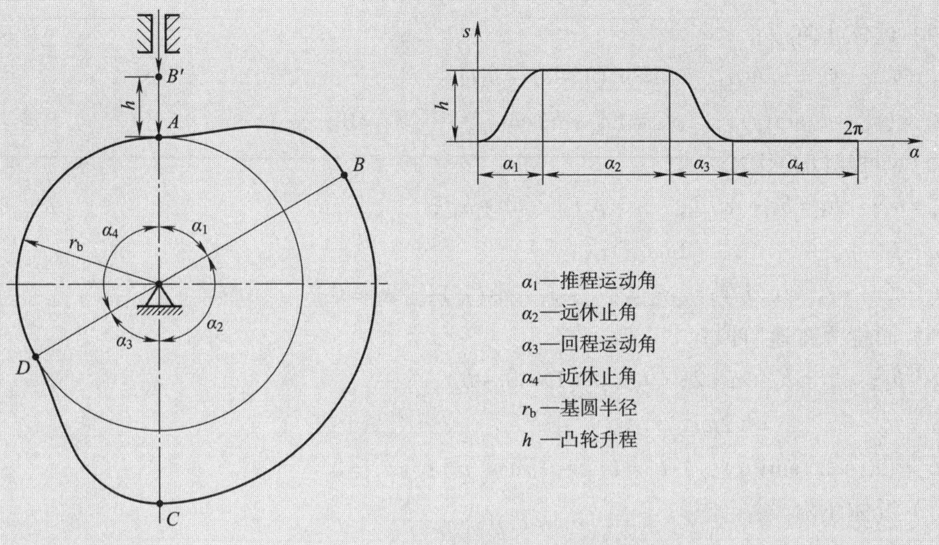

图 3-53　对心直动尖顶推杆盘形凸轮运动规律

1. 表达式

(1) 基本参数:

凸轮升程:h,mm

基圆半径:r_b,mm

凸轮厚度:t_b,mm

推程运动角:α_1,(°)

远休止角:α_2,(°)

回程运动角:α_3,(°)

近休止角:$\alpha_4 = 360 - \alpha_1 - \alpha_2 - \alpha_3$,(°)

参数:$t \in [0,1]$,无量纲

本例设各参数初始值如下:$h = 20, r_b = 40, t_b = 20, \alpha_1 = 60, \alpha_2 = 120, \alpha_3 = 60, t = 0$。

(2) 推程等加速阶段凸轮轮廓计算表达式:

起始角:$p_1 = 0$,(°)

终止角:$b_1 = a_1/2$,(°)

角变量:$j_1 = p_1(1-t) + b_1 t$,(°)

位移:$s_1 = (2hj_1j_1)/a_1^2$,mm

理论轮廓曲线 x 坐标值:$xt_1 = (r_b + s_1)\sin(j_1)$,mm

理论轮廓曲线 y 坐标值:$yt_1 = (r_b + s_1)\cos(j_1)$,mm

理论轮廓曲线 z 坐标值:$zt_1 = 0$,mm

与推程等加速阶段类似,其余各阶段凸轮轮廓计算表达式如下:

(3) 推程等减速阶段:

$p_2 = b_1$;　$b_2 = b_1 + \alpha_1/2$;　$j_2 = p_2(1-t) + b_2 t$;

$je_2 = \alpha_1 - j_2$(角变量);　$s_2 = h - (2hje_2^2)/\alpha_1^2$;

$xt_2=(r_b+s_2)*\sin(j_2)$； $yt_2=(r_b+s_2)\cos(j_2)$； $zt_2=0$。

（4）远休止阶段：

$p_3=b_2$； $b_3=b_2+\alpha_2$； $j_3=p_3(1-t)+b_3t$；

$xt_3=(r_b+h)\sin(j_3)$； $yt_3=(r_b+h)\cos(j_3)$； $zt_3=0$。

（5）回程等加速阶段：

$p_4=b_3$； $b_4=b_3+\alpha_3/2$； $j_4=p_4(1-t)+b_4t$；

$je_4=j_4-p_4$； $s_4=h-(2hje_4^2)/\alpha_3^2$；

$xt_4=(r_b+s_4)\sin(j_4)$； $yt_4=(r_b+s_4)\cos(j_4)$； $zt_4=0$。

（6）回程等减速阶段：

$p_5=b_4$； $b_5=b_4+\alpha_3/2$； $j_5=p_5(1-t)+b_5t$；

$je_5=b_5-j_5$； $s_5=(2hje_5^2)/\alpha_3^2$；

$xt_5=(r_b+s_5)\sin(j_5)$； $yt_5=(r_b+s_5)\cos(j_5)$； $zt_5=0$。

（7）近休止阶段：

$p_6=b_5$； $b_6=360$； $j_6=p_6(1-t)+b_6t$；

$xt_6=r_b\sin(j_6)$； $yt_6=r_b\cos(j_6)$； $zt_6=0$。

2. 参数化设计步骤及结果

（1）打开“表达式”对话框，创建表达式，如图 3-54 所示。

	↑名称	公式	量纲	类型	源
19	h	10	长度	数字	
20	J1	a1*(1-t)+b1*t	角度	数字	
21	J2	a2*(1-t)+b2*t	角度	数字	
22	J3	a3*(1-t)+b3*t	角度	数字	
23	J4	a4*(1-t)+b4*t	角度	数字	
24	J5	a5*(1-t)+b5*t	角度	数字	
25	J6	a6*(1-t)+b6*t	角度	数字	
26	Je2	60-J2	角度	数字	
27	Je4	J4-180	角度	数字	
28	Je5	180+60-J5	角度	数字	
29	p6	10	长度	数字	(偏置曲线(8) 距离)
30	p14	0	长度	数字	(拉伸(9) 起始限制)
31	p15	30	长度	数字	(拉伸(9) 终止限制)
32	p21	10	长度	数字	(壳(10) 厚度)
33	p25	30	长度	数字	(圆柱(11) 直径)
34	p26	10	长度	数字	(圆柱(11) 高度)
35	p30	5	长度	数字	(边倒圆(12) 半径 1)
36	p37	3	长度	数字	(边倒圆(13) 半径 1)
37	p41	3	长度	数字	(边倒圆(14) 半径 1)
38	R0	50	长度	数字	
39	S1	2*h*J1*J1 /(Angle01* Angle01)	长度	数字	
40	S2	10-2*h*Je2*Je2 /(Angle01* Angle01)	长度	数字	
41	S3	h	长度	数字	
42	S4	10-2*h*Je4*Je4 /(Angle03* Angle03)	长度	数字	
43	S5	2*h*Je5*Je5 /(Angle03* Angle03)	长度	数字	
44	S6	0	长度	数字	
45	t	1	常数	数字	(规律曲线定义的样…
46	X1	(R0+S1)*sin(J1)	长度	数字	(规律曲线定义的样…
47	X2	(R0+S2)*sin(J2)	长度	数字	(规律曲线定义的样…

图 3-54 创建表达式

（2）生成凸轮轮廓：利用 UG NX 的"规律曲线"功能，生成各段规律曲线。例如，创建凸轮轮廓远休止阶段规律曲线时，在菜单栏中依次选择"插入"→"曲线"→"规律曲线"命令，在弹出的"规律曲线"对话框中确定规律曲线的规律类型、参数及函数，创建相应规律曲线，如图 3-55 所示。重复选择"规律曲线"命令，依次生成所有曲线，得到完整凸轮轮廓。

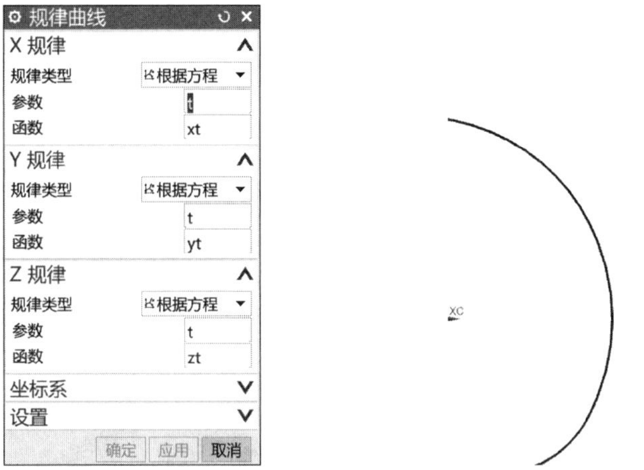

（a）定义凸轮轮廓第三段规律曲线　　（b）凸轮轮廓第三段规律曲线

图 3-55　创建凸轮轮廓远休止阶段规律曲线

（3）拉伸凸轮轮廓实现凸轮实体建模，凸轮厚度由参数 t_b 决定，如图 3-56 所示。改变表达式中 h、r_b 等基本参数的值，凸轮实体模型可自动更新，实现参数化设计。

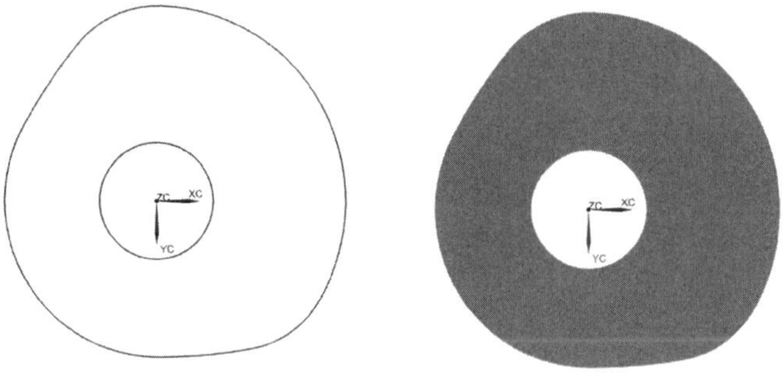

（a）凸轮轮廓　　（b）凸轮实体模型

图 3-56　盘形凸轮参数化设计

3.4.3　汽车后视镜创意设计

例 3-3　汽车后视镜创意塑型。图 3-57 所示为汽车后视镜创意塑型过程，创意塑型是利用同步建模技术，从一个小球开始，通过网格的划分，控制点边界的拖动快速形成产品的造型。

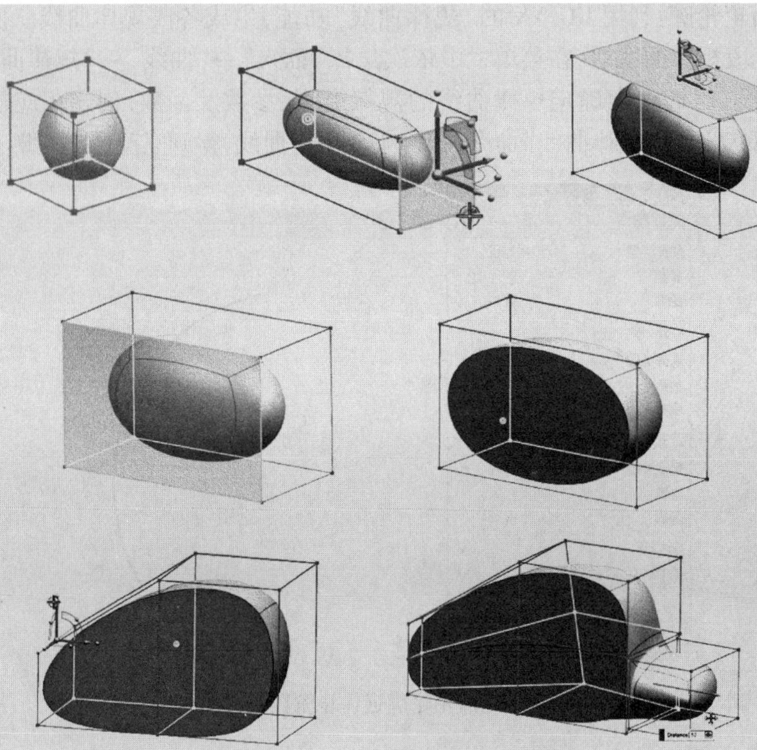

图 3-57　汽车后视镜创意塑型过程

创意塑型模型可应用在结构设计、装配及分析中，可以作为模具设计的依据，有材质、体积和质量等物理特性。

思 考 题

1. 什么是产品的几何信息、拓扑信息？在产品建模过程中能否只提供几何信息而不考虑拓扑信息？为什么？

2. 形体在计算机中通常采用的拓扑结构是什么？

3. 什么是线框模型？什么是表面模型？什么是实体模型？各有何优、缺点？

4. 什么是边界表示法？什么是构造实体几何法？各有何优、缺点？

5. 草图绘制和编辑有哪些主要方式？如何给草图添加几何约束和尺寸约束？

6. 什么是特征？特征的分类形式有哪几种？特征造型有何特点？

7. 什么是参数化设计？参数化设计的约束形式有哪些？

8. 请采用创意造型方法设计题图 3-1 所示鼠标产品。

题图 3-1

9. 完成圆柱凸轮零件设计，尺寸如题图 3-2 所示。

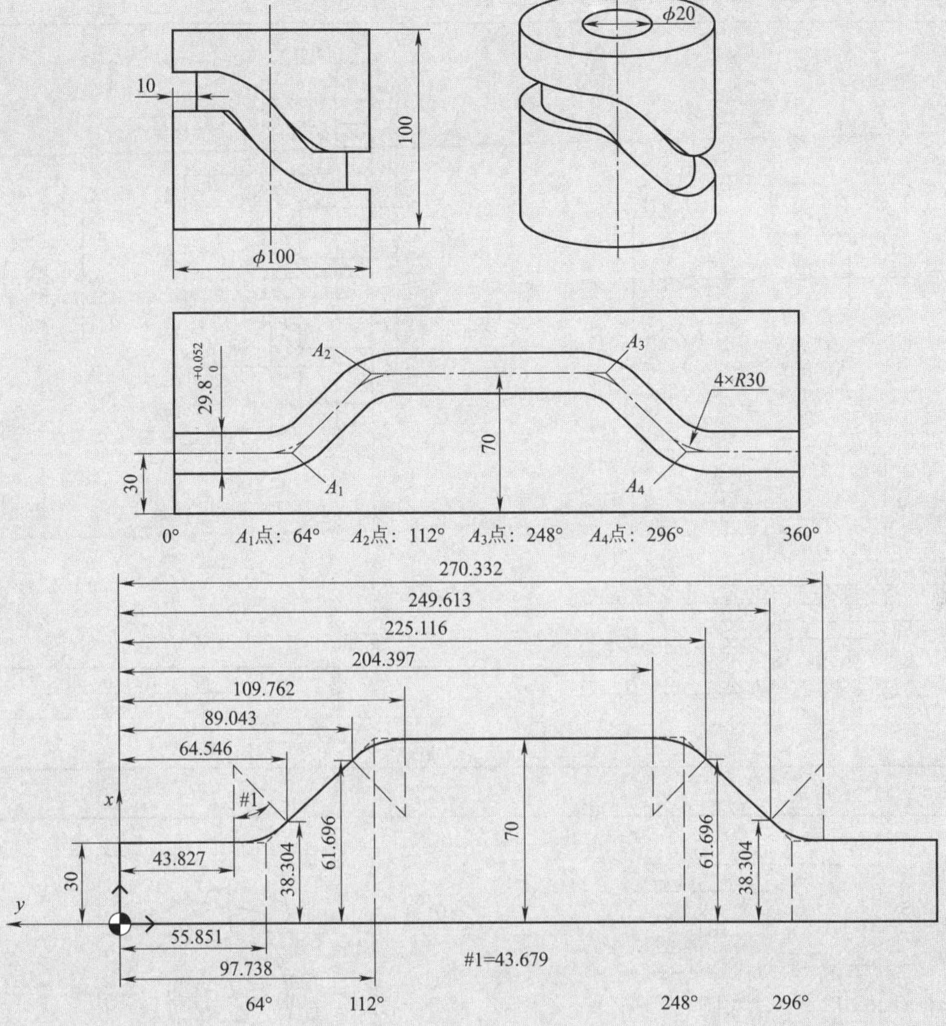

题图 3-2　展开图各点坐标值

10. 如题图 3-3 所示，利用人机交互输入法兰参数(D、D_1、D_2、D_3、D_4、h、h_1、n)，实现其参数化设计。

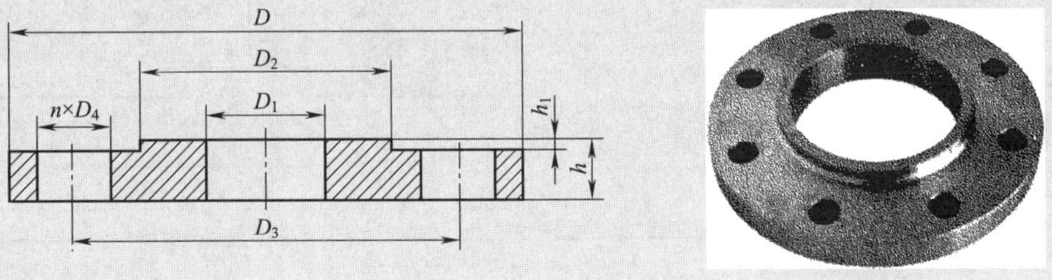

题图 3-3

11. 完成齿轮泵零件(部分)三维设计,零件工程图如题图 3-4 所示。

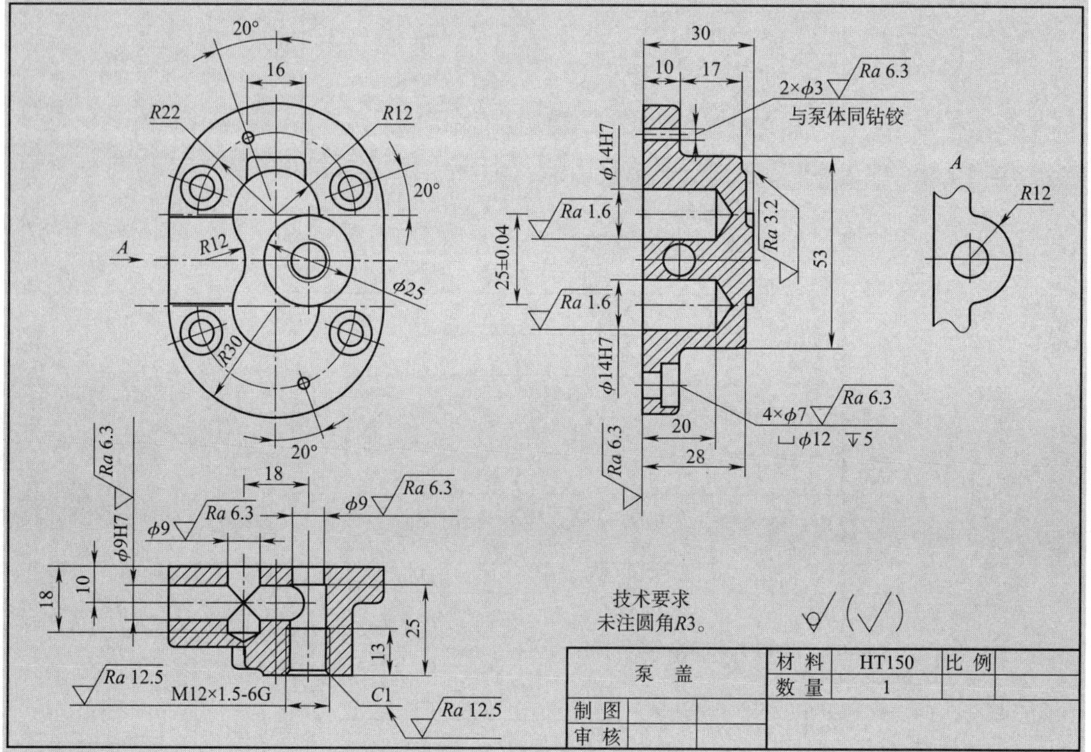

(a)

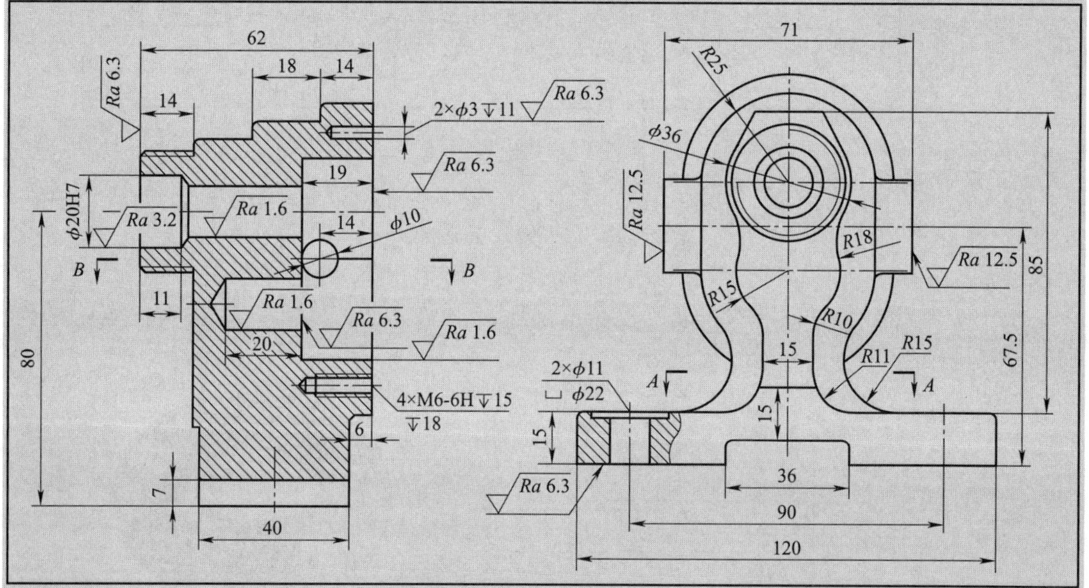

(b)

题图 3-4

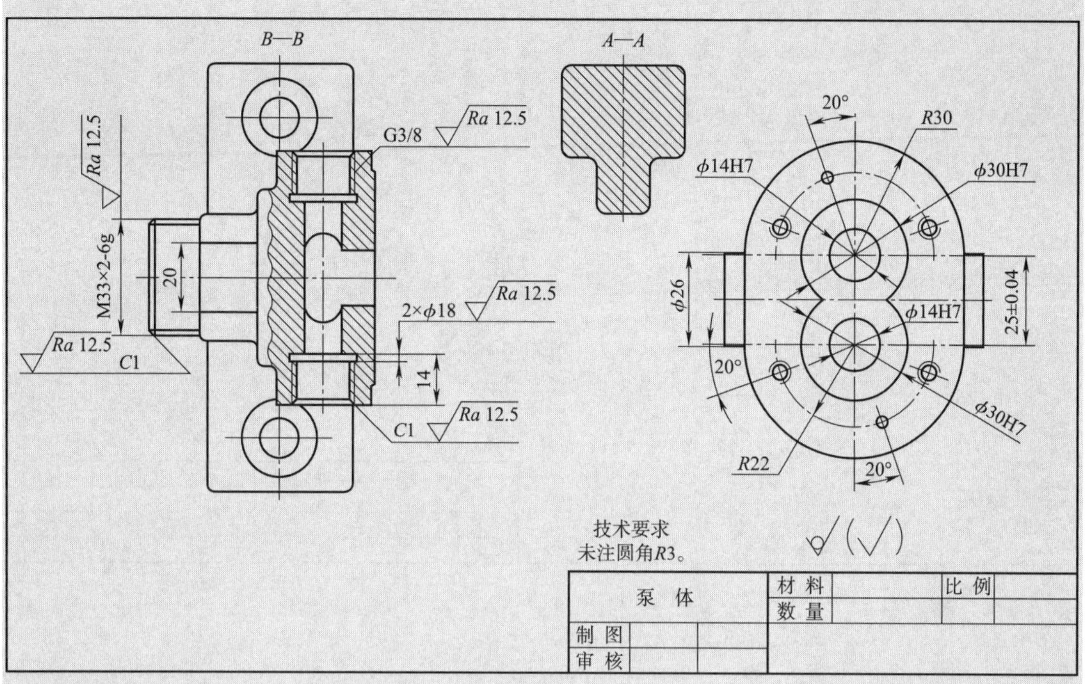
B—B
A—A
G3/8
Ra 12.5
M33×2-6g
20
C1
2×ϕ18
14
20°
R30
ϕ14H7
ϕ30H7
ϕ26
25±0.04
R22
技术要求
未注圆角R3。
泵　体
材 料
比 例
数 量
制 图
审 核

(c)

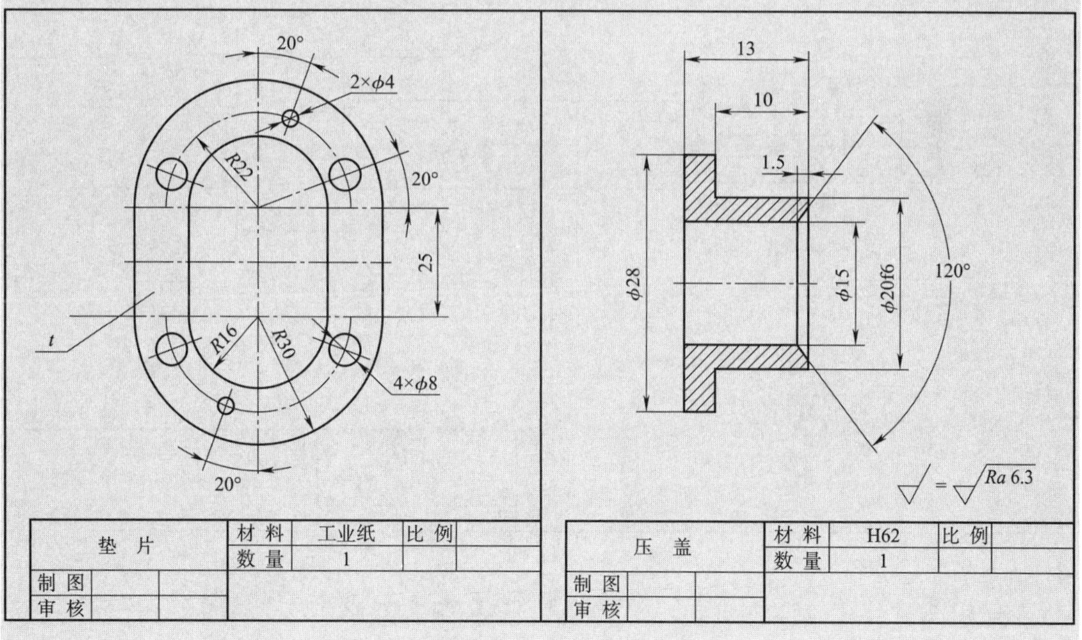
20°
2×ϕ4
R22
25
t
R16
R30
4×ϕ8
垫　片
材 料
工业纸
比 例
数 量
1
制 图
审 核
13
10
1.5
ϕ28
ϕ15
ϕ20f6
120°
Ra 6.3
压　盖
H62

(d)

题图 3-4(续)

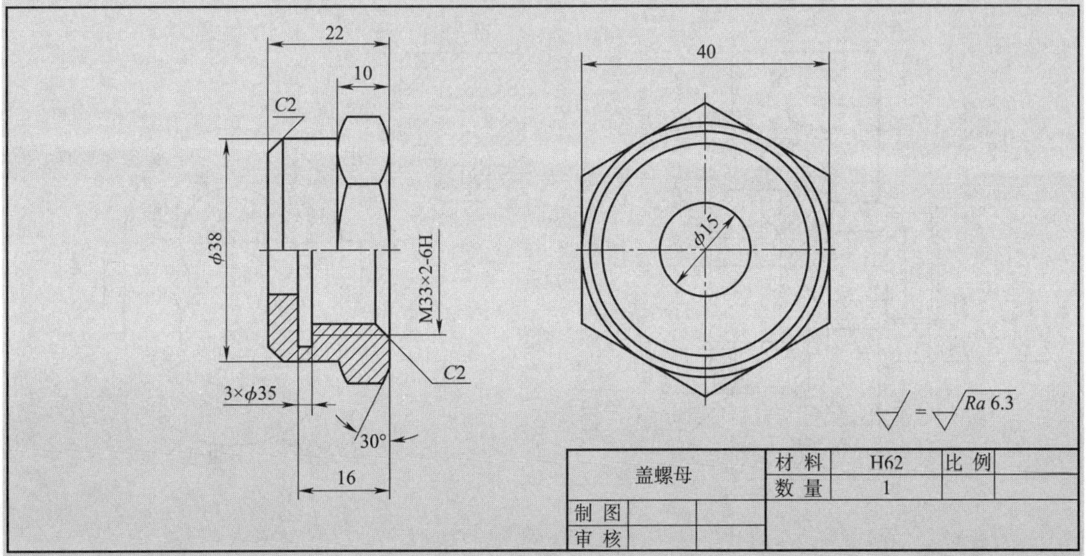
22
10
C2
40
ϕ38
M33×2-6H
ϕ15
C2
3×ϕ35
30°
16
= Ra 6.3
盖螺母
材 料
H62
比 例
数 量
1
制 图
审 核

(e)

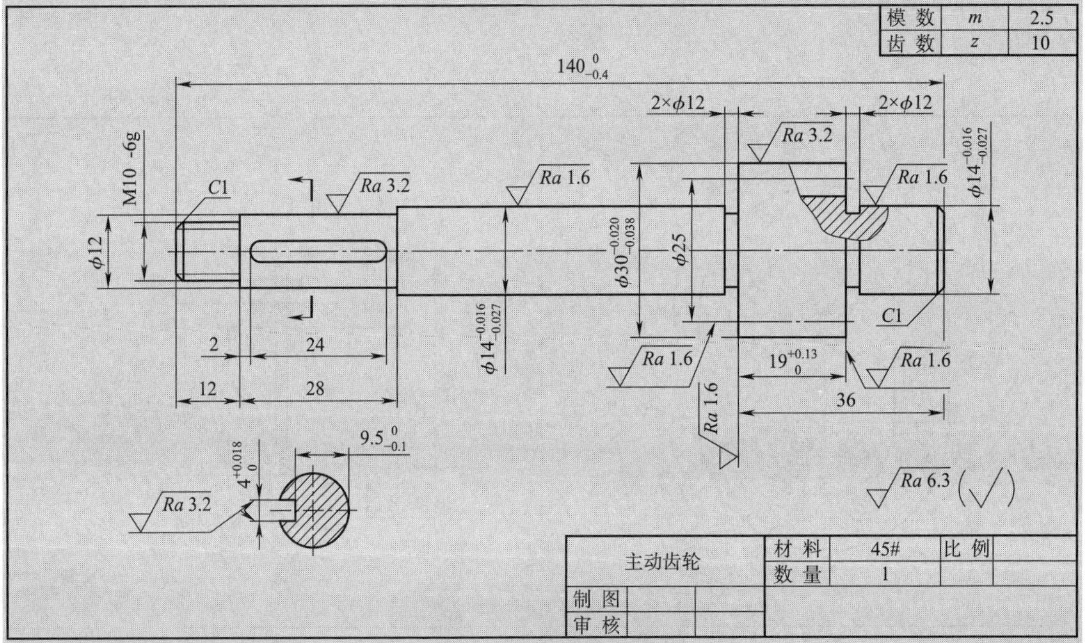
模 数
m
2.5
齿 数
z
10
$140^{\ 0}_{-0.4}$
2×ϕ12
2×ϕ12
Ra 3.2
M10 -6g
C1
Ra 3.2
Ra 1.6
Ra 1.6
$\phi14^{-0.016}_{-0.027}$
ϕ12
$\phi30^{-0.020}_{-0.038}$
ϕ25
$\phi14^{-0.016}_{-0.027}$
C1
Ra 1.6
$19^{+0.13}_{\ 0}$
Ra 1.6
2
24
12
28
Ra 1.6
36
$9.5^{\ 0}_{-0.1}$
$4^{+0.018}_{\ 0}$
Ra 3.2
Ra 6.3 (√)
主动齿轮
材 料
45#
比 例
数 量
1
制 图
审 核

(f)

题图 3-4(续)

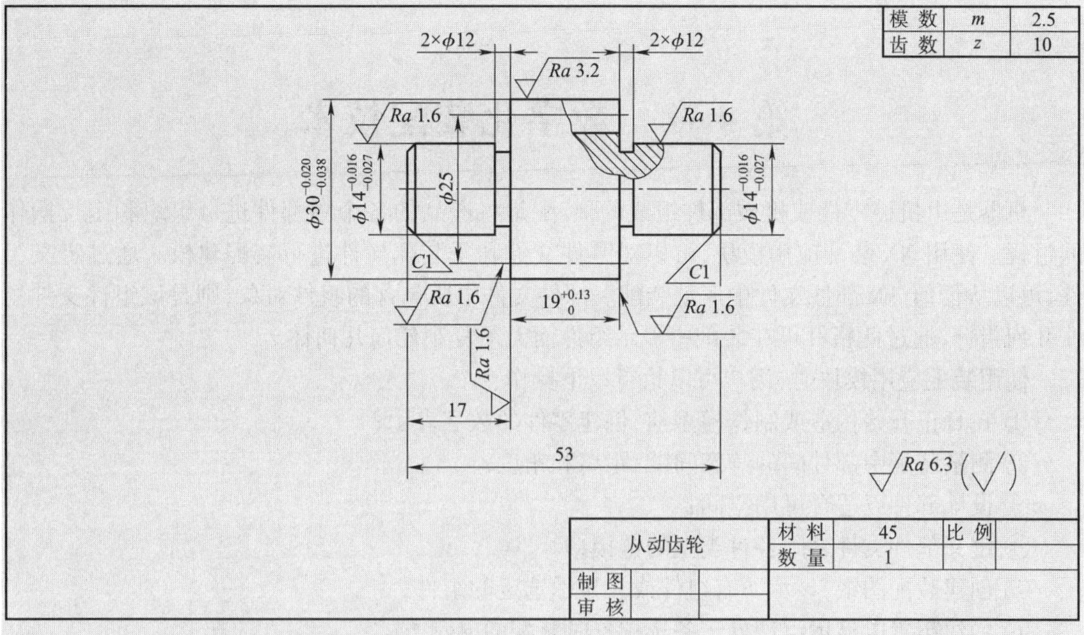

（g）

题图 3-4(续)

12. 完成二级减速器零件三维设计，零件工程图参考机械设计手册。

第4章　数字化装配技术

机器是由机械零件或机械部件组成的,装配是将产品的各个零部件进行组织和定位操作的过程。使用 NX 装配应用模块,可以对零件文件和子装配文件进行装配建模。通过定义组件,可以从任何 NX 部件文件中启动装配。部件文件中所包含的组件对象,则是该组件文件的非几何指针,通过此指针可在装配中显示组件而无须复制任何几何体。

使用装配应用模块时,用户可以执行以下操作:

① 在真正开始构造或制作模型前,创建零件的数字表示;

② 测量装配中部件间的静态间隙、距离和角度;

③ 设计部件以适合可用空间;

④ 定义部件文件之间各种类型的链接;

⑤ 创建装配图纸,显示所有组件或只显示选定的组件;

⑥ 创建布置以显示组件处于备选位置时装配的显示方式;

⑦ 定义序列以显示装配或拆除部件所需的运动;

⑧ 从下游应用模块中分离主模型几何体,如制图、加工、分析等。

4.1　装配模型

4.1.1　装配术语及定义

在装配设计中,经常用到以下术语。

(1) 装配部件。指由零件和子装配构成的部件。在 UG NX 软件中,可以向任何一个.prt 文件中添加部件构成装配,因此任何一个.prt 文件都可以作为装配部件。在 UG NX 装配学习中,零件和部件不必严格区分。需要注意的是,当存储一个装配时,各部件的实际几何数据并不是存储在装配部件文件中,而是存储在相应的部件或零件文件中。

(2) 子装配。指在高一级装配中被用作组件的装配,子装配也拥有自己的组件。它是一个相对的概念,任何一个装配部件都可在更高级装配中用作子装配。

(3) 组件部件。指装配中的组件指向的部件文件或零件,即装配部件链接到部件主模型的指针实体。

(4) 组件。指按特定位置和方向使用在装配中的部件。组件可以是由其他较低级别的组件组成的子装配。装配中的每个组件仅包含一个指向其主几何体的指针。在修改组件的几何体时,使用相同主几何体的所有其他组件将自动更新。

(5) 主模型。指供 UG NX 模块共同引用的部件模型。同一主模型,可同时被工程图、装配、加工、机构分析和有限元分析等模块引用,当主模型被修改时,相关应用自动更新。

(6) 自顶向下(top-down)设计。指设计师从产品功能需求出发,确定产品的初步组成、形状以及各零部件之间的装配和约束关系,完成概念模型设计,并在总装配关系的约束下,进行零部件的概念设计和详细设计。装配过程是先在装配结构树的顶部生成一个装配,然后下移一层,生成子装配和组件。

(7) 自底向上(bottom-up)设计。指先创建部件几何模型,再组合成子装配,最后生成装配部件的装配方法。

(8) 混合装配。是将自顶向下装配和自底向上装配结合在一起的装配方法。

4.1.2　装配关系与装配树

装配结构描述产品零部件之间的配合关系,主要包括层次关系、装配关系和参数约束关系等。

1. 层次关系

机械产品是由具有层次关系的零部件组成的系统,表现在装配次序上,就是先由零件组装成子装配体(部件或子部件),再参与整机装配。产品零部件之间的层次关系可以表示为图 4-1 所示的树结构。

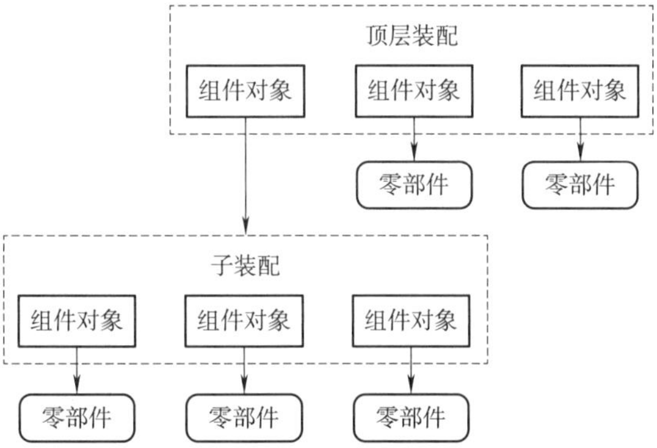

图 4-1　装配结构的层次关系

2. 装配关系

装配关系是零件之间相对位置和配合关系的描述,反映零件之间相互的约束关系。装配关系描述是建立产品装配模型的基础和关键。根据产品特点,可以将装配关系分为三类:几何关系、连接关系和运动关系,如图 4-2 所示。

几何关系主要描述实体模型几何元素(点、线、面)之间的相互位置和约束关系。几何关系包括贴合、对齐、相切和点面接触等。

连接关系是描述零部件之间位置和约束的关系,主要包括螺纹连接、键连接、销连接、联轴器连接及焊接、粘接和铆接等。

运动关系是描述零件之间相对运动的一种关系,分为传动关系和相对运动关系等。

3. 参数约束关系

装配参数分为两类,继承参数和生成参数。继承参数是设计过程中由上层传递下来的,本层设计部门无权直接修改;生成参数既可以从继承参数中导出,也可以根据当前设计需要制订,当继承参数有所改变时,相关的生成参数也要随之调整。产品装配模型中需要记录参数之间约束关系和参数制定依据的信息，根据这些信息，当参数变化时，其传播过程能够显式给出或由特定的推理机制完成。

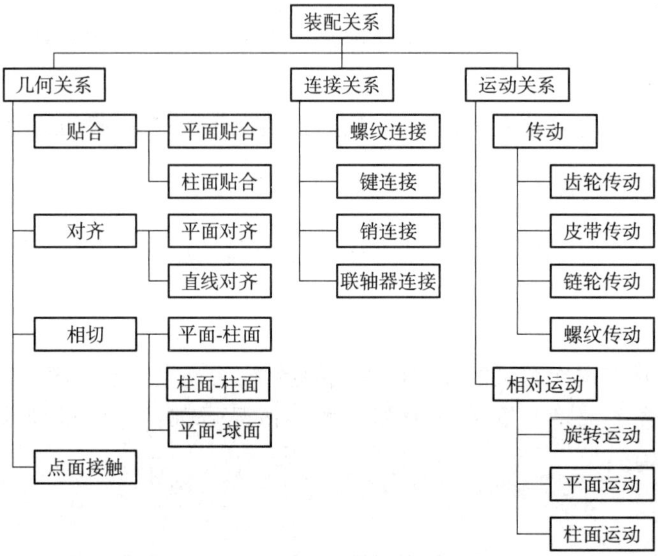

图 4-2　装配关系

4. 装配树

由装配模型的结构层次关系可知，产品是由具有层次关系零部件组成的系统。一个复杂机器由多个部件组成，每个部件又可继续划分出下一级子部件，依此类推，直至零件。这种装配模型的层次关系可以用装配树清晰表达。整个装配模型构成一个树状结构，顶层为整个装配体（树根），下一层依次为相应的子装配体（sub assembly）或零件。这种树状层次称为装配描述树或装配树，是用于描述一个产品装配结构及其层次关系的工具。装配树完整地记录了零部件之间的全部结构关系和装配约束关系，是装配模型一种形象的表达形式。图 4-3 所示为二级减速器装配结构，图 4-4 所示为 UG NX 装配导航器（assembly navigator）中的装配树，图 4-5 所示为装配约束。

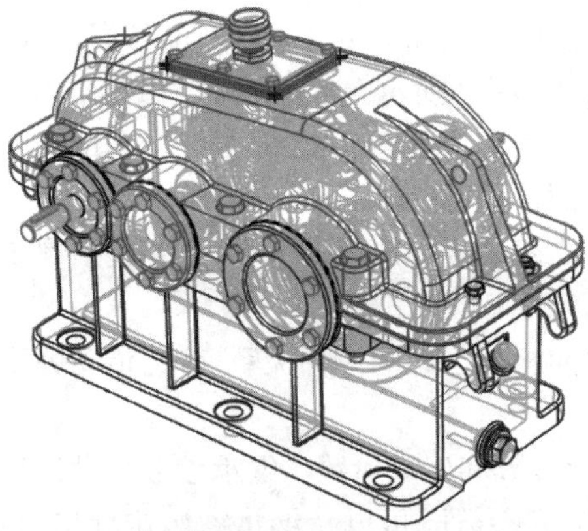

图 4-3　二级减速器装配结构

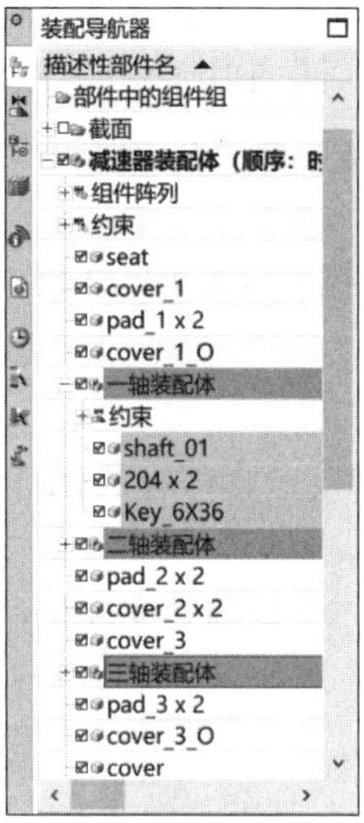

图 4-4　二级减速器装配树

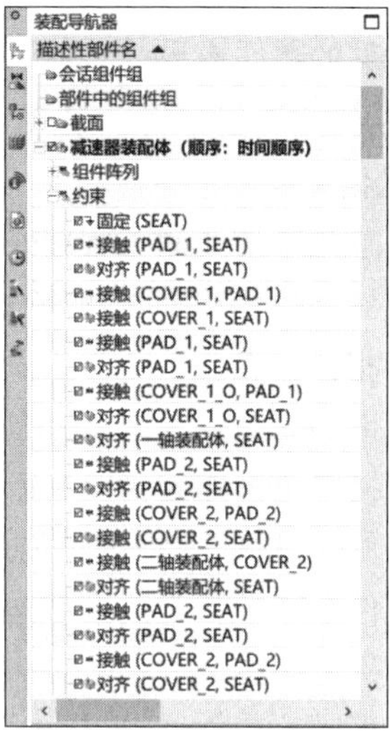

图 4-5　装配约束

4.1.3　装配模型的信息组成

装配模型不仅要处理设计系统的输入信息,还应能处理设计过程的中间信息和结果信息,因此,装配模型中的信息应随设计过程的推进而逐渐丰富和完善。这些信息主要由六个方面内容组成,如图 4-6 所示。

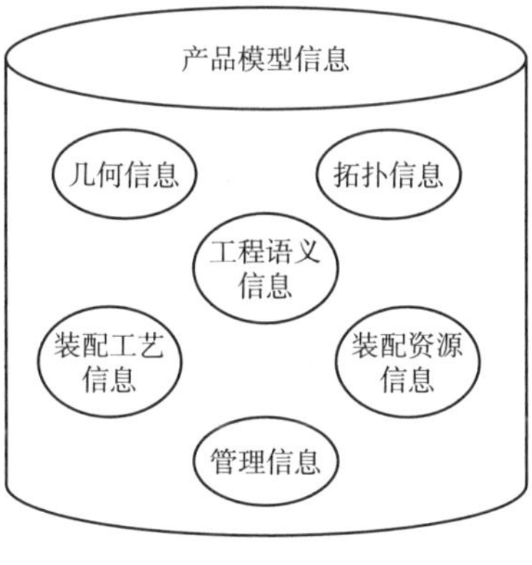

图 4-6　产品装配模型的信息组成

1. 几何信息

几何信息是指与产品几何实体构造相关的信息。它们决定装配元件和整个产品装配体的几何形状与尺寸大小,以及装配元件在装配体内的位置和姿态,产品装配模型所需的几何构造信息可直接从相关内部数据库提取。

2. 拓扑信息

拓扑信息包括两类,一类为产品装配的层次结构关系。这类信息与具体应用领域有关,往往因“视图”的不同而有所差别。例如,对于同一个产品来说,若分别从功能、装/拆操作、机构运动等角度分析,其层次结构组成关系很可能是不同的;另一类为产品装配元件之间的几何配合约束关系。常见的关系有贴合(mate)、对齐(align)、同向(orient)、相切(tangent)、插入(insert)和坐标系重合(coordsys)等。这类信息取决于静态装配体的构造需求,与应用领域无关。

3. 工程语义信息

工程语义信息是指与产品工程应用相关的语义信息。工程语义信息主要包括以下五类:

(1) 装配元件的角色类别,如螺栓螺钉、垫圈垫片、销钉、轴承、弹簧、卡紧件、密封件和一般结构件等及其相关信息。

(2) 装配元件的聚类分组,如一般簇(含螺钉、销钉、卡紧件等的元件簇)、特殊簇(具有过盈配合、胶接、焊接等关系的元件簇)以及簇的嵌套等。

(3) 装配元件装/拆的强制优先关系,包括基体定义、强制领先和强制滞后关系。

(4) 装配元件之间的工艺约束和运动约束等关系。

(5) 装配元件之间的设计参数约束和传递关系。

前三类信息可用于建立装/拆优先关系,第四类信息可用于构造产品与相关应用领域的结构层次关系,第五类信息则确保设计参数在设计过程中协调一致。

4. 装配工艺信息

装配工艺信息是指与产品装/拆工艺过程及其具体操作相关的信息。装配工艺信息包括各装配元件的装配顺序、装配路径,以及装配工位的安排与调整、装配夹具的利用、装配工具(如扳手、螺丝刀等)的介入、操作和退出等信息。它们主要为装配工艺规划和装配过程仿真服务,包括相关活动和子过程的信息输入、中间结构的存储与利用、最终结果的形成等。

5. 装配资源信息

装配资源信息是指与产品装配工艺过程具体实施相关的装配资源的总和,主要指装配系统设备的组成与控制参数。装配资源信息包括装配工作台与设备的选择、装配夹具与工具的类别和型号,以及它们各自的有关控制参数(如形状、尺寸、比例、大小)等。这些信息用于构造虚拟的装配工作环境,是实施产品数字化装配必不可少的内容。

6. 管理信息

管理信息是指与产品及其零部件管理相关的信息。管理信息相当于物料清单(bill of material,BOM)信息,包括产品各构成元件的名称、代号、材料、件数、技术规范或标准、技术要求,以及设计者和供应商、设计版本等信息。它们是在产品设计过程中逐渐形成的,主要作用是为产品设计过程以及产品生命周期后续过程的管理提供参考和依据。

4.2 装配约束与 WAVE 技术

4.2.1 装配约束分析

装配建模是通过装配约束、装配尺寸和装配关系式等手段将各零部件组合成装配体的过程,其中装配约束是最重要的装配参数。装配约束是对零件自由度进行限制的过程,即通过约束确定两个或多个零件之间的相对位置关系以及几何关系。

1. 零件自由度

尚未参与装配的零件在三维空间中的位置是任意的,可以用自由度(degree of freedom,DOF)描述零件的位置状态。三维空间中一个自由零件(刚体)有 6 个自由度,3 个绕坐标轴转动,3 个沿坐标轴移动。此时,该零件能够以任何姿态运动到空间的任意位置,如图 4-7(a)所示。但是,当对零件施加一系列限制后其自由度将减少。例如,规定零件下表面必须在 xy 面上,此时零件就只能在 xy 平面内作平面运动,它的 DOF 就减少到 3 个:即 2 个移动(沿 x,y 轴)和 1 个转动(绕 z 轴),如图 4-7(b)所示。如果继续规定该零件的一个侧面不能离开 xz 面,此时零件就只能沿 x 轴移动了,DOF 减少到 1 个。如果继续规定该零件不能离开原点,那么该零件的 DOF 等于 0,如图 4-7(c)所示,此时零件在三维空间坐标系中的位置就完全确定了。由此可见,根据零件在空间位置的确定程度,零件的自由度在 0 ~6 之间变化。

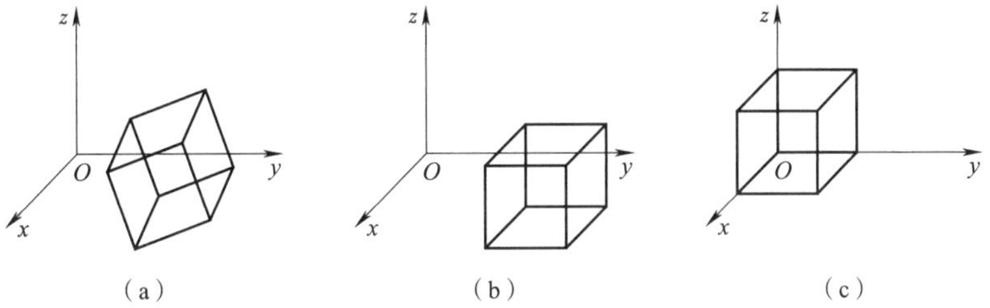

图 4-7　零件的自由度(DOF)

2. 装配约束类型

在装配建模中经常使用的装配约束类型有多种,不同的 CAD 系统大同小异。下面介绍最常见的几种。

(1) 贴合。一种最常用的装配约束,可以对所有类型的物体进行定位安装。使用贴合约束可以使一个零件上的点、线、面与另一个零件上的点、线、面贴合在一起。

实际装配过程中零件大多采用面进行约束,所以面的贴合使用最为普遍。两个面贴合时,它们的法线方向相反,如图 4-8 所示。对于圆柱面,要求相配的圆柱面的直径相等时才能对齐轴线。对于点、边缘和线,贴合与对齐基本类似。

(2) 面偏离。指两个部件上的两个面相互平行并且偏离一定的距离,如图 4-9 所示。两平行平面间的距离称为偏离量,相当于装配间隙。偏离量可以像尺寸一样被修改,可以是正数,也可以等于 0。当偏离量为 0 时,面偏离与面贴合相同。可见,面偏离可转化为面贴合,但面贴合不能转化为面偏离。

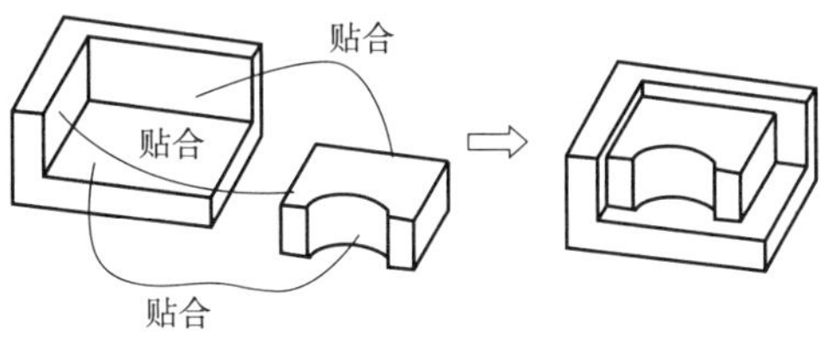

图 4-8　面贴合

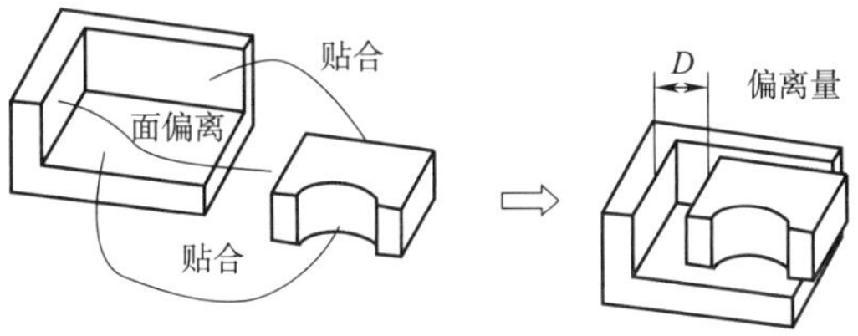

图 4-9　面偏离

(3) 对齐。使一个零件上的某个面与另一个零件上的某个面实现同向共面对齐,它和面贴合的区别是两个面“同向”,即两个面的法线方向相同,如图 4-10 所示。有的 CAD 系统把圆柱面中心线的对齐作为专门的约束而单独规定了一种约束类型,称为同心或中心对齐,其原理是一样的。

(4) 平行。使两个零件上指定的平面生成同向平行联系,它规定了两个面平行且朝着同一方向,如图 4-11 所示。平行规定了平面的方向,但并不规定平面在其垂直方向上的位置。

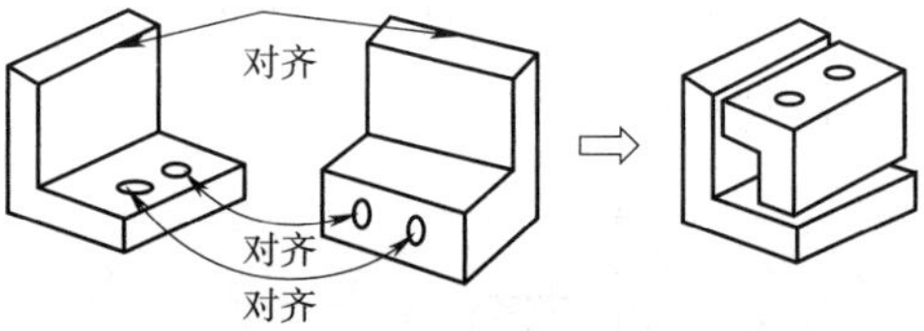

图 4-10　对齐

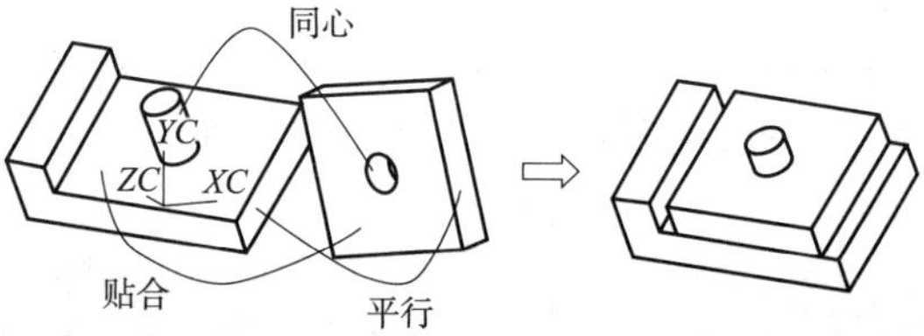

图 4-11　平行

(5) 相切。指两个曲面以相切的方式相接触,如图 4-12 所示。

(6) 角度。在两个零件的相应对象之间定义角度约束,使相配合的零件具有一个正确的方位。角度是两个对象的方向矢量夹角,如图 4-13 所示。两个对象的类型可以不同,如可以在面和边缘之间指定一个角度约束。

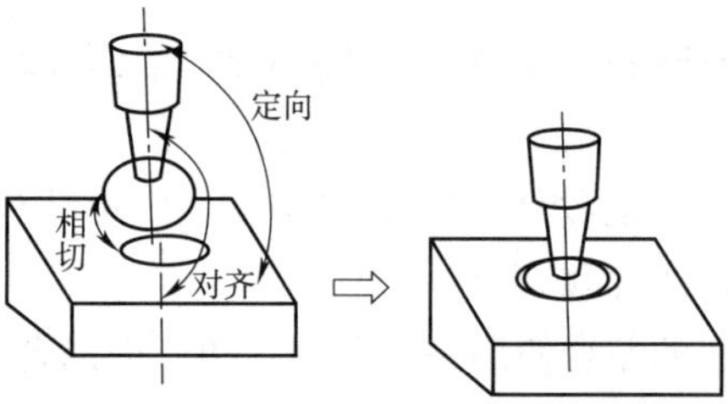

图 4-12　相切

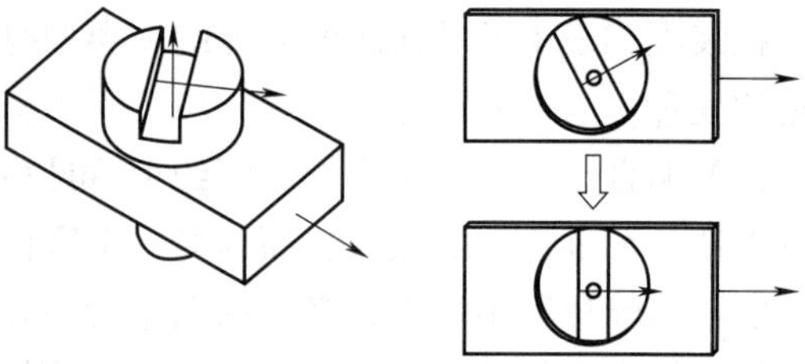

图 4-13　角度

3. 各种装配约束的自由度分析

使用各种约束将会减少零件的自由度,每当在两个零件之间添加一个装配约束时,它们之间的一个或多个自由度就被消除了。为了达到所希望的约束程度(如完全约束),必须采取不同的约束组合。各种装配约束对零件自由度的影响是:

(1) 贴合。面的贴合约束去除了 1 个移动和 2 个旋转自由度;点的贴合约束去除了 3 个移动自由度;线的贴合约束去除了 2 个移动和 2 个转动自由度。

(2) 对齐。面的对齐约束去除了 1 个移动和 2 个转动自由度。

(3) 平行。面的平行约束去除了 2 个转动自由度。

(4) 角度。角度约束去除了 1 个旋转自由度。

其余各不同对象类型的约束各去除几个自由度,读者可自行分析。

4. 零件的约束状态

由约束自由度分析可知，任意的单个约束形式都无法完全确定零件之间的关系，零件之间的关系一般由多个约束组合形成。当一个零件被约束后，其总体约束状态分为以下三种：

（1）欠约束。当对零件施加约束后，零件自由度大于0，称该零件为欠约束状态。

（2）完全约束。当对零件施加约束后，零件自由度等于0，称该零件为完全约束状态。

（3）过约束。当零件已经处于完全约束状态时，继续对零件施加约束，则称该零件为过约束状态。

一般情况下，要避免出现过约束状态。是否要达到完全约束状态，则要视具体情况而定，大部分情况采用完全约束状态。

4.2.2　装配约束规划

1. 装配约束运用

尽管允许不完全约束装配的存在，一般情况下，如果零件之间不存在规定的相对运动，那么零件之间应尽量做到完全约束装配。施加装配约束时注意以下约束习惯：

① 按零件在机器中的物理装配关系建立零件之间装配顺序。

② 对于运动机构，按照运动传递顺序建立装配关系。

③ 对于没有相对运动的零件，最好实现完全约束。

④ 按照零件之间的实际装配关系建立约束模型。

⑤ 优先使用平面约束。

⑥ 优先使用实体表面的约束。

⑦ 在对称的情况下尽量参考对称面。

2. 部件的阵列约束

部件阵列是一种在装配中用对应的约束条件快速生成多个装配部件的方法，如要在法兰盘上装多个螺栓，可用约束条件先装配其中一个，则其他螺栓可采用部件阵列的方式，而不必为每一个螺栓定义约束条件。部件阵列约束有以下两种：

（1）利用已有特征阵列建立部件的阵列，又称基于特征的阵列，常用在螺钉一类的部件装配中。此时，螺钉孔一般是以阵列特征的方式建立起来的一组孔，为了将螺钉装配到这些孔中，可在孔上安装其中一个螺钉，然后指定螺钉和孔阵列中的任一孔建立阵列，即可实现将一组螺钉和孔阵列中的孔对应装配起来。螺钉孔本身由阵列特征构成，螺钉参照孔阵列形成装配的部件阵列。

基于特征的阵列是关联的，原始阵列中的实例（如孔）个数决定了部件阵列中装配部件（如螺钉）的个数。如果原始阵列中实例的个数发生改变，那么装配部件的个数也会随之发生改变；同样，如果修改了原始特征阵列的位置、距离等参数，那么装配部件阵列的位置、距离也会发生改变。

（2）建立部件自身的尺寸驱动阵列，装配中部件的尺寸驱动阵列和零件造型中的特征阵列类似，尺寸驱动阵列由装配约束尺寸驱动。基于尺寸的驱动阵列分为线性阵列和环形阵列，线性阵列又可分为一维和二维阵列，二维阵列又称矩形阵列。

4.2.3 WAVE 技术

1. WAVE 技术简介

WAVE(what-if alternative value engineering)技术是一种能实现相关部件间建模的技术。它可以基于一个部件的形位信息及制造信息设计另一个部件,即不同部件间的参数化建模,主要包括 WAVE 几何链接器和 WAVE PMI(产品和制造信息)链接器。WAVE 几何链接器可以在工作部件中建立一个 WAVE 链接几何体,该链接几何体是装配中其他部件几何体的关联复制,任何对父几何体的修改都将引起链接几何体的改变。WAVE PMI 链接器可以在工作部件中建立一个 WAVE 链接 PMI 方案,PMI 应用在 3DCAD 或协同产品开发系统中,用于将产品部件设计的信息正确传递到产品制造中,更明确地说,PMI 传递的信息包括几何公差信息、3D 注释(文字)、表面粗糙度以及材料规格等。

前文介绍了单个零件的参数化建模,即只能建立一个零件内的相关参数,WAVE 允许用户扩展参数化的概念建立部件间相关参数;WAVE 技术成功地解决了产品设计过程中的产品级参数驱动问题,是自顶向下产品设计思想的体现,WAVE 使实现产品级参数化设计成为可能。WAVE 技术的优点有:产品形位信息及制造信息的设计和修改十分方便,其关键参数和规则可以被强制执行,产品的形位数据及制造数据可以反复使用。WAVE 的应用领域:参数化建模,加工工艺的编制中毛坯及工序的建模、模具设计等。

2. WAVE 几何链接器

WAVE 几何链接器用于建立部件之间几何对象的关联复制。选择主菜单中的“装配”命令,单击常规工具栏中的 **WAVE 几何链接器**按钮,弹出图 4-14 所示的“WAVE 几何链接器”对话框,利用该对话框的“类型”下拉列表框可以实现以下几种几何对象的关联复制。

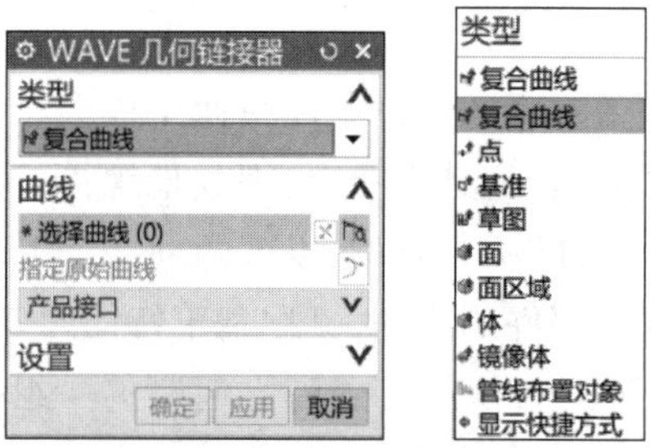

图 4-14 “WAVE 几何链接器”对话框

(1) 复合曲线。该选项允许选择一条或多条曲线(包括曲线链)链接到工作部件。可选择曲线、曲线特征、草图和边作为链接对象。

(2) 点。该选项允许选择一个或多个点作为链接特征的源几何体。

(3) 基准。该选项允许选择基准(基准平面、基准轴或坐标系)作为链接基准的源几何体。

(4) 草图。该选项允许选择草图曲线作为链接对象。

(5) 面。该选项允许链接当前装配模型中一个部件的一个或多个表面到工作部件。

(6) 面区域。该选项允许选择一个或多个面作为链接区域的种子面。

（7）体。该选项允许链接当前装配模型中一个部件的实体或片体到工作部件。

（8）镜像体。该选项允许链接当前装配模型中一个部件的实体或片体相对于指定平面的镜像体到工作部件。

（9）管线布置对象。该选项允许链接当前装配模型中一个部件的管路对象到工作部件。

3. WAVE 关联管理器

WAVE 关联管理器用于控制部件之间链接几何对象、部件间表达式以及装配配对条件等关联对象的更新，可用于更新由于设置更新延迟而导致的未更新部件和过时部件，并可修改过时的已冻结部件的冻结状态。

（1）自定义工具栏。如果 WAVE 关联管理器命令没有显示出来，在工具栏空白区域右击，在弹出的快捷菜单中选择“定制”命令，在弹出的“定制”对话框中选择“命令”选项卡，在“类别”在区域中选择“装配”→“WAVE”选项，如图 4-15 所示，在右侧区域中选择“关联管理器”命令，并将其拖放到“装配”工具栏。

（2）WAVE 关联管理器。当通过 WAVE 几何链接器创建部件间的链接几何对象后，若选择菜单中“工具”→“更新”→“部件间更新”命令，即启用更新延迟，在此情况下，如果修改部件之间链接的源对象，则另一部件中利用该链接创建的几何对象不发生更新。

单击“装配”工具栏中的“关联管理器”按钮，弹出图 4-16 所示的“关联管理器”对话框，如果已经设置了延迟表达式和几何体更新，则对话框中的“延迟几何体表达式和 PMI 更新”复选框被选中，并在“过时的部件”区域中显示过时的部件，即未更新的部件，选择该部件后单击“更新会话”或“更新装配”按钮则更新该部件。

单击“更新会话”按钮更新所有已经装入内存的部件，单击“更新装配”按钮更新装配中显示的所有部件。如果装配中存在过时冻结部件，将显示在“过时的冻结部件”区域中，选择某部件后单击“编辑冻结状态”即可进行编辑。

图 4-15　“定制”对话框

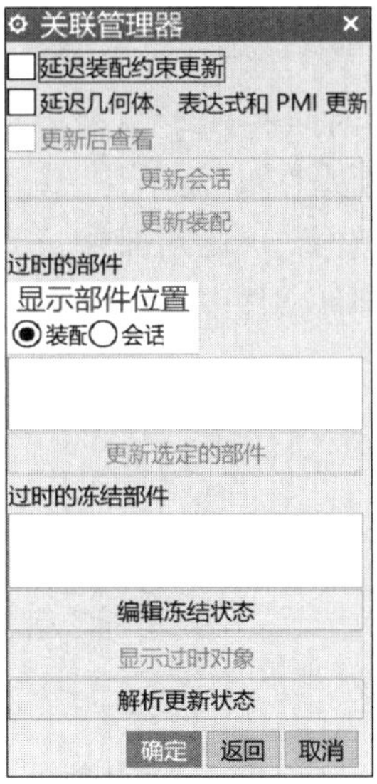

图 4-16　“关联管理器”对话框

4. 部件间链接浏览器

单击“装配”工具栏中的“部件间链接浏览器”按钮，弹出图 4-17 所示的“部件间链接浏览器”对话框。在该对话框顶部的“要检查的链接”区域中选择“特征”单选按钮。“部件”列表框中列出了当前装配中的所有部件，选择某个部件后，该部件的链接显示在“选定部件中的部件间链接”区域中，如图 4-17 所示，可以查看链接信息，并可编辑或打断链接。

在“部件间链接浏览器”对话框的“要检查的链接”区域中选择“部件”单选按钮，部件的链接关系显示在“部件间链接”区域，通过列表框可了解该部件的父部件和子部件（子部件的名称向右缩进显示），如图 4-18 所示，从而确定各个部件之间的依赖关系。

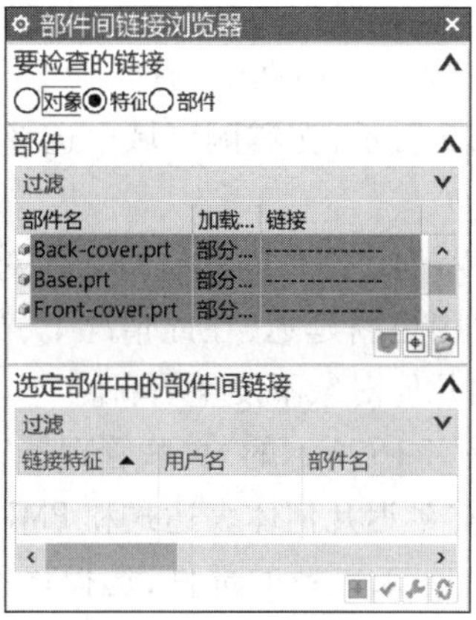

图 4-17 “部件间链接浏览器”对话框

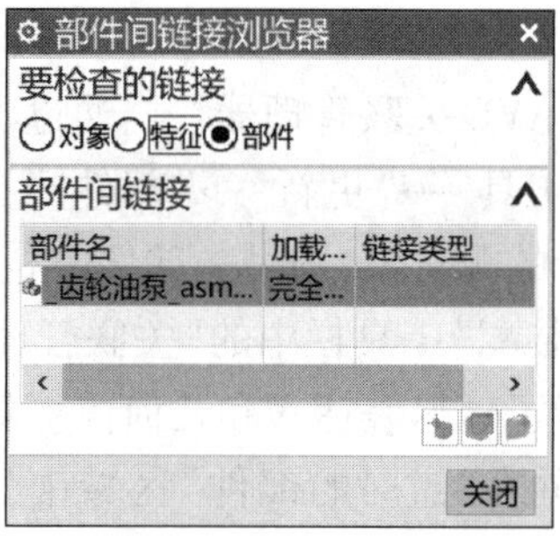

图 4-18 检查部件间链接

5. WAVE 几何链接器应用范例

对于图 4-19 所示的下壳体端盖，WAVE 几何链接器的应用方法介绍如下。

（1）创建新部件。选择主菜单中的“装配”命令，单击“组件”工具栏中的按钮，在弹出的“新组件文件”对话框中，输入模型文件名 geometry_duangai. prt，然后单击“确定”按钮，完成新零件（组件）的创建。

打开装配导航器，可看到部件 geometry_duangai. prt 已经添加到装配导航器中，如图 4-20 所示，但此时该部件文件中没有任何几何对象。

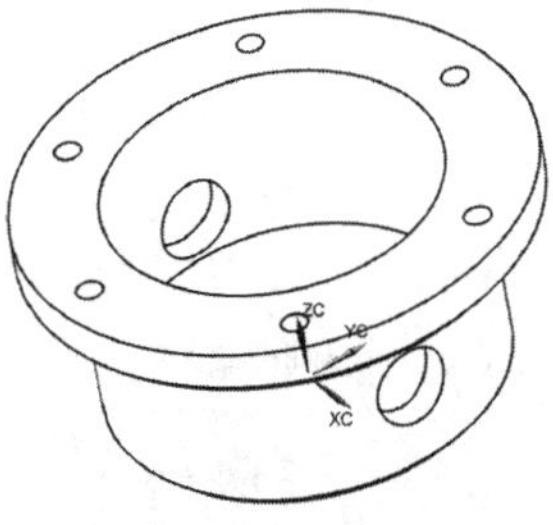

图 4-19 下壳体的端盖

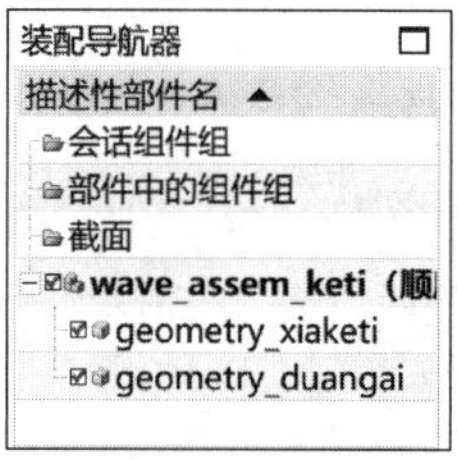

图 4-20 装配导航器

（2）建立关联链接。在装配导航器中选中 geometry_duangai. prt 并右击，在弹出的快捷菜单中选择“设为工作部件”命令。此时下壳体变为浅灰色,表示该部件成为显示部件。

选择主菜单中的“装配”命令,单击“常规”工具栏中的 WAVE 几何链接器按钮,弹出“WAVE 几何链接器”对话框,在其中“类型”下拉列表框中选择“面”选项,然后选择图 4-21 所示的下壳体端面,展开“设置”选项组,选中“固定于当前时间戳记”复选框,最后单击“确定”按钮建立链接。

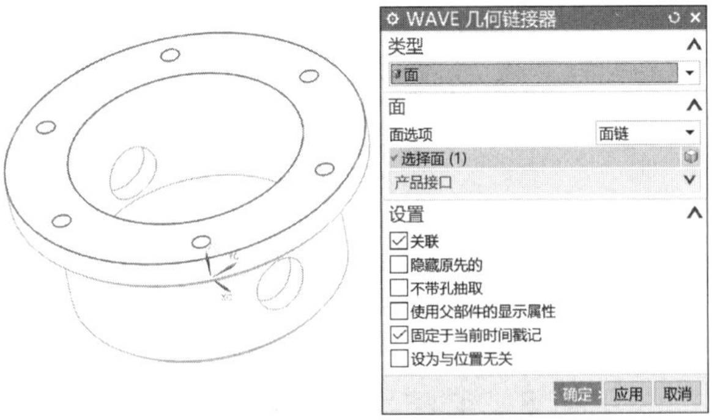

图 4-21　选择下壳体端面

(3) 拉伸链接对象。选择主菜单中的“主页”命令,单击“特征”工具栏中的“拉伸”按钮 拉伸,在图 4-22 所示的“曲线规则”下拉列表框中选择“面的边”选项,然后选择步骤(2)建立的下壳体端面的链接,在弹出的对话框中设置拉伸距离为 4,设置布尔运算方式为“无”,单击“确定”按钮创建拉伸体,如图 4-23 所示。

(4) 拉伸孔的边缘。单击“拉伸”按钮,在“曲线规则”下拉列表框中选择“单条曲线”选项,选择图 4-23 所示的孔的上边缘,在弹出的“结束”文本框中设置结束距离为 4。展开“偏置”选项组,在“偏置”下拉列表框中选择“两侧”选项,设置偏置的开始距离为 0,结束距离为 2。

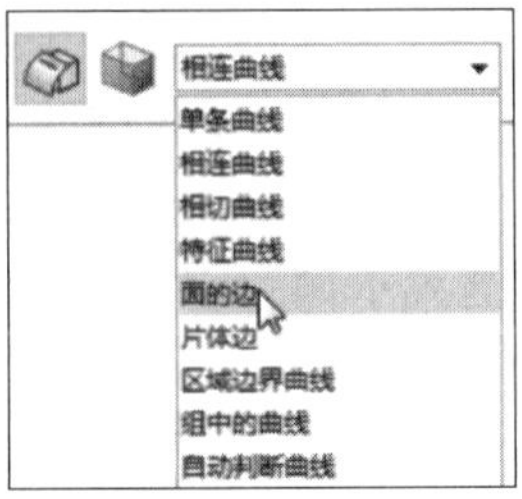

图 4-22　曲线规则选项

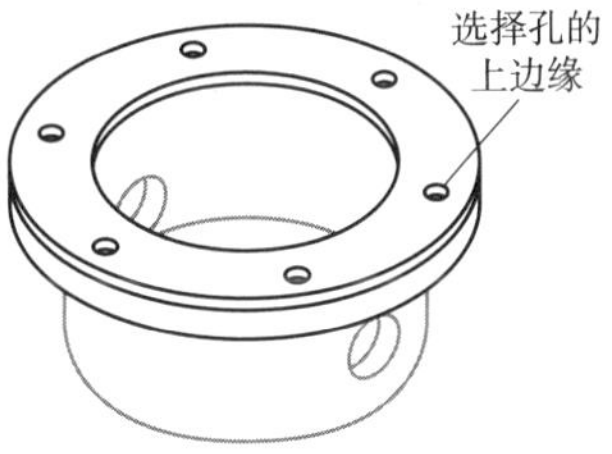

图 4-23　创建拉伸体

在“布尔”下拉列表框中选择“求差”选项,然后选择步骤(2)创建的拉伸体,单击“确定”按钮,创建拉伸体,得到的端盖结构如图 4-24 所示。

(5) 修改下壳体端面上孔的尺寸。在装配导航器中双击 geometry_xiaketi 使其转为工作部件,选择菜单中的“工具”→“表达式”命令,弹出“表达式”对话框,在其中的“列出的表达式”下拉列表框中选择“全部”选项,然后在列表框中选择表达式 hole_instance_angle,将其表达式的值改为 90,单击“公式”文本框右侧的“接受编辑”按钮☑,随后利用同样的方法将表达式 hole_instance_number 的值改为 4,单击“确定”按钮,完成参数的编辑。在装配导航器中双击

geometry_duangai 使其显示，可见下壳体和端盖的安装孔的尺寸同时修改，如图 4-25 所示。

（6）编辑端盖中心孔。将端盖转为工作部件，单击“特征”工具栏中的“偏置面”按钮，在“面规则”下拉列表框中选择“单个面”选项，然后选择创建端盖的中心孔圆柱面，设置偏置值为 20，单击“确定”按钮关闭对话框，修改后的端盖如图 4-26 所示。

图 4-24　拉伸孔的边缘操作结果

图 4-25　编辑下壳体

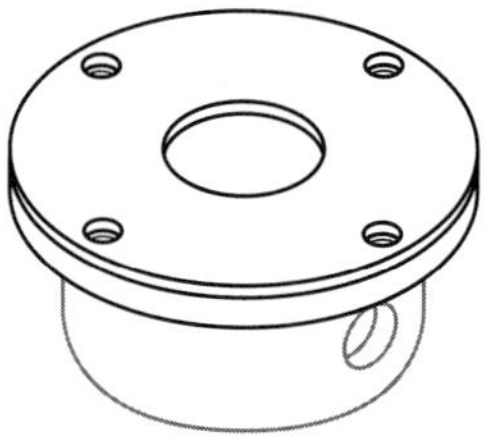

图 4-26　编辑端盖中心孔操作结果

4.3　装配模型管理与分析

4.3.1　装配模型管理

在实际装配设计过程中，需要对正在装配的模型进行各种管理操作，可通过装配树及装配导航器、部件导航器窗口进行，下面分别介绍装配导航器、部件导航器的功能及其操作。

1. 装配导航器

装配导航器即装配导航工具，其作用是以树状结构显示零件的装配关系，提供建立、编辑、管理部件等多种功能，启动时只需要在左侧的导航栏中单击“装配导航器”按钮 即可，如图 4-27 所示。它的内容反映了整个系统装配的层次关系。选中或取消选中“装配导航器”的某项，可以将该项内容设置或取消其在屏幕上的显示；如果在“装配导航器”中的空白处右击，可以弹出快捷菜单，如图 4-28 所示。在进行设计时，一般应选中快捷菜单中的“WAVE 模式”，这样在右击导航器中的某个部件时，快捷菜单中就会包含“WAVE”命令。如果将光标移动到装配树的一个节点或选择若干个节点并右击，在弹出的快捷菜单如图 4-29 所示。

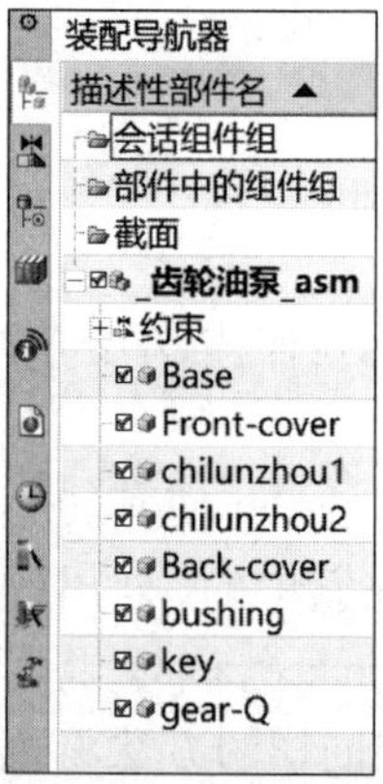

图 4-27　装配导航器

图 4-28　装配导航器快捷菜单

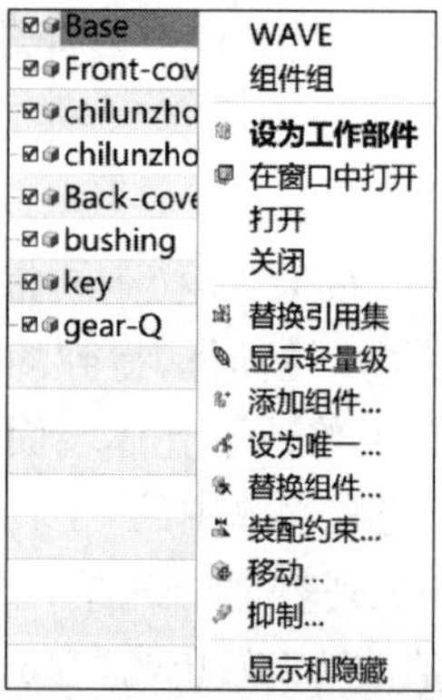

图 4-29　WAVE 快捷菜单

2. 部件导航器

在左侧的导航栏中单击“部件导航器”按钮，即可启动部件导航器，如图 4-30 所示。通过它可以对部件进行编辑、变换、拉伸、排序等多种操作。在装配导航器中选中某个部件并右击，在弹出的快捷菜单中选择“设为工作部件”命令，如图 4-31 所示。则在部件导航器中可以看到该部件的全部建模过程，双击其中某一特征可进行编辑和修改，如图 4-32 所示。

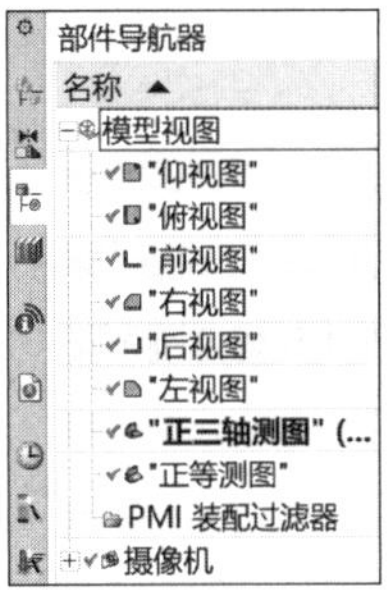

图 4-30　部件导航器

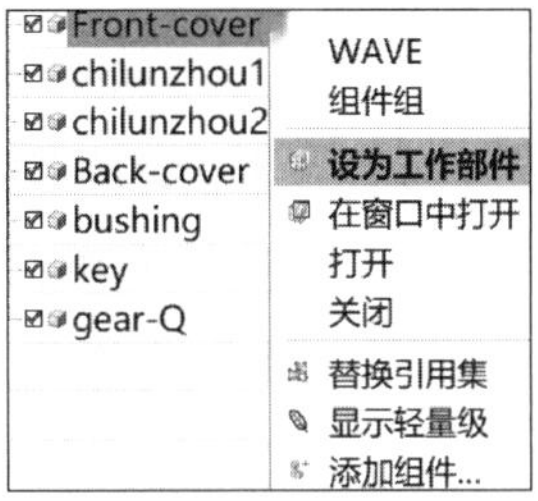

图 4-31　部件导航器快捷菜单

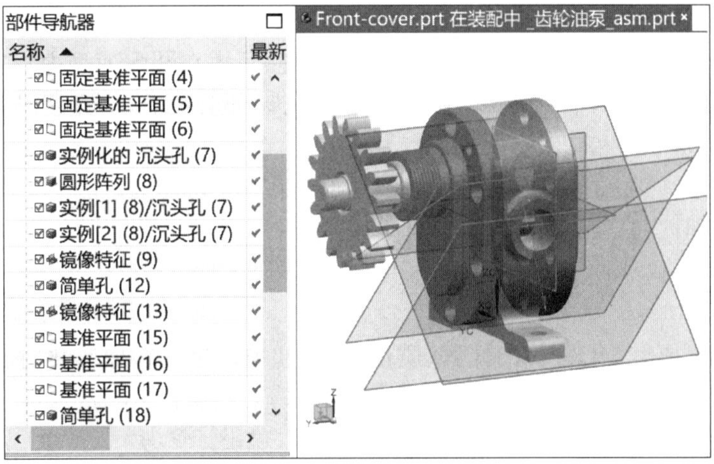

图 4-32　部件建模过程

3. 装配模型编辑

（1）查看装配零件的层次关系和装配结构。由于装配树浏览器本身就是一种目录结构，因此可以像查看文件目录树一样逐级了解装配体的部件及零件构成关系。

（2）查看装配件中各零件的状态。可以在装配树浏览器中观察零件的特征树，以及零件之间的约束记录。

（3）选择、删除和编辑零部件。可以激活装配树中的零件，进行零件级的管理，如删除、移动、复制和特征编辑。

（4）查看和删除零件的装配关系。对已经约束装配的零件，可以删除其约束。

（5）编辑装配关系里的有关数据。对已经约束装配的零件，可以改变约束参数，如改变平行面之间的距离参数等。

（6）显示零件自由度和部件物性。

4. 装配约束维护

在修改装配模型中的部件时，部件之间的约束关系并不会改变，因此，当部件的位置或尺寸发生变化时，整个模型会刷新，并保证严格的装配关系。例如，对四杆机构的装配模型，当改变了曲柄的姿态时，系统会自动对装配约束进行维护，以便调整每个部件的位置和姿态，继续保证四杆机构的封闭特征，即始终保持已经定义的约束关系不变。这种装配约束维护功能实际上是由系统内部的约束求解器自动完成的，无须人工参与。

4.3.2 装配模型分析

当完成机器装配建模后，可以对该模型进行必要的分析，以便了解装配质量，发现设计中的问题。

1. 装配干涉分析

装配干涉是指零部件之间在空间发生体积相互侵入的现象。这种现象严重影响产品设计质量，因为相互干涉的零件之间会互相侵入，无法正确安装，所以在设计阶段就应发现这种设计缺陷，并予以排除。对运动机构而言，碰撞现象更为复杂，因为装配模型中的部件在不断运动，部件的空间位置在不断发生变化，在变化的每一个位置都要保证部件之间不发生干涉现象。空间干涉分析已成为数字化设计系统的基本功能，只需在装配模型中指定一对或一组部件，系统将自动计算部件的空间干涉情况。若发现干涉，便会把干涉位置和干涉体积计算并显示出来，供设计人员分析和修改。

运动机构的干涉碰撞检查要复杂得多，运动部件每一个可能到达的中间位置，干涉情况都必须逐个检查。因此，必须先通过运动学计算生成每一系列中间位置的装配模型，再进行该位置的干涉检查。通常，这种分析要借助专门的运动学分析软件（或软件模块）完成。

2. 物性分析

物性是指部件或整个装配件的体积、质量、质心和惯性矩等物理属性（简称物性）。这些属性对设计具有重要的参考价值。但是，依靠人工计算这些属性将非常困难，有了计算机装配模型，系统可以方便地计算部件（零部件）的物理属性，供设计参考。

3. 装配模型的爆炸图

由装配模型可以自动生成它的爆炸场景视图。在这种视图中，装配模型各个部件会以一定的距离分隔显示，使整个模型就好像炸开了一样，通过这种视图可以直观、清晰地表达装配造型中各个部件的位置关系。分隔距离可由“爆炸因子”灵活调整，可以设置统一的爆炸因子，也可以单独对部件设置不同的爆炸因子，一个装配模型可以生成多幅场景视图并分别保存备用。

4. 装配模型的简化

在复杂的装配建模中使用简化表达，由用户决定装配中的哪些零件或哪些特征要调入内存并显示出来，减少零件调入、重建和显示模型的时间，有选择、有重点地显示用户关心的模型结构，提高工作效率和操作的准确性。

不同的数字化设计软件所用的简化表达技术基本相似，主要有以下几种：

（1）包封（envelope）。又称封套，可以将零件或装配体作为一个参考部件存在于装配体中,它用一个简单的模型代替复杂的模型。例如,用户可以用一个包封替换一个复杂的子装配体实现简化表达,使设计重点放在某些特定的区域。

(2) 压缩(suppress)。又称抑制,零件为压缩状态时,零件的数据并不调入装配模型,零件的压缩状态在模型重建中不参与计算,也不显示,这样可大量减少对机器资源的占用,加快处理速度。

(3) 引用集(reference sets)。引用集是 UG NX 中提出的概念,是用户在零部件中定义的部分被引用的特征数据的集合,由它代表零部件参与装配,使装配中只装入零件模型的部分数据,从而达到简化表达的目的。引用集是整个零件数据的子集,引用集一旦产生,即可单独装配到模型中。一个零部件可以有多个引用集。最常用的引用集有空引用集(empty)、整个部件(entire part)、几何体(solid)、基准面(datum plane)和草图(sketch)等。

(4) 轻化。零件的轻化状态是指在装配中只装入零件模型的部分数据,其余模型数据可根据需要装入。

5. 装配模型的二维工程图

利用 UG NX 建模模块和装配模块创建的部件和装配体模型,可以引用到工程图模块中,实现快速创建二维工程图。由于建立的二维工程图由三维实体模型投影得到,因此,二维工程图与三维实体完全相关,实体模型进行的任何编辑修改,都会在二维工程图中产生相应的变化,即实体模型的改变会自动更新到二维工程图中。生成装配工程图的主要过程如下:

① 进入工程图模块,打开需要创建工程图的部件文件。

② 设置首选项。进行相关参数(如线宽、隐藏线的显示、视图边界线显示和颜色等)的设置。

③ 定制工程图纸。新建图纸页,完成图纸大小、单位等相关设置。

④ 添加工程图。单击“基本视图”按钮,进行工程图添加。

⑤ 编辑工程图。对添加的工程图进行编辑,使之符合二维工程图规范。

⑥ 标注工程图。包括工程图的几何尺寸、加工要求、技术要求及标题栏的标注。

6. BOM 表生成

BOM 表即物料清单,是定义产品结构的技术文件,主要包括构成产品各个部件和零件之间的关系信息,是联系与沟通各业务部门的纽带。物料清单体现了数据共享和信息集成,它是接受客户订单、选择装配、编制生产与采购计划、配套领料、跟踪物流、计算成本、投标报价和改进产品设计等不可缺少的重要文件。

4.4 UG NX 装配设计案例

4.4.1 齿轮油泵装配设计

下面以齿轮油泵装配设计为例,说明 UG NX 装配设计操作过程。

1. 进入装配模块

进入装配模块一般有以下三种方式:

(1)单击“主页”下的“新建”按钮,弹出“新建”对话框,如图 4-33 所示,选择“装配”选项,单击“确定”按钮。

(2)选择“菜单”→“新建”命令,弹出“新建”对话框。

(3)在零件建模环境,选择“装配”→“组件”命令,单击“新建”按钮,弹出“新建”对话框。

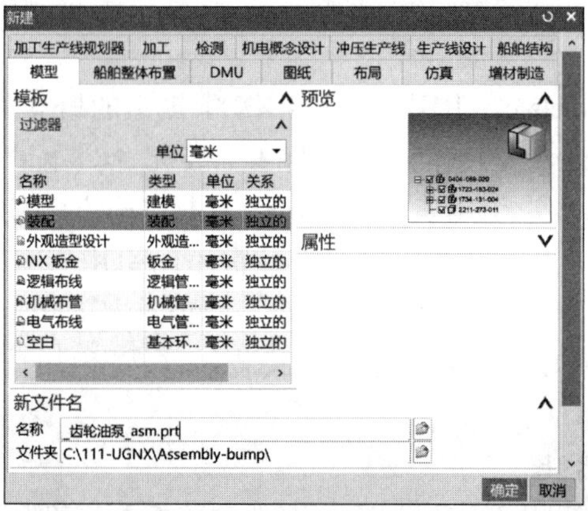

图 4-33 “新建”对话框

2. 装配设计

(1) 在工具栏中单击“新建”按钮,弹出“新建”对话框,选择“模型”选项卡,选择“装配”选项。输入文件名:齿轮油泵_asm. prt。

(2) 进入装配环境后,打开“添加组件”对话框,如图 4-34(a)所示;单击“选择部件”,打开 Assembly-bump 文件夹下的 Base 部件(零件),设置约束类型为固定,结果如图 4-34(b)所示。装配类型约束如图 4-34(c)所示。

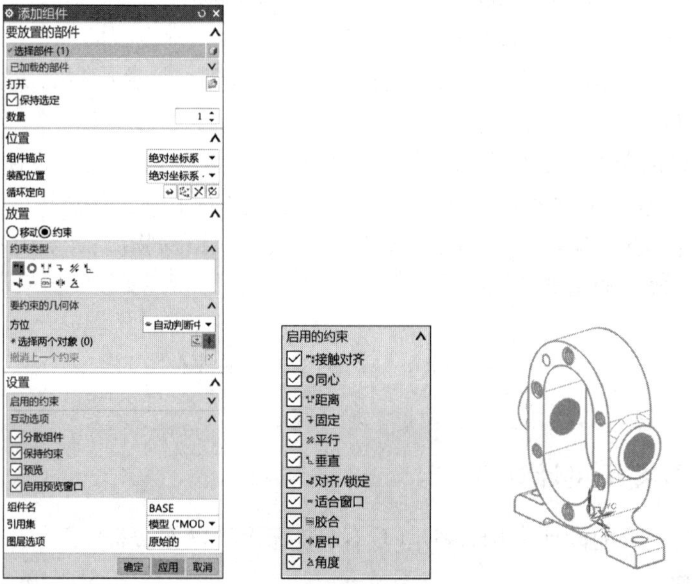

(a) “添加组件”对话框　(b) 约束类型　(c) Base设置为固定

图 4-34 装配 Base 部件

（3）在工具栏中单击“添加组件”按钮，在弹出的“添加组件”对话框中选择 Front-cover 部件，约束类型选择“接触对齐”，然后分别选择两个面，单击“应用”按钮，如图 4-35(a)所示。再选择“同心”约束，分别选择底座的上下两个孔与端盖的孔对应，完成零件装配，如图 4-35(b)所示。

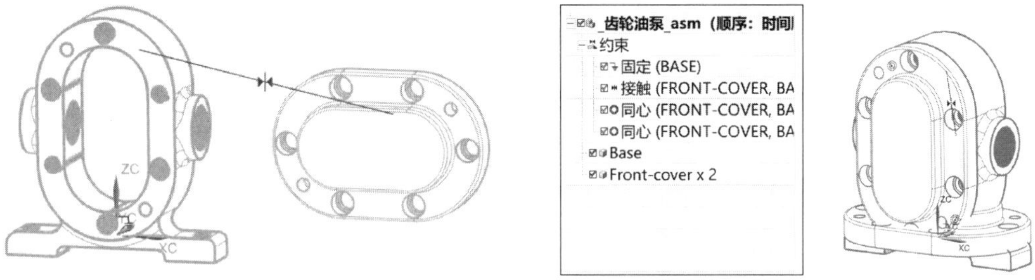

（a）添加组件分别选择两个面　　（b）约束类型

图 4-35　装配 Front-cover 部件

（4）在“添加组件”对话框中选择 chilunzhou1 部件，约束类型选择“接触对齐”，然后分别选择两个面，单击“应用”按钮；再选择“同心”约束，选择齿轮轴的轴心与底座上的对应，如图 4-36 所示。

（5）在“添加组件”对话框中选择 chilunzhou2 部件，约束类型选择“接触对齐”，然后分别选择两个面，单击“应用”按钮；再选择“同心”约束，选择齿轮轴的轴心与底座上的对应，如图 4-37 所示。

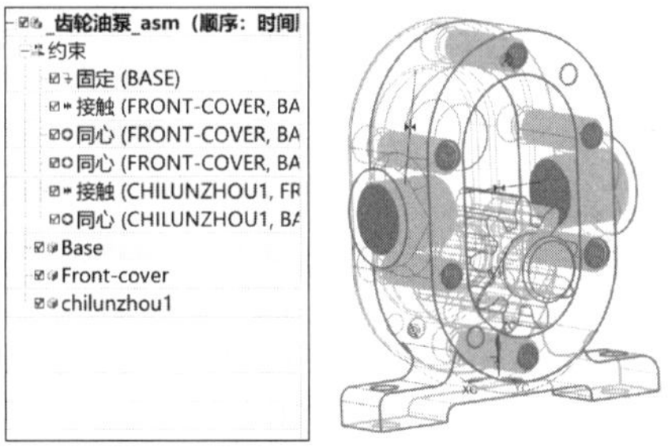

图 4-36　装配 chilunzhou1 部件

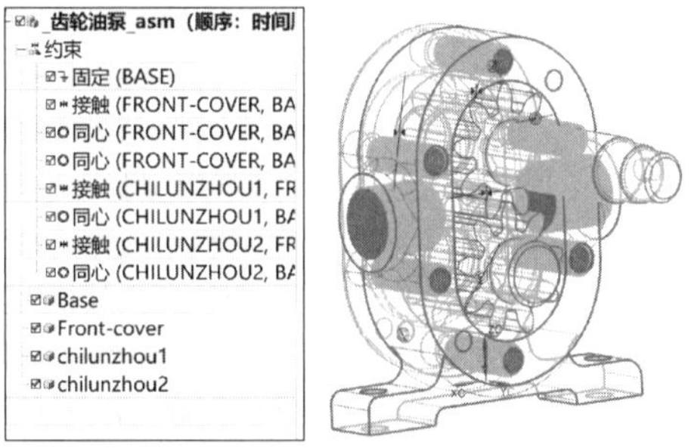

图 4-37　装配 chilunzhou2 部件

（6）在“添加组件”对话框中选择 Back-cover 部件，约束类型选择“接触对齐”，然后分别选择两个面，单击“应用”按钮；再选择“同心”约束，分别选择底座的上下两个大弧与端盖的对应，完成零件装配，如图 4-38 所示。

（7）在菜单中选择“编辑”→“对象显示”命令，弹出“编辑对象显示”对话框，如图 4-39 所示。选择步骤(6)添加的组件，调整其透明度，并更改其颜色，如图 4-40 所示。

（8）在“添加组件”对话框中选择 bushing 部件，约束类型选择“接触对齐”，然后分别选择 Back-cover 内孔台阶面与 bushing 端面，单击“应用”按钮；再选择“同心”约束，分别选择 Back-cover 内孔圆弧与 bushing 端面圆弧，完成零件装配，完成后如图 4-41 所示。

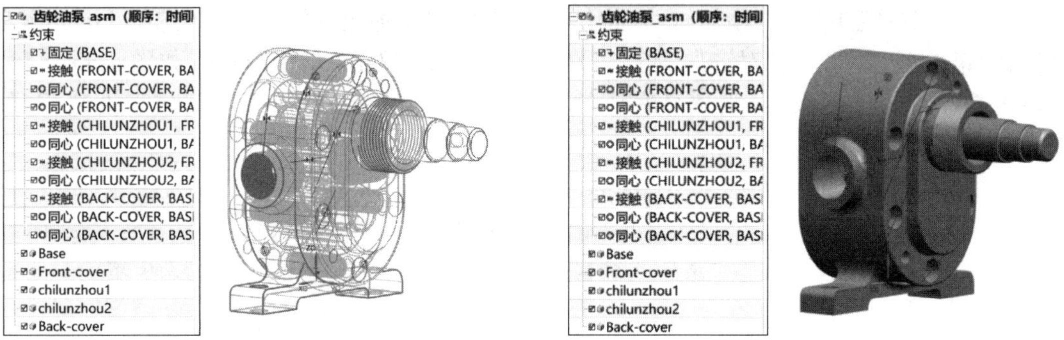

（a）线框显示　　　　（b）着色显示

图 4-38　装配 Back-cover 部件

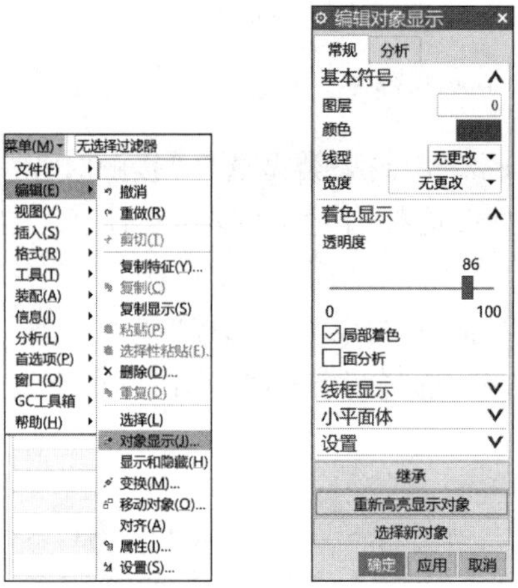

图 4-39　“编辑对象显示”对话框　　　　图 4-40　透明度调整

（9）在“添加组件”对话框中选择 key 部件，约束类型选择“接触对齐”，然后分别选择 key 底面与 chilunzhou2 键槽孔底面端面，单击“应用”按钮；再选择“同心”约束，分别选择 key 底面圆弧与 chilunzhou2 键槽孔底面圆弧，完成零件装配，完成后如图 4-42 所示。

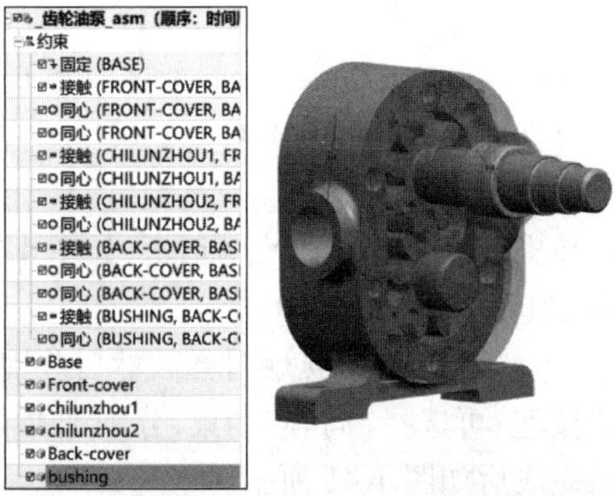

图 4-41　装配 bushing 部件

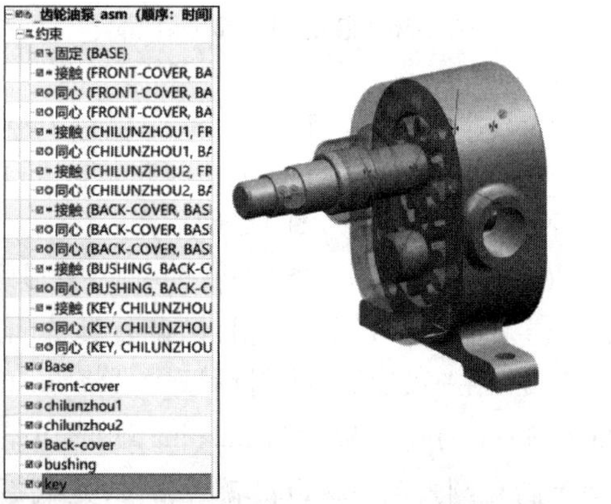

图 4-42　装配 key 部件

（10）在“添加组件”对话框中选择 gear-Q 部件，选择“同心”约束，分别选择 gear-Q 内孔圆弧与 chilunzhou2 外圆弧，单击“应用”按钮；然后设置方位为“接触对齐”，再选择 key 的侧面和键槽的侧面接触，完成装配如图 4-43 所示。

图 4-43　装配 gear-Q 部件

3. 装配分析

UG NX 增强了动态剖切功能，可以通过模型导航工具定义和显示控制的多个截面。此外，还能够弹出一个包括网格显示的独立二维窗口，从而可以在屏幕上清楚地看到零部件的几何结构。2D 截面结构和 2D 截面查看器窗口如图 4-44 和图 4-45 所示。

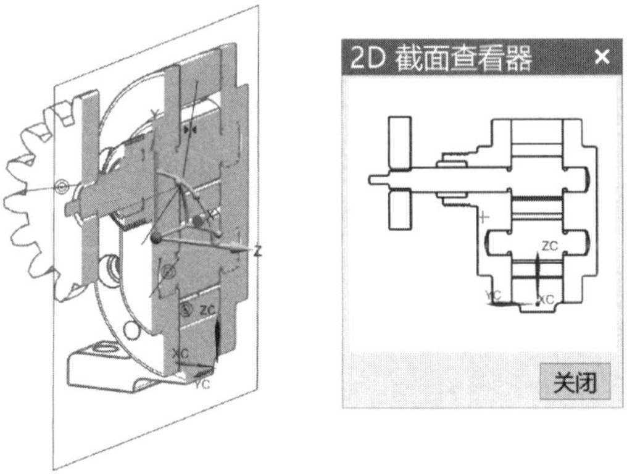

图 4-44　2D 截面查看器窗口（右）

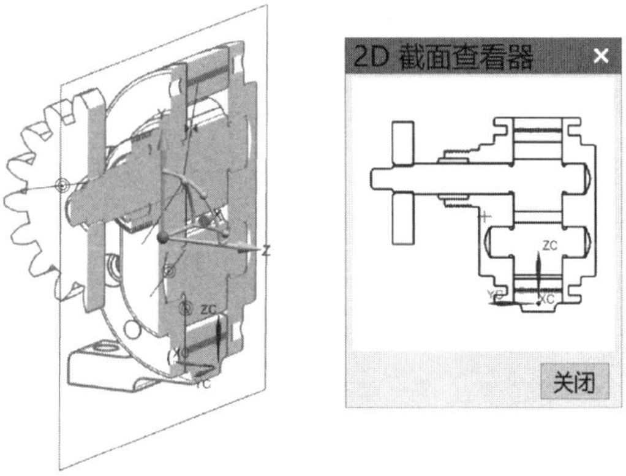

图 4-45　多截面结构（左）

利用装配模型，可以开展装配干涉分析、零部件的物性分析。若发现干涉碰撞现象或物性表现不理想，则可回到上一步，对装配模型进行修改。可通过爆炸图工具生成爆炸图如图 4-46 所示。

图 4-46　装配体爆炸图

4. 4. 2　二级减速器 bottom-up 装配设计方法

bottom-up 装配设计是先设计单个零部件,在此基础上进行组装生成总体装配。所创建的装配体将按照组件、子装配体和总装配的顺序,利用约束条件进行逐级装配,从而形成装配模型,如图 4-47 所示。在 bottom-up 装配设计过程中,如果发现某些零件不符合要求,如零件与零件之间产生干涉、某一零件根本无法进行安装等,就要对零件进行重新设计、重新装配,再发现问题,再进行修改。自底向上装配设计过程的优点是思路简单,操作快捷、方便,容易被大多数设计人员所理解和接受,是一种应用很普遍的设计方法。

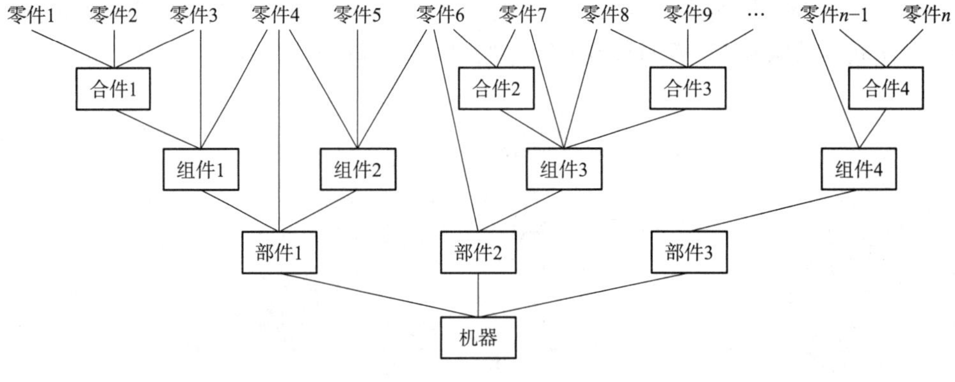

图 4-47　Bottom-up 装配模型

经典的 bottom-up 建模方法,其建模程序为先对单个零件进行建模,其次对零件进行组合,即成部件,再将部件与其他一些零件装配成总装模型。

1. 零件设计

构造装配体中所有零件的特征实体模型。一般这些零件都可单独构成各自的文件并单独保存,这样做的好处是方便在不同场合下以外部文件引用,每个零件可以引用一次,也可以引用多次。一台二级齿轮减速器,如图 4-48(a)所示,由箱体、端盖、轴承、齿轮、轴、齿轮轴、箱盖、观察盖板、通气器、油标螺杆、螺栓螺母等组成,如图 4-48(b)所示。

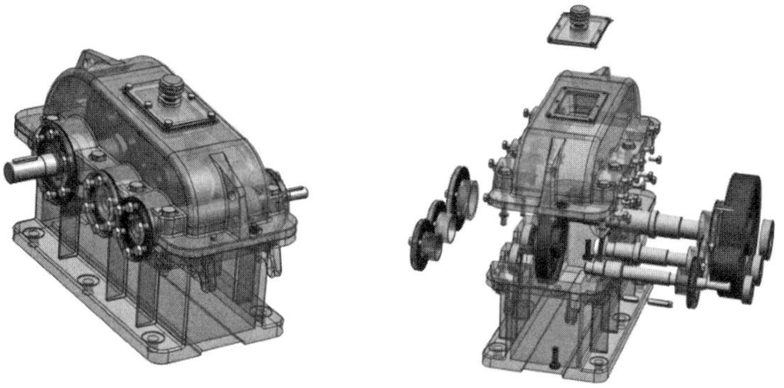

（a）减速器装配效果图　　（b）减速器组成零件

图 4-48　二级齿轮减速器装配效果图与组成零件

2. 装配序列规划

装配序列规划是装配建模中的一项关键内容，主要考虑下列问题：

（1）分析整个装配体，确定基础部件和各部件的组成，合理划分和确定装配的层次关系。对于复杂机器，一般均采用按部件划分成多层次的装配方案，进行装配数据的组织和实施装配。对一些变化很少的通用零部件，事先做成独立的子装配文件，然后采取引入调用的方式进行装配。

（2）分析部件的引入顺序以及部件之间的约束方法。

（3）根据上述考虑，确定装配树。

通过分析、规划将本例中减速器分为三个子装配体，即输出轴子组件、中间轴子组件、输入轴子组件，以及箱体、端盖、密封圈、箱盖、观察盖板等。

3. 装配操作步骤

二级齿轮减速器装配顺序如图 4-49 所示。按照装配树的顺序，自底向上地逐一完成零部件装配，这一过程中的关键是需熟练掌握系统的有关命令。

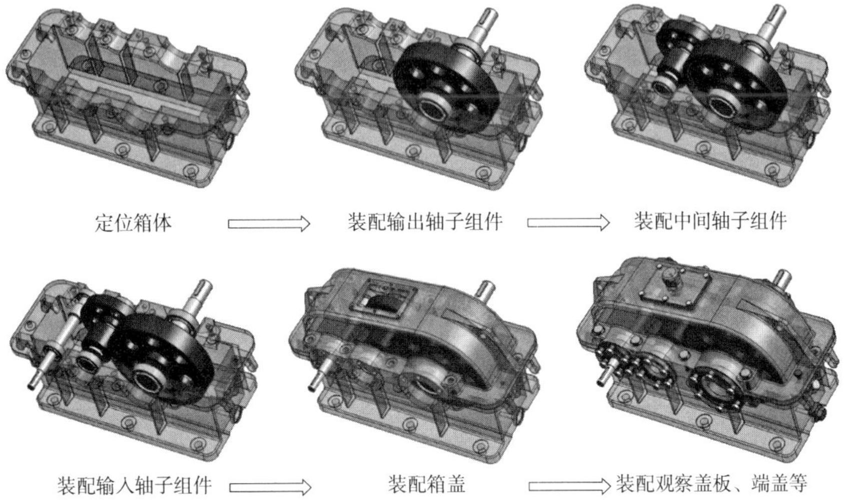

图 4-49　二级齿轮减速器装配顺序

4.4.3 二级减速器 top-down 装配设计方法

1. top-down 设计流程

目前大多数三维 CAD 系统能够支持自底向上的装配建模(即先零件,再装配),而产品创新设计往往是一个自顶向下的过程。为此必须构建一个自顶向下的产品建模环境,要求:

(1)构建统一的总体方案、装配、零件设计层次数据结构及体系架构。

(2)提供总体方案布局设计的方法及工具。

(3)提供总体布局、装配、零件全关联的设计环境。

通过统一的数据结构及体系结构,可提供系统底层的技术支撑,从而使前端的概念设计信息方便地传递到后续详细设计阶段。总体方案的布局设计为产品的前期概念设计、方案验证提供设计工具。目前三维 CAD 系统对方案设计的方法及工具支持较弱,将人工智能用于指导产品方案设计是提高方案设计的有效手段。采用全关联的设计环境能实现方案布局设计、零件设计、装配建模的互动设计,即方案设计可驱动装配设计和零件设计,反过来,零件的修改也能自适应地反馈到装配模型,甚至总体布局。

自顶向下的设计模式是先建立装配体,再在装配体中进行零件的造型和编辑。这种模式的优点是:可以参考一个零部件的几何尺寸生成或修改其他相关的零部件,从而确保零件之间存在准确的尺寸和装配关系,当被参考零件的尺寸方式改变时,相关联的零件尺寸会自动发生改变,从而保证零件之间的配合关系不发生改变。因此,这种设计方法又称关联设计。

产品设计过程是一个复杂的创造过程。首先要设计出初步方案及装配草图,建立约束驱动的产品模型;然后确定设计参数,进行详细结构设计,再通过装配建模进行装配;最后对设计方案进行分析、修改及验证,直至得到满足功能要求的产品。该过程称为 top-down 设计过程,如图 4-50 所示。

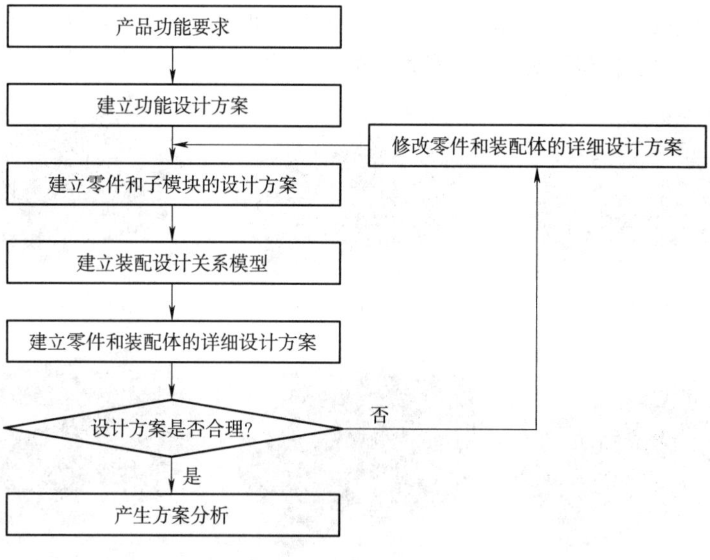

图 4-50 top-down 设计流程

2. 三维布局与参数关联设计

减速器三维布局设计工作包括三方面的内容：一是分析总体布局设计中满足 top-down 设计的结构控制几何要素，包括产品结构树中第一级子部件（重要零组件）的空间位置、几何轮廓及关联关系（即接口关系）；二是分析所有几何要素，使它们满足全相关性，其参数的关联关系如图 4-51 所示；三是提炼挖掘出产品结构的驱动参数，进行总体三维布局设计。

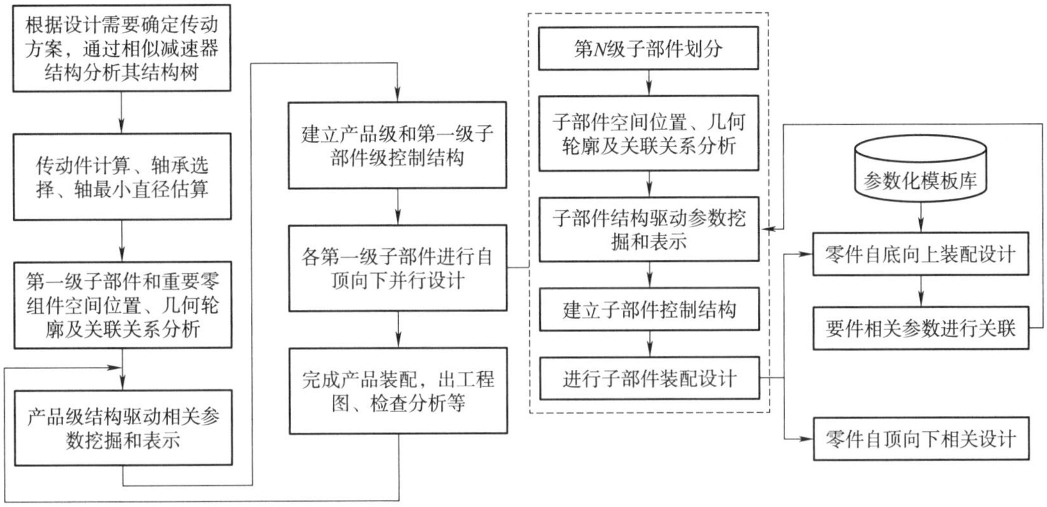

图 4-51　参数关联设计

3. 减速器控制结构的建立

首先进行功能分解，通过设计计算将总功能分解成一系列子功能，确定每个子功能设计参数；其次是结构设计，根据总的功能及各个子功能的要求，设计出总体结构（装配）并确定各个子部件（子装配体）之间的位置关系、连接关系、配合关系，而各种关系及其参数通过几何约束或功能的参数约束求解确定；然后分别对每个部件进行功能分解和结构设计，直到分解至零件。如图 4-52（a）所示，减速器划分成箱体和轴系两个子部件，各子部件控制结构包含的信息和主要参数包括：齿轮的模数、齿数、齿轮端面到箱体内壁尺寸、轴承外径等。减速器控制结构要素如图 4-52（b）所示。

图 4-53 所示为 UG NX 软件中减速器 top-down 设计各级控制结构，其中图 4-53（a）所示为减速器产品级的控制结构，包括产品的设计基准坐标系，轴系齿轮位置（蓝色）、箱体的内壁及几何轮廓线（红色）、轴承座外壁位置（粉色）及箱体和轴系接口几何线（绿色），图 4-53 彩色版可扫二维码查看。各子部件控制结构包含的信息，首先是从上一级控制结构中继承的结构约束信息，另外，还需要按照图 4-51 所示的流程进一步分析其子部件设计所需要的约束，根据具体情况进一步将其控制结构进行完善。图 4-53（b）和图 4-53（c）所示分别是箱体和轴系从上一级图 4-53（a）中继承的结果，图 4-53（d）和图 4-53（e）所示分别是箱体和轴系根据其子部件的分析对控制结构进行完善的结果。箱体再分解成箱盖［见图 4-53（d1）］、箱座［见图 4-53（d2）］，轴系分解成高速轴［见图 4-53（e1）］、中间轴［见图 4-53（e2）］和低速轴［见图 4-53（e3）］，继续以 top-down 方法对其进行详细设计，最终各子部件详细结构设计完成时，减速器产品装配自动完成。

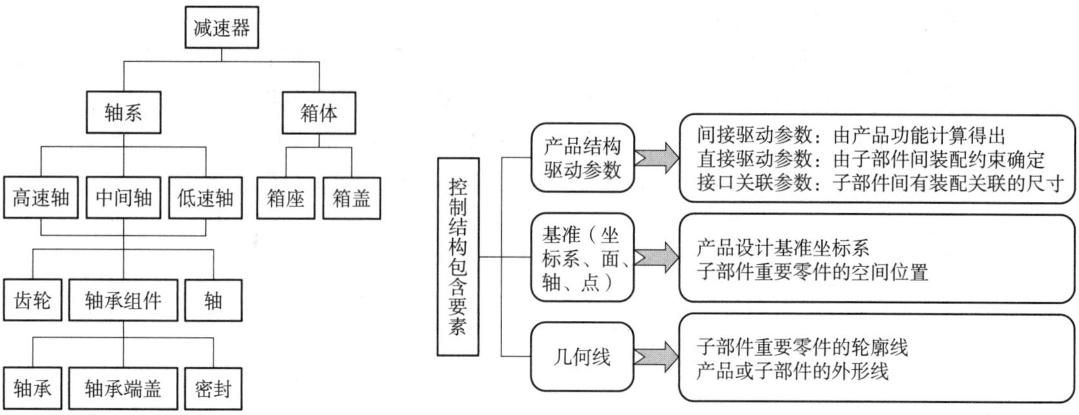

（a）二级减速器装配结构树

（b）控制结构包含要素

图 4-52　减速器控制结构

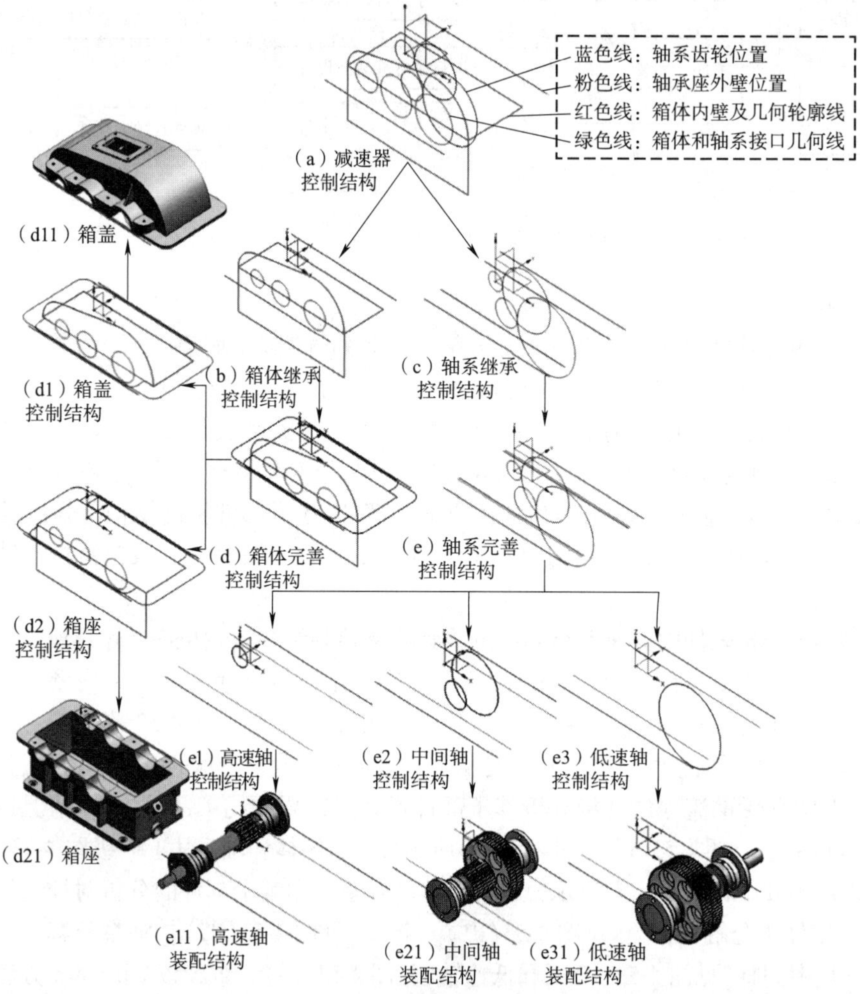

图 4-53　减速器控制结构

图 4-53　减速器控制结构（彩色）

4. 零件全相关设计

为了实现产品级变型模板重用时整体结构的自动更新,而不需要对零件逐个进行参数修改,一项关键的工作是将零件参数化模板中的驱动参数,与上一级控制结构中的驱动参数进行关联设置。图 4-54 所示为高速轴的控制结构及在此基础上设计完成的主体结构,各轴段的直径多数来源于已装配零件的内孔,长度受到各零件端面的控制,从而实现零件的自顶向下的全相关设计。

5. 减速器全相关参数化变型模板的重用

减速器参数化变型模板如图 4-55 所示(为了表达控制结构关系隐藏上箱盖),根据减速器传动功率、传动比等功能要求,分析计算减速器的传动方案、驱动参数,驱动参数和自定义参数之间的参数驱动路线图如图 4-56 所示。

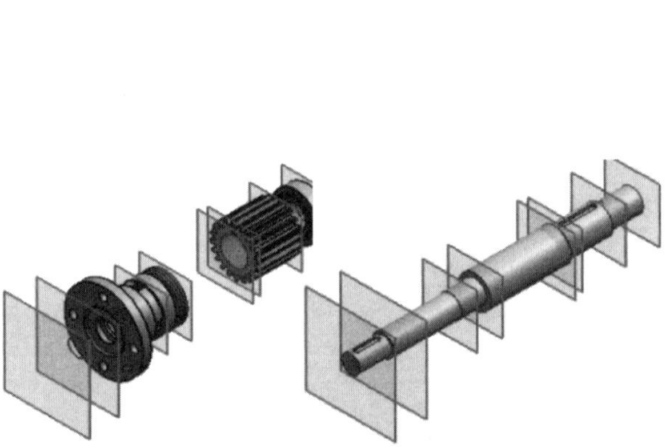

图 4-54　高速轴的自顶向下设计

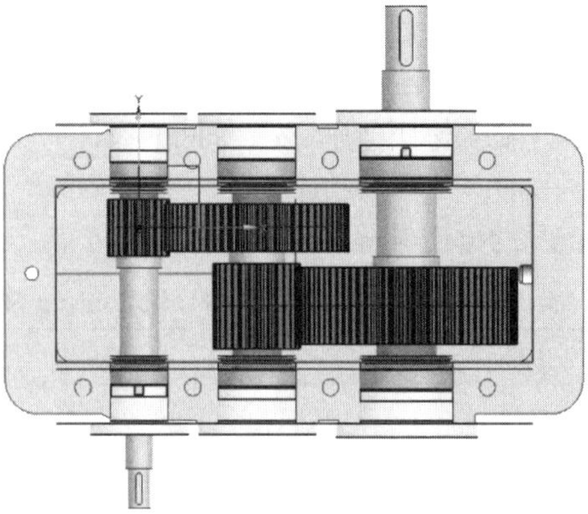

图 4-55　减速器全相关参数化变型模板

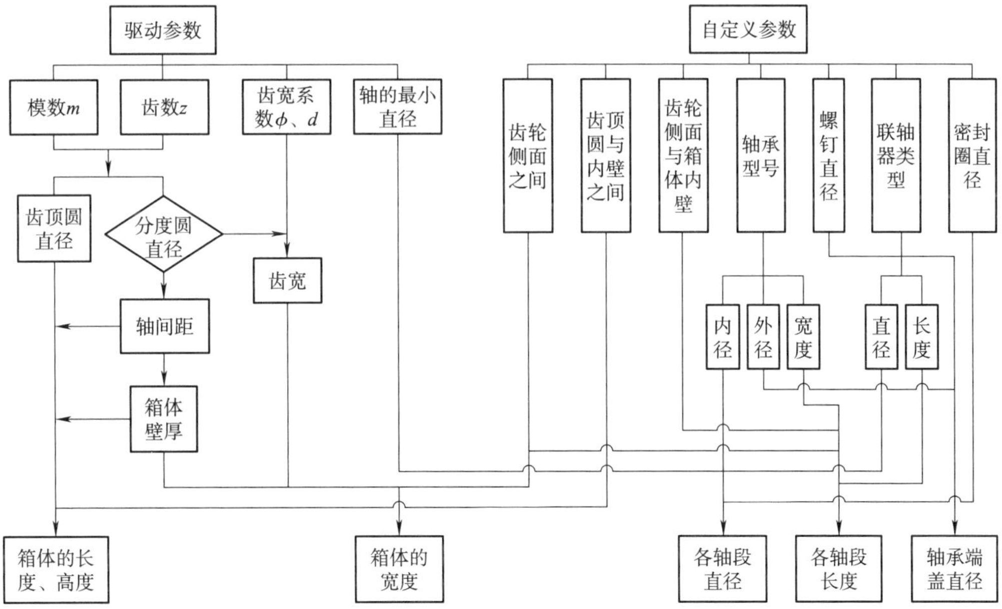

图 4-56　参数驱动路线图

减速器参数化变型模板适用于结构相同或相近的减速器的设计，其使用操作简单，利用表达式功能分别修改减速器的驱动参数，如模数、齿数、齿宽系数以及防止干涉的尺寸等，同时与其相关联的所有零件结构尺寸自动更新。当这些参数发生改变之后，轴承标准件更新只需要利用"组件替换"功能，即可保留减速器变型模板中轴承等标准件设计的相关信息，实现变型模板的重用。

4.4.4 两种装配设计方法比较

bottom-up 和 top-down 两种装配设计方法各有特点，分别适用于不同的场合。例如，在开展系列产品设计时，机器的零部件结构相对稳定，零件设计基础较好，大部分零件模型已经具备，只需要补充部分设计或修改部分零件模型，这时，采用 bottom-up 装配设计方法就显得更为方便。而在创新性设计中，事先对零件的结构细节不可能非常明了，设计时总是要从比较抽象笼统的装配模型开始，边设计边细化，边设计边修改，逐步求精，这时很难开展 bottom-up 设计，而必须采取 top-down 设计方法。top-down 设计始终能把握整体的设计情况，着眼于零部件之间的关系，能够及时发现、调整和修改设计中的问题，适合在创新设计中逐步求精，提高设计效率和设计质量。

在实际工作中，对于不同的设计要求和设计场合，通常需要综合运用 top-down 与 bottom-up 两种设计方法开展设计工作。综合 bottom-up 和 top-down 设计方法的特点可以看出，前者适用于现有产品的建模与再设计，后者则适用于新产品研发。两种设计方法的特点及应用场合见表 4-1。

表 4-1　bottom-up 和 top-down 设计方法的特点及应用场合

设计方法	bottom-up	top-down
流程	始于细节，由局部到整体	始于功能，由整体到局部
优势	相对独立，关联性低，对设计人员和设计工具要求较低	全程关联、相互参照，减少设计错误并能提高设计效率，易于实现变更
不足或难点	难以实施关联设计，不易实现设计变更	层级关系与逻辑关系相对复杂，对设计人员及设计工具要求较高
应用场合	现有产品的建模与再设计	新产品研发

思考题

1. 在现代工程技术中，为什么说三维建模技术是工程技术人员所必须具备的技能？
2. 三维建模技术与 CAD、CAM、CAE 等计算机辅助技术之间有什么关系？
3. UG NX 采用什么方式进行装配建模？这样做有什么优点？
4. 简述组件对象、组件部件、零件的区别。
5. 什么是从底向上建模？什么是自顶向下建模？自顶向下建模又有哪两种基本方法？
6. 什么是引用集？使用引用集策略有什么作用？
7. 什么是爆炸视图？与其他视图相比，有哪些异同点？
8. 以齿轮泵的装配设计为例，说明 top-down 装配设计的应用。齿轮泵零件图参考第 3 章思考题，装配体如图题图 4-1 所示。
9. 完成二级减速器 bottom-up 装配设计，二级减速器零件参考第三章思考题。

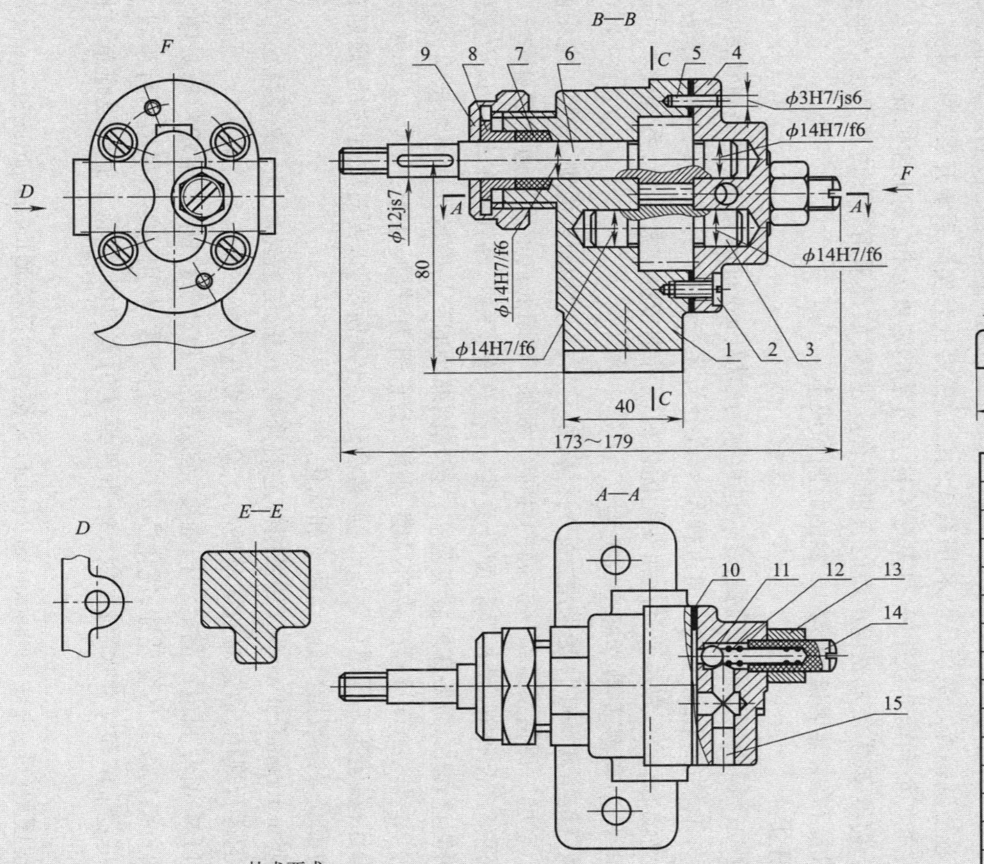

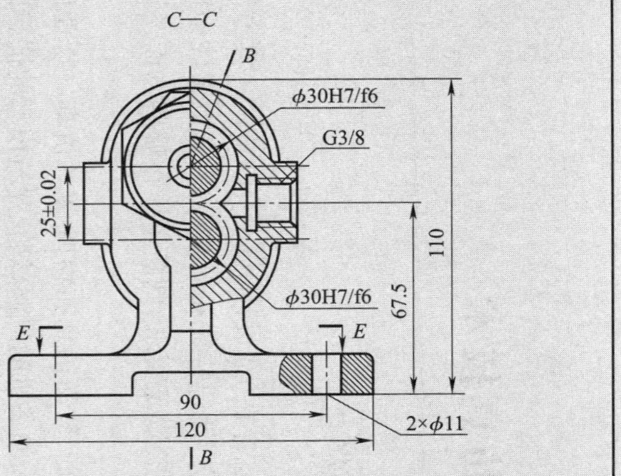

技术要求

1. 转动方向仅一种，不得反运转。
2. 油泵在进行油压试验时，所有密封装置处不得漏油。
3. 泵盖和泵体之间可用衬垫调整，齿轮端面与泵体之间隙。
   保证最小间隙在0.002～0.003 mm范围内。

序号	代号	名称	材料	数量	备注
15		柱塞	Q235	1	L=10
14		调节螺钉	H62	1	
13	GB/T 6170—2015	螺母M12×15	Q235	1	
12		弹簧	65Mn	1	D=ϕ7, t=2
11	GB/T 308	钢球10DIV	GCr6	1	
10		垫片	工业纸	1	t=1
9		盖螺母	H62	1	
8		压盖	H62	1	
7		填料	油绳	1	
6		主动齿轮	45	1	z=10　m=2.5
5	GB/T 119.1—2000	销B3×20	Q235	2	
4		泵盖	HT150	1	
3		从动齿轮	45	1	z=10　m=2.5
2	GB /T 65—2016	螺钉M6×16	Q235	4	
1		泵体	HT150	1	

齿轮油泵	比例	1 : 1
制图		
审核		

题图 4-1

第5章　数字化仿真技术

5.1　数字化仿真概述

仿真(simulation)是通过对系统模型的试验,研究已存在(或设计中)系统性能的一类方法和技术。它是一种基于模型的活动,可以再现系统状态、性能特征和动态行为,预测系统中可能存在的缺陷与不足,分析系统配置是否合理、性能是否满足要求,判断系统在哪些方面还需要改进和优化,为决策提供科学的理论依据。

根据系统模型的类型不同,仿真可以分为物理仿真、数学仿真和物理-数学仿真。物理仿真通过对系统的物理模型进行试验、分析、评估和优化,如飞机的风洞试验、建筑模型的抗震试验、汽车研发中的碰撞试验等。数学仿真利用系统的数学模型代替实际系统开展试验研究,以获得现实系统的性能特征和运动规律等,如基于有限元方法的强度分析、基于虚拟现实技术的汽车碰撞试验等。物理-数学仿真是前两者的有机结合。显然,如果采用数学仿真方法能够有效评估实际系统性能,将会显著减少模型试验的时间和成本。

1. 系统模型分类

建立系统模型是开展模型试验的前提,这一过程称为建模(modeling)。模型是对实际(或设计中)系统的某种抽象、简化与描述。通过模型可以分析系统结构、参数合理与否,评估系统性能、状态和各种动态行为,为系统设计和性能优化提供科学依据。总体上,系统模型可以分为物理模型、数学模型和物理-数学模型等类型。

(1) 物理模型(physical model)是采用特定的材料和工艺,根据相似性原则、按照一定比例制作的系统模型。它可以评估系统某些方面的性能。例如,早期的汽车研发通常要建立1∶1产品油泥模型,以评估产品外观、结构及其配合关系等;在汽车、飞机、高铁列车车头、风力发电机叶片等产品的研制过程中,需要在风洞实验室对按比例缩小的产品模型开展风洞试验,以评估产品的空气动力学性能,测算目标产品的强度、刚度、运行阻力、抗振性能、速度、工作效率、预期寿命等性能指标;在建筑工程项目立项时,通常会建立沙盘模型,以便对项目选址、规划布局、环境评估、交通配套等细节做出分析、评价和优化。

(2) 数学模型(mathematical model)是采用特定的符号、变量、方程或程序定义系统结构组成,描述系统内在的运行规律,通过对数学模型的试验,可以获得实际系统的性能指标。例如,利用有限元方法(FEM)评估机电产品的结构强度、疲劳寿命和动态性能;采用塑料模具注塑成形仿真分析塑料件结构设计的合理性,优化注塑成形工艺参数;利用运筹学模型制订车间作业计划、优化企业订货策略和库存水平;采用离散事件系统仿真模型,优化车间的设施布局和调度计划等。

(3) 物理-数学模型(physical-mathematical model)又称半物理模型(semi-physical model)。它有机地结合了物理模型和数学模型的优点,可用于高附加值产品、高风险系统的规划设计、运行调度、操作使用和维护培训等领域。例如,面向飞行员和航天员的仿真训练器,电网、铁路系统、民航飞机调度仿真训练器等。

系统、模型与仿真三者之间关系密切。其中,系统是要研究和分析的对象;模型是对系统某种程度和层次的抽象;仿真是通过对系统模型的试验分析、评价和优化系统性能的过程、技术与方法。系统、模型与仿真之间的关系如图5-1所示。

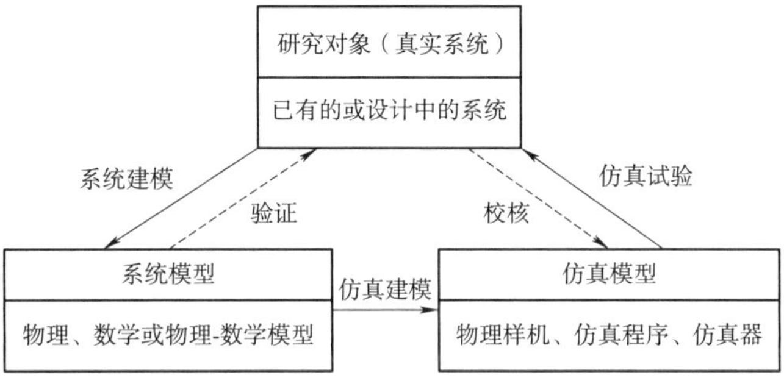

图5-1　系统、模型与仿真之间的关系

随着计算数学、计算力学和计算机软硬件等相关技术的成熟,人们越来越多地利用软件和数学模型分析、评估和优化系统的结构、参数与性能,形成了计算机仿真(computer simulation)技术。计算机仿真又称数字化仿真(digital simulation),它属于数学仿真,其实质是仿真过程和结果的数字化。图5-2所示为汽车车身数字仿真过程示意图。

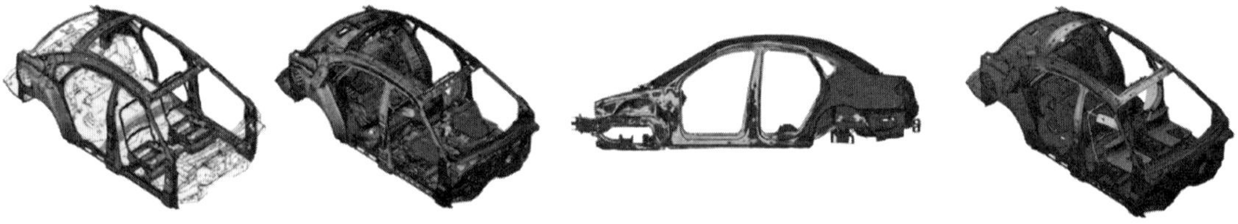

（a）汽车零部件（CAD）　（b）数学建模　（c）模型求解　（d）分析/预测

图5-2　汽车车身建模与仿真

2. 面向机械产品和制造系统的数字化仿真软件

机电产品种类繁多,系统的结构组成、工作原理和性能要求不尽相同,加工方法和制造工艺各异。与此相适应,市场上有适用于不同领域的仿真软件,如运动学仿真软件、动力学仿真软件、结构热设计仿真软件、数控加工仿真软件、生产和物流系统仿真软件、注塑成形仿真软件、铸造成形仿真软件、冲压成形仿真软件、流体传动仿真软件、生产运作仿真软件等。表5-1所列为面向机械产品开发和制造系统设计、运行的部分数字化仿真软件。

表5-1　面向机械产品和制造系统的数字化仿真软件

软件名称	公 司 名 称	主要应用领域
Flexsim	美国 Flexsim Software Products, Inc.	物流系统、制造系统仿真
Matlab	美国 MathWorks, Inc.	数值计算、控制和通信等系统仿真

续表

软件名称	公 司 名 称	主要应用领域
Simpack	德国 Intec GmbH	机械系统运动学、动力学系统仿真
Witness	英国 Lanner Group	汽车、物流、制造等系统仿真
Deform	美国 Scientific Forming Technologies Corporation	金属锻造成形仿真
MSC. Nastran	美国 MSC. Software Corporation	结构、噪声、热、机械系统动力学等仿真
MSC. ADAMS	美国 MSC. Software Corporation	机构运动学、动力学仿真与虚拟样机分析
ANSYS	美国 ANSYS,Inc.	结构、热、电磁、流体、声学等仿真
VERICUT	美国 CGTech Corporation	数控加工编程、仿真与优化
Algor	美国 Algor,Inc.	通用性工程仿真分析
Moldflow	美国 Autodesk,Inc.	注塑模具成形工艺仿真
CATIA	法国 Dassault Systemes Group	产品数字化设计
SIMULIA	法国 Dassault Systemes Group	产品虚拟测试分析
DELMIA	法国 Dassault Systemes Group	产品数字化制造
PAM-STAMP/OPTRIS	法国 ESI Group	冲压成形仿真
PAM-CAST/PROCAST	法国 ESI Group	铸造成形仿真
PAM-SAFE	法国 ESI Group	汽车被动安全性仿真
PAM-CRASH	法国 ESI Group	碰撞、冲击仿真
PAM-FORM	法国 ESI Group	塑料、非金属与复合材料热成形仿真
SYSWELD	法国 ESI Group	热处理、焊接及焊接装配仿真
VisSim	美国 Visual Solutios,Inc.	控制、通信、运输、动力等系统仿真
WorkingModel	美国 MSC. Software Corporation	机构运动学、动力学仿真
Simul8	美国 Simul8 Corporation	物流、资源及商务决策仿真
HSCAE,SC-FLOW	中国华中科技大学	注塑模具仿真分析
Automod	美国 Brooks Automation,Inc.	生产和物流系统规划、设计与优化
Teamcenter	德国 Siemens PLM Software,Inc.	产品全生命周期管理仿真软件
X	德国 Siemens PLM Software,Inc.	产品数字化设计、分析与制造
Pro/Engineer	美国 Parametric Technology Corporation	产品数字化设计、分析与制造
COSMOS	美国 SolidWorks Corporation	机械结构、流体及运动仿真
ITI-SIM	德国 ITI GmbH	机械、液压、气动、热能、电气等系统仿真
FlowNet	美国 Engineering Design System Technology	管道流体流动仿真
ProModel	美国 ProModel Corporation	制造系统、物流系统仿真
ServiceModel	美国 ProModel Corporation	服务系统、物流系统仿真

数字化仿真的应用介于产品数字化设计和数字化制造两个环节之间。为实现有效的信息共享、减少重复性建模,仿真软件需要支持产品数据交换相关标准,与主流数字化设计、数字化制造软件保持良好的兼容性。

3. 数字仿真技术优点

目前,数字化仿真技术已经成为机电产品开发的基本技术手段,是提升产品性能、增强制造企业市场竞争力的有力工具。数字化仿真技术的优点主要包括:

(1)有利于提高产品质量、改善制造系统性能。传统的产品开发和制造系统设计以满足基本功能为目标,由于技术手段等因素的限制,通常难以开展多方案评估与优化,无法从众多可行方案中选择综合性能最佳的设计方案,也难以准确预测产品在全生命周期中的性能状态。随着市场竞争的加剧,面向产品和制造系统的全生命周期优化已经成为设计工作的核心评价准则。

物理仿真往往难以再现产品(系统)在全生命周期内各种复杂的工作环境,或因再现环境的代价太高而难以付诸实施。数字化仿真技术可以克服上述缺点,在产品或制造系统尚未开发出来之前,评估系统在不同工作环境下的性能状态,并通过改进设计、优化参数保证系统具有良好的综合性能。

(2)有利于缩短产品的开发周期。传统的产品开发遵循市场调研、概念设计、详细设计、制造、装配、样机试验、批量生产等串行开发模式。在设计阶段,简单的计算分析通常难以准确预测产品在各种工况下的实际性能,甚至不能保证产品的可制造性。因此,需要通过样机试制和实物样机试验评价设计方案的正确性、合理性,并根据样机试验的结果进一步修改、完善和优化设计方案。因此,这种模式会导致产品开发的反复性大、效率低、周期长。

利用数字化仿真技术,可以在计算机中完成产品的概念设计、结构设计、加工、装配等环节的仿真与优化,提高产品设计的一次成功率,有效地缩短设计周期。例如,美国波音公司在波音777型飞机的开发过程中广泛采用数字化仿真技术,在计算机和网络环境下完成飞机设计、制造、装配和试飞等全部过程的仿真模拟,取消了传统的风洞试验、上天试飞等物理仿真和试验环节,开发周期由原来的9～10年缩短到4.5年,使波音公司在激烈的市场竞争中赢得了先机。

沃尔沃公司新款车辆的研发周期原来为42个月左右,2017年沃尔沃公司首款采用虚拟数字测试技术的整车成功下线,至2020年产品研发周期缩短至20个月。该公司采取的途径与举措包括:采用计算机辅助工程分析技术,取消整车实物验证过程,只保留部分子系统和特殊台架测试;采用可扩展整车平台架构;缩短关键结构件的模具开发周期等。

(3)有利于降低开发成本。实物样机的试制及其试验过程需要花费高昂的费用。数字化仿真以虚拟样机(virtual prototype)代替实物样机开展性能试验,能够显著降低开发成本。例如,在汽车研制过程中通常要开展各种碰撞试验,如正面碰撞、侧面碰撞等,以检验车身变形情况以及当发生碰撞时车体对车内乘员的保护效果。如果碰撞试验结果达不到规定指标的要求,就需要分析产品在设计、制造等方面存在的缺陷和问题,采取更换材料、修改产品结构参数、改进制造工艺等措施,直到试验结果符合规定要求为止。通常,在一款新车的开发过程中,碰撞试验时要毁坏几辆甚至几十辆车。

此外,在新型汽车正式投放市场之前,还需要完成定型试验,以考核汽车及其零部件的性能、效率、可靠性、耐久性和环境适应性等指标,保证产品符合相关规范和使用要求。这种试验通常需要使用3～8辆样车,其中一部分车辆要完成5万～16万千米的性能、可靠性和耐久性试验,另一部分车辆用于开展环境适应性试验。一款新车的样车及其零部件累积试验里程可达百万千米以上。根据样车试验结果和试验过程中发现的问题、缺陷，产品研发团队需要修改设计方案，改进制造工艺，重新制造零部件并完成装配，然后再投入数辆至数十辆样车开展更大规模的实际环境下的使用试验，进一步考核制造工艺的稳定性，之后才能投入批量生产。显然，如果在投入批量生产之后，才发现因材料选择或热处理工艺不当、结构设计不合理、制造工艺不科学等问题，导致产品出现普遍性缺陷或致命的安全隐患，将会危害用户的权益，并给制造企业带来重大损失。

利用数字化仿真软件，可以开展各种仿真试验，模拟汽车在各种条件下的碰撞效果，在样机制造之前及时发现问题并做出有针对性的改进和优化，减少碰撞试验次数甚至取消撞车试验。据报道，世界领先汽车制造企业（如 Ford、BMW、Volvo 等）的汽车新品开发已经摒弃传统的开发模式，有效地加快了新产品的开发速度，降低了开发成本，使企业在市场竞争中保持优势。

（4）可以完成复杂产品或系统的操作培训。对复杂产品或技术系统（如飞机、核电站、铁路机车调度）而言，系统操作人员必须经过严格的培训，若在真实产品或系统上培训，不仅成本高，而且存在很大的风险。采用数字化仿真技术，可以再现系统运行过程，模拟系统的各种状态，有针对性地设计各种“故障”和“险情”，使操作人员或用户接受全面、系统的训练，既可以降低培训成本，也有利于改善培训效果。

5.2 弹性力学基本知识

弹性体是指卸载后能够完全恢复其初始状态的物体。弹性力学则是研究弹性体在载荷和约束作用下应力和变形分布规律的一门学科。有限元法起源于弹性力学问题的求解，本节将通过弹性力学问题介绍有限元法的基本理论。首先介绍弹性力学问题的基本方程，然后介绍弹性力学问题的能量原理，也是有限元法近似求解的基本原理。

5.2.1 弹性力学的基本假设

弹性力学是固体力学的一个分支，主要研究弹性体受外力作用或有温度变化等因素而发生的应力、应变和位移。由弹性力学问题中的已知量求未知量，必须建立这些已知量和未知量之间的关系，导出一套求解方程。如果导出方程时考虑各方面因素，可能使方程无法建立或方程非常复杂，无法求解。因此，必须按照研究对象的性质和求解问题的范围，做出若干基本假设，从而略去一些次要因素，使方程的建立和求解成为可能。线性弹性力学中一般作如下基本假设。

（1）连续性假设。假设物质毫无空隙地充满了整个物体域空间，物体是没有空隙的连续的密实体。这一假设是建立弹性力学数学模型和求解所必需的，因为只有介质是连续的，物体内部的应力、应变、位移等物理量才可能是连续的，才能够用坐标的连续函数进行描述。当然，实际上一切物体都是由原子、分子或晶体颗粒组成的，它们之间存在着空隙，与连续性假设不符。但是，微粒的尺寸以及相邻微粒之间的间隙与物体的尺寸相比要小得多，因此，假设物体是连续的不会引起显著误差。

（2）均匀性假设。假设物体内各处材料的力学性能完全相同，即从物体中任意取出一个微元体进行分析,都可以使用同一组材料常数。实际上,物体是由颗粒组成的,不可能是完全均匀的,但只要颗粒的尺寸远远小于物体的尺寸并且均匀分布,就可以将物体性能看作各组成部分性能的统计平均量。这里的均匀性假设并不妨碍弹性力学处理由不同材料组成的弹性体,只要在每一部分都满足均匀性假设即可。

(3) 完全弹性假设。假设除去引起物体变形的外力之后,物体形状能够完全恢复,而没有任何残余变形并且假定材料服从胡克定律,即应力与应变成正比,这样物体在任意瞬时,应变完全取决于该瞬时所受外力,而与它之前加载的历史无关,与外力施加顺序也无关。由材料力学可知,物体所受应力未达到比例极限之前,可近似看作完全弹性体。

(4) 各向同性假设。假设物体在各个方向的力学性能完全相同,如物体的弹性模量、泊松比不随方向而变化。这一假设对于橡胶、塑料等非晶体材料是符合的;对于钢铁等由晶体组成的金属材料,晶体本身表现出明显的各向异性,但它们是随机排列的,并且尺寸很小,从统计平均的效应看,也可以作为各向同性材料。

(5) 小变形假设。假设物体的变形和位移比物体的尺寸小得多。这样,研究弹性体受力之后的静力平衡时,可不考虑力的作用方向随变形而改变;在研究变形和位移时省略应变和转角的二次项,简化弹性力学数学模型,使外力和变形成线性关系,可使用叠加原理。

上述五条基本假设中,前四条是关于物理方面的,凡是满足这四条假设的物体称为理想弹性体,它是由真实物体抽象出来的物理模型;第五条是关于几何方面的假设。建立在上述五条基本假设的弹性力学称为经典线弹性力学。

5.2.2 弹性力学的基本变量

在弹性力学中经常涉及四个基本物理量:外力、应力、应变和位移,其中应力、应变和位移是描述物体物理状态的基本变量。分别说明如下。

1. 外力

作用在物体上的外力可分为体积力和表面力两大类,分别简称为体力和面力。

(1) 体力(体积力)。指分布在物体体积内的力,如重力、惯性力、磁性力等。常用其在单位体积上的体力表示,该矢量在坐标轴 x、y、z 上的投影记为 P_x、P_y、P_z,称为体力分量,量纲为[力][长度]$^{-3}$。符号规定为沿坐标轴的正向为正,反之为负。

(2) 面力(表面力)。指作用在物体表面上的力,如流体压力、接触压力、风载荷、约束反力等。常用其在单位面积上的面力表示,该矢量在坐标轴 x、y、z 上的投影记为 q_x、q_y、q_z,称为面力分量,量纲为[力][长度]$^{-2}$。符号规定为沿坐标轴正方向为正,反之为负。

有限元分析中也使用集中力这一概念,其正负号规定同上。

2. 应力

当弹性体受外力作用,或由于温度有所改变时,其内部将产生内力。为了研究物体内某一点 P 处的内力,假想用通过物体内 P 点的一个截面 mn 将该物体分为 A 和 B 两部分,如图5-3所示。将 B 部分撇开,根据力的平衡原则,B 部分将在截面 mn 上对留下的 A 部分作用一定的内力。在 mn 截面上取包含 P 点的微小面积 ΔA,设作用于 ΔA 上的内力为 ΔQ,则内力的平均集度,即平均应力为$\frac{\Delta Q}{\Delta A}$。令 ΔA 无限减小而趋于 P 点时,$\frac{\Delta Q}{\Delta A}$将趋于一定的极限 $\boldsymbol{S}$,这个极限矢

量 S 就是物体在 P 点的应力，表示为

$$\lim_{\Delta A \to 0} \frac{\Delta Q}{\Delta A} = S$$

显然，应力就是弹性体内某一点作用于某截面单位面积上的内力，它反映了内力在截面上的分布密度。

对于应力，除了在推导某些公式的过程中，通常都不会使用它沿坐标轴方向的分量，因为这些分量和物体的变形或材料强度都没有直接的关系。与物体的变形及材料强度直接相关的是应力在作用截面的法向和切向的分量，即正应力 σ 和剪应力 τ，如图 5-4 所示。应力及其分量的量纲为[力][长度]$^{-2}$。

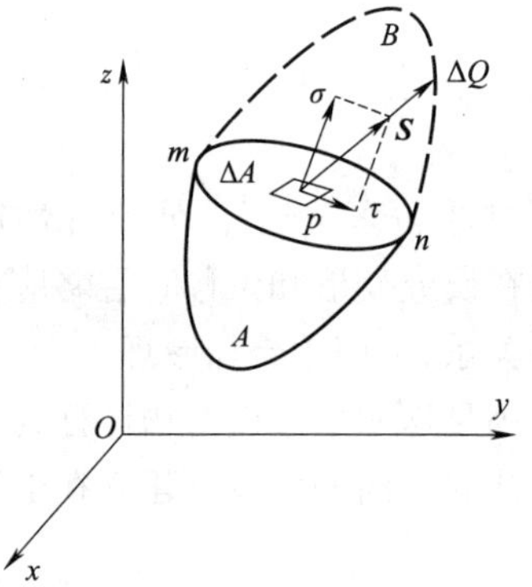

图 5-3　应力概念

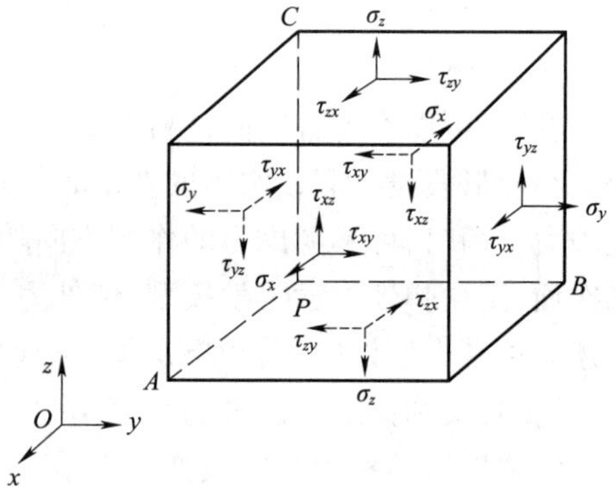

图 5-4　应力分量

在物体内的同一点，不同方向的截面上的应力是不同的。过一点，各截面上应力的大小和方向的总和称为一点的应力状态。为了研究这一点的应力状态，围绕这一点取一个微小单元体，通常用与坐标面平行的平面，截出微小的平行六面体（见图 5-4），单元体 3 个方向上的尺寸都是非常小的 dx、dy、dz。单元体每个面上的应力分解为一个正应力和两个切应力，分别与坐标轴平行。正应力的作用面用下标进行标识，如法线平行于 x 轴的面称为 x 面，x 面上的正应力记作 σ_x；切应力则使用两个下标，第一个下标标识作用面，第二个下标标识切应力的方向，如 τ_{xy} 表示 x 面上的切应力，应力本身方向沿 y 轴，而 τ_{xz} 表示 x 面上的切应力，其方向沿 z 轴。单元体的各个面，其外法线与坐标轴同向时称为正面，相反为负面。正应力和切应力的正负号规定为：正面上与坐标轴正方向一致为正，相反为负；负面上与坐标轴正方向一致为负，不一致为正。正应力也可以简单地记作拉为正、压为负。

如图 5-4 所示，各面上的应力分量都为正。根据切应力互等定理，6 个切应力有 3 组互等关系，即

$$\tau_{xy} = \tau_{yx}, \quad \tau_{yz} = \tau_{zy}, \quad \tau_{zx} = \tau_{xz} \tag{5-1}$$

因此，一点的应力状态完全可以用六个应力分量确定：σ_x、σ_y、σ_z、τ_{xy}、τ_{yz}、τ_{zx}，用一个应力列阵表示为

$$\boldsymbol{\sigma} = (\sigma_x, \sigma_y, \sigma_z, \tau_{xy}, \tau_{yz}, \tau_{zx})^{\mathrm{T}} \tag{5-2}$$

3. 应变

物体的形状可以用它各部分的长度和角度表示，物体形状的改变可归结为长度的改变和

角度的改变。在外力作用下弹性体将产生变形，其变形的大小可以用微元体棱边的长度和它们之间夹角的变化进行描述。

为了研究物体内任一点 P 的变形情况，同样在点 P 附近用平行于坐标面的平面截取一微元体，三个微小的棱边线段 $PA=\mathrm{d}x, PB=\mathrm{d}y, PC=\mathrm{d}z$，如图 5-5 所示。

当微元体变形时，三个棱边的长度和它们之间的直角都将发生改变。各棱边单位长度的伸缩称为正应变，各面之间直角的改变量称为剪应变。正应变用 ε 表示，ε_x 表示 x 方向的线段 PA 的正应变 $\varepsilon_x=\dfrac{\Delta x}{a}$，如图 5-6(a)所示，依此类推。剪应变用 γ 表示，γ_{xy} 表示线段 PA、PB 之间直角的改变，它由两部分组成，即 $\gamma_{yx}=\alpha+\beta$，如图 5-6(b)所示，用弧度表示。应变的正负号规定是：正应变以伸长为正，缩短为负；剪应变以直角变小时为正，变大时为负。

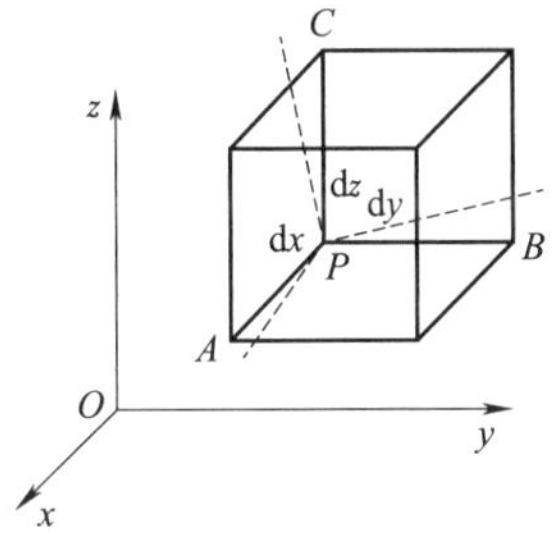

图 5-5　点 P 应变状态

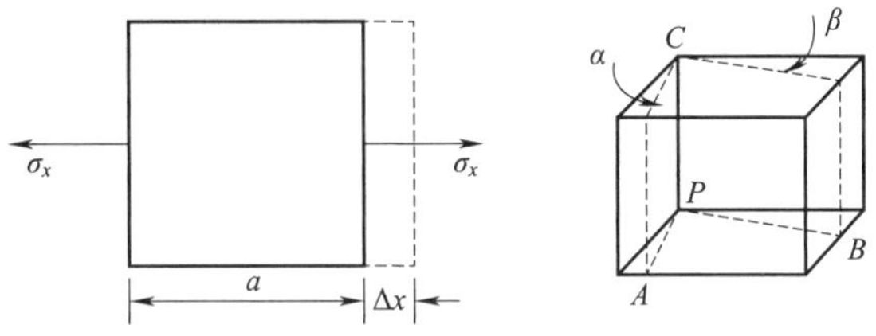

（a）正应变　（b）剪应变

图 5-6　应变的几何意义

正应变和切应变都是无量纲数。由切应力互等和胡克定律，可得切应变也是两两互等的，即

$$\gamma_{xy}=\gamma_{yx},\quad \gamma_{yz}=\gamma_{zy},\quad \gamma_{zx}=\gamma_{xz} \tag{5-3}$$

这样过一点，用 6 个应变分量：ε_x、ε_y、ε_z、γ_{xy}、γ_{yz}、γ_{zx} 可以完全确定该点的变形状态。即如果已知一点的 6 个应变分量，即可求出过该点任意方向线应变和任意两线段之间角度的改变。用一个应变列阵表示为

$$\boldsymbol{\varepsilon}=(\varepsilon_x,\varepsilon_y,\varepsilon_z,\gamma_{xy},\gamma_{yz},\gamma_{zx})^{\mathrm{T}} \tag{5-4}$$

4. 位移

位移即位置的移动，物体在受力过程中，物体上各点位置将会发生变化，这就是该点的位移。物体内一点（微元体）的位移由两部分组成，一部分是刚性位移，是由其他点的形变引起的位移；另一部分是本身弹性变形产生的位移，与应变有着确定的几何关系。位移是一个矢量，用 $\boldsymbol{\delta}$ 表示，它在空间直角坐标系中 3 个坐标方向的位移分量用 u、v、w 表示。位移分量以沿坐标轴正方向为正，沿坐标轴负方向为负。位移及其分量的量纲为长度，用一个位移列阵表示为 $\boldsymbol{\delta}=(u,v,w)^{\mathrm{T}}$。

一般弹性体内任意一点的体力分量、面力分量、应力分量、应变分量和位移分量都随该点位置变化而改变，即都是位置坐标的函数。弹性力学的问题里，通常是已知物体的形状和大小、物体的弹性常数、物体所受的力、物体边界上的约束情况或面力，求解出应力分量、应变分量和位移分量。

5.2.3 弹性力学的基本方程

弹性力学的基本方程描述了弹性体内任一点应力、应变、位移和外力之间的关系，包括几何方程、物理方程和平衡方程三类。

1. 几何方程

描述弹性体应变分量与位移分量之间关系的方程称为几何方程。对于空间问题，应变分量和位移分量之间的几何关系可以表示为

$$\begin{cases}\varepsilon_x=\dfrac{\partial u}{\partial x}\\ \varepsilon_y=\dfrac{\partial v}{\partial y}\\ \varepsilon_z=\dfrac{\partial w}{\partial z}\\ \gamma_{xy}=\dfrac{\partial u}{\partial y}+\dfrac{\partial v}{\partial x}\\ \gamma_{yz}=\dfrac{\partial v}{\partial z}+\dfrac{\partial w}{\partial y}\\ \gamma_{zx}=\dfrac{\partial w}{\partial x}+\dfrac{\partial u}{\partial z}\end{cases} \tag{5-5}$$

把式(5-5)写成矩阵形式

$$\boldsymbol{\varepsilon}=\begin{pmatrix}\varepsilon_x\\ \varepsilon_y\\ \varepsilon_z\\ \gamma_{xy}\\ \gamma_{yz}\\ \gamma_{zx}\end{pmatrix}=\begin{pmatrix}\dfrac{\partial u}{\partial x}\\ \dfrac{\partial v}{\partial y}\\ \dfrac{\partial w}{\partial z}\\ \dfrac{\partial u}{\partial y}+\dfrac{\partial v}{\partial x}\\ \dfrac{\partial v}{\partial z}+\dfrac{\partial w}{\partial y}\\ \dfrac{\partial w}{\partial x}+\dfrac{\partial u}{\partial z}\end{pmatrix} \tag{5-6}$$

上式说明空间一点的 6 个应变分量可用该点的 3 个位移分量表示，当物体的位移分量完全确定时，应变分量即被完全确定。反之，当应变分量完全确定时，位移分量却不能完全确定。这是因为物体产生位移有两个原因，一是由于物体受力变形而引起的位置变化，二是物体的刚体运动而产生的位置变化，称为刚体位移。而刚体位移是物体的整体移动，是与变形无关的位移，这说明即使物体有位移也不表示就一定有变形产生。由此可知，虽然物体的变形已定，但它还可能存在各种刚体位移，所以不能通过应变分量唯一确定位移分量。

2. 物理方程

物理方程表述应力分量与应变分量之间的关系，对于完全弹性的各向同性物体，它们由广

义胡克定律描述为

$$\left.\begin{aligned}
\varepsilon_x &= \frac{1}{E}[\sigma_x - \mu(\sigma_y + \sigma_z)] \\
\varepsilon_y &= \frac{1}{E}[\sigma_y - \mu(\sigma_x + \sigma_z)] \\
\varepsilon_z &= \frac{1}{E}[\sigma_z - \mu(\sigma_x + \sigma_y)] \\
\gamma_{xy} &= \frac{2(1+\mu)}{E}\tau_{xy} \\
\gamma_{yz} &= \frac{2(1+\mu)}{E}\tau_{yz} \\
\gamma_{zx} &= \frac{2(1+\mu)}{E}\tau_{zx}
\end{aligned}\right\} \tag{5-7}$$

按照位移求解时物理方程的另一种形式，即

$$\left.\begin{aligned}
\sigma_x &= \frac{E}{1+\mu}\left(\frac{\mu}{1-2\mu}\theta + \varepsilon_x\right) \\
\sigma_y &= \frac{E}{1+\mu}\left(\frac{\mu}{1-2\mu}\theta + \varepsilon_y\right) \\
\sigma_z &= \frac{E}{1+\mu}\left(\frac{\mu}{1-2\mu}\theta + \varepsilon_z\right) \\
\tau_{yx} &= \frac{E}{2(1+\mu)}\gamma_{xy} \\
\tau_{yz} &= \frac{E}{2(1+\mu)}\gamma_{yz} \\
\tau_{zx} &= \frac{E}{2(1+\mu)}\gamma_{zx}
\end{aligned}\right\} \tag{5-8}$$

其中，$\theta = \varepsilon_x + \varepsilon_y + \varepsilon_z$ 为体积应变。

用矩阵方程表示为

$$\begin{pmatrix} \sigma_x \\ \sigma_y \\ \sigma_z \\ \tau_{yx} \\ \tau_{yz} \\ \tau_{zx} \end{pmatrix} = \frac{E(1-\mu)}{(1+\mu)(1-2\mu)} \begin{pmatrix} 1 & & & & & \\ \frac{\mu}{1-\mu} & 1 & & & & \\ \frac{\mu}{1-\mu} & \frac{\mu}{1-\mu} & 1 & & & \\ 0 & 0 & 0 & \frac{1-2\mu}{2(1-\mu)} & & \\ 0 & 0 & 0 & 0 & \frac{1-2\mu}{2(1-\mu)} & \\ 0 & 0 & 0 & 0 & 0 & \frac{1-2\mu}{2(1-\mu)} \end{pmatrix} \begin{pmatrix} \varepsilon_x \\ \varepsilon_y \\ \varepsilon_z \\ \gamma_{xy} \\ \gamma_{yz} \\ \gamma_{zx} \end{pmatrix} \tag{5-9}$$

简写为

$$\boldsymbol{\sigma} = \boldsymbol{D\varepsilon} \tag{5-10}$$

其中 $\boldsymbol{D}$ 为弹性矩阵，它完全由弹性常数 E 和 μ 决定。

3. 平衡方程

当弹性体在外力作用下保持静止或等速直线运动时，称此弹性体处于平衡状态。此时，弹性体中的应力不是任意的，它必须满足静力平衡条件，即弹性体内任一点满足平衡方程，在给定表面力的边界上满足应力边界条件。

围绕物体内任意一点，取图 5-7 所示的一个微小平行六面体，它的 3 组面平行于 3 个坐标面，各边长度都是微量 $\mathrm{d}x$、$\mathrm{d}y$、$\mathrm{d}z$。外力作用下物体处于静力平衡状态，物体内任意一点也处于静力平衡状态，单元体各面上所受应力及单元体受到的体力满足平衡方程。体积力一般用单位体积上的力在 3 个坐标轴方向上的投影 P_x、P_y、P_z 表示。根据微元体的静力平衡条件，3 个力的平衡方程为

$$\left.\begin{aligned}\frac{\partial\sigma_x}{\partial x}+\frac{\partial\tau_{yx}}{\partial y}+\frac{\partial\tau_{zx}}{\partial z}+P_x=0\\\frac{\partial\sigma_y}{\partial y}+\frac{\partial\tau_{zy}}{\partial z}+\frac{\partial\tau_{xy}}{\partial x}+P_y=0\\\frac{\partial\sigma_z}{\partial z}+\frac{\partial\tau_{xz}}{\partial x}+\frac{\partial\tau_{yz}}{\partial y}+P_z=0\end{aligned}\right\}\tag{5-11}$$

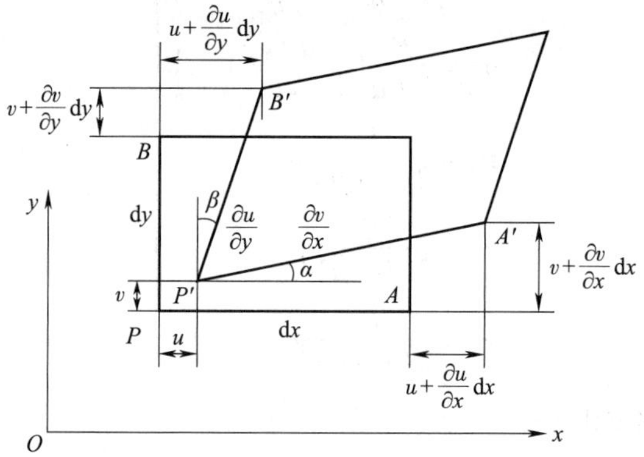

图 5-7 平面应变与位移

4. 边界条件

弹性力学基本方程共 15 个，由于平衡方程和几何方程都是微分方程，求解得到定解还需要边界条件。根据边界条件的不同，弹性力学问题分为位移边界问题、应力边界问题和混合边界问题。

在位移边界问题中，物体在全部边界上的位移是已知的，即

$$u=\bar{u},v=\bar{v},w=\bar{w}\tag{5-12}$$

其中，$\bar{u}$，$\bar{v}$，$\bar{w}$ 在边界上是坐标的已知函数，即位移边界条件。

在应力边界问题中，物体在全部边界上的面力分量是已知的。根据面力分量和应力分量之间的关系，可以把面力已知的条件转换成应力方面的已知条件，即应力边界条件：

$$\left.\begin{aligned} l\sigma_x + m\tau_{yx} + n\tau_{zx} &= \overline{X} \\ m\sigma_y + n\tau_{zy} + l\tau_{xy} &= \overline{Y} \\ n\sigma_z + l\tau_{xz} + m\tau_{yz} &= \overline{Z} \end{aligned}\right\} \tag{5-13}$$

其中,面力分量 $\overline{X},\overline{Y},\overline{Z}$ 在边界上是坐标的已知函数;l、m、n 为边界面外法线方向的方向余弦。

在混合边界问题中,物体一部分边界具有已知位移,即具有位移边界条件;另一部分边界具有已知面力,即具有应力边界条件。图 5-8(a)所示固定铰支和可动铰支处为位移边界条件,DC 边界上分布面力大小为 q,其他边界上应力为 0,为面力边界条件,整个问题为混合边界问题。而图 5-8(b)中同一边界存在两种边界条件:x 方向位移为 0 和 y 方向应力为 0。

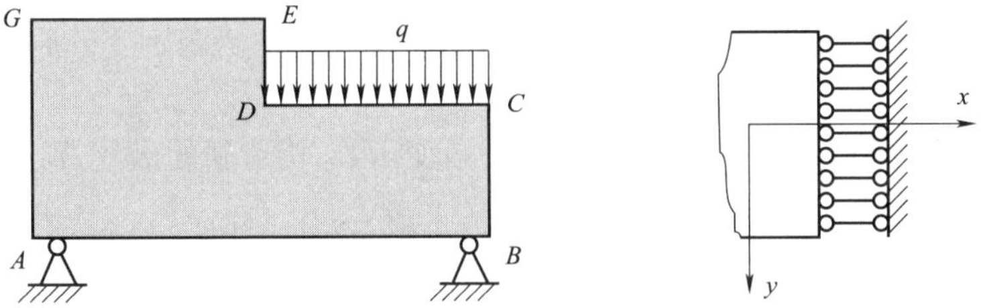

(a)位移边界条件　　(b)两种边界条件

图 5-8　混合边界问题

5.2.4　弹性力学中的能量原理

1. 虚位移原理

虚位移是一种假想加到结构上可能的、任意的、微小的位移。其中,“可能的”是指结构所允许的,即满足结构约束条件和变形连续条件的位移;“任意的”是指位移类型(平移、转动)和方向不受限制,但必须是结构所允许的位移;“微小的”就是在发生虚位移的过程中,各力的作用线保持不变。它的发生与时间无关,与弹性体所受外载荷无关,而在发生虚位移过程中外力在虚位移上所做的功称为虚功。与此同时,在发生虚位移的过程中,弹性体内将产生虚应变。若把弹性体上外力在虚位移发生过程中所做的虚功记为 δW,弹性体内应力在虚应变上所做的虚功,即存储在弹性体内的虚应变能记为 δU,则虚位移原理可表达为:在外力作用下处于平衡状态的弹性体,当发生约束允许的任意微小虚位移时,外力在虚位移上所做的总虚功等于弹性体内总的虚应变能(即整个体积内应力在虚应变上所做之功),即

$$\delta W = \delta U \tag{5-14}$$

如图 5-9 所示,设弹性体在外力 $F_1,F_2,F_3\cdots$ 作用下处于平衡状态,外力记为 $\boldsymbol{F}=(F_1,F_2,F_3\cdots)^{\mathrm{T}}$,弹性体内的应力为 $\boldsymbol{\sigma}=(\sigma_x,\sigma_y,\sigma_z,\tau_{xy},\tau_{yz},\tau_{zx})^{\mathrm{T}}$,并假设满足约束条件所产生的虚位移为 $\boldsymbol{\delta}^*=(\delta_1^*,\delta_2^*,\delta_3^*,\cdots)^{\mathrm{T}}$,相应的虚应变为 $\boldsymbol{\varepsilon}^*=(\varepsilon_x^*,\varepsilon_y^*,\varepsilon_z^*,\gamma_{xy}^*,\gamma_{yz}^*,\gamma_{zx}^*)^{\mathrm{T}}$,则外力在虚位移上所做的总虚功为

$$\delta W = F_1\delta_1^* + F_2\delta_2^* + F_3\delta_3^* + \cdots = (\boldsymbol{\delta}^*)^{\mathrm{T}}\boldsymbol{F}$$

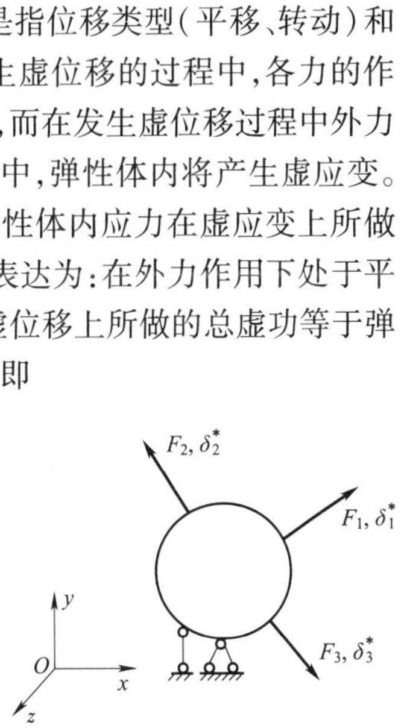

图 5-9　平衡状态的弹性体

在物体的单位体积内,应力在虚应变上的虚应变能为

$$\sigma_x\varepsilon_x^* + \sigma_y\varepsilon_y^* + \sigma_z\varepsilon_z^* + \tau_{xy}\gamma_{xy}^* + \tau_{yz}\gamma_{yz}^* + \tau_{zx}\gamma_{zx}^* = (\boldsymbol{\varepsilon}^*)^{\mathrm{T}}\boldsymbol{\sigma}$$

整个物体的虚应变能是

$$\delta U = \iiint (\varepsilon^*)^{\mathrm{T}}\sigma \mathrm{d}x\mathrm{d}y\mathrm{d}z$$

则式(5-14)可记为

$$(\delta^*)^{\mathrm{T}}F = \iiint (\varepsilon^*)^{\mathrm{T}}\sigma \mathrm{d}x\mathrm{d}y\mathrm{d}z \tag{5-15}$$

上式又称虚功方程。

2. 变分原理

若把自变量的函数称为自变函数,则泛函就是自变函数的函数。如应力和应变是坐标的函数,是自变函数,而应变能是应力和应变的函数,应变能就是泛函。变分原理就是求泛函的变分问题。

假设 u 是一组坐标的连续函数,以函数 u 为自变函数,构造新的函数,则得到泛函

$$\Pi = \int_{\Omega} F\left(u, \frac{\partial u}{\partial x}, \cdots\right)\mathrm{d}\Omega + \int_{\Gamma} E\left(u, \frac{\partial u}{\partial x}, \cdots\right)\mathrm{d}\Gamma \tag{5-16}$$

它是自变函数 u 及其导数的函数,F、E 是特定的微分算子。如果 u 是所求问题的真实解,则 u 使泛函 Π 对于自变函数任意微小的变化 δu 取驻值,即泛函的变分(变分运算法则类似微分运算法则)等于0:

$$\delta\Pi = 0 \tag{5-17}$$

这就是变分原理。相对于问题的微分方程提法,变分原理又称问题的泛函变分提法。问题的泛函可通过微分方程等效积分的弱形式或其他方式得到,如弹性问题的势能就是一种泛函,它可由平衡微分方程和边界条件的等效积分的弱形式得到。而问题的求解就是基于变分原理寻求使泛函取驻值的函数。显然,问题的微分方程表达与泛函变分表达具有等价性。但是,即使问题的微分方程表达存在,并不是所有问题都能建立起相应的泛函。

3. 势能变分原理

对于弹性问题,系统总势能就是一种泛函。势能变分原理是指在所有满足边界条件的可能位移中,那些满足平衡方程的真实位移使物体的势能泛函取驻值,即势能的变分为0:

$$\delta\Pi = \delta U - \delta W = 0 \tag{5-18}$$

上式又称变分方程。对于线性弹性体,势能取最小值,即

$$\delta^2\Pi = \delta^2 U - \delta^2 W \geqslant 0 \tag{5-19}$$

此时的势能变分原理就是著名的最小势能原理,其物理意义是在自然状态下系统势能总是趋于最小化,这是一个普遍的物理规律。

最小势能原理很容易证明。假设位移分量发生了满足边界条件所容许的微小改变,即虚位移或位移变分 δu、δv、δw 变为

$$u^* = u + \delta u,\quad v^* = v + \delta v,\quad w^* = w + \delta w$$

称为可能位移。观察系统势能的变化(为了简便,假设不存在初应力和初应变),并注意相应的应变分量,则对应可能位移的势能为

$$\Pi^* = \frac{1}{2}\int_{\Omega}(\boldsymbol{\varepsilon}^*)^{\mathrm{T}}\boldsymbol{D}\boldsymbol{\varepsilon}^*\mathrm{d}\Omega - \int_{\Omega}(Xu^* + Yv^* + Zw^*)\mathrm{d}\Omega - \int_{\Gamma}(\bar{X}u^* + \bar{Y}v^* + \bar{Z}w^*)\mathrm{d}\Gamma$$

$$= \Pi + \delta\Pi + \frac{1}{2}\delta^2\Pi$$

其中 $\delta\Pi$ 和 $\delta^2\Pi$ 分别是系统势能的一阶变分和二阶变分，其表达式为

$$\delta\Pi = \int_\Omega \delta\varepsilon^{\mathrm{T}}\boldsymbol{\sigma}\mathrm{d}\Omega - \int_\Omega (X\delta u + Y\delta v + Z\delta w)\,\mathrm{d}\Omega - \int_\Gamma (\overline{X}\delta u + \overline{Y}\delta v + \overline{Z}\delta w)\,\mathrm{d}\Gamma$$

$$\delta^2\Pi = \frac{1}{2}\int_\Omega \delta\varepsilon^{\mathrm{T}}\boldsymbol{D}\delta\varepsilon\mathrm{d}\Omega$$

根据泛函驻值条件，一阶变分 $\delta\Pi=0$。考虑到应变能的非负性，即二阶变分 $\delta^2\Pi$ 非负，由上式知

$$\Pi^* - \Pi \geqslant 0 \tag{5-20}$$

式(5-20)说明满足位移边界条件的所有可能位移所对应的势能总是不小于真实位移所对应的势能，即真实位移使系统总势能取最小值，最小势能原理得证。

比较虚功原理和最小势能原理可知，势能变分原理与虚功原理是完全等价的。同时，通过运算，还可以由最小势能原理（或虚功原理）导出弹性体的微分平衡方程与应力边界条件。这说明最小势能原理或虚功原理都可以代替平衡微分方程与应力边界条件，用于描述弹性体的平衡状态，只是前者是基于能量的描述，后者是基于力的平衡。

5.2.5　平面问题的基本理论

在工程实际中，任何一种结构都是空间物体，作用其上的外力一般也都是空间力系。但是，如果所研究的结构具有某种特殊形状，并且承受某些特殊外力，往往可以把空间问题简化为平面问题处理。这样可以使方程组大大简化，减少分析和计算的工作量，同时也能满足工程上的精度要求。弹性力学将平面问题分为平面应力问题和平面应变问题。

1. 平面应力问题

若结构满足以下两个条件，则称为平面应力问题。

(1) 几何条件。结构是一等厚度薄板，其厚度远远小于结构另外两个方向的尺寸。

(2) 载荷条件。其所受的载荷平行于板面，且沿厚度方向均匀分布，在两个板面上不受外力作用。

图 5-10(a)所示结构属于平面应力问题；而图 5-10(b)所示结构因载荷不均布，图 5-10(c)所示结构因尺寸 L、t 相近，都不属于平面应力问题。

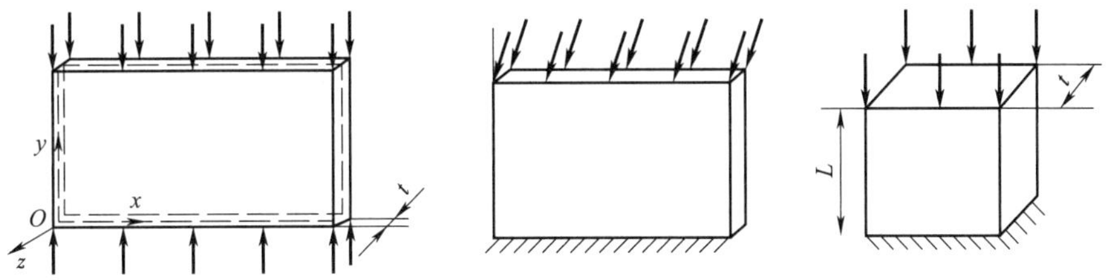

(a)　(b)　(c)

图 5-10　平面应力问题与非平面应力问题

以薄板的中面为 xOy 面,以垂直于中面的直线为 z 轴,设薄板的厚度为 t。因为板面上 $\left(z=\pm\frac{t}{2}\right)$ 无外力作用,则有

$$(\sigma_z)_{z=\pm\frac{t}{2}}=0,\quad (\tau_{zx})_{z=\pm\frac{t}{2}}=0,\quad (\tau_{zy})_{z=\pm\frac{t}{2}}=0 \tag{5-21}$$

实际上在板内部,上述 3 个应力分量是不为 0 的,但是由于板很薄,外力不沿厚度变化,薄板不受弯曲作用,应力沿着板的厚度又是连续分布的,所以这些应力肯定很小,可以不计。这样,可以认为在整个板内各点都有

$$\sigma_z=0,\quad \tau_{xz}=0,\quad \tau_{zy}=0 \tag{5-22}$$

由切应力互等关系得 $\tau_{xz}=0,\tau_{yz}=0$。这样只剩下平行于 xOy 面的三个应力分量 $\sigma_x,\sigma_y,\tau_{xy}=\tau_{yx}$ 非零,所以称为平面应力问题。

根据物理方程,可得平面应力问题的应变为

$$\gamma_{zy}=0,\quad \gamma_{zx}=0$$

同时,

$$\varepsilon_z=-\frac{\mu}{E}(\sigma_x+\sigma_y)$$

尽管 ε_z 和 z 向的位移 w 均不为零,即 $\varepsilon_z\neq0,w\neq0$,但是它们都不是独立变量,可用其他独立物理量表示。

经上述简化处理,可得描述平面应力问题的 8 个独立的基本分量为

$$\boldsymbol{\sigma}=\begin{pmatrix}\sigma_x\\ \sigma_y\\ \tau_y\end{pmatrix}=(\sigma_x\quad \sigma_y\quad \tau_{xy})^{\mathrm{T}} \tag{5-23}$$

$$\boldsymbol{\varepsilon}=\begin{pmatrix}\varepsilon_x\\ \varepsilon_y\\ \gamma_{xy}\end{pmatrix}=(\varepsilon_x\quad \varepsilon_y\quad \gamma_{xy})^{\mathrm{T}} \tag{5-24}$$

$$\boldsymbol{f}=\begin{pmatrix}u\\ v\end{pmatrix}=(u\quad v)^{\mathrm{T}} \tag{5-25}$$

它们仅是 x、y 的函数而与 z 无关。

平面问题可以看作一般三维问题的特例,其变量必须满足一般三维问题的基本方程。将上述变量代入空间问题的几何方程、物理方程及平衡方程即可得到平面问题的基本方程。

(1) 几何方程。由于 $\gamma_{zx}=\gamma_{zy}=0$,平面应力问题只考虑平面内的几何方程

$$\boldsymbol{\varepsilon}=\begin{pmatrix}\varepsilon_x\\ \varepsilon_y\\ \gamma_{xy}\end{pmatrix}=\begin{pmatrix}\dfrac{\partial u}{\partial x}\\ \dfrac{\partial v}{\partial y}\\ \dfrac{\partial u}{\partial y}+\dfrac{\partial v}{\partial x}\end{pmatrix} \tag{5-26}$$

(2) 物理方程。在平面应力问题中 $\varepsilon_z\neq0$,但 ε_z 并不是独立的,所以求解时只考虑面内的三个应力和应变分量,物理方程为

$$\begin{pmatrix}\sigma_x\\ \sigma_y\\ \tau_{xy}\end{pmatrix}=\frac{E}{1-\mu^2}\begin{pmatrix}1 & \mu & 0\\ \mu & 1 & 0\\ 0 & 0 & \frac{1-\mu}{2}\end{pmatrix}\begin{pmatrix}\varepsilon_x\\ \varepsilon_y\\ \gamma_{xy}\end{pmatrix} \tag{5-27}$$

式中

$$\boldsymbol{D}=\frac{E}{1-\mu^2}\begin{pmatrix}1 & \mu & 0\\ \mu & 1 & 0\\ 0 & 0 & \frac{1-\mu}{2}\end{pmatrix} \tag{5-28}$$

式(5-28)称为平面应力问题的弹性矩阵。则物理方程写成矩阵的形式为

$$\boldsymbol{\sigma}=\boldsymbol{D\varepsilon} \tag{5-29}$$

(3) 平衡方程。由于 $\tau_{zx}=\tau_{zy}=0$,且 σ_z 与 z 无关,平面应力问题的平衡方程可化为

$$\begin{cases}\dfrac{\partial\sigma_x}{\partial x}+\dfrac{\partial\tau_{yx}}{\partial y}+P_x=0\\ \dfrac{\partial\sigma_y}{\partial y}+\dfrac{\partial\tau_{xy}}{\partial x}+P_y=0\end{cases} \tag{5-30}$$

在工程实际中,受拉力作用的薄板、链条的平面链板、内燃机中的连杆以及齿宽较小的直齿圆柱齿轮的轮齿等均可看作平面应力问题,图 5-11 所示为平面应力问题实例。通常对于厚度稍有变化的薄板、带有加强筋的薄环、平面刚架的节点区域、起重机的吊钩等,只要符合前述载荷特征,也往往可按平面问题用有限元法近似计算。

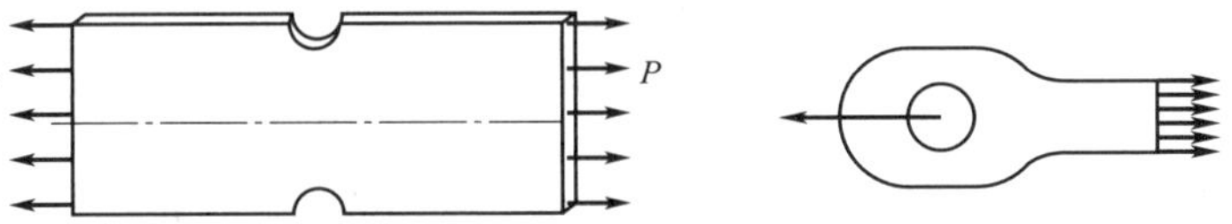

图 5-11　平面应力问题实例

2. 平面应变问题

平面应变问题是指满足以下两个条件的弹性力学问题。

(1) 几何条件。所研究结构是长柱体(理论上假设为无限长的细长结构),即长度方向的尺寸远远大于横截面的尺寸,且横截面沿长度方向不变。

(2) 载荷条件。载荷平行于横截面且沿纵向方向均匀分布,两端面不受力。

图 5-12(a)所示结构属于平面应变问题;而图 5-12(b)所示结构因载荷沿纵向不是均匀分布,图 5-13(c)所示结构的截面形状不能简化为等截面,则所示结构都不属于平面应变问题。

设结构的纵向为 z 轴方向,垂直于 z 轴的横截面为 xOy 平面,考虑远离结构两端垂直于 z 轴的任一平面。由于结构纵向尺寸大,可近似认为垂直于 z 轴的任一横截面都是结构的对称面。根据结构的对称性,认为结构不能发生沿 z 方向的位移,横截面内的其他两个位移分量 u、v 也与 z 无关,即

$$w=0,\quad u=u(x,y),\quad v=v(x,y)$$

这种问题称为平面应变问题。

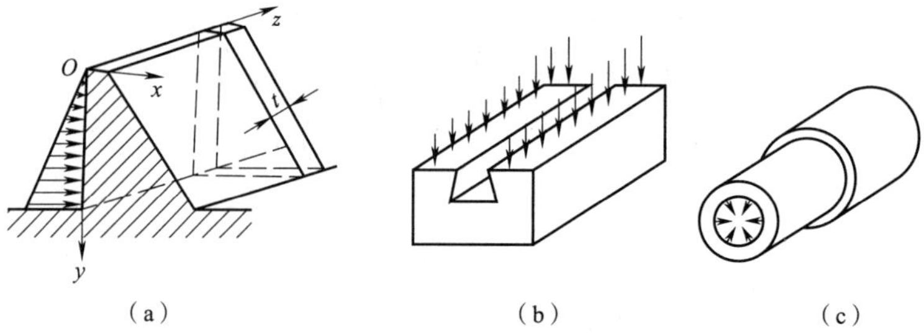

图 5-12　平面应变问题与非平面应变问题

由几何方程可得平面应变问题的应变特点为

$$\varepsilon_z = \gamma_{yz} = \gamma_{zx} = 0$$

根据物理方程，可得这类结构的应力特点为

$$\tau_{zy} = \tau_{zx} = 0, \quad \sigma_z = \mu(\sigma_x + \sigma_y)$$

由于 σ_z 是可由 σ_x、σ_y 确定的非独立应力分量，因此在分析时可以不作为基本变量，故描述平面应变问题的独立的基本变量的分量也只有 8 个，与平面应力问题一样，即式(5-23)～式(5-25)。且应力与应变、位移与应变之间的关系也基本和平面应力问题的相同，即式(5-26)和式(5-27)，只是弹性矩阵变为

$$\boldsymbol{D} = \frac{E(1-\mu)}{(1+\mu)(1-2\mu)} \begin{pmatrix} 1 & \frac{\mu}{1-\mu} & 0 \\ \frac{\mu}{1-\mu} & 1 & 0 \\ 0 & 0 & \frac{1-2\mu}{2(1-\mu)} \end{pmatrix} \tag{5-31}$$

比较式(5-28)和式(5-31)可知，把平面应力问题弹性矩阵中的 E 换成 $E/(1-\mu^2)$，μ 换成 $\mu/(1-\mu)$，即可得到平面应变问题的弹性矩阵。

在工程实际中，受水压力作用的水坝、受内压作用的炮筒和管道、轧钢机的轧辊、滚针轴承的滚针、花键轴，乃至齿宽较大的直齿轮轮齿等都可按平面应变问题处理。图 5-13 所示结构为平面应变问题实例。

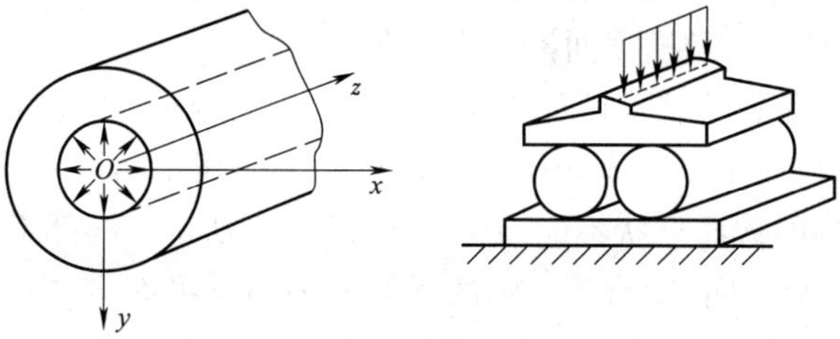

图 5-13　平面应变问题实例

综上所述，平面问题只有 3 个应力分量、3 个应变分量和 2 个位移分量，且它们都是 x、y 的函数，而与 z 坐标无关。因此，结构内的应力和应变的分布规律可用 xOy 平面内的应力和变形的分布规律代替，其求解可以归结为平面区域内已知基本方程、在位移边界 Γu 上约束已知、

在应力边界 $\Pi\sigma$ 上受力条件已知的边值问题。所以，用有限元法求解平面问题时，其结构离散就是在反应横截面形状的平面区域上进行的。

5.3 有限元法

5.3.1 有限元法概述

1. 基本概念

有限元法(finite element method，FEM)是一种数值仿真技术。20 世纪 60 年代，随着计算机技术和有限元相关理论的发展，有限元法开始在工程实际中得到应用，现已成为航空航天、机械、电子电气、土木、交通、船舶等领域的重要仿真分析工具，并广泛应用于机电产品和工程结构的强度、刚度、稳定性、可靠性、热力学、流体、电磁兼容特性等领域的分析计算和优化设计。

2. 有限元法的基本思想

有限元法的基本思想为"化整为零、集零为整"。首先，将物体(或求解域)离散为有限个互不重叠仅通过节点相互连接的子域(即单元)，原始边界条件也被转化为节点上的边界条件，此过程常称为离散化。其次，在每个单元内，选择一种简单近似函数分片逼近单元内位移分布规律，即分片近似，并按弹性理论中的能量原理(或变分原理)建立单元节点力和节点位移之间的关系。最后，把所有单元的这种关系式集合起来，就得到一组以节点位移为未知量的代数方程组，解这些方程组就可以求出物体上有限个节点的位移。这就是有限元法的创意和精华所在。

有限元法对直齿圆柱齿轮轮齿进行变形和应力分析，图 5-14(a)所示为有限元模型，图 5-14(b)所示为最大切应力等应力线。在图 5-14(a)中采用八节点四边形等参数单元把轮齿划分成网格，这些网格称为单元。网格间相互连接的点称为节点。网格与网格的交界线称为边界。显然，图中的节点数是有限的，单元数目也是有限的，这就是"有限单元"一词的由来。

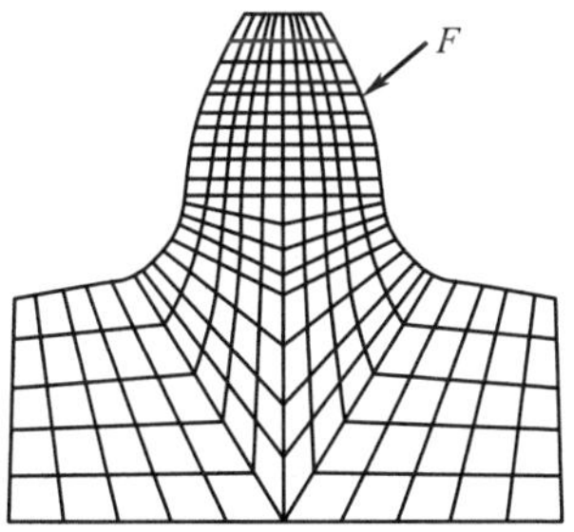

(a) 有限元模型

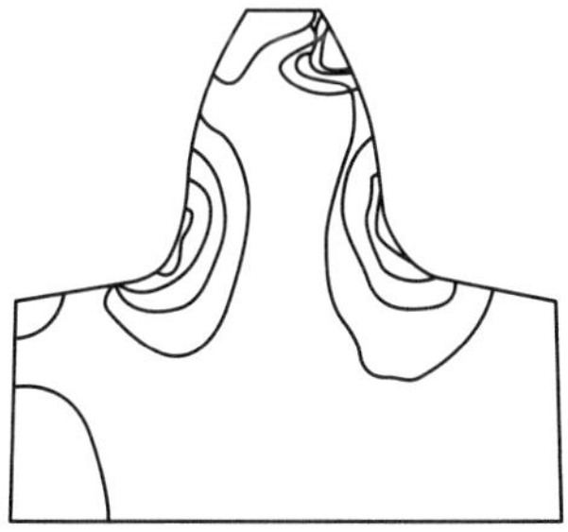

(b) 最大切应力等应力线

图 5-14　对直齿圆柱齿轮的轮齿进行变形和应力分析

在整个有限元分析过程中，离散化是分析的基础。有限元法的离散对单元形状和大小没有限制，单元可以为不同形状，且不同单元可以相互连接组合。所以，有限元法可以离散化任何复杂几何形状的物体或求解区域,且离散精度高。

分片近似是有限元法的核心。有限元法是应用局部的近似解建立整个求解域解的一种方法。针对一个单元选择近似函数,积分计算也是在单元内完成的,由于单元形状简单,一般采用低阶多项式函数就能较好地逼近真实函数在该单元上的解,此过程可认为是里兹法的一种局部化应用。而整个求解域内的解可以看作所有单元近似解的组合。对于整个求解域,只要单元上的近似函数满足收敛性要求,随着单元尺寸的不断缩小,有限元法提供的近似解将收敛于问题的精确解。

矩阵表示和计算机求解是有限元法的关键。因为有限元方程是以节点值和其导数值为未知变量的,节点数目多,形成的线性方程组维数很高,一般工程问题都有成千上万,复杂问题可达百万或更多。所以,有限元方程必须借助矩阵进行表示,并利用计算机进行求解。

3. 有限元法的分类

有限元法从选择基本未知量的角度来看,可分为三类:位移法、力法和混合法。

(1) 位移法。以节点位移为基本未知量的求解方法。

(2) 力法。以节点力为基本未知量的求解方法。

(3) 混合法。一部分以节点位移,另一部分以节点力作为基本未知量的求解方法。

由于位移法通用性较强,计算机程序处理简单、方便,因此得到广泛应用。

5.3.2 有限元法的基本步骤与误差分析

1. 位移法的有限元法求解步骤

有限元分析的基本步骤可归纳为:结构离散化、单元分析、整体分析。

1) 结构离散化

结构离散是用假想的线或面将连续物体分割成由有限个单元组成的集合体,且单元之间仅在节点处连接,单元之间的作用仅由节点传递。图 5-15 所示为平面连续体被离散为三角形单元的集合。

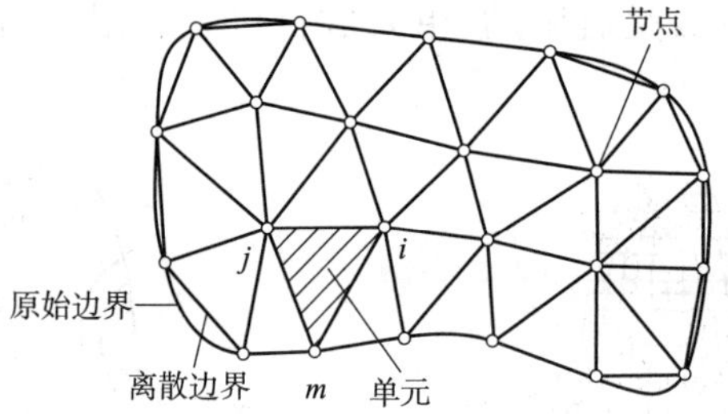

图 5-15 连续体的离散

单元和节点是有限元法中两个重要的概念。从理论上讲,单元形状是任意的,没有形状的限制,但在实际计算中,常用的单元形状都是一些简单的形状,如一维的线单元,二维的三角形单元、矩形单元、四边形单元,三维的四面体单元、五面体单元、六面体单元等。

由单元、节点、节点连线构成的集合称为网格。通常把三维实体划分成四面体或六面体单元网格,如图 5-16 至图 5-19 所示;平面问题划分成三角形或四边形单元网格,如图 5-20 至图 5-23 所示。

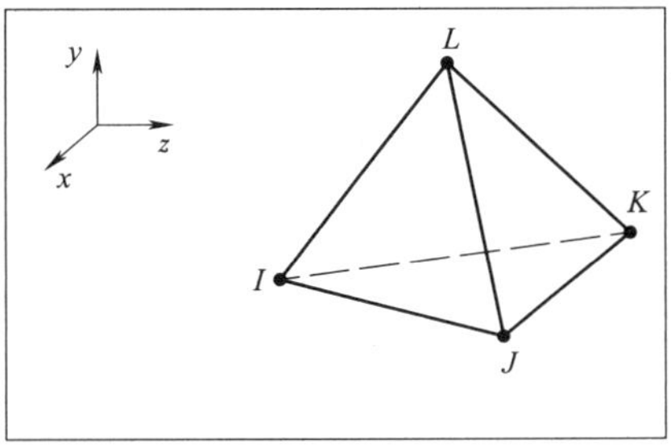

图5-16　四面体4节点单元

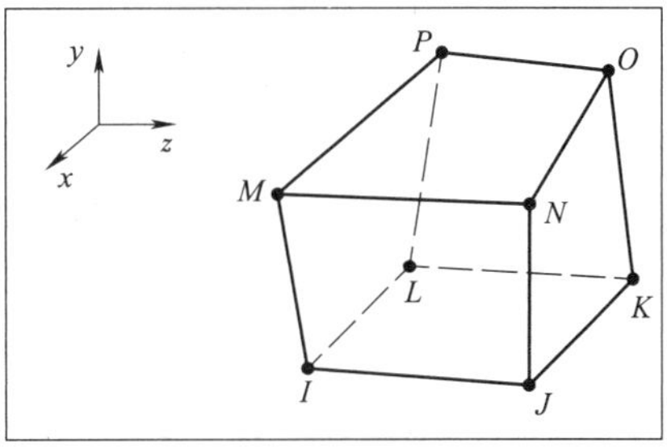

图5-17　六面体8节点单元

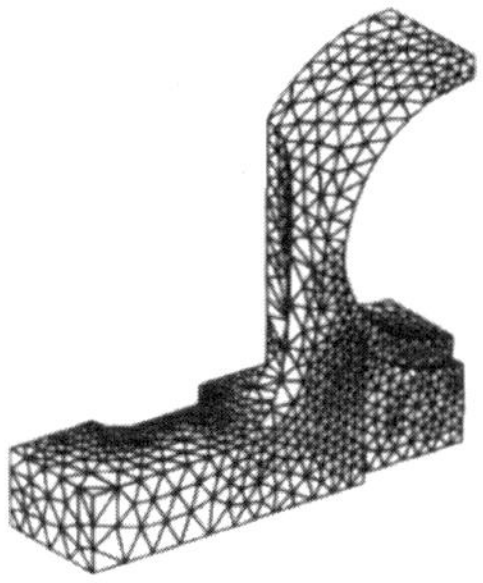

图5-18　三维实体的四面体单元划分

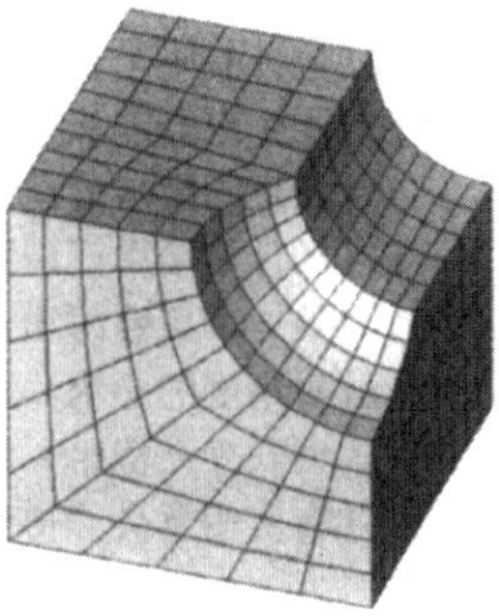

图5-19　三维实体的六面体单元划分

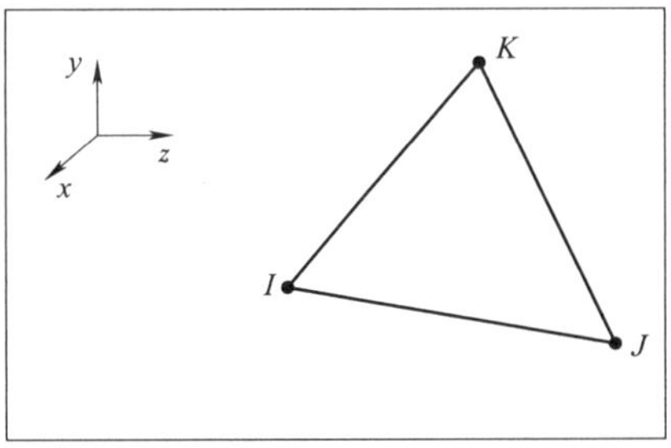

图5-20　三角形3节点单元

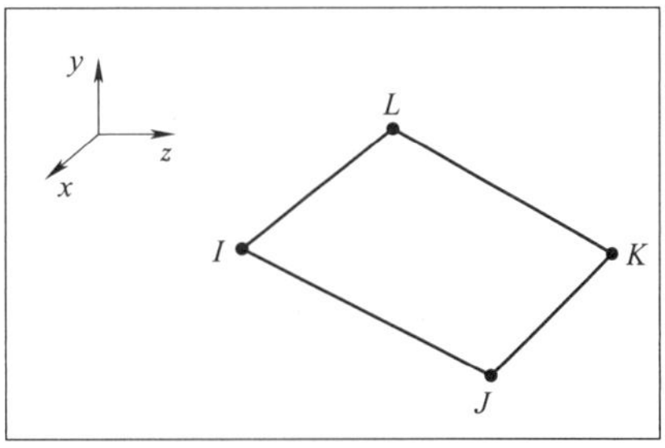

图5-21　四边形4节点单元

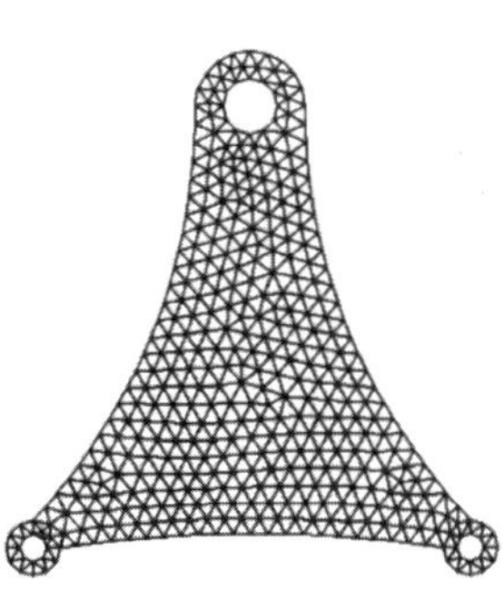

图5-22　平面问题的三角形单元划分

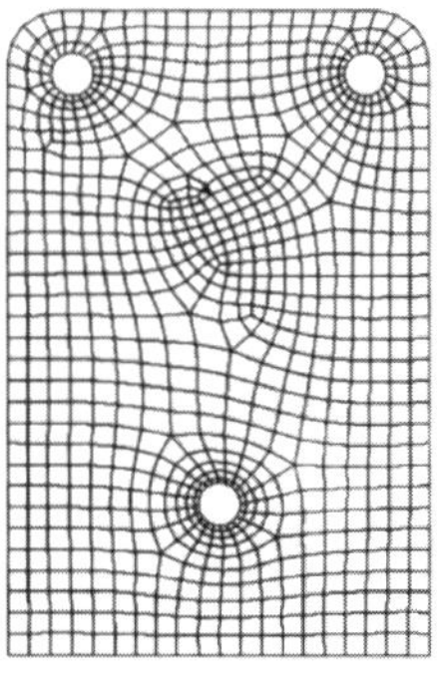

图5-23　平面问题的四边形单元划分

不管单元取什么样的形状,一般情况下,单元的离散边界不可能与求解区域的真实边界完全吻合,这就带来了有限元法的一个基本近似性——几何近似。在一个具体的机械结构中,确定单元的类型和数目,以及哪些部位的单元可以取得大一些,哪些部位的单元应该取得小一些,需要根据经验做出判断。单元划分越细,则描述变形情况越精确,即越接近实际变形,但计算量越大。

所以,有限元法中分析的结构已不是原有的物体或结构,而是同样材料的众多单元以一定方式连接成的离散物体。这样,用有限元分析计算所获得的结果只是近似的。若划分的单元数目足够多而又合理,则所获得的计算结果就越逼近实际情况。

2）单元分析

单元分析包括以下三方面内容。

(1）选择位移函数。连续体被离散成单元后,每个单元上的物理量(如位移、应变等)的变化规律,可以用较简单的函数近似表达。这种用于描述单元内位移的简单函数称为位移函数,又称位移模式。通常的方法是以节点位移为未知量,通过插值表示单元内任意一点的位移。根据数学理论,定义某一闭区域内的函数通常可用一个多项式逼近,且多项式的数学运算比较容易,所以,位移函数常取为多项式。多项式的项数越多,则逼近真实位移的精度越高,项数的多少由单元的自由度数决定。

采用位移法时,物体或结构离散化之后,就可把单元中的一些物理量(如位移、应变和应力等)由节点位移表示。

(2）建立单元平衡方程。在选择了单元类型和相应的位移函数后,即可按弹性力学的几何方程、物理方程导出单元应变与应力的表达式,最后利用虚位移原理或最小势能原理建立单元的平衡方程,即单元节点力与节点位移间的关系。此方程又称刚度方程,其系数矩阵称为单元刚度矩阵。

以平面问题的三角形3节点单元为例。如图5-24所示,单元有三个节点I、J、M,每个节点有两个位移u、v和两个节点力U、V。

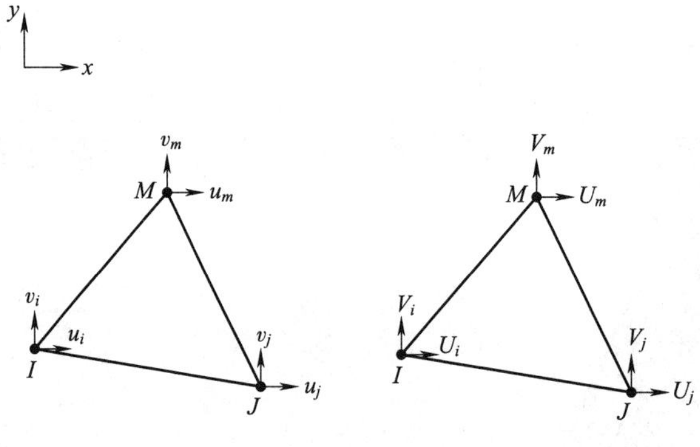

图5-24　三角形3节点单元

单元的所有节点位移、节点力,可以表示为节点位移向量(vector):

$$节点位移\ \boldsymbol{\delta}^e = \begin{pmatrix} u_i \\ v_i \\ u_j \\ v_j \\ u_m \\ v_m \end{pmatrix} \quad 节点力\ \boldsymbol{F}^e = \begin{pmatrix} U_i \\ V_i \\ U_j \\ V_j \\ U_m \\ V_m \end{pmatrix} \tag{5-32}$$

单元的节点位移和节点力之间的关系用张量(tensor)表示,即

$$\boldsymbol{F}^e = \boldsymbol{K}^e \boldsymbol{\delta}^e \tag{5-33}$$

式中　e——单元编号;

$\boldsymbol{\delta}^e$——单元的节点位移向量;

$\boldsymbol{F}^e$——单元的节点力向量;

$\boldsymbol{K}^e$——单元刚度矩阵。

根据单元的材料性质、形状、尺寸、节点数目、位置等,找出单元节点力和节点位移的关系式,这是单元分析中的关键一步。

(3) 计算等效节点力。物体离散化后,假定力是通过节点从一个单元传递到另一个单元的。但是,对于实际的连续体,力是从单元的公共边界传递到另一个单元中去的。因此,这种作用在单元边界的表面力、体积力或集中力都需要等效地移到节点上去,即用等效节点力代替所有作用在单元上的力。

3) 整体分析

整体分析的基本任务包括建立整体平衡方程,形成整体刚度矩阵和节点载荷向量,完成整体方程求解。

(1) 整体平衡方程的建立。有限元法的分析过程是先分后合,即先进行单元分析,在建立单元平衡方程后,再进行整体分析,即把各个单元的平衡方程集成起来形成求解区域的平衡方程,此方程为有限元位移法的基本方程。集成所遵循的原则是各相邻单元在共同节点处具有相同的位移。

以弹性力学的平面问题为例,如图 5-25 所示,在边界节点 i 上受到集中力 P_x^i、P_y^i 作用。节点 i 是三个单元的结合点,因此要把这三个单元在同一节点上的节点力汇集在一起建立平衡方程。

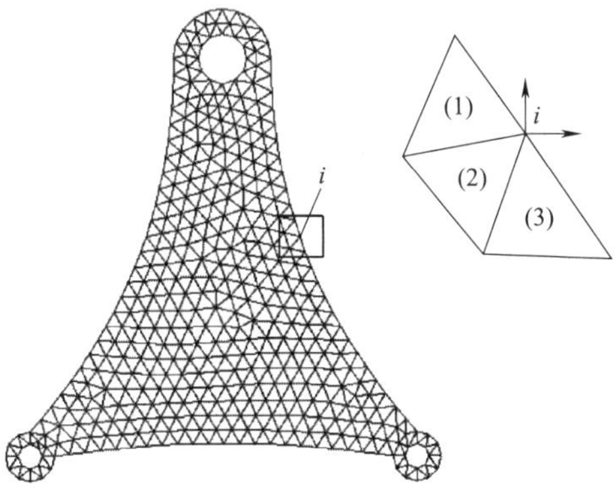

图 5-25　整体分析

i 节点的节点力：

$$U_i^{(1)} + U_i^{(2)} + U_i^{(3)} = \sum_e U_i^{(e)} \tag{5-34}$$

$$V_i^{(1)} + V_i^{(2)} + V_i^{(3)} = \sum_e V_i^{(e)} \tag{5-35}$$

i 节点的平衡方程：

$$\left.\begin{aligned}\sum_e U_i^{(e)} = P_x^i \\ \sum_e V_i^{(e)} = P_y^i\end{aligned}\right\} \tag{5-36}$$

形成整体平衡方程为

$$\boldsymbol{K\delta} = \boldsymbol{F} \tag{5-37}$$

式中 $\boldsymbol{K}$——整体结构的刚度矩阵；

$\boldsymbol{\delta}$——整体节点位移向量；

$\boldsymbol{F}$——整体载荷向量。

(2) 方程求解。在引入边界条件之前，整体平衡方程是奇异的，这意味着整体方程是不可解的。从物理角度看，若物体的几何位置没有被约束，受力处于平衡状态的物体也会产生刚体位移，因此不可能有唯一的位移解。只有在整体平衡方程中引入必要的边界约束条件，整体平衡方程才能求解。方程求解包括边界条件引入和数值计算，利用适当的数值方法求出未知的节点位移后，即可按弹性力学的应力、应变公式计算出各个单元的应变、应力等物理量。求解的一般过程如图 5-26 所示。

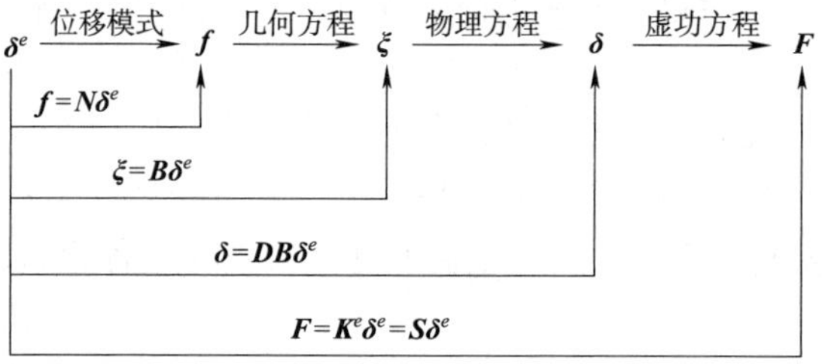

图 5-26 求解过程

2. 有限元解的误差及产生原因

有限元法是一种数值计算方法，所得到的解只是问题的一个近似解，不能像弹性力学那样获得其精确解，因此，存在误差是不可避免的。理论上讲，产生误差的原因主要来自两个方面，即模型误差和计算误差，如图 5-27 所示。

模型误差是指将实际物理问题抽象为适合计算机求解的有限元模型时所产生的误差，即有限元模型与实际问题之间的差异。它包括物理问题的抽象表示误差(即数学描述的正确性)、有限元法离散处理和简化造成的误差(见图 5-15)；单元位移函数近似构造导致与实际位移场存在差异；边界条件的简化近似处理导致与实际情况存在差异；单元形状的不规则或尺寸相差太大会导致局部应力严重失真，产生很大误差。不过这类误差，理论上都是可以消除的，只要有限元单元尺寸趋于无穷小或单元数目足够多，则离散误差、位移函数误差及边界条件误差都将趋于零。所以,这类误差可以按工程要求进行控制。

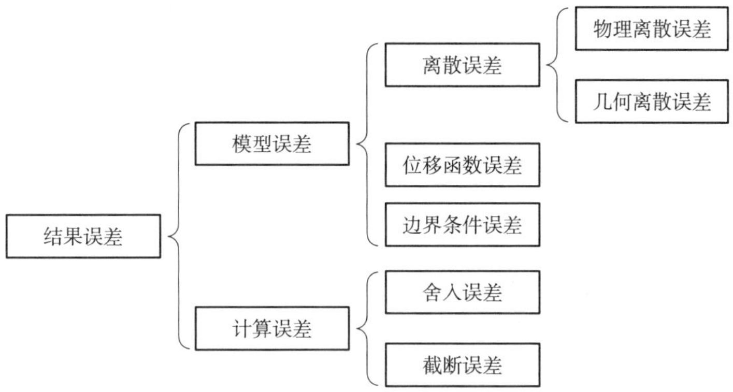

图5-27　有限元计算结果误差分类

计算误差是指由于计算机的数值字长的限制,导致计算过程中存在的舍入误差和计算方法所产生的截断误差。就目前计算机的数字表示和计算方法而言,计算误差理论上是不可避免的,只能通过提高计算机性能、选择合适的运算次数和计算方法等方法降低计算误差。

5.3.3　有限元法在工程中的应用

1. 产品开发中的有限元法

CAD技术用于产品结构设计,形成产品数字化模型。有限元法则用于产品性能分析、仿真与优化,帮助设计人员了解产品的物理性能和导致破坏的可能原因,分析结构参数对产品性能的影响,对产品性能进行全面预测和优化,帮助工艺人员对产品的制造工艺及试验方案进行分析设计。实际上,有限元法在产品开发中的作用,已从传统的零部件分析、校核设计模式发展为与计算机辅助设计、优化设计、数字化制造融为一体的综合设计。有限元法已成为提高产品设计质量的有效工具。图5-28所示为产品开发与有限元法的关系。随着现代力学、计算数学和计算机技术等学科的发展,有限元法作为一个具有坚实理论基础和广泛应用效力的通用数值分析工具,大大提高产品设计效率,缩短产品开发周期;优化设计方案,提高产品质量和工作性能;减少试件制作,降低材料消耗和节省成本。有限元法的应用必将推动科技进步和社会发展,并取得巨大的经济效益。

2. 汽车设计制造中的有限元法

有限元法在汽车零部件结构强度、刚度分析中最显著的应用是车架、车身的设计,目的在于提高其承载能力和抗变形能力,减小其自身质量并节省材料。有限元法在汽车安全性评价方面更是发挥了重要作用。早期的汽车安全性评价主要通过汽车碰撞实验进行,存在的主要问题是周期长、费用高和容易造成人身伤害。此外,此类实验属于发现实验,主要通过实验发现的现象对汽车的设计进行修改和优化。现在将有限元方法用于汽车安全性评价,可以通过虚拟仿真发现问题,大量实验通过虚拟仿真完成,实验性质也从发现实验转变为验证实验,与传统的实验方法相比,具有周期短、费用低和能够减少人员伤害的优点。

3. 有限元法工程应用

有限元法虽起源于结构的平面问题分析,但经过众多学者不断努力,加之计算机技术突飞猛进，有限元法应用领域得到迅速扩展。现在已由二维问题扩展到三维问题、板壳问题，由平衡问题扩展到动态问题、特征值问题和波动问题。分析的对象也从弹性材料扩展到弹塑性、塑性、粘弹性、粘塑性和复合材料等。从固体力学扩展到流体力学、电磁学、传热学等学科，由线性问题扩展到多重非线性的耦合问题。应用领域从航空技术领域扩展到航天、土木建筑、机械制造、水利工程、造船、电子技术及原子能等，由单一物理场的求解扩展到多物理场的耦合，由单一构件问题扩展到多个物体的结构问题，其应用深度和广度都得到了极大拓展。有限元法工程应用见表 5-2。

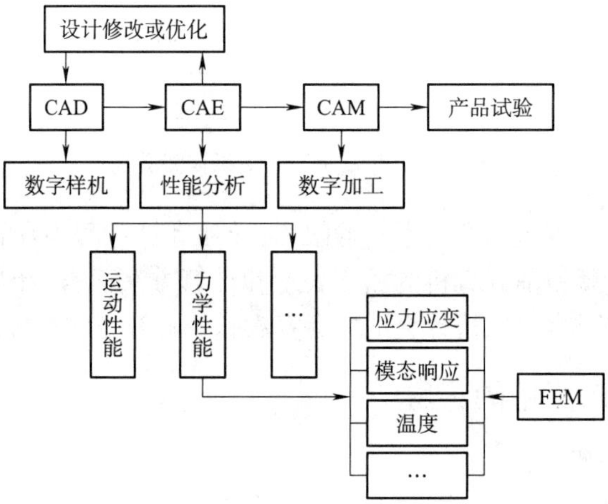

图 5-28　产品开发与有限元法的关系

表 5-2　有限元法的工程应用

研究领域	平衡问题	特征值问题	动态问题
结构力学和宇航工程学	梁、板、壳结构的分析；复杂或混杂结构的分析；二维与三维应力分析	结构的稳定性；结构的固有频率和振型；线性粘弹性阻尼	应力波的传播；结构对于非周期载荷的动态响应；耦合热弹性力学与热粘弹性力学
土力学，基础工程学	二维与三维应力分析；填筑和开控问题；边坡稳定性问题；土壤与结构的相互作用；坝、隧洞、钻孔、涵洞、船闸等的分析；流体在土壤和岩石中的稳态渗流	土壤与结构组合物的固有频率和振型	土壤与岩石中的非定常渗流；在可变形多孔介质中的流动-固结应力波在土壤和岩石中的传播；土壤与结构的动态相互作用
热传导	固体和流体中的稳态温度分布		固体和流体中的瞬态热流
流体动力学，水利工程学和水源学	流体的势流；流体的黏性流动；蓄水层和多孔介质中的定常渗流；水工结构和大坝的分析	湖泊和港湾的波动（固有频率和振型）；刚性或柔性容器中流体的晃动	河口的盐度和污染研究（扩展问题）；沉积物的推移；流体的非定常流动；波的传播；多孔介质和蓄水层中非定常渗流
核子工程学	反应堆安全壳结构的分析；反应堆和反应堆安全壳结构的稳态温度分布		反应堆安全壳结构的动态分析；反应堆结构的热粘弹性分析；反应堆和反应堆安全壳结构中的非稳态温度分布

续表

研究领域	平衡问题	特征值问题	动态问题
电磁学	二维和三维静态电磁场分析		二维和三维时变、高频电磁场分析
生物力学工程问题	人体的脊柱、头骨、骨关节、牙移植等应力分析		响应分析

5.3.4 UG NX 有限元分析

1. UG NX 有限元分析流程

从 NX 11.0 版本开始，NX 的 CAE 功能改称为 Simcenter，支持 CAE 行业中许多标准求解器，如 NX Nastran、Msc Nastran、Samcef、ANSYS 和 ABAQUS，默认的求解器是 NX Nastran。

1）仿真分析工作流程

UG NX 提供了自动式和显式两种仿真分析工作流程方式，它们的比较见表 5-3。

表 5-3　自动式和显式两种工作流程的比较

自动式工作流程	显式工作流程
创建一个新的有限元模型、仿真文件和解算方案	创建一个新的有限元模型
理想化部件几何体（可选）	理想化部件几何体（可选）
几何体划分网格	定义分析模型的材料 创建物理属性表 创建网格收集器
编辑收集器的指定材料和物理属性	对几何体划分网格，并指定网格属性到一个定义的收集器
检查网格质量、按需要细化网格	检查网格质量、按需要细化网格
施加边界条件	创建新的仿真文件和解算方案 施加边界条件 定义和编辑输出请求
求解模型	求解模型
后处理结果	后处理结果

对于高级仿真的工作流程，需要说明以下两点：

（1）推荐使用显式工作流程。在网格划分之前，依次进行几何体材料定义、网格物理属性定义和创建网格收集器；在创建边界条件和求解之前，指定网格单元参数到网格收集器的数据中，将使得整个操作过程显得完整和清晰。

（2）有限元分析的目标是使分析对象能够满足性能要求，包括刚度、强度、屈曲稳定性、固有频率和振型等性能指标，所以要对解算结果进行评估和反馈，进而对设计模型进行改进和完善，再次进行计算，直到计算结果得到保证，最后输出分析报告。

2）仿真文件组成和数据结构

创建一个有限元分析流程，使用到四个独立而又关联的文件存储相关信息，不同的数据存储在不同类型的文件中，该数据结构可以在“仿真导航器”中的“仿真文件视图”和“窗口”下拉菜单中看到，如图 5-29 和图 5-30 所示。这四个模型文件的名称及内容如下：

(1) 主模型部件(命名为 * * * . prt)。可以是零件 prt 模型或者装配 prt 模型,也可以是参数化 prt 模型或者非参数化 prt 模型。

(2) 理想化部件(命名为 * * * _i. prt)。是待分析部件的一个相关复制文件,可以对其进行编辑和简化,便于提高分析质量和计算效率。

(3) 有限元模型(命名为 * * * _fem#. fem)。包含对分析模型材料属性的定义、网格类型的定义和单元类型及大小的定义。

(4) 仿真模型(命名为 * * * _sim#. sim)。包含对仿真对象类型的定义、约束条件和载荷的定义,也包括对解算方案和求解步数等的定义。

图 5-29　仿真文件视图

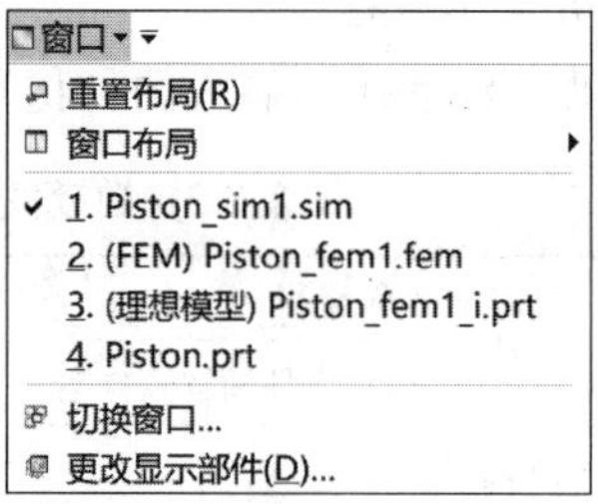

图 5-30　创建的仿真文件窗口

对于仿真文件和数据结构,有以下两点需要说明:

(1)对于给定的部件模型(. prt)或者理想化模型(i. prt),可以创建多个有限元分析模型(. fem),一个有限元分析模型可以创建多个仿真分析模型(. sim),满足多个解算方案、不同边界条件分析和结果比较的实际需要。

(2)上述四个数据文件之间具有从属和关联关系,实际操作过程中,可以分别对其进行激活和编辑,完成后相应数据自动更新。

3) 有限元分析导航器及其作用

UG NX 高级仿真的导航器是一个图形化、交互式的分级树状形式,用于显示仿真文件和解算结果的结构关系、节点内容及其是否处于激活状态,以便查看结果和评估操作。导航器包括"仿真导航器"窗口(前处理)和"后处理导航器"窗口,如图 5-31 所示。

4) 有限元分析结果评价方法

以线性静力学分析为例,其解算后的结果包括位移、应力、应变和反作用力等项目及其相应的数值,而最为常用、需要评价的是位移和应力两个指标。

(1) 位移。分析模型在工况条件下,其受到边界约束和施加载荷后引起的最大变形位移,不能超过设计要求的允许值,判断式简化为

$$\delta_{max} < \delta_0$$

其中:

δ_{max}为有限元解算后的变形位移最大值,它可以是某个矢量方向上的最大位移,也可以是综合的幅值大小;

δ_0 为产品根据刚度的基本需求和精度要求，参考经验、试验和等同对比等方法确定的一个数值，一般来说，该数值是经得起工程实际考验的。

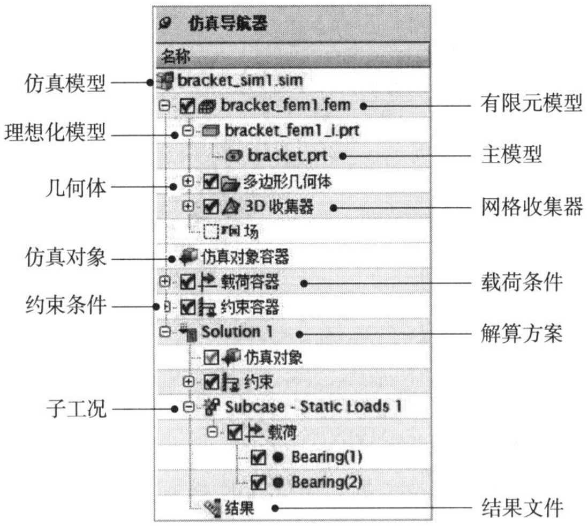

图 5-31 仿真导航器分级树及其主要节点

（2）应力。分析模型在工况条件下，其受到边界约束和施加载荷后的最大应力响应值，不能超过材料自身的许用应力值，判断式简化为

$$\sigma_{\max} < \sigma_0$$

其中：

$\sigma_{\max}$ 为有限元解算后的最大应力值，一般采用最大主应力或者最大冯氏（Von Mises）应力作为评判指标；

σ_0 为材料的许用应力值。

根据产品强度的基本需求，再考虑一个安全系数 n，σ_0 的值确定如下：

$$\sigma_0 = \sigma_s / n$$

其中：

σ_s 为零件材料的屈服强度（塑性材料）或者抗拉极限强度（脆性材料），通过查询软件自带的材料库或者设计手册提供的物理性能参数确定；

n 为产品（产品的零件或者部件）设计时兼顾可靠性和经济性而指定的一个数值，一般为 1.5 ~ 2。不同的产品类型和行业背景，n 取值有所区别。

2. 传动轴应力分析

例 5-1 传动轴应力与变形分析。传动轴如图 5-32 所示，有关尺寸参数参考模型文件 chuandongzhou. prt，两轴段（键槽部位）受到扭矩为 3 900 N · mm。做应力与变形分析，求解之后进行后处理操作，导出分析报告。

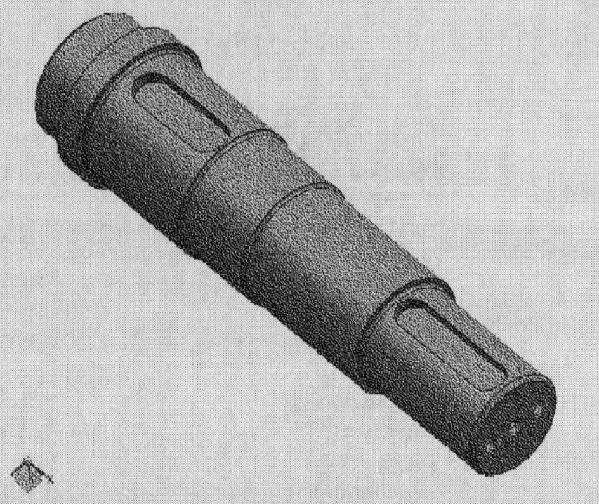

图 5-32　传动轴

（1）打开模型。在菜单中选择“文件”→“打开”命令，弹出“打开”对话框。选择目标实体目录路径和模型名称：chuandongzhou. prt。单击 OK 按钮，在 UG NX 系统中打开目标模型。

（2）进入高级仿真界面。选择“应用模块”选项卡，单击“仿真”组中的前/后处理按钮，进入高级仿真界面。

单击屏幕左侧“仿真导航器”按钮，进入仿真导航器界面，选中模型名称并右击，在弹出的快捷菜单中选择“新建 FEM 和仿真”命令，如图 5-33 所示，弹出“新建 FEM 和仿真”对话框，如图 5-34 所示，接受系统各选项，单击“确定”按钮，弹出图 5-35 所示的“解算方案”对话框。采用默认设置，单击“确定”按钮。

单击屏幕左侧“仿真导航器”按钮，进入仿真导航器中的仿真文件视图，选中 chuandongzhou_fem1 节点并右击，在弹出的快捷菜单中选择“设为显示部件”命令，如图 5-36 所示，进入编辑有限元模型界面。

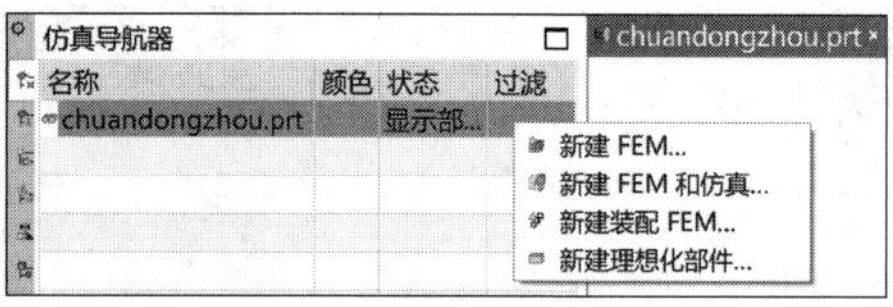

图 5-33　快捷菜单

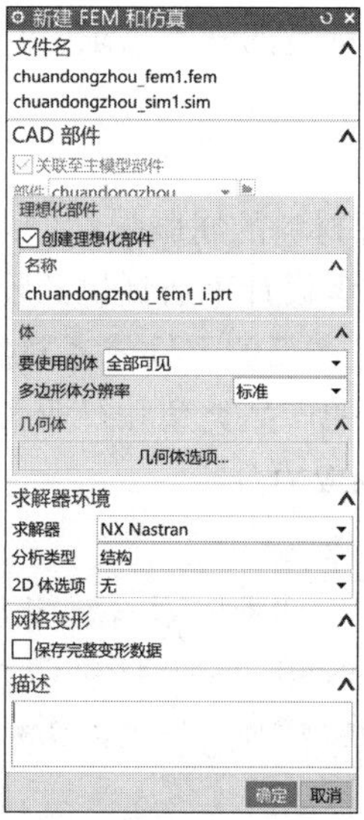

图 5-34　“新建 FEM 和仿真”对话框

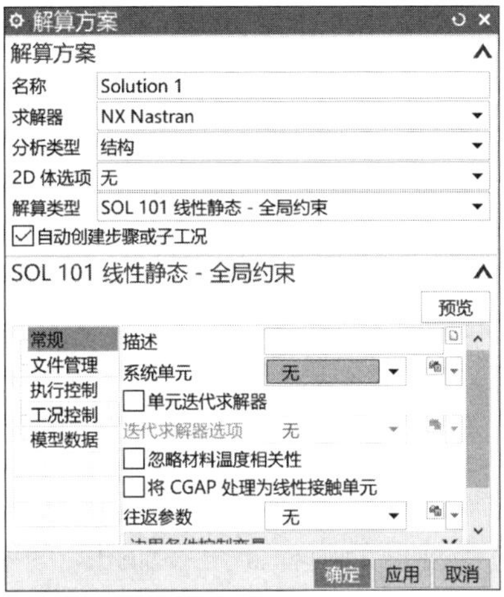

图 5-35　“解算方案”对话框

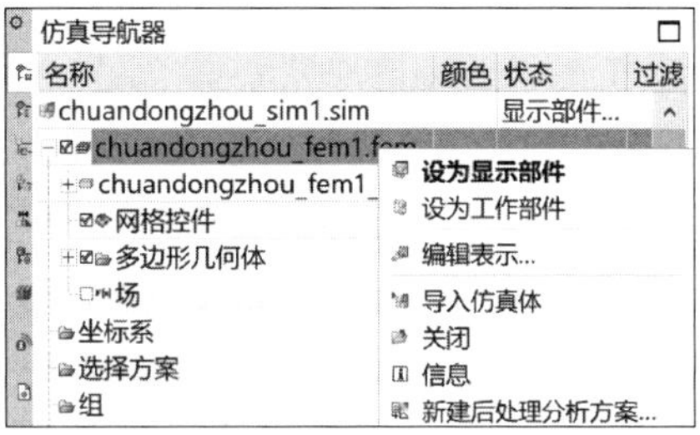

图 5-36　快捷菜单

(3) 指派材料。在菜单中选择“工具”→“材料”→“指派材料”命令或单击“主页”选项卡,选择“属性”→“更多库”→“材料库”→“指派材料”命令,打开图 5-37 所示的“指派材料”对话框。在材料列表中选择 Steel 材料,单击“确定”按钮。若材料列表中无用户需求的材料,则用户可以直接在材料对话框中设置材料各参数。在屏幕上选择模型,将在图 5-37 中选择的材料赋予该模型,单击“确定”按钮,完成材料设置。

(4) 创建 3D 四面体网格。在菜单中选择“插入”→“网格”→“3D 四面体网格”命令或单击“主页”选项卡“网格”组中的“3D 四面体”按钮 **3D 四面体**,打开图 5-38 所示的“3D 四面体网格”对话框。

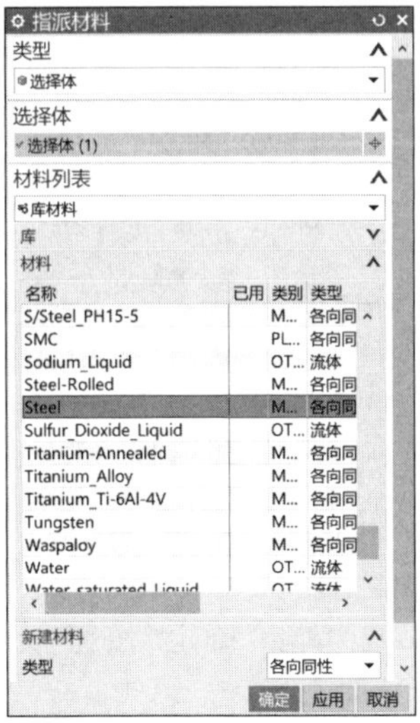

图 5-37　“指派材料”对话框

图 5-38　“3D 四面体网格”对话框

在视图区中选择传动轴模型,选择单元属性类型为 CTETRA(10),输入单元大小为 10,最大雅可比值为 20,其他采用默认设置。单击“确定”按钮,开始划分网格。生成图 5-39 所示有限元模型。

(5) 施加约束。在仿真文件视图中选择 chuandongzhou_sim1 节点并右击,在弹出的快捷菜单中选择“设为显示部件”命令,如图 5-40 所示,进入仿真模型界面。在仿真导航器中选择 chuandongzhou_sim1 节点并右击,在弹出的快捷菜单中选择“设为工作部件”命令。

单击“主页”选项卡,选择“载荷和条件”→“约束类型”→“固定约束”选项,弹出图 5-41 所示的“固定约束”对话框。在视图中选择需要施加约束的模型面,如图 5-42 所示,单击“确定”按钮,完成约束的设置。

(6) 添加扭矩。单击“主页”选项卡,选择“载荷和条件”→“载荷类型”→“扭矩”选项,弹出图 5-43 所示的“扭矩”对话框。在视图中选择第一个键槽的圆柱面为添加扭矩的对象,如图 5-44 所示。

图 5-39　有限元模型

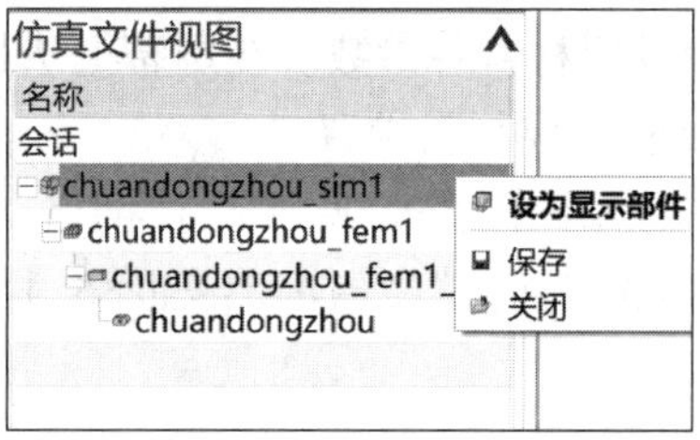

图 5-40　快捷菜单

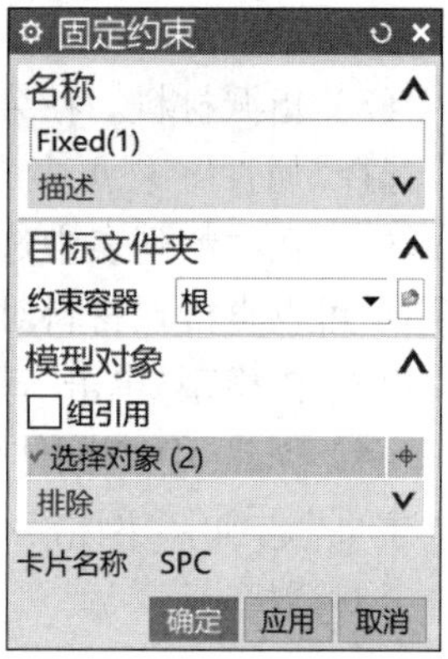

图 5-41　“固定约束”对话框

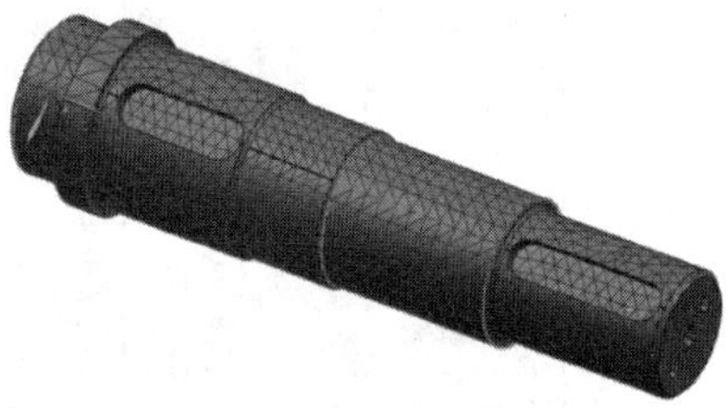

图 5-42　施加约束

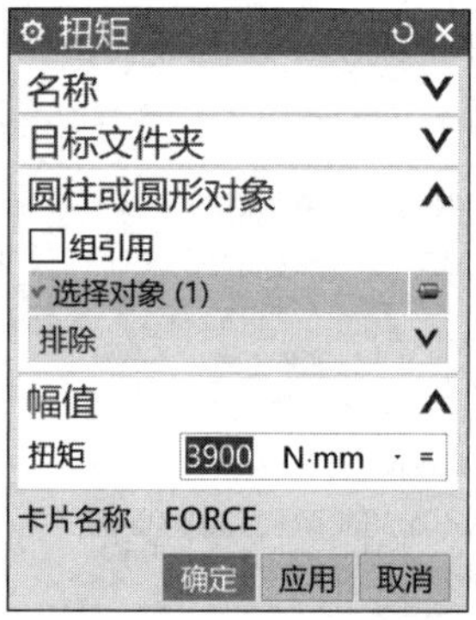

图 5-43　“扭矩”对话框

在扭矩下拉列表中选择“表达式”选项,输入扭矩为 3900。单击“确定”按钮,完成扭矩的设置,如图 5-45 所示。

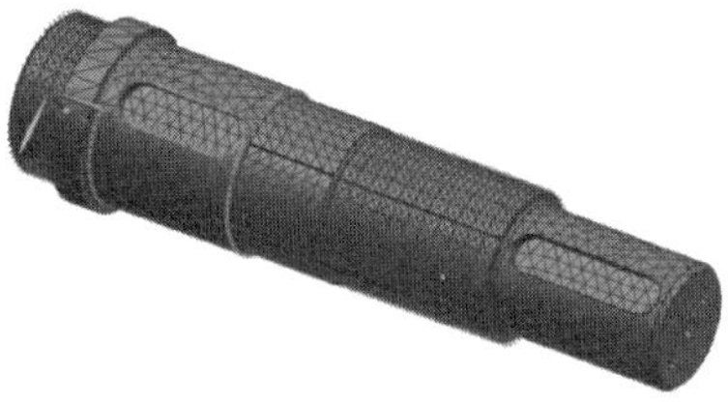

图 5-44　添加扭矩

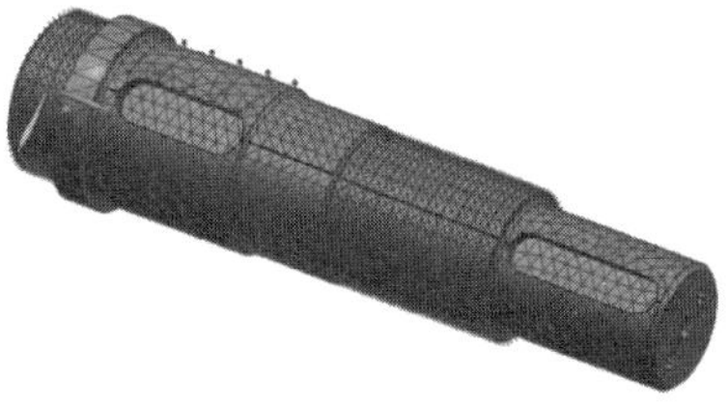

图 5-45　完成第一个扭矩的添加

(7) 添加扭矩。单击“主页”选项卡,选择“载荷和条件”→“载荷类型”→“扭矩”选项,弹出“扭矩”对话框。在视图中选择第二个键槽圆柱面为添加扭矩对象,如图 5-46 所示。

在“扭矩”下拉列表中选择“表达式”选项,输入扭矩为 -3900。单击“确定”按钮,完成扭矩的设置,如图 5-47 所示。

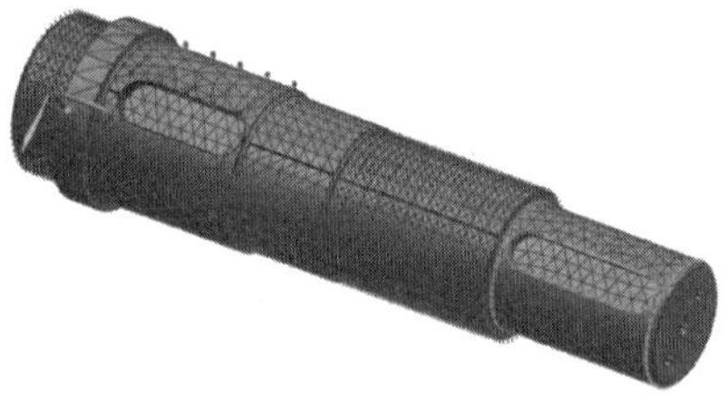

图 5-46　添加扭矩

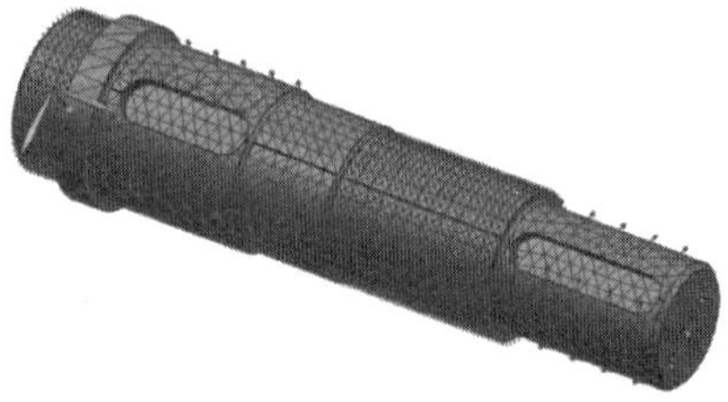

图 5-47　完成扭矩的添加

(8)求解。单击“主页”选项卡,单击“解算方案”→“求解”图标或选择菜单中的“分析”→“求解”命令,弹出图 5-48 所示的“求解”对话框,完成求解过程。

(9) 云图。单击“后处理导航器”按钮,在打开的“后处理导航器”中选中“已导入的结果”选项并右击,在弹出的快捷菜单中选择“导入结果”命令,如图 5-49 所示,弹出“导入结果”对话框,如图 5-50 所示,在用户硬盘中选择结果文件 chuandongzhou_sim1-solution_1. op2,单击“确定”按钮,系统激活后处理工具。

在“后处理导航器”中的“已导入结果”选项下,选择“应力-单元”节点,选择 Von Miss 并右击,在弹出的快捷菜单中选择“绘图”命令,如图 5-51 所示,云图显示有限元模型的应力情况,如图 5-52 所示。

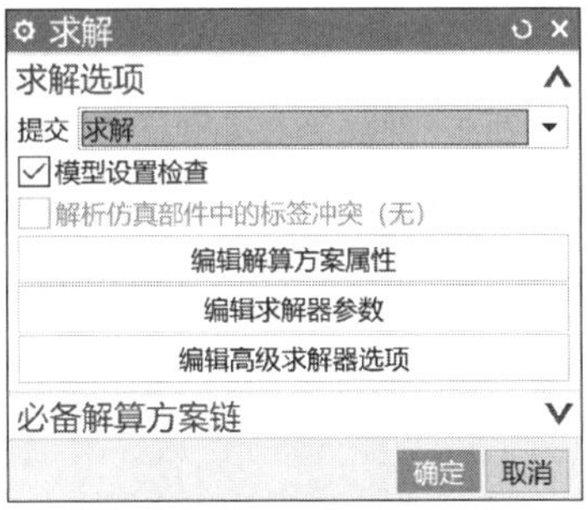

图 5-48　“求解”对话框

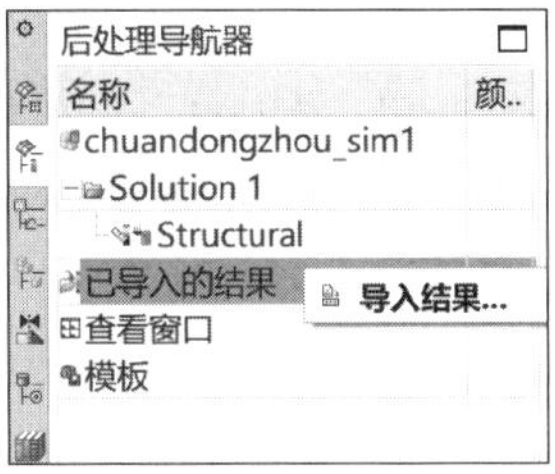

图 5-49　快捷菜单

图 5-50 “导入结果”对话框

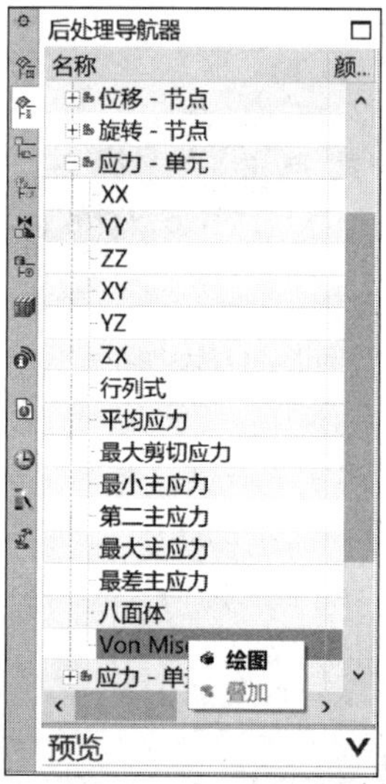

图 5-51 快捷菜单

在“后处理导航器”的“已导入的结果”选项下,双击“位移-节点”选项,云图显示有限元模型的位移情况,如图 5-53 所示。

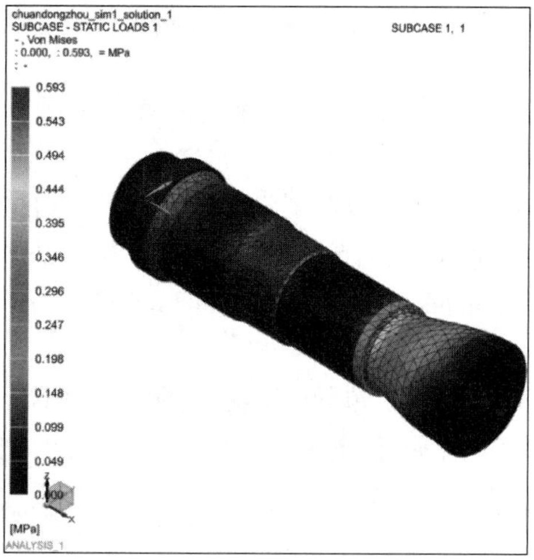

图 5-52 应力云图

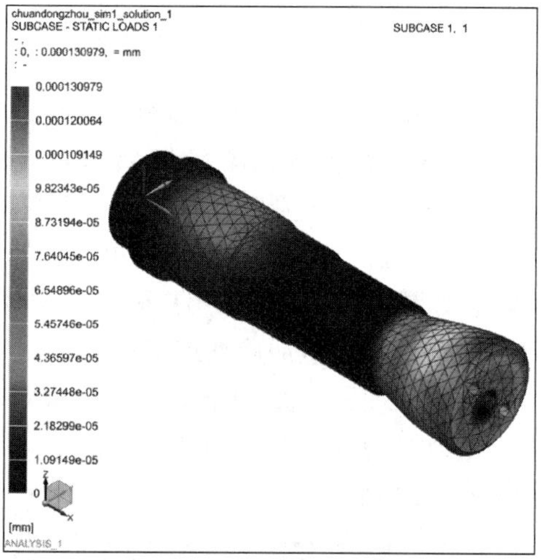

图 5-53 位移云图

(10)报告。单击“主页”选项卡,单击“解算方案”→“创建报告”图标,或在菜单中选择“工具”→“创建报告”命令,系统根据整个分析过程,创建一份完整的分析报告,至此整个分析过程结束。

5.4 UG NX 运动仿真分析

运动仿真是在机构模型装配完成的基础上添加机构连接和驱动,使机构模型运转,以此模拟机构的实际运动。运动仿真是用户分析机构运动规律，研究机构静止或运动时受力情况，并根据分析数据对机构模型进行改进和进一步优化设计的有力工具。UG NX 的运动仿真功能采用机构运动仿真模块对机构进行运动学分析或动力学分析。运动过程可以生成动画视频，方便用户对设计方案进行模拟、验证、修改；用户还可利用运动仿真图形输出各个部件的位移、坐标、加速度、速度和力的变化情况，对运动机构进行优化，使模型趋于完善。

5.4.1　运动仿真基本流程

1. 基本概念

（1）机构（mechanism）。是能在驱动下完成指定动作的装配体，由连杆、运动副及驱动构成。

（2）连杆（link）。是组成机构的零件单元，分为固定连杆和活动连杆。

（3）运动副（joint）。是使两个连杆既保持接触又保持某些相对运动的可动连接。

（4）自由度（degree of freedom）。是指机构具有确定运动时所必须给定的独立运动参数的数目。不同连接类型有不同的运动限制。

（5）驱动（driver）。驱动为机构中的主动件提供动力来源，可在运动副上放置驱动，并指定位置、速度或加速度与时间的关系。

（6）解算方案（solution）。定义机构的分析类型和计算参数。

2. 运动仿真基本流程

通过 UG NX 进行机构运动仿真的基本流程如图 5-54 所示。

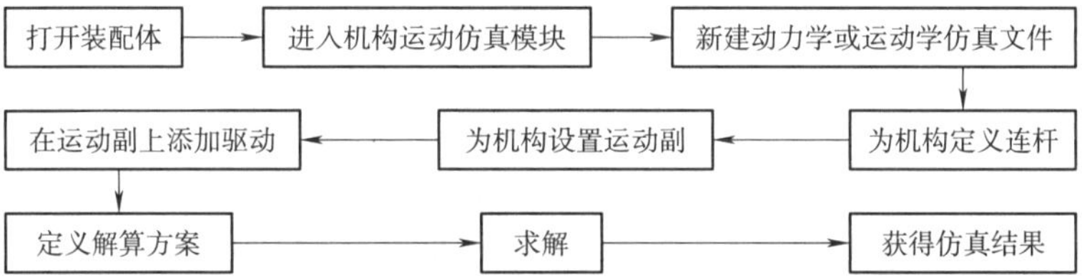

图 5-54　机构运动仿真基本流程

（1）打开装配体。机构的运动仿真一般建立在装配主模型之上，因此首先需打开该装配文件。

（2）进入机构运动仿真模块。系统在当前路径下自动创建一个与装配模型同名的文件夹，用于保存运动仿真数据。

（3）新建动力学或运动学仿真文件。新建仿真文件，首先确定运动仿真的分析类型，有运动学和动力学两种。运动学分析主要研究机构的速度、加速度、位移及反作用力，对机构根据解算时间和步长进行运动仿真。运动学仿真连杆和运动副都是刚性的，机构自由度为 0。动力学分析考虑机构实际运行时的各种因素影响。当机构自由度为 1 或 1 以上，或者要对机构进行静态平衡研究时，须进行动力学分析。确定运动仿真分析类型后，进行仿真环境设置。

（4）为机构定义连杆。机构中所有参与当前运动的零件都要定义为连杆，分为固定连杆和活动连杆两种类型。

（5）为机构设置运动副。为了约束连杆之间的位置，限制连杆之间的相对运动并定义连杆之间的运动方式,需要给机构设置运动副。UG NX 机构运动仿真模块提供了旋转副、柱面副等十五种运动副。

（6）在运动副上添加驱动。驱动是机构运动动力的来源,一般添加在机构的运动副上。在运动副上添加驱动的功能选项与运动副定义选项在同一对话框内,可选择恒定、简谐、函数等驱动类型。

（7）定义解算方案及求解。定义解算方案即设置机构分析条件,包括定义解算方案类型、分析类型、时间、步数、重力常数以及求解器参数等。解算方案类型包括常规驱动、链接运动驱动、电子表格驱动三种。其中常规驱动表示解算方案为基于时间的运动形式,即机构在指定时间内按指定步数进行运动;链接运动驱动表示解算方案为基于位移的运动形式,即机构以指定步数和步长进行运动;电子表格驱动表示解算方案是使用电子表格功能进行常规和关节(铰接)运动的仿真。解算方案定义完成后进行求解。

（8）获取仿真结果。求解完成后,查看机构运行状态并分析结果,既可以导出动画,也可以根据结果做进一步分析,以便检验或改进机构设计。

5.4.2 液压挖掘机工作装置运动仿真

例 5-2 某型号挖掘机装配模型如图 5-55 所示。在油缸的驱动下,各部件绕铰接点摆动,完成挖掘、提升和卸土等动作。挖掘机工作装置运动仿真中,主要运用函数驱动各个运动副协同运动,最后输出挖掘机铲斗的位移图表。

图 5-55 挖掘机装配模型

（1）打开文件 D:\UG NX\wjj_asm. prt。

（2）在主菜单中选择“应用模块”→“仿真”命令,单击“运动”按钮,进入运动仿真环境。

（3）新建仿真文件。

① 在“运动导航器”中右击 wjj_asm,在弹出的快捷菜单中选择“新建仿真”命令,默认新建文件名 wjj_asm_motion1. sim。单击“确定”按钮,弹出“环境”对话框。

② 在“环境”对话框中选中“动力学”单选按钮;选中“组件选项”区域中的“基于组件的仿真”复选框;单击“确定”按钮。

（4）定义连杆。

① 定义连杆 L001。在主菜单中选择“主页”→“机构”命令,单击“连杆”按钮,弹出“连

杆”对话框,如图 5-56(a)所示,选中“无运动副固定连杆”复选框,选取图 5-56(b)所示的底盘为连杆 L001,其余参数接受系统默认,单击“应用”按钮。

(a)　　(b)　　(c)

图 5-56　定义连杆 L001 和 L002

② 定义连杆 L002。在“连杆”对话框中取消选中“无运动副固定连杆”复选框,选取图 5-56 所示的回转台为连杆 L002,单击“应用”按钮。

③ 参照步骤②定义连杆 L003 ~ L016,工作装置连杆定义见表 5-4。图 5-57 所示为连杆 L011、L012 和 L013 示例。

表 5-4　工作装置连杆定义表

连杆代号	构件名称
L001	挖掘机 X 架
L002	回转台
L003	动臂
L004	动臂液压缸
L005	动臂液压缸活塞杆
L006	动臂液压缸
L007	动臂液压缸活塞杆
L008	斗杆液压缸
L009	斗杆液压缸活塞杆
L010	斗杆
L011	铲斗液压缸
L012	铲斗液压缸活塞杆
L013	铲斗
L014	连杆
L015	摇杆
L016	摇杆

（a）连杆L011

（b）连杆L012

（c）连杆L013

图 5-57　定义连杆 L011、L012 和 L013

（5）创建运动副约束。

① 在菜单中选择“主页”→“机构”命令，单击“接头”按钮，弹出“运动副”对话框。

② 定义运动副类型。在“运动副”对话框中选择“定义”选项卡，在“类型”下拉列表中选择“旋转副”选项。

③ 选择连杆。选取图 5-56 所示的连杆 L002。

④ 定义原点及矢量。在“运动副”对话框的“指定原点”下拉列表中选择“圆弧中心”选项，在模型中选取图 5-58 所示的圆弧为原点定位参照；选取图 5-58 所示的面作为矢量参考面，方向向上。

⑤ 添加啮合连杆。在“运动副”对话框的“底数”区域中选中“啮合连杆”复选框，单击“选择连杆”，选取图 5-56 所示连杆 L001。

⑥ 定义啮合连杆原点及矢量。在“运动副”对话框“基本”区域的“指定原点”下拉列表中选择“圆弧中心”选项，在模型中选取图 5-58 所示的圆弧为原点定位参照；选取图 5-58 所示的面作为矢量参考面，方向向上。

⑦ 定义驱动。在“运动副”对话框中单击“驱动”选项卡，在“旋转”下拉列表中选择“函数”选项；在“函数数据类型”下拉列表中选择“位移”选项；单击“函数”后的按钮，选择 **函数管理器...** 选项，在弹出的“XY 函数管理器”对话框中单击按钮，在**公式=**区域下的文本框中输入函数关系式“STEP(x,10,0,13,150) + STEP(x,15,0,17, -150)”，其余参数接受系统默认设置，如图 5-58 所示。单击两次“确定”按钮，完成驱动定义。

⑧ 单击两次“确定”按钮，完成第一个旋转副的创建。

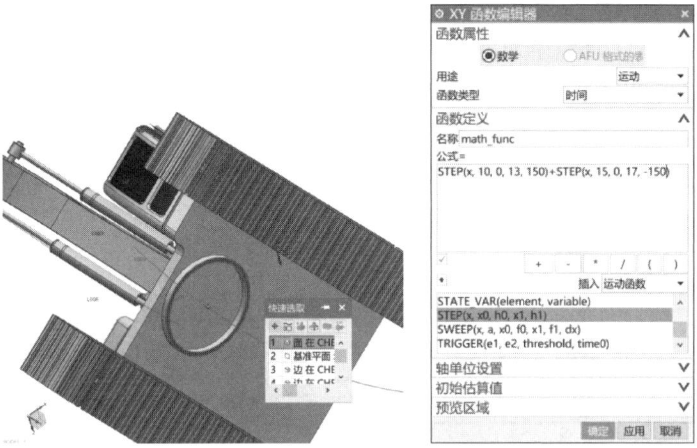

图 5-58　创建旋转副

⑨ 各构件间约束副的添加。根据实际不同构件之间的相对运动情况，应在有接触的两构件间添加相应的约束关系，各个构件间的运动副约束情况见表 5-5。

表 5-5　工作装置各部件间约束情况表

构件 A	构件 B	约束情况
挖掘机 X 架 L001	回转台 L002	旋转副
回转台 L002	动臂 L003	旋转副
动臂 L003	动臂液压缸 L004	旋转副
动臂液压缸 L004	动臂液压缸活塞杆 L005	滑动副
回转台 L002	动臂液压缸 L006	旋转副
动臂液压缸 L006	动臂液压缸活塞杆 L007	滑动副
动臂 L003	动臂液压缸活塞杆 L005	共线副
动臂 L003	动臂液压缸活塞杆 L007	共线副
动臂 L003	斗杆液压缸 L008	旋转副
斗杆液压缸 L008	斗杆液压缸活塞杆 L009	滑动副
斗杆液压缸活塞杆 L009	斗杆 L010	共线副
动臂 L003	斗杆 L010	旋转副
斗杆 L010	铲斗液压缸 L011	旋转副
铲斗液压缸 L011	铲斗液压缸活塞杆 L012	滑动副
斗杆 L010	摇杆 L015	旋转副
铲斗液压缸活塞杆 L012	摇杆 L015	旋转副
连杆 L014	摇杆 L015	共线副
斗杆 L010	铲斗 L013	旋转副
铲斗 L013	连杆 L014	共线副
摇杆 L015	摇杆 L016	固定副

⑩ 三组油缸驱动函数的设置。为了得到工作装置铲尖所能达到的极限位置的包络曲线，即包络图，三组液压油缸的动作为依次动作，即顺序动作而非复合动作，通过对三组油缸长度以及工作装置结构尺寸计算分析，确定回转台与三组液压油缸的驱动函数表达式见表 5-6，函数图形如图 5-59 所示。

表 5-6　回转台与液压油缸驱动函数

回转台与液压油缸	驱动函数
回转台	STEP(x,10,0,13,150) + STEP(x,15,0,17, -150)
动臂液压油缸	STEP(x,0,0,4,210) + STEP(x,4,0,6, -210) + STEP(x,8,0,10,210)
斗杆液压油缸	STEP(x,0,0,4, -510) + STEP(x,4,0,6,865) + STEP(x,13,0,15, -510)
铲斗液压油缸	STEP(x,0,0,4, -600) + STEP(x,6,0,8,450) + STEP(x,13,0,15, -450)

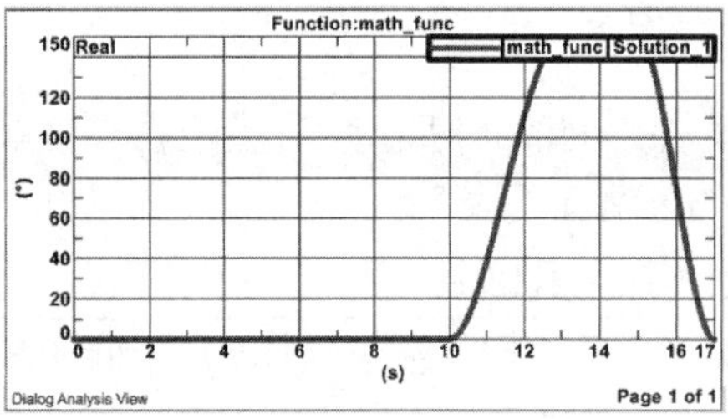

（a）回转台

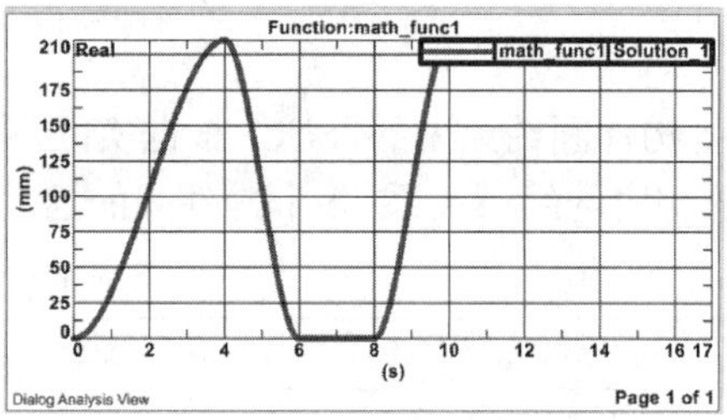

（b）动臂液压油缸

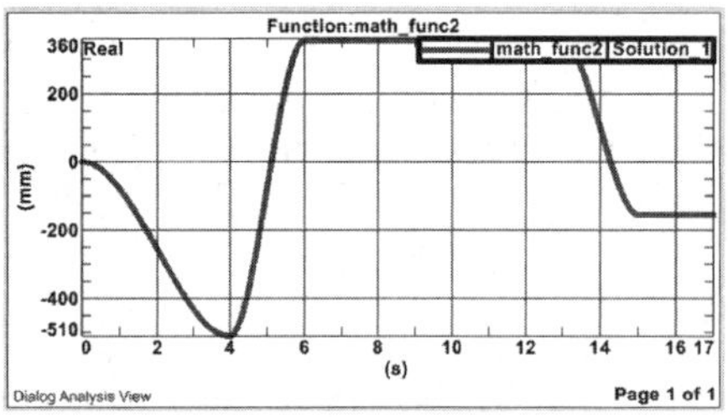

（c）斗杆液压油缸

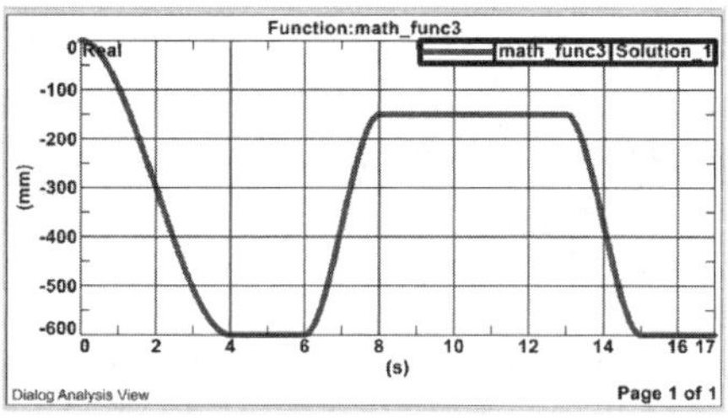

（d）铲斗液压油缸

图 5-59　回转台与液压油缸驱动函数图形

（6）定义解算方案。

① 在菜单中选择“插入”→“解算方案”命令，弹出“解算方案”对话框；在“解算方案类型”下拉列表中选择“常规驱动”选项；在“分析类型”下拉列表中选择“运动学/动力学”选项；在“时间”文本框中输入数值 17；在“步数”文本框中输入数值 500；选中对话框中的“通过按‘确定’进行解算”复选框。

② 设置重力方向。在“解算方案”对话框“重力”区域的矢量下拉列表中选择 ZC↑ 选项，其他重力参数保持系统默认设置值。

③ 单击“确定”按钮，完成解算方案的定义。

说明：在本例中解算方案解算完成后，系统可能会弹出信息提示框，提示当前机构中的约束有冗余约束，直接将其关闭即可。

（7）播放动画。在“动画控制”工具栏中单击“播放”按钮，即可播放动画。

(8) 在“动画控制”工具栏中单击“导出至电影”按钮,弹出“录制电影”对话框,输入名称 wjj_asm,单击 OK→ (完成动画)按钮,完成运动仿真的创建。

(9) 输出铲斗的位移-时间曲线。

① 定义标记 1。在菜单中选择“插入”命令,弹出“标记”对话框;在系统“选择连杆来定义标记位置”的提示下,选取图 5-60 所示的边线为参考,系统自动定义连杆及参考点;在“方向”区域中单击 **指定坐标系**,然后在右侧单击按钮,在弹出的下拉列表中选择“动态”选项;单击“确定”按钮两次,完成标记 1“A001”的定义。

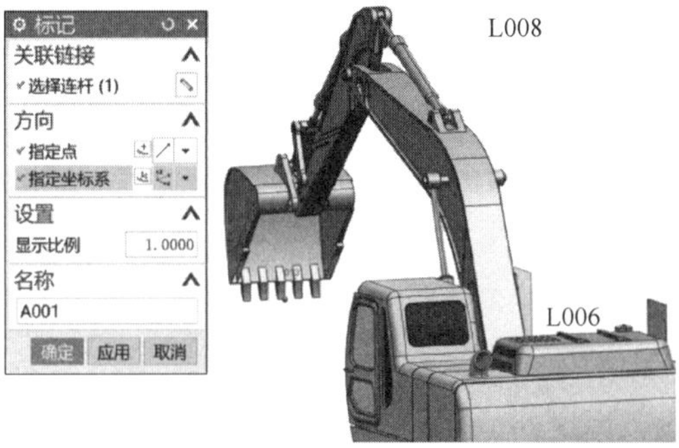

图 5-60　定义标记 1

② 定义标记 2。参考步骤①,选取图 5-61 所示的边线为参考,定义标记 2“A002”。

③ 定义传感器。在菜单中选择“插入”→“传感器”命令,弹出“传感器”对话框。

在“传感器”对话框“类型”下拉列表中选择“位移”选项,在“设置”区域“分量”下拉列表中选择“线性幅值”选项,在“参考框”下拉列表中选择“相对”选项。

单击“传感器”对话框“对象选择”区域中的“ * 测量”按钮,在运动导航器中选取标记“A001”为测量对象;然后单击“ * 相对”按钮,在运动导航器中选取标记“A002”为相对标记。单击“确定”按钮,完成传感器的创建。操作界面如图 5-62 所示。

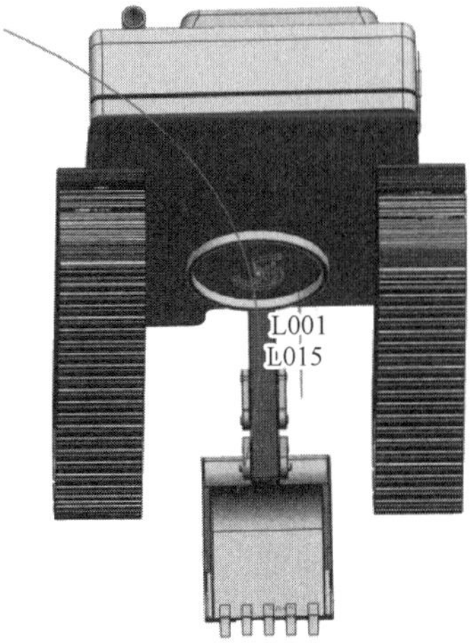

图 5-61　定义标记 2

图 5-62　定义传感器

④ 对解算方案再次进行求解。在菜单中选择“分析”→“运动”→“求解”命令,对解算方案再次进行求解。

⑤ 输出位移曲线。在菜单中选择“分析”→“运动”命令,单击 XY 结果 按钮,在左侧“运动导航器”区域中选择传感器 Se001,在左侧“XY 结果视图”区域的 Se001 下选择“绝对”→“位移”命令,右击“幅值”按钮,在弹出的快捷菜单中选择“绘图”命令,单击 UG NX 工作区域,显示两个标记之间的位移-时间曲线,如图 5-63 所示。

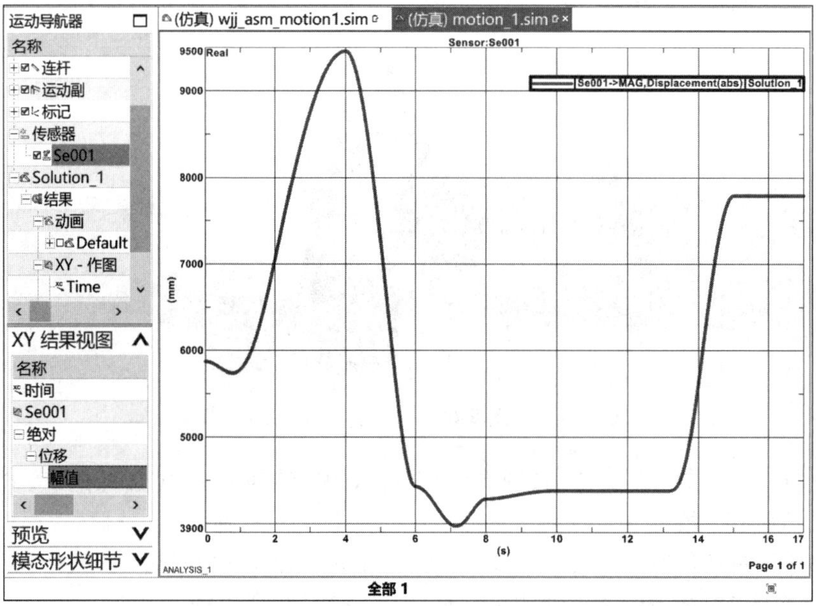

图 5-63 位移-时间曲线

⑥ 在“布局管理器”工具栏中单击“返回到模型”按钮,返回到运动仿真环境。

⑦ 在菜单中选择“文件”→“保存”命令保存模型。

5.5 虚拟样机技术

5.5.1 ADAMS 软件概述

ADAMS(automatic dynamic analysis of mechanical systems)机械系统动力学自动分析软件,是美国 MDI 公司(Mechanical Dynamics Inc.)开发的虚拟样机分析软件。ADAMS 软件使用交互式图形环境和零件库、约束库、力库,创建完全参数化的机械系统几何模型,其求解器采用多刚体系统动力学理论中的拉格朗日方程方法,建立系统动力学方程,对虚拟机械系统进行静力学、运动学和动力学分析,输出位移、速度、加速度和反作用力曲线。ADAMS 软件的仿真可用于预测机械系统的性能、运动范围、碰撞检测、峰值载荷以及计算有限元的输入载荷等。

ADAMS 软件由基本模块、扩展模块、接口模块、专业领域模块及工具箱五类模块组成,用户不仅可以采用通用模块对一般机械系统进行仿真,而且可以采用专用模块针对特定工业应用领域问题进行快速有效的建模与仿真分析。

ADAMS 允许用户对虚拟样机进行静力学、动力学和运动学分析。同时,它还可以作为虚拟样机分析开发工具,其开放性的程序结构和多种接口,方便特殊行业用户进行特殊类型虚拟样机分析的二次开发,ADAMS 各模块间数据传输关系如图 5-64 所示。

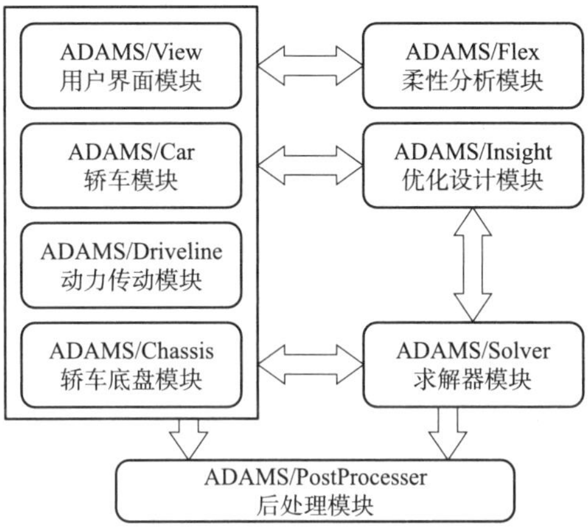

图 5-64　ADAMS 各模块间的数据传输关系

1. ADAMS 软件基本模块

(1) 用户界面模块(ADAMS/View)。ADAMS/View 是 ADAMS 系列产品的核心模块之一,采用以用户为中心的交互式图形环境,将图标操作、菜单操作、鼠标点取操作与交互式图形建模、仿真计算、动画显示、优化设计、*x-y* 曲线图处理、结果分析和数据打印等功能集成在一起。ADAMS/View 采用用户熟悉的 Motif 界面(UNIX 系统)和 Windows 界面(NT 系统),从而大大提高了快速建模能力。在 ADAMS/View 中,用户利用 TABLE EDITOR(表编辑器),可像用 Excel 一样方便地编辑模型数据,同时还提供了 PLOT BROWSER(绘图浏览器)和 FUNCTION BUILDER(功能模块生成器)工具包。DS(设计研究)、DOE(实验设计)及 Optimize(优化)功能可使用户方便地进行优化工作。ADAMS/View 有自己的高级编程语言,支持 C ++ 语言,有丰富的宏命令以及快捷方便的图标、菜单及修改工具包,而且具有在线帮助功能。

(2) 求解器模块(ADAMS/Solver)。ADAMS/Solver 是 ADAMS 系列产品的核心模块之一,是 ADAMS 产品系列中处于心脏地位的仿真器。该模块自动形成机械系统模型的动力学方程,提供静力学、运动学和动力学的解算结果。ADAMS/Solver 有各种建模和求解选项,以便精确有效地解决各种工程应用问题。

ADAMS/Solver 可以对刚体和弹性体进行仿真研究。为了进行有限元分析和控制系统研究,用户除要求软件输出位移、速度、加速度和力外,还可要求模块输出用户自己定义的数据。用户可以通过运动副、运动激励,高副接触、用户定义的子程序等添加不同的约束。同时可求解运动副之间的作用力和反作用力,或施加单点外力。

(3) 后处理模块(ADAMS/Postprocessor)。ADAMS/Postprocessor 的主要功能包括:为用户观察模型的运动提供所需环境,用户可以向前、向后播放动画,随时中断播放动画,而且可以选择最佳观察视角,从而使用户更轻松地完成模型排错任务;为了验证 ADAMS 仿真分析结果数据的有效性,可以输入测试数据,对测试数据与仿真结果数据进行绘图比较,还可对数据结果进行数学运算、对输出进行统计分析;用户可以对多个模拟结果进行图解比较,选择合理的设计方案;可以帮助用户再现 ADAMS 中的仿真分析结果数据,以提高设计报告的质量;可以改变图表的形式,也可以添加标题和注释;可以载入实体动画,从而加强仿真分析结果数据的表达效果;还可以实现在播放三维动画的同时,显示曲线的数据位置,从而可以观察运动与参数变化的对应关系。

2. ADAMS 软件扩展模块

(1) 液压系统模块(ADAMS/Hydraulics)。用户应用 ADAMS/Hydraulics 模块,可以建造机械系统与液压回路之间相互作用的模型,并在计算机里设置系统的运行特性,进行各种静态、模态、瞬态和动态分析。例如,可以进行液压系统峰值压力和运行压力的分析、液压系统滞后特性的分析、液压系统控制的分析、功率消耗的分析、液压元件和管路尺寸的分析等。ADAMS/Hydraulics 采用了与 ADAMS/View 相同的参数化功能和函数库,用户在液压元件设计中同样可以运用设计研究(DS)、试验设计(DOE)以及优化(Optimize)等技术。

(2) 振动分析模块(ADAMS/Vibration)。采用 ADAMS/Vibration 模块,可以在模型的不同测试点,进行受迫响应的频域分析。频域分析中可以包含液压、控制及用户系统等结果信息;能够快速准确地将 ADAMS 线性化模型转入 Vibration 模块中;能够为振动分析开辟输入、输出通道,能定义频域输入函数,产生用户定义的力频谱;能求解所关注频带范围的系统模型,评价频响函数的幅值大小及相位特征;能够动画演示受迫响应及各模态响应;能将系统模型中有关受迫振动响应的信息进行列表;为进一步分析将 ADAMS 模型中的状态矩阵输出到 MATLAB 及 MATRIX 中;运用设计研究、DOE 及振动分析结果和参数化的振动输入数据优化系统综合性能。

(3) 线性化分析模块(ADAMS/Linear)。ADAMS/Linear 可以在大位移的时域范围和小位移的频率范围间提供一座"桥梁",方便地考虑系统中零部件的弹性特性;利用它生成的状态空间矩阵可以对带有控制元件的机构进行实时控制仿真;利用求得的特征值和特征向量可以对系统进行稳定性研究。

(4) 高速动画模块(ADAMS/Animation)。ADAMS/Animation 模块为用户提供增强透视、半透明、彩色编辑及背景透视等方法,可精细加工所形成的动画,增强动力学仿真分析结果动画显示的真实感。该模块还提供干涉检测工具,可以动态显示仿真过程中运动部件之间的接触干涉,帮助用户观察整个机械系统的干涉情况;同时还可以动态测试所选的两个运动部件在仿真过程中距离的变化。

(5) 试验设计与分析模块(ADAMS/Insight)。应用 ADAMS/Insight,工程师可以规划和完成一系列仿真试验,从而精确地预测所设计的复杂机械系统在各种工作条件下的性能,并提供了对试验结果进行各种专业化统计分析的工具。ADAMS/Insight 采用的试验设计方法包括全参数法、部分参数法、对角线法、Box-Behnkn 法,Placket-Bruman 法和 D-Optimal 法等。

(6) 耐久性分析模块(ADAMS/Durability)。ADAMS/Durability 按工业标准的耐久性文件格式对时间历程数据接口进行了一次全新的扩展。该模块支持两种时间历程文件格式:nSoft 和 MTS 的 RPC3。ADAMS/Durability 可以把上述文件格式的数据直接输入到 ADAMS 仿真模块中去,或把 ADAMS 的仿真分析结果输出到这种文件格式中来。

（7）数字化装配回放模块（ADAMS/DMU Replay）。ADAMS/DMU Replay模块的主要功能是，能够把ADAMS的分析结果导入到CATIA V5中；能够调整ADAMS部件名称与CATIA几何体相一致以便于显示；能够用装配的CATIA几何体动画显示仿真结果；在运动情况下，能产生一般几何体部件的包络线，执行动态干涉检查。

3. ADAMS软件接口模块

（1）柔性分析模块（ADAMS/Flex）。ADAMS/Flex提供了与ANSYS、MSC/NASTRAN、ABAQUS、I-DEAS等软件的接口，可以方便地考虑零部件的弹性特性，建立多体动力学模型，以提高系统仿真的精度。ADAMS/Flex模块支持有限元软件中的MNF（模态中性文件）格式。结合ADAMS/Linear模块，可以对零部件的模态进行适当的筛选，去除对仿真结果影响极小的模态，并可以人为控制各阶模态的阻尼，进而大大提高仿真的速度。同时，利用ADAMS/Flex模块，还可以方便地向有限元软件输出系统仿真后的载荷谱和位移谱信息，利用有限元软件进行应力、应变以及疲劳寿命的评估分析和研究。

（2）控制模块（ADAMS/Controls）。在ADAMS/Controls中，设计师既可以通过简单的继电器、逻辑与非门、阻尼线圈等建立简单的控制机构，也可利用通用控制系统软件（如MATLAB、MATRIX、EASY5）建立的控制系统框图，建立包括控制系统、液压系统、气动系统和运动机械系统的仿真模型。

这样的机械-控制系统的联合仿真分析过程可以用于许多领域，如汽车自动防抱死系统（ABS）、主动悬架、飞机起落架助动器、卫星姿态控制等。联合仿真计算可以是线性的，也可以是非线性的。使用ADAMS/Controls的前提是需要ADAMS与控制系统软件同时安装在相同的工作平台上。

（3）图形接口模块（ADAMS/Exchange）。ADAMS/Exchange是ADAMS/View的一个集成可选模块，其功能是利用IGES、STEP、STL、DWG/DXF等产品数据交换库的标准文件格式完成ADAMS与其他CAD/CAM/CAE软件之间数据的双向传输，从而使ADAMS与CAD/CAM/CAE软件更紧密地集成在一起。

4. ADAMS软件工具箱

（1）软件开发工具包（ADAMS/SDK）。ADAMS/SDK（software development kit）是ADAMS软件的开发工具包，利用ADAMS/SDK，用户可以把运动仿真功能完全集成到自己的软件包中，也可以为已有的产品增加更强的运动仿真能力。ADAMS/SDK使用流行的C或C++语言作为编程接口环境，集成后的工具包与ADAMS具有同样的仿真分析功能。ADAMS/SDK可以广泛应用于CAD软件中的运动学和动力学工具、CAD软件中装配位置的确定、制造业中的动态仿真、数字化装配运动回放及工业特殊用途的运动仿真。

（2）虚拟试验工具箱（virtual test lab，VTL）。为了加快汽车模型以及零部件的验证过程，缩短产品的开发周期，MDI与MTS公司合作开发了VTL与经验动力学模型（empirical dynamics models，EDM）。利用EDM，可快速建立高精度模型，显著提高仿真精度；而使用VTL，用户可以在设计与验证的过程中，预测疲劳、车辆动力性、操纵性、乘坐舒适性以及噪声和振动特性。VTL、EDM与ADAMS虚拟样机相结合，大大加速了虚拟样机技术的发展。

（3）虚拟试验模态分析（virtual experiment modal analysis）工具箱。试验模态分析（experiment modal analysis，EMA）是产品开发和故障诊断的重要工程手段。它可以快速地从试验数据中提取系统模态振型和模态频率。但在对物理样机进行 EMA 时需要采用多点激振设备以及多通道数据处理设备,这意味着 EMA 具有成本高、周期长的缺点。此外,EMA 的精度还取决于多种因素,如激振方式、激振位置、测点位置、测量方法、边界条件以及工程师的 EMA 经验等。

此外,还有钢板弹簧工具箱(leafspring toolkit)、飞机起落架工具箱(ADAMS/Landing Gear)、履带/轮胎式车辆工具箱(tracked/sheeled vehicle)、齿轮传动工具箱(ADAMS/Gear Tool)。如 ADAMS/Gear 工具箱,建模方便,仅需标准齿轮参数(如齿轮模数、节圆直径等)即可,能够利用渐开线函数方程计算齿轮几何形线、啮合点、齿轮啮合力(内齿和外齿),能够通过对轴距和齿厚的改变模拟锥齿传动,可分析齿轮轴的弹性和非绕齿轮中心线轴转动的齿轮传动等。

5.5.2 ADAMS 仿真分析流程

例 5-3 以曲柄连杆机构仿真分析为例,介绍 ADAMS 仿真分析流程。

1. 启动 ADAMS 软件

启动软件之后选择 Create New Model 命令,弹出 Create New Model 对话框,设置参数,如图 5-65 所示。

2. 设置工作环境

选择 Setting→Working Grid 命令,弹出 Working Grid Setting 对话框,设置参数,如图 5-66 所示。

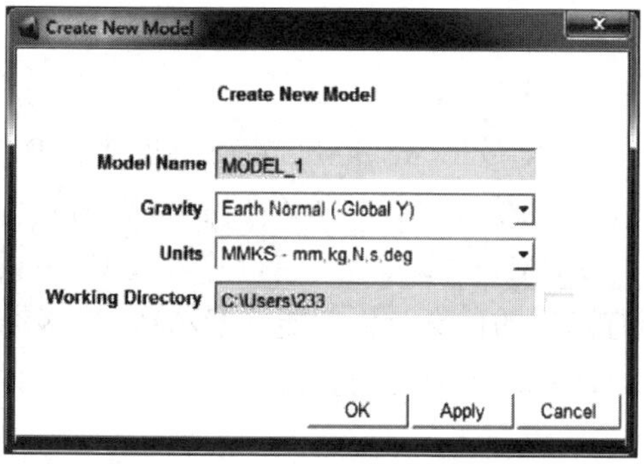

图 5-65 Create New Model 对话框

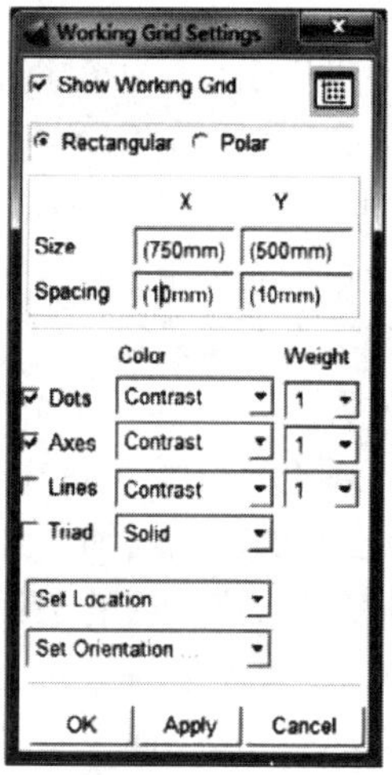

图 5-66 Working Grid Setting 对话框

3. 建立几何模型

建立曲柄连杆机构,如图 5-67 所示。其中曲柄的宽度为 4 cm,厚度为 2 cm;滑块的高度和宽度均为 20 cm,长度为 30 cm。

4. 进行仿真

给曲柄一个 15 rad/s 的角速度后,设置停止时间为 50 s,步数为 150 步,之后开始进行仿真。

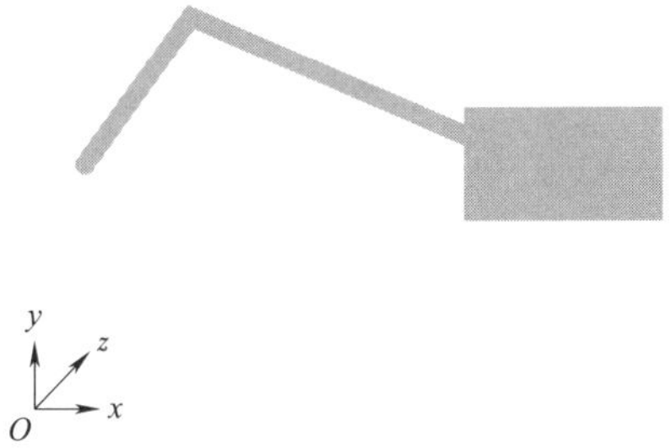

图 5-67 曲柄连杆机构

5. 仿真结果分析

系统的仿真结果如图 5-68 所示。

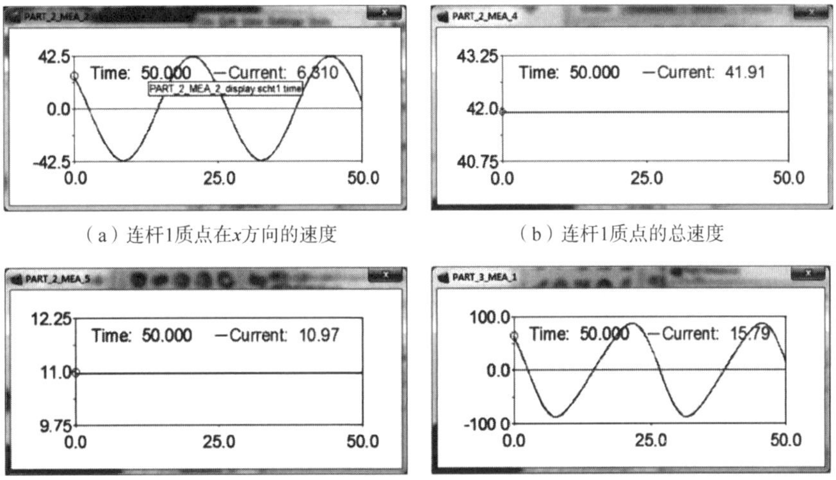

（a）连杆1质点在x方向的速度　（b）连杆1质点的总速度

（c）连杆1质点的加速度　（d）滑块的加速度

图 5-68 仿真结果

5.5.3 轮式装载机工作装置优化设计

装载机是一种用途十分广泛的工程机械，它主要用于对散状物料进行铲装、短距离运输、卸载及平整作业。若换装工作装置，还可以进行推土、起重、装卸木料及钢管等作业。工作装置是实现铲掘和装卸物料的复杂连杆机构，目前采用的设计方法通常有两种，即图解法和解析法，前者精度较低，而后者计算复杂，一般只能对几个作业位置进行分析，难以了解装载机的全部作业过程。此外，轮式装载机物理样机的制造花费较大，试验要模拟不同工况，费时费力，破坏性大。随着计算机技术的发展，物理样机可以被虚拟样机所取代，从而减少物理样机制造及试验次数，缩短产品研制周期和费用。将虚拟样机技术引入了轮式装载机工作装置的开发，依据建模与仿真理论，利用三维数字化设计软件建立轮式装载机工作装置的三维实体装配模型，并进行运动与干涉检查，然后将三维实体模型导入 ADAMS，经过反复迭代计算，并采用正交试验的理论和方法对其进行综合优化设计，最后对各个铰点位置进行圆整后得到各铰点优化后的最终位置坐标。图 5-69 所示为装载机数字化样机的实现过程，首先根据市场的需要确定装载机总体设计方案和性能指标，然后利用 Creo 构建装载机零件实体模型，预装配成部件乃至整机，而后将模型导入 ADAMS 环境，完成运动约束以及运动驱动的定义。

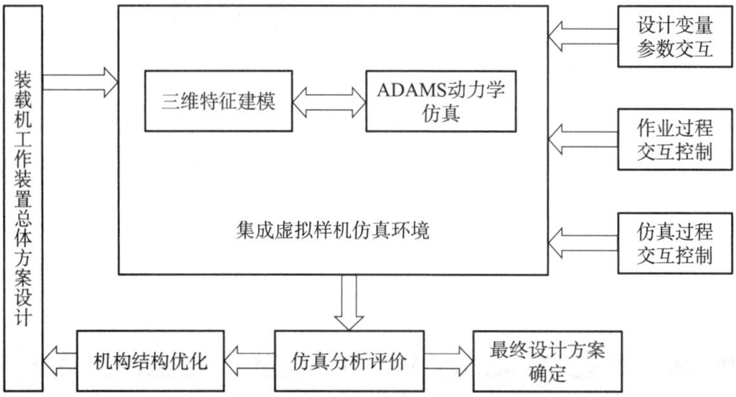

图 5-69　数字化样机的实现过程

1. 骨架模型的应用

产品设计过程先是需求分析、概念设计，再进行结构设计、详细设计，最后试制修改。其中的结构设计一般是先设计总装配图，再设计零件图。在零件设计的初期就考虑零件与零件之间的约束和定位关系，并把关键信息放在一个中心位置，在设计过程中通过捕捉中心位置的信息传递到较低级别的产品结构中，如果改变这些信息将自动更新整个系统。实现这种功能可采用三维软件的骨架模型，骨架模型作为产品装配的三维空间规划，可以被用于描述元件的空间需求、重要的安装位置或运动。也用于在子系统之间共享设计信息，并作为子系统之间的设计参考控制，加强了组件彼此之间设计数据的沟通，支持组件彼此之间设计数据的共享和传递。

装载机参数化建模的关键在于它的运动机构及影响运动机构的部件，当运动机构确定后，装载机的其他部件就可以在其基础上进行设计。影响运动机构的主要因素有：运动部件的相互位置关系、运动部件的相互约束关系；图 5-70 所示为实现参数化设计建立的骨架模型，为视图方便，仅显示坐标系统和基准点组 $P_0 \sim P_8$（构件间的铰点）。装载机工作装置骨架图还包括：坐标系统、基准轴组、曲线组。通过设置骨架模型的参数和关系式控制骨架的形状、尺寸。在此基础上规划其他子装配，定义其所需的元素组，实现工作装置参数化设计。

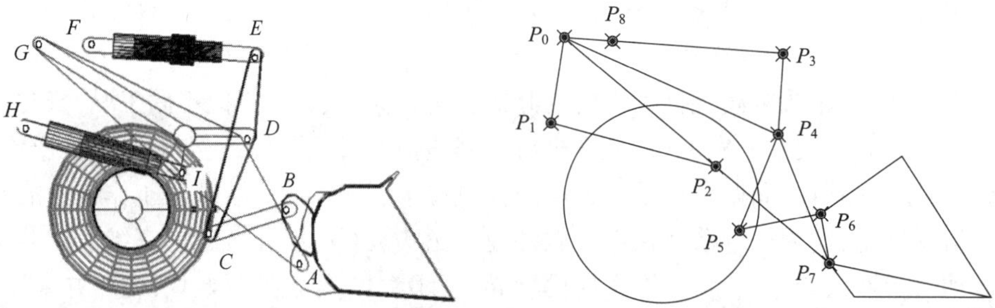

图 5-70　装载机工作装置与其骨架模型图

2. 零件三维参数化建模

装载机工作装置零件模型及部件模型如图 5-71 和图 5-72 所示。

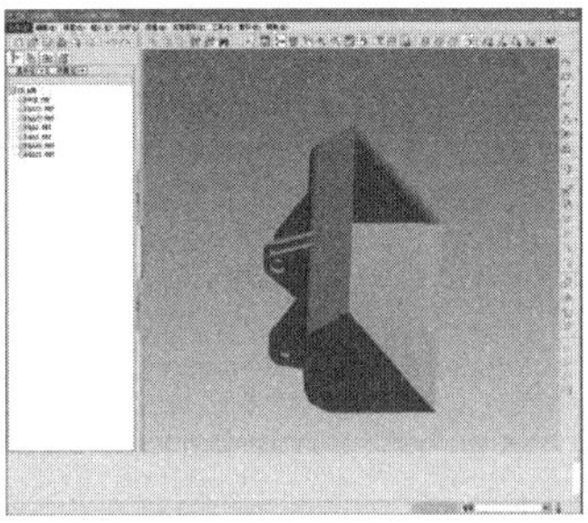

(a) 铲斗

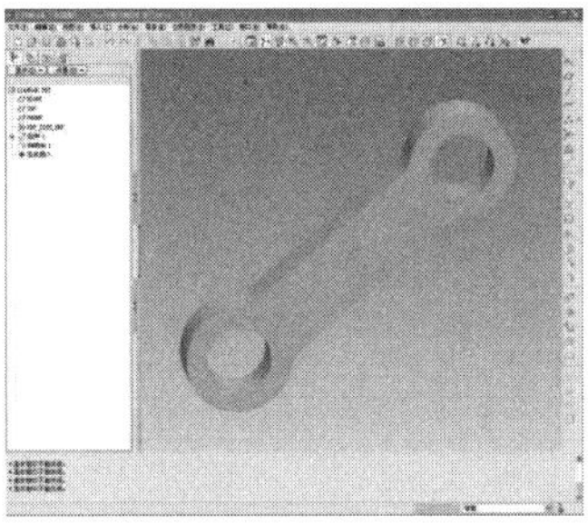

(b) 连杆

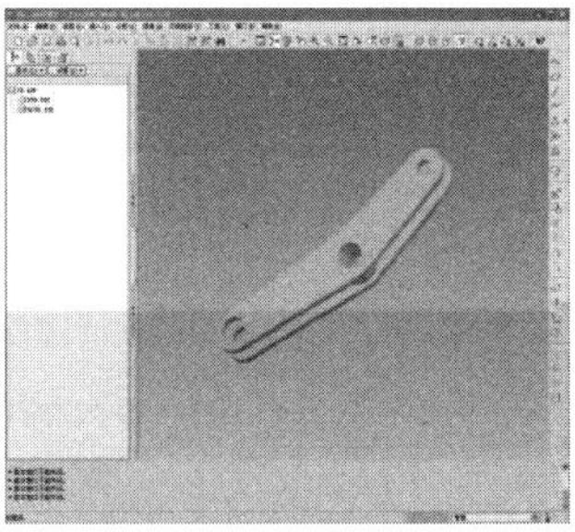

(c) 摇臂

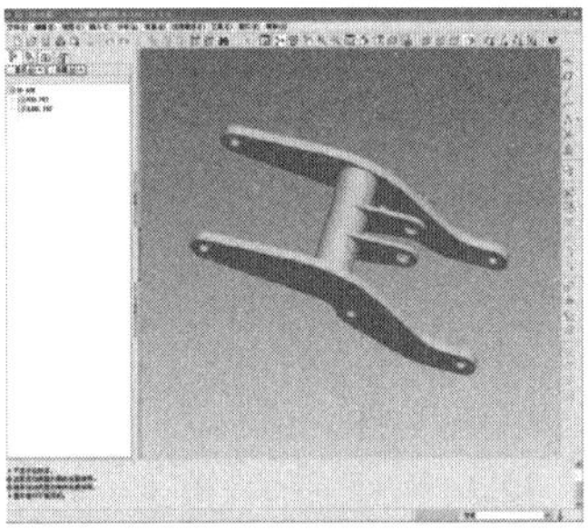

(d) 动臂

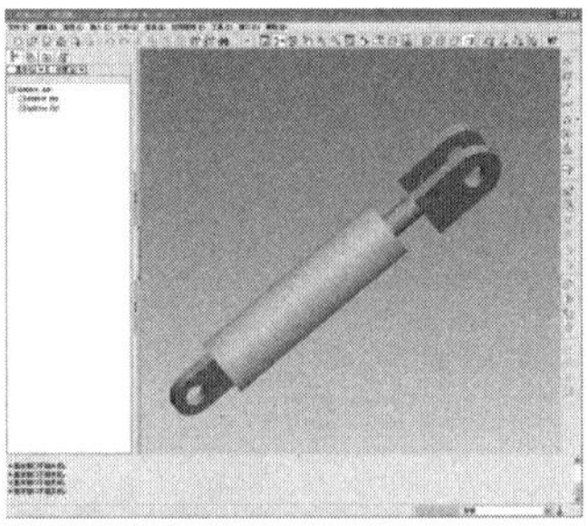

(e) 动臂油缸

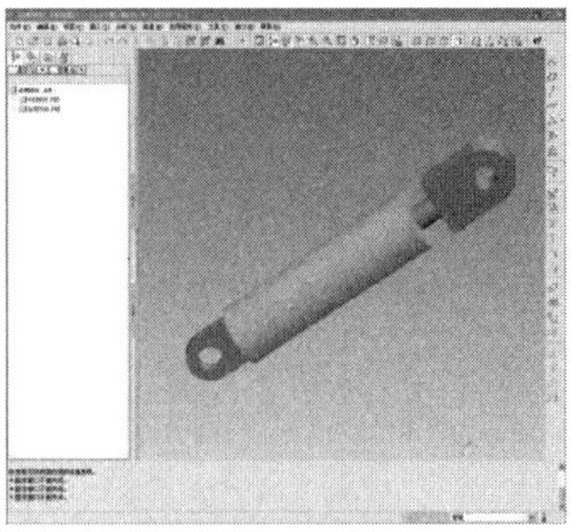

(f) 转斗油缸

图 5-71　装载机工作装置零件图

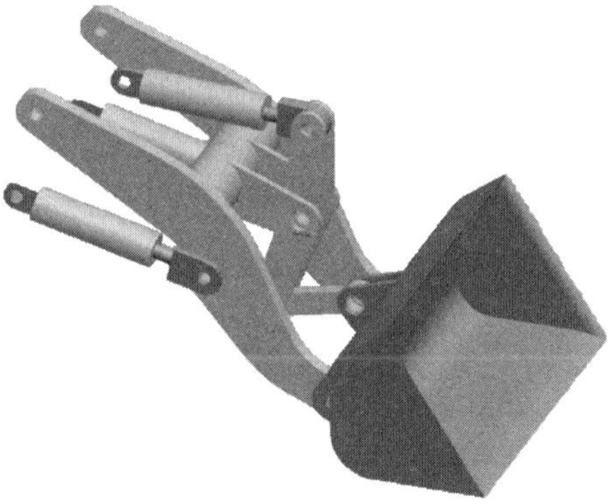

图 5-72　装载机工作装置三维模型装配

3. 运动副的定义与工况分析

(1) 运动副的定义。装载机工作装置各运动部件之间运动副的定义见表 5-7。液压缸的液压力是装载机工作装置运动的原动力,故在液压缸筒和活塞杆间添加驱动,驱动以时间函数的形式确定运动学方程。分析典型的作业过程可知,液压缸的活塞杆和缸筒相对运动规律是先加速、后匀速、再减速,由 STEP 函数模拟液压缸的运动,定义好运动副和驱动后的装载机工作装置运动仿真模型如图 5-73 所示。

表 5-7　各运动部件之间运动副的定义

部件名称	部件名称	连接方式	部件名称	部件名称	连接方式
转斗油缸缸筒	机架	旋转副	动臂	机架	旋转副
转斗缸活塞杆	摇臂	旋转副	动臂	铲斗	旋转副
动臂油缸缸筒	机架	旋转副	摇臂	动臂	旋转副
动臂缸活塞杆	动臂	旋转副	摇臂	连杆	旋转副
动臂油缸缸筒	动臂缸活塞杆	移动副	连杆	铲斗	旋转副
转斗油缸缸筒	转斗缸活塞杆	移动副			

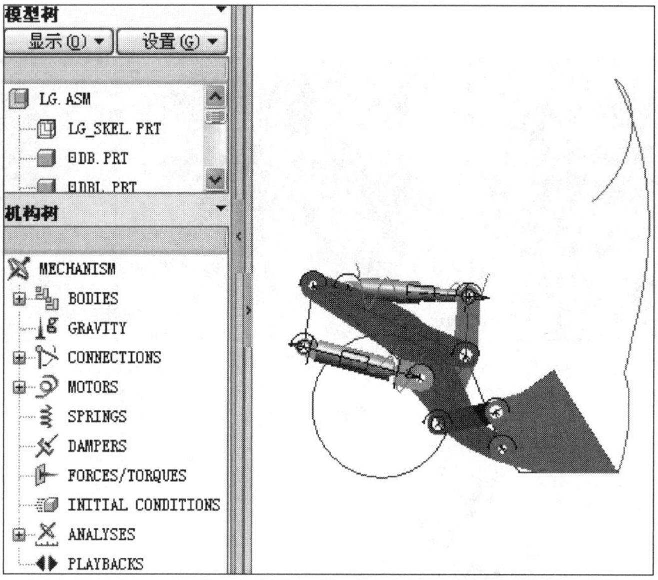

图 5-73　装载机工作装置运动仿真

（2）工作装置干涉检查。轮式装载机的工作装置属于多构件组成的空间复杂机构，若铰点或构件尺寸不合理，工作机构可能出现运动"死点""碰撞"等干涉问题，干涉检查是保证工作装置能正常工作的必要条件。传统的干涉检查是通过各个杆件的长度，利用各杆的运动关系计算并画图检查，这使得干涉检查效率低且准确度不高。利用三维实体模型动态模拟自动检查各杆件在运动过程中的干涉问题，效率高且准确度好。

利用三维软件中的测量工具，测量最大卸载高度和卸载距离，以及最大卸载高度时的卸载角，也可以通过轨迹曲线和包络线很直观地看出，避免了传统设计方法的复杂性和不精确性，也避免了大量复杂的数学建模和编程。仿真结束后，可以将模拟结果以动画形式在屏幕上显示。如图 5-74 所示，分别为地面插入工况、运输工况、上限举升工况和上限卸料工况。

4. Creo 和 ADAMS 联合进行动力学仿真

（1）模型数据交换。Creo 的参数化设计、装配与运动学仿真功能强大，操作方便。而用动力学仿真分析软件 ADAMS 进行综合优化设计，无须编写复杂的数学公式和优化程序，优化过程直观开放，可控操作性强。将 Creo 建造的三维实体导入 ADAMS 环境中，有两种方法可以实现:一是将 Creo 的数据格式转换成 ADAMS 可以识别的文件格式;二是利用专用接口模块 MECHANISM/Pro。第一种方法传递过程中图形元素丢失较多,第二种方法方便快捷。为了顺利实现 Creo 模型的导入,在建模时要特别注意单位和密度的设定,应采用 mm、kg、N、℃。Creo 和 ADAMS 联合进行机械系统动力学仿真研究的步骤如图 5-75 所示。

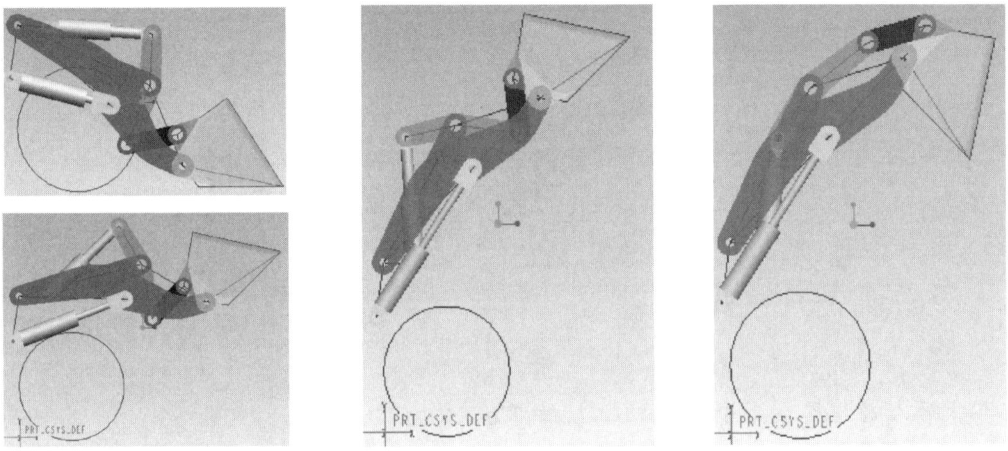

（a）地面插入工况和运输工况　（b）上限举升工况　（c）上限卸料工况

图 5-74　运动仿真中的四个主要工况

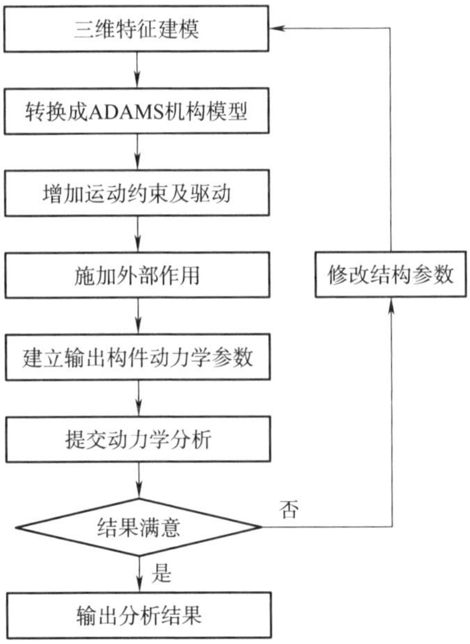

图 5-75　机械系统动力学仿真步骤

在实施图示步骤时,Creo 建模对后续仿真研究起着决定性的作用,因而在建模过程中需要对整体模型加以考虑,尽量减少返回修改结构参数的次数,否则会加大工作量。在数字化样机即将定义完毕时,若发现结构参数错误,则必须回到 Creo 环境中修改。

（2）建立数字化样机。ADAMS/View 可以考虑四种类型的力：作用力、柔性连接力、特殊力和接触力。装载机典型的工作过程包括：插入、铲装、重载运输、卸载和空载运输。工作装置所受的载荷有插入阻力 F_{in}、铲取阻力 F_{sh}、物料重力 F_g 和自身重力，如图 5-76 所示。

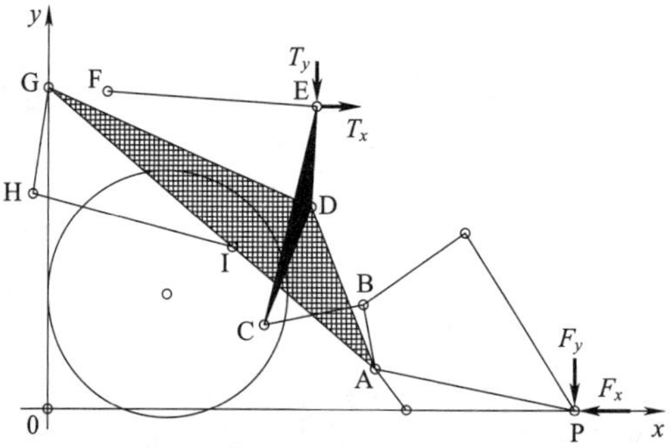

图 5-76　铲掘状态时机构受力分析示意图

最大插入阻力 F_{in}受限于最大牵引力，计算方式为

$$F_{in}=\frac{Mi\eta}{R_k}$$

式中　M——变矩器涡轮输出力矩，N · m；

i——变矩器涡轮至轮边的传动比；

η——传动效率；

R_k——轮胎动力半径，m。

最大铲取阻力 F_{sh}由铲取时最大的转斗阻力矩换算取得。最大的转斗阻力矩发生在开始转斗的一瞬间，其值可用下列实验公式计算：

$$M_{max}=1.1F_x\left[0.4\left(X-\frac{1}{3}Lc_{max}\right)+Y\right]$$

式中　Lc_{max}——铲斗插入料堆的最大深度，m；

X——铲斗斗尖到铲斗回转轴的水平距离，m；

Y——铲斗斗尖到铲斗回转轴的垂直距离，m。

则最大铲取力为

$$F_{sh}=\frac{M_{max}}{X}$$

在 ADAMS 中，以时间函数形式确定刚体的运动学方程，液压力是装载机工作装置的原动力，故在两个移动副上由 STEP 函数分别定义动臂举升液压缸和转斗液压缸的驱动，在液压缸筒和活塞杆间添加驱动。运动学驱动以时间函数的形式确定刚体间运动学方程，液压缸的活塞杆和缸筒相对运动规律是先加速、再匀速、后减速，由阶跃函数 STEP( )模拟液压缸的运动。轮式装载机数字化样机构建完成，如图 5-77 所示。

定义转斗液压缸上的运动方程为

STEP(time,0.0,0.0,5.0,240) + STEP(time,16.5,0.0,19.5,-240)

定义动臂举升液压缸上的运动方程为

STEP(time,2. 0,0. 0,6. 0, －150) ＋STEP(time,8. 0,0. 0,16. 0, －660) ＋
STEP(time,20. 0,0. 0,25. 0,810. 0)

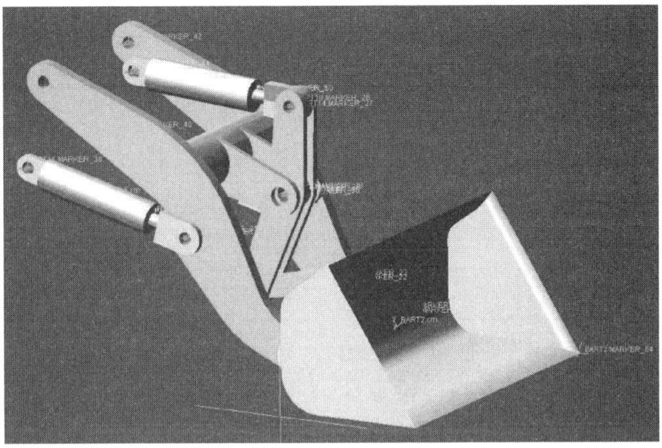

图 5-77　ADAMS 环境中的装载机工作装置

5. 工作装置 ADAMS 动力学仿真分析

ADAMS/Solver 默认的仿真输出有两大类:样机各种对象(如构件、力、约束等)基本信息的描述和各种对象的有关分量信息。此外,如果要自定义一些特殊的输出可以采用对象测量和输出请求的方式。

对装载机工作装置模型主要分以下几种工况进行仿真分析,如图 5-78 至图 5-82 所示。

① 地面插入工况、下限收斗工况;② 重载运输工况;③ 上限卸料工况;④ 落臂放平工况。

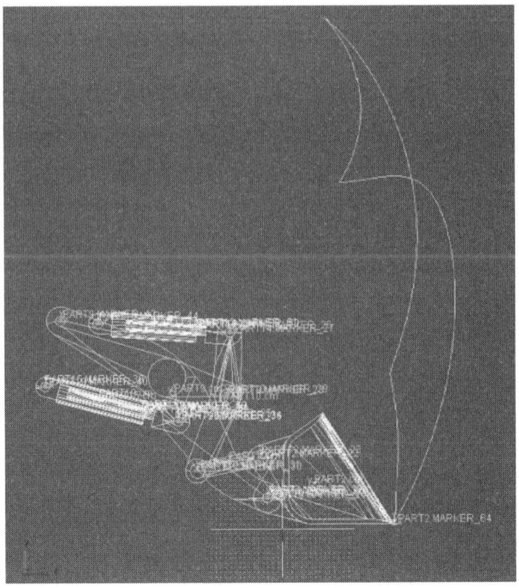

图 5-78　铲斗斗尖工作过程的轨迹

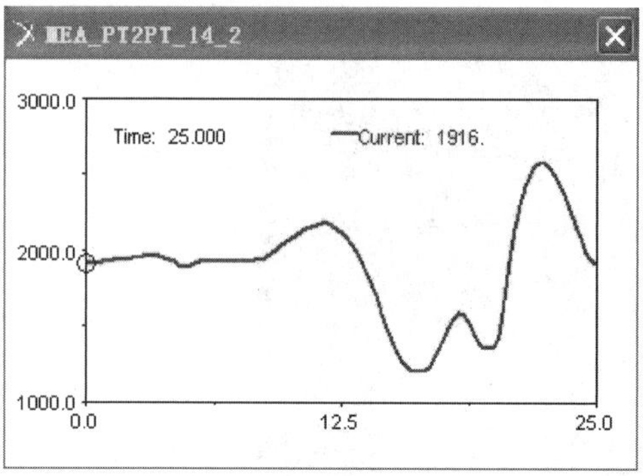

（a）卸载高度曲线图

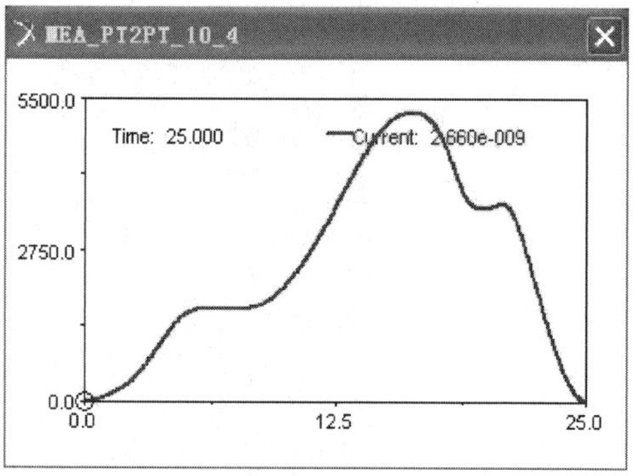

（b）卸载距离曲线图

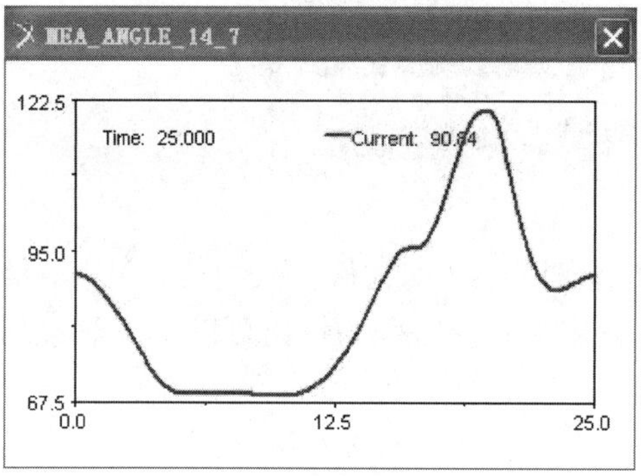

（c）连杆与摇臂夹角曲线图

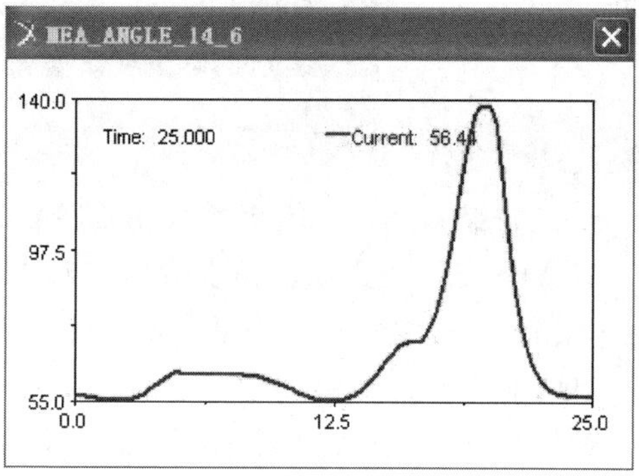

（d）摇臂与转斗缸的夹角曲线图

图 5-79　参数变化曲线

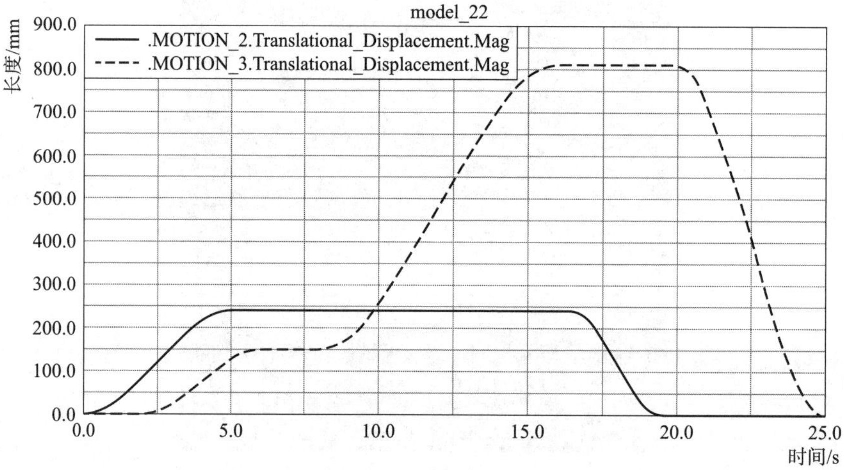

图 5-80　动臂油缸与转斗油缸驱动函数

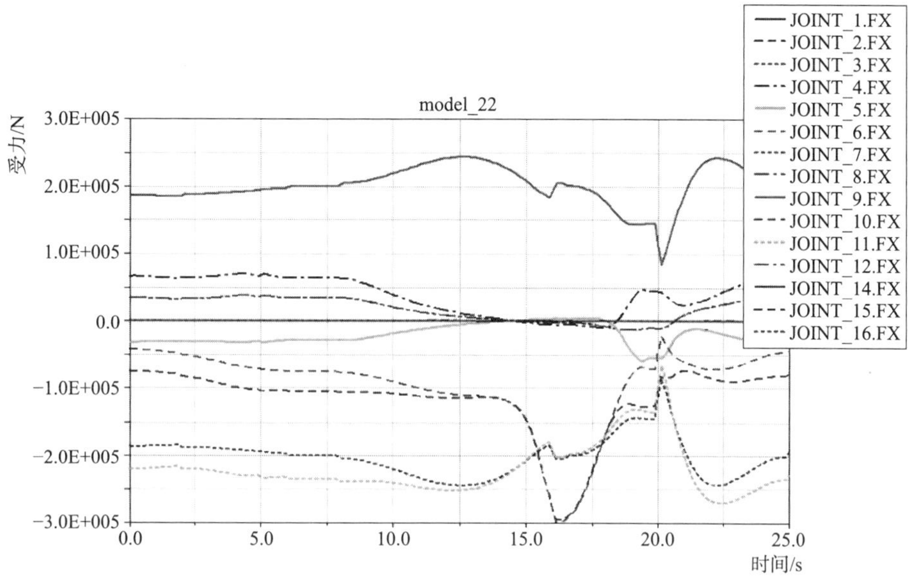

图 5-81　各个铰点在 x 方向的受力情况

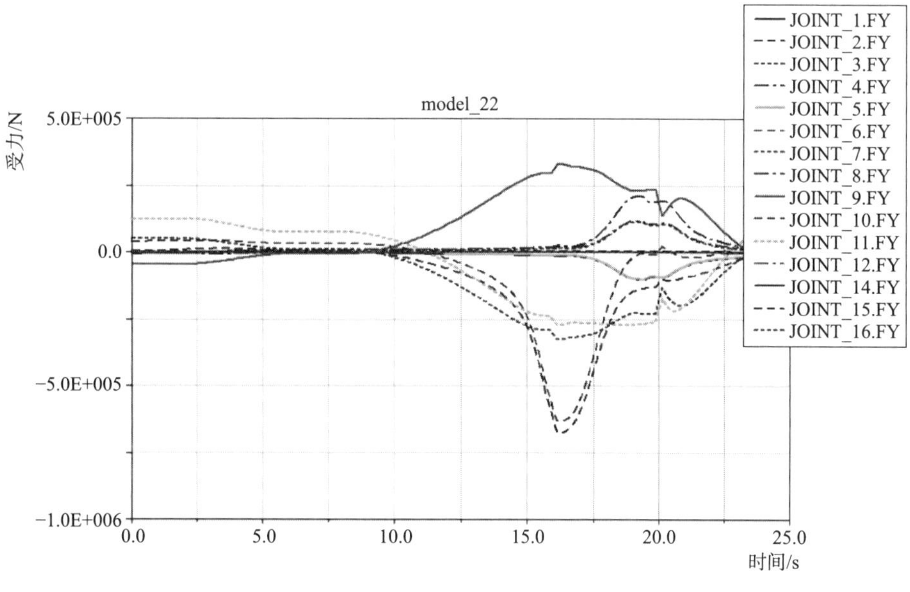

图 5-82　各个铰点在 y 方向的受力情况

6. 工作装置优化设计

工作装置的各个铰点对其性能都有一定的影响，综合优化设计的主要任务就是通过调整初始模型的铰点位置改善和提高工作装置的性能。

以工作装置处于地面铲掘位置时动臂油缸的最大举升力和转斗油缸的最大翻转力为目标函数：

$$F(X) = w_1 f_1(x) + w_2 f_2(x)$$

其中，$f_1(x)$和$f_2(x)$分别为转斗油缸的最大掘起力和动臂油缸的最大举升力。w_1、w_2为目标函数的加权因子，其取值范围为0~1。

约束条件：①铲斗铲料角 >45°；②铲斗平移性：铲斗位置角的变化 <6°；③卸载高度 >4 000 mm；④铲斗卸料角 >20°；⑤自动回正角 <6°。

设计变量：在优化之前，需要对模型进行参数化。优化设计分以下两部分：

（1）通过仿真试验研究单个铰点对工作装置性能的影响。由于装载机工作装置在运动的过程中，z方向各铰点的坐标值不变。因此只把铰点P_0~P_8的x坐标、y坐标各设置为一个因素（即设计变量），通过反复试验找出各因素对工作装置各性能指标的影响及其灵敏度，并且根据模型初始性能指标与理想值的差距，确定各个因素的可行域，即变量的变化范围。由于每个因素对不同的性能指标会产生不同的影响，因素向某一个方向变化会使得一些指标变好而另一些指标变坏，所以在确定各因素的可行域时需要综合考虑各项性能指标对提高整体装置性能的贡献份额，并据此确定各项性能指标的权重。当权重低的指标与权重高的指标相矛盾时，权重低指标应服从权重高指标。然后，再根据各因素可行域的大小和对性能指标影响的灵敏度，确定每个因素的值。在试验过程中，为了减少因素个数，可以把对工作装置各性能指标影响很小的因素作为常量考虑。

（2）采用正交试验法对工作装置各参数进行综合寻优。在上一步因素（变量）设计法的基础上采用正交试验法对工作装置各参数进行综合寻优。即根据变量设计单因素试验结果确定的变量因素，按对应的正交表安排进行试验，得到若干个待选设计方案，把这些设计方案的性能指标进行综合比较，在较为优秀的方案中确定出相对最好的一个；再对其各参数进行合理圆整和仿真验证，作为工作装置综合优化设计的最终结果。

（3）综合优化设计结果。把工作装置综合优化设计的最终结果称为结论模型。为方便比较初始模型和结论模型的结构、性能，表5-8、表5-9给出模型的主要性能指标值。可以看出，与初始模型相比，结论模型的各项性能均有了不同程度的改善。

表5-8　优化前后性能值的比较

性能指标	初始模型	结论模型
最大卸载高度/mm	2 150	2 235
最大高度对应的卸载距离/mm	1 350	1 086
动臂与举升缸间最小传动角	17.5°	18.3°
铲斗平放性指标	-1.6°	-0.8°
铲斗平移性指标	60.8°	59.5°

表5-9　优化前后铰点坐标值的比较　　单位：mm

铰点	x坐标	x坐标（优化后）	y坐标	y坐标（优化后）
P_7	2 262.1	2 256.0	241.1	216.0
P_6	2 151.0	2 141.0	700	710.0
P_5	1 470.5	1 469.0	489.5	485.0

续表

铰点	x坐标	x坐标(优化后)	y坐标	y坐标(优化后)
P_4	1 811.2	1 826.0	1 297.6	1 305.0
P_3	1 242.4	1 236.0	993.7	990.0
P_8	465.3	461.0	2 045.1	2 050.0
P_0	16.0	21.0	2 060.4	2 050.0
P_1	-105.3	-114.0	1 371.6	1 375.0
P_2	1 368.3	1 360.0	897.6	898.0

装载机工作装置的设计要求综合考虑诸多性能要求,如铲运性能、平移性、干涉性、传动性能、卸载性能等,因此优化设计模型的建立更显重要。分析表明,以各铰点坐标为设计变量,以举升缸力的最大值最小为目标函数建立优化数学模型是可行的。利用 ADAMS 对装载机工作装置进行动力学仿真省略了烦琐的数学计算,提高了求解速度。结合使用正交试验的理论和方法对其进行优化设计,结果表明通过改变机构中铰接点的位置,可使装载机工作装置的性能提高,所做工作为设计改进提供了有价值的参考数据。

思考题

1. 与传统的物理仿真相比,数字化仿真具有哪些优点?
2. 仿真技术在机械产品开发中具有哪些作用?
3. 利用有限元法进行结构分析时,主要有哪几个处理过程?
4. 什么是单元刚度矩阵?什么是总体刚度矩阵?两者有何联系?
5. 单元类型选择的基本原则是什么?
6. 有限元网格的划分应考虑哪些问题?
7. 为什么要进行有限元分析的前置处理?前置处理有哪些功能?
8. 有限元后置处理的主要内容和结果是什么?
9. 机构运动分析的作用和功能有哪些?简述机构运动分析的一般过程。
10. 简述虚拟样机技术的概念。
11. 题图5-1(a)所示为一平面桁架,施加水平力 $P=1\ 000$ kN,①号杆长 $L=1$ m,杆截面积 $A_1=6.0\times10^{-4}$ m^2,②号杆截面积 $A_2=6.0\times10^{-4}$ m^2,③号杆截面积 $A_3=6\sqrt{2}\times10^{-4}$ m^2,材料弹性模量 $E=210$ GPa,求节点位移与反力。
12. 题图5-2所示为一对齿轮传动副,零件材料均为20CrMoH钢,其中件1为主动齿轮,件2为从动齿轮。在传递动力时,件1主动齿轮角速度为500 rev/min,件2从动齿轮受到100 N·mm的扭矩,计算齿轮啮合区域(啮合区域有A、B两处)最大的位移变形量和最大 Von Mises 应力值,其中20CrMoH钢材料的性能参数见题表1。

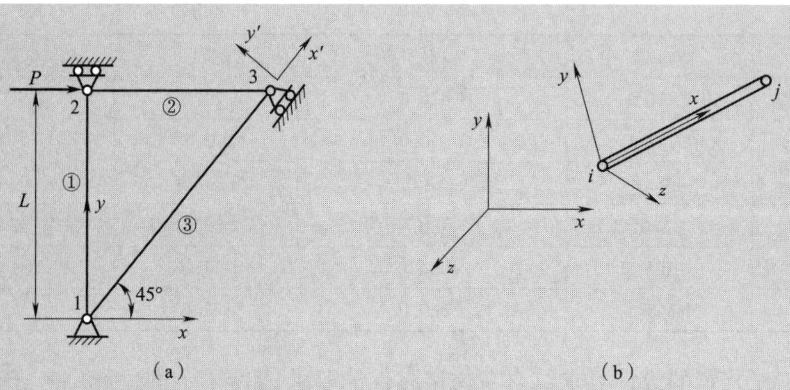

题图 5-1

题表 1　20CrMoH 力学性能参数

名　　称	弹性模量/GPa	泊　松　比	密度/(kg/mm^3)	屈服强度/MPa
20CrMoH	210	0.278	7.48E－06	1 079

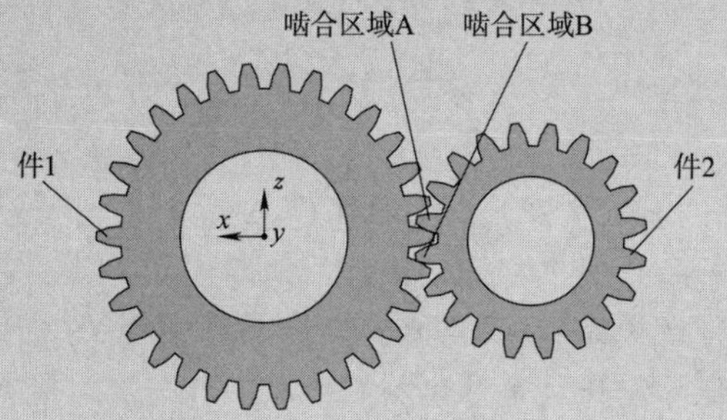

题图 5-2

13. 进行二级减速器运动仿真分析，二级减速器零件(见题图 5-3)与运行参数参考机械设计手册。

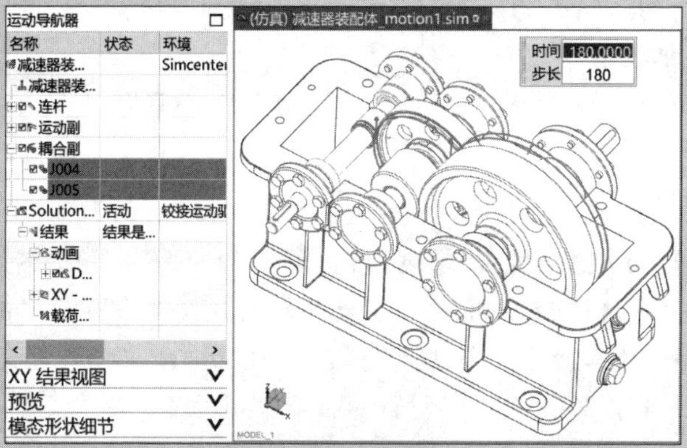

题图 5-3

第6章　数控加工编程基础

在普通机床上加工零件时，一般由工艺人员按照设计图样事先制订好零件的加工工艺规程。机床操作人员按照工艺规程的各个步骤操作机床，加工出图样给定的零件，即加工过程是由操作者完成的，操作者的技术水平在一定程度上会影响零件的加工质量。与普通机床不同，数控机床的运动和动作由程序控制，而不是操作者。在数控机床上加工零件时，首先要编写零件的加工程序，然后把编写好的加工程序输入到数控系统，数控系统按照程序规定的动作、顺序、速度等要求严格控制机床自动完成零件加工。可见，加工程序的编写质量在很大程度上影响零件的加工质量。所以数控编程是数控加工中一项基础而又十分重要的工作。

6.1　数控编程步骤和方法

6.1.1　数控编程的内容和步骤

数控编程的主要内容包括：分析零件图纸、工艺设计、数学处理、程序编制、输入程序、校验修改程序、首件加工与检测等环节，如图6-1所示。

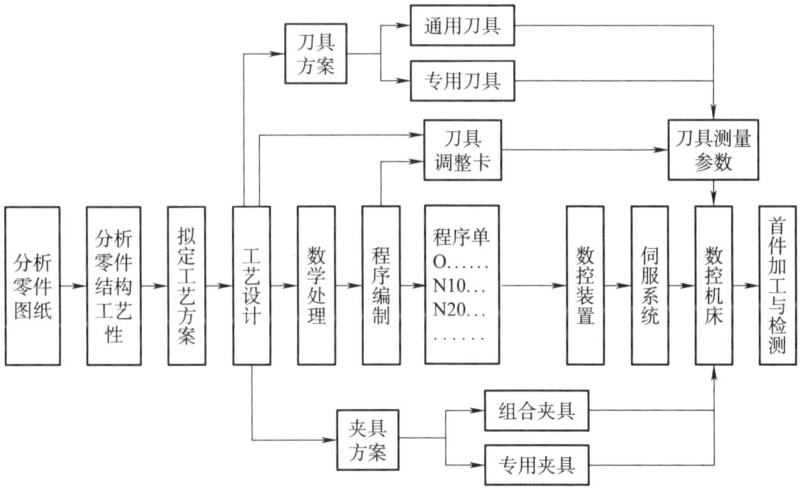

图6-1　数控编程的基本步骤

1. 分析零件图纸

首先要分析零件的材料、形状、尺寸、精度、批量、毛坯形状和热处理要求等，以便确定该零件是否适合在数控机床上加工，适合在哪种数控机床上加工。同时要明确加工的内容和要求。此外，还应搜集必要的信息，如该零件加工的数量、前道工序、后道工序、磨削余量、装配过程等，为后续编程积累相关信息。

2. 工艺设计

在分析零件图的基础上，进行结构工艺分析，确定零件的加工方法（包括采用的工夹具、装夹定位方法等）、加工路线及切削用量等工艺参数，编写加工工艺规程。加工工艺规程是包括零件加工工艺过程和操作方法等的工艺文件，常用的工艺文件有：数控加工工序卡、数控加工走刀路线图、数控刀具卡、数控刀具明细表等。制定数控加工工艺时，要考虑所用数控机床的指令功能，充分发挥机床的效能；尽量缩短走刀路线，减少换刀次数，提高加工效率；合理选择编程零点，简化数学处理；合理选择切入点和切入方式，保证切入过程平稳；合理选择切出点和切出方式，避免在加工表面留下刀痕；正确选择换刀点，避免刀具与工件、机床及其辅具发生干涉，保证加工过程安全可靠等。

3. 数学处理

数学处理是指在确定了工艺方案后，根据零件的结构尺寸，结合零件粗、精加工中刀具和工件的相对运动轨迹，计算得到刀位点在工件坐标系中的坐标值。对于形状简单的零件（如直线和圆弧组成的零件轮廓），计算出零件轮廓相邻几何元素的交点或切点的坐标值（即数控加工中的基点），圆弧半径或中心点坐标；对于形状复杂的零件（如非圆曲线、曲面构成的零件轮廓），需要用小直线段或圆弧逼近，根据零件要求的精度计算出两相邻的直线段或圆弧线段的交点或切点（即数控加工中的节点）坐标值。自由曲线、曲面及组合曲面的数据计算量大且复杂，必须使用计算机自动编程。

4. 程序编制

加工路线、工艺参数及刀位数据确定后，编程人员可以根据数控系统规定的功能指令代码及程序段格式，通过手工编程或自动编程的方法编制零件加工程序。在使用手工编程方法时，应尽量使用数控系统提供的固定循环、宏程序、子程序等高效的编程功能，这样既可以减少编程量，同时又便于查找错误。

5. 输入程序

程序编制好后，输入数控系统的方式有以下三种：

（1）手动数据输入方式（manual data input，MDI）。编程人员利用数控机床操作面板，将程序输入到数控系统中，通过 CRT 显示器可以看到输入的相关内容。MDI 的特点是输入简单、直观，但是由于手工输入效率较低，仅适用于简单程序。

（2）用控制介质输入。数控加工程序编制完成后，制作控制介质，控制介质多采用穿孔纸带、磁带、磁盘等。穿孔纸带上的程序代码通过光电阅读机输入数控系统，控制数控机床工作。磁带、磁盘通过磁带收录机、磁盘驱动器等装置输入数控系统。

（3）通过机床的通信接口输入。随着计算机技术的迅速发展和 CAD/CAM 大型集成软件功能的不断完善，编程人员利用 UG NX、Creo、CATIA 等自动编程，然后通过连接计算机与数控机床的 RS-232 数据线或网线，实现计算机与机床之间数控程序的实时传输，控制机床在线加工。这种通信方式减少了控制介质制作环节，不仅避免了手工输入时可能产生的错误，还提高了程序的输入速度，提高了程序的可靠性，是实现网络化制造的重要基础。

6. 程序的校验、修改

为了避免程序错误导致机床加工事故，程序必须经过校验才能考虑后续加工。一般来说，对于手工输入的程序，有下列两种基本的校验方法：一是通过专用的数控加工仿真软件校验程序代码的正确性;二是利用数控系统的图形模拟功能,让机床保持空运行加工状态,在机床屏幕上显示刀具轨迹检查程序的正确性。考虑到程序量大,动辄几万条,一般不利用数控系统的图形模拟功能进行程序校验,通常是用仿真软件(如 VIRCUT 等)做三维模拟加工检查程序的正确性,验证合格后直接输入到机床上加工。

7. 首件加工与检测

程序的校验只能校验运动轨迹是否正确,不能检查所指定的工艺参数是否合理及被加工零件的加工精度是否满足工程图样要求。因此,有必要进行零件的首件试切,而后检测试切工件的精度。当试切工件的精度达不到图样要求时,应分析产生误差的原因,找出问题所在,修改加工程序,直至满足图样要求。

对于形状复杂和精度要求特别高的零件,或者特别昂贵、不允许报废的零件,也可采用铝件、塑料或石蜡等易切材料进行试切以校验程序。

上述内容完成,而且试加工的零件符合零件图纸的精度、技术要求,数控编程的工作才算结束。

6.1.2　数控程序格式

1. 程序的结构

数控车削加工图 6-2 所示的工件,加工程序结构举例如下:

```
O1000;                        程序号
N10  G50  X200  Z150  T0100;  建立工件坐标系,选择 T01 号刀
N20  G96  S150  M03;          恒线速设定,主轴正转
N25  G50  S2000;              设定主轴最高转速
N30  G00  X20  Z6  T0101;     ① 建立刀具补偿
N40  G01  Z-30  F0.25;        ② φ20 圆柱加工
N50  X50;                     ③ φ50 轴肩加工
N60  X60  Z-70;               ④ 圆锥加工
N70  X90;                     ⑤ φ60 轴肩加工
N80  G00  X200  Z150  T00  M05;  ⑥ 刀具回位
N90  M02;                     程序结束
```

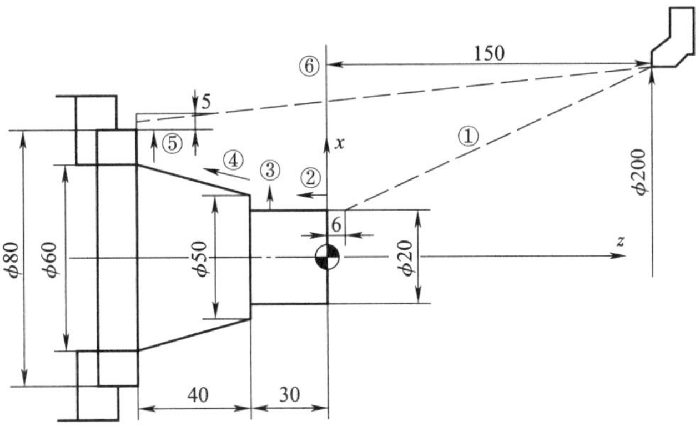

图 6-2　数控程序结构示例

一个完整的数控程序,由若干程序段(block)组成;一个程序段由若干代码字(code word)组成;每个代码字由字、地址(字母)和字内容(数字,有的带符号)组成。数控程序一般包括三个部分:程序开始部分、程序主体部分和程序结束部分,具体见表6-1。

表6-1 数控程序

程　序	程序段	注　释
% O1000;	程序开始部分	通常由程序开始符"%"和程序名组成; 程序名一般由程序编号地址符O或P及后跟数字表示,数字范围为1～9999。不同的数控系统有不同的程序编号地址符,如FANUC系统用字母O,AB8400系统用P
N10 G50 X200 Z150 T0100; N20 G96 S150 M03; N25 G50 S2000; N30 G00 X20 Z6 T0101; N40 G01 Z－30 F0.25; … N90 M02;	程序主体部分	该部分是整个程序的核心,由一条条的程序段组成。每个程序段由一个或多个指令组成,表示数控机床要完成的全部动作
%	程序结束部分	通常由程序结束指令和程序结束符"%"组成。有的数控系统以EM为程序结束符

2. 程序段的格式

一个程序段中,代码字的排列、书写方式和顺序,以及每个字和程序段的长度限制和规定,称为程序段格式。格式不符合规定,数控系统不能接受。

常用的程序段格式是"字-地址"程序段格式。每个字以地址符(字母)开始,其后跟符号和数字。字的排列顺序无严格要求。不需要的字或与上段相同的续效字可以不写。这种程序段格式的特点是程序简单、可读性强、易于检查。各个功能字的意义如下:

(1)程序段号。用于表示程序开始操作的顺序,即程序段执行的顺序号。用地址码N和在其后面的四位数字表示。

(2)准备功能字。又称G代码。准备功能是使数控装置作某种操作的功能,它一般紧跟在程序段序号后面,用地址码G和2位数字表示。

(3)尺寸字。用于给定机床各坐标轴位移的方向和数据,它由各坐标轴的地址代码、数字构成。尺寸字一般安排在G功能字的后面。尺寸字的地址代码,对于进给运动为X、Y、Z、U、V、W、P、Q、R;对于回转运动的地址代码为A、B、C、D、E。此外,还有插补参数字I、J、K等。

(4)进给功能字。它给定刀具对于工件的相对速度,由地址码F和在其后面的若干位数字构成。这个数字取决于每个数控装置所采用的进给速度指定方法。进给功能字应写在相应轴尺寸字之后,对于几个轴合成运动的进给功能字,应写在最后一个尺寸字之后。一般单位为mm/min,切削螺纹时用mm/r表示,在英制单位中用英寸表示。

(5)主轴转速功能字。又称S功能,该功能字用于选择主轴转速,它由地址S和在其后面的若干位数字构成。主轴速度单位用r/min表示。

(6)刀具功能字。又称T功能,它由地址码T和在其后面的若干位数字构成。刀具功能字用于更换刀具时指定刀具或显示待换刀号,有时也能指定刀具补偿。

（7）辅助功能字。又称 M 功能，该功能指定除 G 功能之外的各种“通断控制”功能。它一般用地址码 M 和在其后面的 2 位数字表示。

（8）程序段结束符。每一个程序段结束之后，都应加上程序段结束符。数控机床用 EIA 标准代码时，结束符为 CR；用 ISO 标准代码时，为 NL 或 LP；有的用符号“；”或“。”表示；有的直接按【Enter】键即可。

字地址格式中常用的地址字及其意义见表 6-2。

表 6-2　ISO 地址字符

地址字	意义
A、B、C	围绕 x、y、z 轴旋转的旋转轴角度尺寸字
D、E	围绕特殊坐标轴旋转的旋转轴角度尺寸字或第 3 进给速度指定功能
F、S、T	进给速度指定功能、主轴速度功能、刀具功能
G	准备功能
H	永不指定①，或刀补号参数
I、J、K	未指定②，或插补参数
L、O	不指定，或子程序号代码、程序号代码
M	辅助功能
N	程序段序号
P、Q	与 x、y 轴平行的第 3 移动坐标尺寸字
R	z 轴的快速运动尺寸或与 z 轴平行的第 3 移动坐标尺寸字
U、V、W	与 x、y、z 轴平行的第 2 移动坐标尺寸字
X、Y、Z	主坐标轴 x、y、z 移动坐标尺寸字

注：①“永不指定”表示该字母在未来的标准中也不会被用于其他功能，实际上已被许多数控系统使用。

②“未指定”说明目前在标准中未规定其含义，未来可能会用于其他功能，实际上已被许多数控系统使用。

3. 子程序控制

编制加工程序时，若一组程序段在一个程序中多次出现或在几个程序中均被用到，为缩短程序的长度，可把这组程序段抽出来，按规定的格式编写为一个新的程序并单独存储，供其他程序进行调用，此种程序称为子程序。子程序执行过程中可调用其他子程序（即子程序嵌套），嵌套级数由数控系统的类型决定，如图 6-3 所示。如 FANUC 系统的嵌套级数最多为 10 级，MITSUBISHI 系统的嵌套级数最多为 8 级，SINUMERIK 系统的嵌套级数最多为 12 级。调用第一级子程序的指令所在的加工程序称为主程序，且在执行主程序时，遇子程序调用指令则执行子程序，遇返回指令则重回主程序继续执行下一程序段。

（1）FANUC 系统的子程序控制。FANUC 系统中完整的子程序由子程序名、子程序体和子程序结束三部分组成。其中，子程序名由地址符 O 及其后的 4 位数字组成，如 O0020；子程序体的规定与主程序相同；子程序结束及返回调用程序是通过辅助功能代码 M99 实现的。主程序或子程序中调用某一子程序有两种方式：①M98 P51002 表示重复调用名为 1002 的子程序 5 次；②M98 P4 L5 表示重复调用名为 0004 的子程序 5 次。

（2）MITSUBISHI 系统的子程序控制。MITSUBISHI 系统中完整的子程序也是由子程序名、子程序体和子程序结束三部分组成。其中，子程序名由地址符 O 及其后的 8 位数字组成，如 O13002098；子程序体的规定与 FANUC 系统相同；子程序结束及返回调用程序格式为 M99 P_ 的单独程序段，其中 P_为调用程序 M98 的返回处顺序号，可省略不写（省略时将返回至调用程序段的下一单节）。其子程序调用的指令格式为

M98 P_H_L_;

其中 P——指定被调用子程序的程序名，省略时指定程序自身；

H——指定被调用子程序中的顺序号，省略时指定被调用子程序的起始单节；

L——指定重复调用的次数，省略时视为 L1，但 L0 时程序不执行。

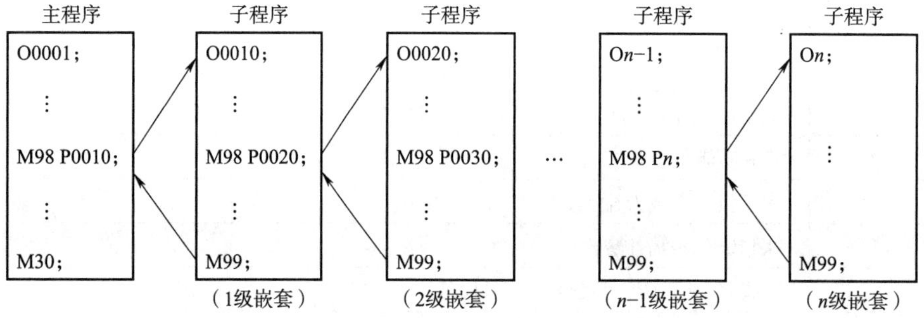

图 6-3 子程序的嵌套级数

（3）SINUMERIK 系统的子程序控制。SINUMERIK 系统中的子程序结构虽与 FANUC、MITSUBISHI 系统的相同，但子程序名、子程序结束及子程序调用的规定有所不同。

① SINUMERIK 系统中子程序的扩展名为 . SPF，子程序名的前 2 个字符必须为字母（或一个字符加一个下划线），其后字符可以是字母、数字或者下划线，但不能使用任何分隔符，如 BUCHSE7。

② SINUMERIK 系统中子程序结束及返回调用程序既可通过辅助功能代码 M17 实现，也可由单独程序段内的可设定参数的子程序返回指令 RET 实现。

③ SINUMERIK 系统中子程序的调用既可通过执行由地址符 L 及其后被调用的子程序名、重复调用次数 P 组成的单独程序段实现，即 L_P_，其中 L 后的每个数字 0 均有意义不可省略（如 L128 与 L0128、L00128 均不同），P 后次数的取值范围为 1 ~ 9999。例如，程序段 L785P3 表示重复调用名为 785 的子程序 3 次。也可直接用被调用的子程序名实现，例如，FRAMEP5 表示重复调用名为 FRAME 的子程序 5 次。

4. 最小设定单位

数控系统发出一个脉冲指令后，经伺服系统的转换、放大、反馈后，驱动机床上的工件（刀具）实际移动的最小位移量，称为最小设定单位，又称最小指令增量或脉冲当量。一般为 0.001 ~ 0.01 mm，超精密加工最小单位可以达到 1 nm 甚至 0.1 nm（0.000 000 1 mm）。编程时，所有编程尺寸都应转换为与最小设定单位相应的数值。

6.1.3 数控编程的指令代码

指令代码即功能字，又称功能指令、功能代码等。国际标准化组织（ISO）已制定了 G 代码

和 M 代码的标准,但由于新型数控系统和数控机床的不断出现,许多先进数控系统中的很多功能已超出了 ISO 制定的通用国际标准。此外,即使同一功能,不同企业的数控系统指令代码也有差别,甚至同一企业新旧数控系统的指令代码也不尽相同。

1. 准备功能代码指令

准备功能代码指令又称 G 指令,一般由字母 G 和其后的 2 位数字组成,范围为 G00 ~ G99。但随着数控系统功能的增加,不少数控系统的 G 指令已采用多位数。ISO 标准中规定的准备功能 G 代码见表 6-3。

表 6-3　准备功能 G 代码

代码	功能	代码	功能	代码	功能
G00	点定位	G41	左侧刀具补偿	G80	取消固定循环
G01	直线插补	G42	右侧刀具补偿	G81	钻孔循环
G02	顺时针圆弧插补	G43	左刀具偏置	G82	钻或扩孔循环
G03	逆时针圆弧插补	G44	右刀具偏置	G83	钻深孔循环
G04	暂停	G45 ~ G52	用于刀具补偿	G84	攻螺纹循环
G05	不指定	G53	取消直线偏移	G85	镗孔循环 1
G06	抛物线插补	G54	x 轴直线偏移	G86	镗孔循环 2
G07	不指定	G55	y 轴直线偏移	G87	镗孔循环 3
G08	自动加速	G56	z 轴直线偏移	G88	镗孔循环 4
G09	自动减速	G57	xy 平面直线偏移	G89	镗孔循环 5
G10 ~ G16	不指定	G58	xz 平面直线偏移	G90	绝对值输入方式
G17	xy 平面选择	G59	yz 平面直线偏移	G91	增量值输入方式
G18	zx 平面选择	G60	准确定位(精)	G92	预置寄存
G19	yz 平面选择	G61	准确定位(中)	G93	时间倒数进给率
G20 ~ G32	不指定	G62	准确定位(粗)	G94	每分钟进给率
G33	等螺距螺纹切削	G63	攻螺纹	G95	主轴每转进给率
G34	增螺距螺纹切削	G64 ~ G67	不指定	G96	恒线速度
G35	减螺距螺纹切削	G68	内角刀具偏置	G97	主轴转速
G36 ~ G39	不指定	G69	外角刀具偏置	G98 ~ G99	不指定
G40	取消刀具补偿	G70 ~ G79	不指定		

2. 辅助功能代码指令

辅助功能代码指令又称 M 指令,它与数控系统的插补运算无关,主要是为了数控加工和机床操作而设定的工艺性辅助指令,是数控编程必不可少的功能代码。它由字母 M 和其后的 2 位数字组成,范围为 M00 ~ M99。ISO 标准中规定的辅助功能 M 代码见表 6-4。

表 6-4 辅助功能 M 代码

代码	功能	代码	功能	代码	功能
M00	程序停止	M15	正向快速移动	M49	手动速度修正失效
M01	计划结束	M16	反向快速移动	M50	3 号切削液开
M02	程序结束	M17 ~ M18	不指定	M51	4 号切削液开
M03	主轴顺时针转动	M19	主轴定向停止	M52 ~ M54	不指定
M04	主轴逆时针转动	M20 ~ M29	永不指定	M55	刀具直线位移到位置 1
M05	主轴停止	M30	纸带结束	M56	刀具直线位移到位置 2
M06	换刀	M31	互锁机构暂时失效	M57 ~ M59	不指定
M07	2 号切削液开	M32 ~ M35	不指定	M60	更换工件
M08	1 号切削液开	M36	进给速度范围 1	M61	工件直线位移到位置 1
M09	切削液关	M37	进给速度范围 2	M62	工件直线位移到位置 2
M10	夹紧	M38	主轴速度范围 1	M63 ~ M70	不指定
M11	松开	M39	主轴速度范围 2	M71	工件转动到角度 1
M12	不指定	M40 ~ M45	不指定	M72	工件转动到角度 2
M13	主轴顺转,切削液开	M46 ~ M47	不指定	M73 ~ M99	不指定
M14	主轴逆转,切削液开	M48	注销 M49		

3. F、S、T 代码

(1) F 代码。进给速度功能代码,为模态代码,用于指定进给速度(各坐标轴的合成速度)。F 代码常有两种表示方法:

① 直接指定法。即地址 F 后跟的数字就是进给速度的大小。单位一般为 mm/min。例如,F100 表示进给速度为 100 mm/min。当进给速度与主轴速度有同步关系时(车螺纹和攻螺纹时),单位为 mm/r。

② F 带 2 位数字,如 F05、F36 等。后面所带的数字只是一个代码,它与某个(系统规定的速度值)速度值相对应,换言之,这种指令所指定的进给速度是有级的,速度值序既可以是等差数列,也可能是等比数列。

(2) S 代码。主轴转速功能代码,它是模态代码,用于指定主轴的转速,通常单位为 r/min。当指定恒表面切削速度时,单位变为 m/min。M03、M04 必须与 S 代码一起使用,主轴才能产生正转和反转。

(3) T 代码。用字符 T 及随后的数字表示。用于指定加工时采用的刀具号,该指令在加工中心、车削中心等带有刀库和自动换刀装置的数控机床上使用。T 后跟数字位数可以是 2 位、4 位、6 位,如 2 位数字 T04,表示选择 04 号刀具,同时取相应刀具的刀补;4 位数字 T0403,表示选择 04 号刀具,采用 03 号偏置寄存器里的刀补量(包括半径补偿量和长度补偿量);6 位数字 T040309,表示选择 04 号刀具,采用 03 号偏置寄存器里的半径刀补量和 09 号偏置寄存器里的长度刀补量。

6.1.4 数控程序编制方法

在完成工艺分析和数值计算后,编程人员可根据计算出的刀具运动轨迹坐标值和已确定的工艺路线、刀具号、刀具补偿、切削用量以及辅助动作,结合数控系统规定使用的指令与程序格式,采用手工编程或自动编程编写零件加工程序。

1. 手工编程

手工编程是指从分析零件图样、确定加工工艺方案、数学处理、编写零件加工程序单到程序校验、试切、修改都是由人工完成的编程方法。手工编程要求编程人员不仅要熟悉数控指令及编程规则,而且还要具备数控加工工艺知识和数学处理能力。对于加工形状简单、计算量小、程序段数不多的零件,采用手工编程较容易,而且经济、及时。因此,在点位加工或简单轮廓的加工中,广泛采用手工编程。

2. 自动编程

对于形状复杂的零件,需要数学处理的工作量很大,用手工编程就有一定困难,不但耗时多,而且出错的概率也很大;特别是具有复杂非圆曲线、自由曲面零件加工,用手工编程往往无法完成,必须借助计算机及相应的专业软件辅助完成。

根据自动编程所使用软件不同,自动编程方法主要有语言自动编程和 CAD/CAM 软件自动编程两种方法。语言自动编程是指将加工零件的几何尺寸、工艺要求、切削参数及辅助信息等用规定的编程语言编写成源程序后,输入到计算机中,再由计算机进一步处理得到零件加工程序。CAD/CAM 软件自动编程是指将零件的图形信息输入到 CAD/CAM 系统,在程序员的协助下进行数值计算及后置处理,最后生成数控加工程序。CAD/CAM 软件自动编程是使用最为广泛的自动编程方式。

6.2 机床坐标系和工件坐标系

6.2.1 机床坐标系

机床坐标系(machine coordinate system,MCS)是机床上固有的坐标系,一般是由机床制造商在机床出厂前设定。

1. 数控机床坐标系命名

(1) 标准机床坐标系。在国际标准 ISO 841 中规定,数控机床坐标系采用笛卡儿右手直角坐标系,X、Y、Z 分别为三个直线运动坐标轴,A、B、C 分别为绕 X、Y、Z 坐标轴旋转的回转轴。对各坐标轴及其方向的规定如图 6-4 所示。

(2) 坐标轴命名与坐标轴正向。坐标轴命名顺序是先 Z 后 X 再 Y。标准机床坐标系中,假设工件固定不动,刀具相对工件运动,且刀具远离工件的方向为正方向。由于机床结构不同,如果是工件相对刀具运动,则该轴的实际正方向与标准坐标系规定的正方向相反。

Z 轴与机床主轴轴线平行,其正方向为使工件尺寸增大的方向。若机床有多根主轴,则将该机床使用最多的那根主轴定义为 Z 轴。若某机床没有主轴,则该机床 Z 轴垂直于机床工作台。

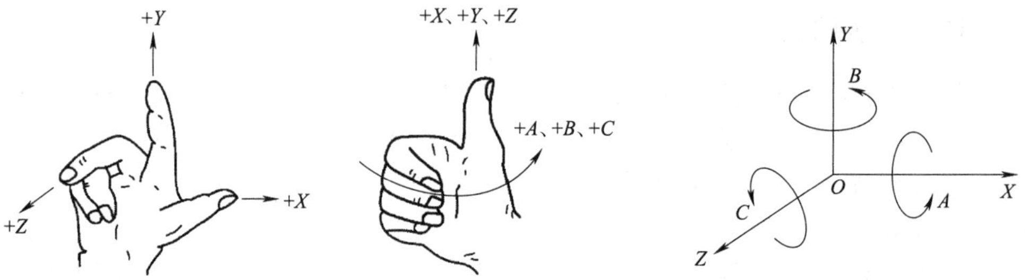

（a）直线轴坐标　　（b）回转轴坐标　　（c）坐标系

图 6-4　右手笛卡儿坐标系

X 轴通常是水平的，且与工件装夹面平行，与 *Z* 轴垂直。对于工件旋转类机床，如车床，*X* 轴沿工件径向定义，垂直于工件轴线，刀具离开工件旋转中心的方向为 *X* 轴的正方向。对于刀具旋转类机床，如铣床，若机床 *Z* 轴为水平状态，则由机床主轴向工件看，其右手方向为 *X* 轴的正方向；若机床 *Z* 轴为垂直状态，则由刀具主轴向立柱看，其右手方向为 *X* 轴的正向。对于龙门式机床，则由机床主轴向左立柱看，右手方向为 *X* 轴的正方向。

Y 轴与 *X*、*Z* 坐标轴相互垂直，可按右手坐标系定律确定其正方向。*A*、*B*、*C* 回转轴，其正方向分别为沿 *X*、*Y*、*Z* 坐标轴的右手螺旋前进方向。

如果数控机床还有其他直线运动轴，可命名为机床第二坐标系的 *U*、*V*、*W* 坐标轴。如果再有，可用 *P*、*Q*、*R* 表示。若除 *A*、*B*、*C* 回转坐标轴之外，还有其他回转轴运动，则可用 *D*、*E*、*F* 回转轴表示。

2. 数控车床的机床坐标系

数控车床的机床坐标原点通常在主轴端面中心，有 *X* 和 *Z* 两个方向的进给运动。车床主轴轴线定义为 *Z* 轴，车刀沿 *Z* 轴离开工件的方向为正方向；直径方向定义为 *X* 轴，车刀沿 *X* 轴离开工件的方向为正方向。平床身和斜床身数控车床由于刀架安装位置不同，*X* 轴正方向也不同，如图 6-5 所示。

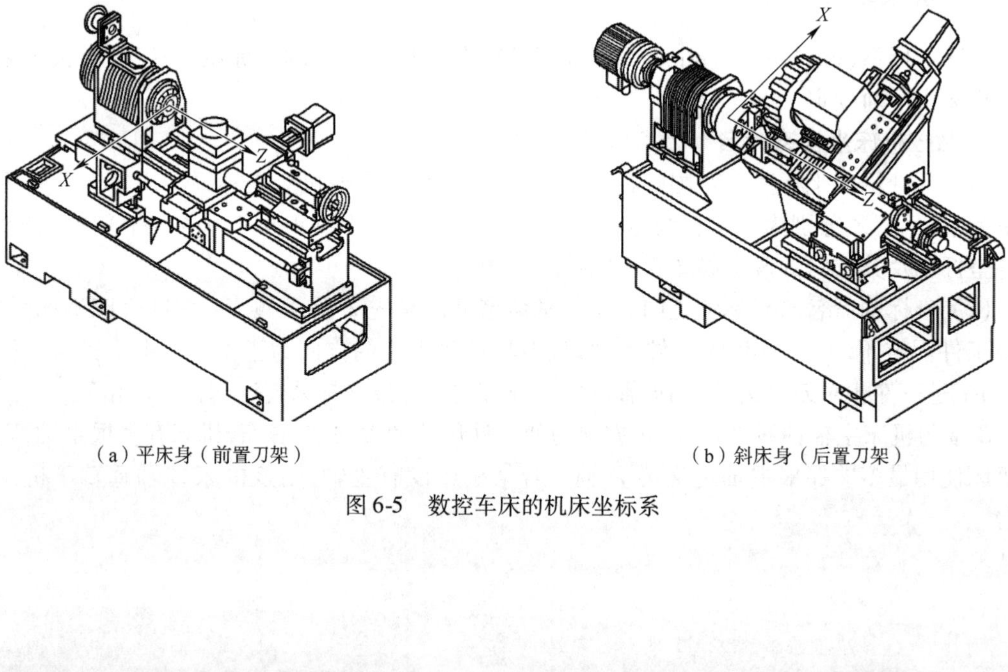

（a）平床身（前置刀架）　　（b）斜床身（后置刀架）

图 6-5　数控车床的机床坐标系

3. 数控铣床和加工中心的机床坐标系

数控铣床及加工中心有 X、Y 和 Z 三个方向的直线进给运动，按立式、卧式和龙门式三种机床结构，坐标轴的命名有所不同，如图 6-6 所示。

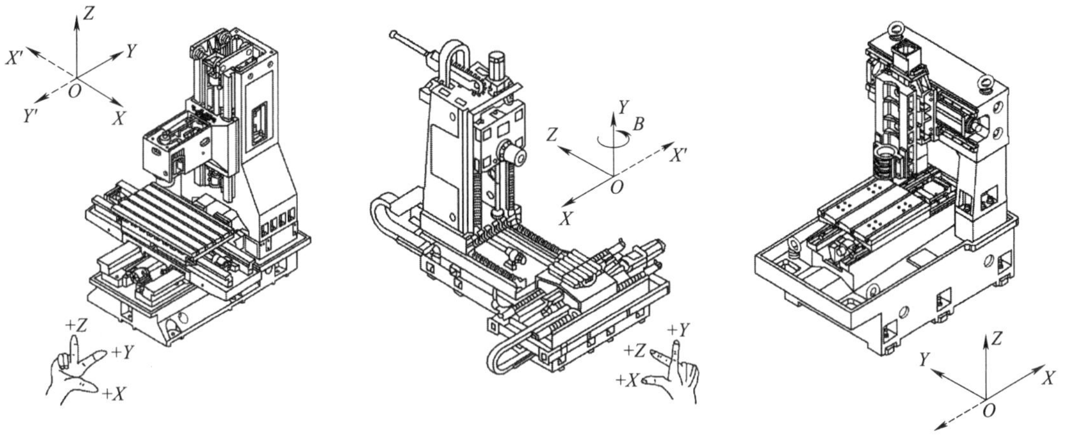

（a）立式　　（b）卧式　　（c）龙门式

图 6-6　数控铣床及加工中心坐标系

（1）Z 轴。与主轴轴线平行的坐标轴为 Z 轴。图 6-6（a）所示的立式铣床中，工件在 Z 方向静止，主轴箱沿立柱上下运动的轴为 Z 轴，且向上远离工件的方向为正方向；图 6-6（b）所示的卧式铣床中，主轴箱随立柱的纵向运动的轴为 Z 轴，且向后远离工件方向为正方向。

（2）X 轴。平行于工件装夹平面的坐标轴为 X 轴。对单立柱立式数控铣床和加工中心，人面对主轴，右侧为正方向，如图 6-6（a）所示；对单立柱卧式数控铣床和加工中心，人面对主轴，左侧为正方向，如图 6-6（b）所示；对双立柱机床（龙门式），从主轴向左立柱看，右侧为正方向，如图 6-6（c）所示。对图 6-6 所示的数控铣床，工件在 X 方向是运动的，与标准机床坐标系的假设相反，则 X 轴实际上为坐标轴 X'，如图中虚线所示。

（3）Y 轴。根据 Z 轴和 X 轴的正方向，用右手笛卡儿定则可确定 Y 轴及其正方向，如图 6-6 所示。对图 6-6（a）所示的立式数控铣床，工件在 Y 方向是运动的，与标准机床坐标系的假设相反，则 Y 轴实际上为坐标轴 Y'，如图中虚线所示。

（4）A、B、C 轴。在带数控回转工作台的数控铣床和加工中心中，根据回转中心线对应的直线轴名，用右手笛卡儿定则确定回转轴的名称及正方向。如图 6-6（b）所示，回转工作台轴线与 Y 轴平行，则回转台为 B 轴。

4. 五轴联动

数控机床除了常规的数控车床、数控铣床和加工中心外，还有五轴联动加工中心、车铣复合加工中心等。五轴联动加工是指一台机床上有五个坐标轴（三个直线轴和两个旋转轴）在数控系统的控制下同时协调进行加工。

6.2.2　工件坐标系

机床坐标系是进行设计和加工的基准，但直接利用机床坐标系编制零件的加工程序并不方便,一般采用工件坐标系(work piece coordinate system,WCS)进行编程。工件坐标系是为确定工件几何图形上各几何要素(如点、直线、圆弧等)的位置关系而建立的坐标系,编程尺寸都是按工件坐标系中的尺寸确定的。工件坐标系的坐标轴及运动方向与机床坐标系保持一致。

6.2.3 坐标原点与参考点

1. 机床坐标系原点与参考点

机床坐标系的原点又称机床原点、机械原点、机床零点。它是在机床上设置或定义的一个固定点,其位置在机床装配、调试时由机床设计和制造企业确定,通常不允许用户改变。该点是确定数控机床坐标系、工件坐标系、机床上参考点的基准点。从机床设计的角度看,该点位置可以是任意点,对某一具体机床来说,机床原点是固定的。通常,机床原点设置在机床上一些固定的基准线或基准面上。如数控车床,机床原点一般选在卡盘端面与主轴中心线的交点处。数控铣床的机床原点一般选在 X、Y、Z 坐标的正方向极限处。

与机床原点相对应的还有一个机床参考点,它是由机床制造企业在每个进给轴上用限位开关或机械挡块精确调整好的,与机床原点的相对位置是固定的,因此参考点对机床原点的坐标是一个已知数。通过参数指定参考点到机床原点的距离,此参数通过精确测量确定。通常数控铣床上机床原点与机床参考点是重合的;而在数控车床上机床参考点是离机床原点最远的极限点。有的数控机床可以设置多个参考点,其中第一参考点与机床参考点一致,其他参考点与第一参考点的距离可由用户根据需要自行设置。加工中心的自动换刀位置一般设置为一个参考点。

采用增量测量系统的数控机床在工作前,必须先回参考点,以建立机床坐标系。机床回参考点动作时,当挡块碰到参考点开关时,机床减速捕捉“零位脉冲”后测量系统自动置零,由此标定了机床增量测量系统。装有绝对测量系统的数控机床,由于可随时读出坐标轴的精确坐标值(关机坐标信息也不丢失),故不需要开机回参考点操作。

2. 工件坐标系原点

工件坐标系是编程人员在编制零件加工程序时使用的坐标系,设定于被加工零件上。工件坐标系原点与机床坐标系原点之间的距离称为工件原点偏置,如图 6-7 中的 x_M、y_M 和 z_M,该偏置值在加工之前经测量先预存到数控系统中,加工时工件原点偏置值和工件坐标系中的坐标值自动加到机床坐标系中,使各轴准确地在机床坐标系中运动。例如,在工件坐标系中,工件上 A 点坐标为 x_A 和 y_A,根据工件坐标系原点偏置 x_M 和 y_M,系统自动计算出 A 点在机床坐标系中的坐标值,即 $x_{MA}=x_M+x_A$,$y_{MA}=y_M+y_A$。因此,编程人员可以不考虑工件在机床上的安装位置,直接按图样上的工件坐标系进行编程。

数控机床机床坐标系原点 M、工件坐标系原点 W 与参考点 R,如图 6-8 所示。

3. 绝对坐标系与相对坐标系的概念

以图 6-9 为例,机床参考点为 O_M,假设机床坐标系原点与机床参考点重合(即机床返回参考点后的绝对坐标显示为 0),工件坐标系往往建立在工件上表面中心位置 O_W 处。

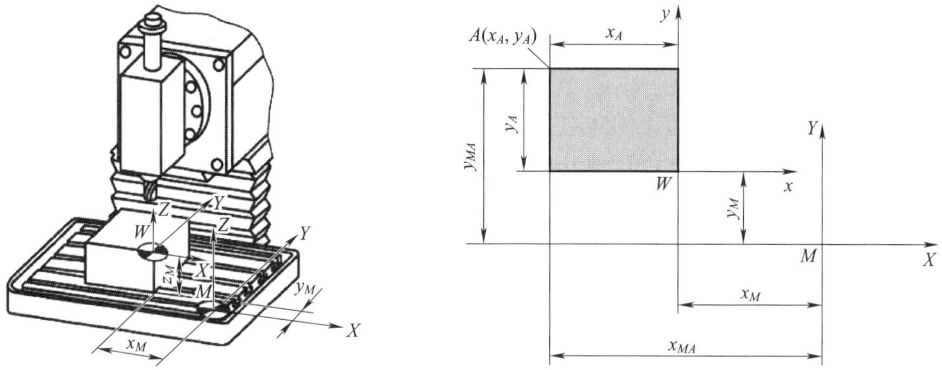

（a）工件坐标系原点偏置　　（b）工件坐标系与机床坐标系的关系

图 6-7　工件坐标系与机床坐标系

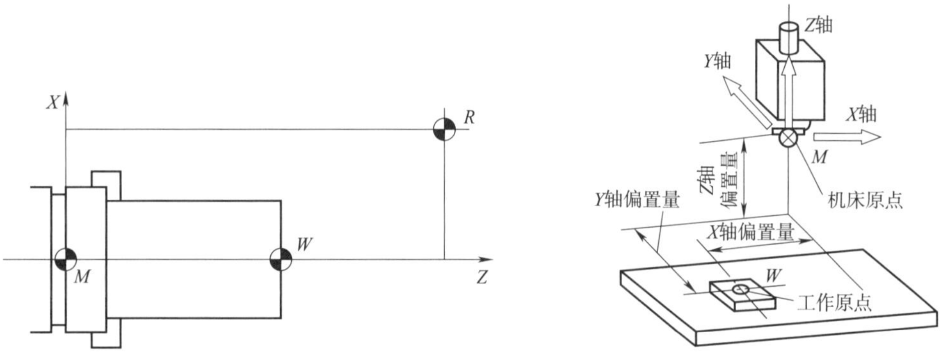

（a）车床　　（b）铣床

图 6-8　数控机床机床坐标系原点 M、工件坐标系原点 W 与参考点 R

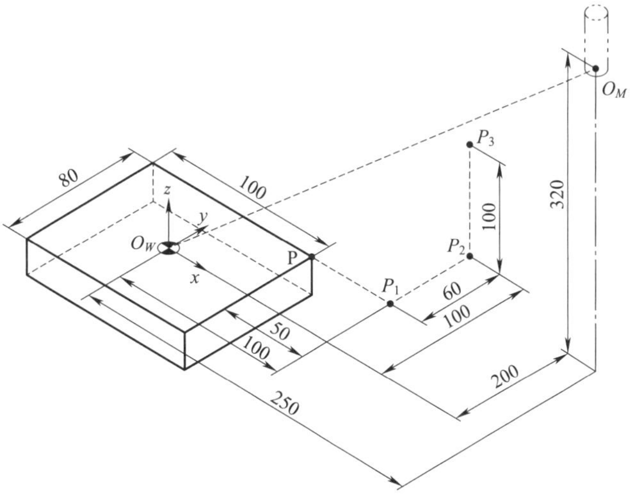

图 6-9　绝对坐标与相对坐标的概念

绝对坐标显示的是刀具当前位置相对于某一固定坐标系原点的坐标值。在未建立工件坐标系之前，显示的是相对于机床参考点 O_M 的坐标值；建立工件坐标系之后，显示的是相对于工件坐标系原点 O_W 的坐标值。注意，由于数控铣床常设置为返回参考点后自动选择 G54 工件坐标系，所以，以上分析是假设 G54 工件坐标系偏置值为 0 的情况。

相对坐标显示的是刀具当前位置相对于某一指定相对坐标系零点的坐标值，这个相对坐标系零点可由操作者设置，在未设置新相对坐标系零点之前一直有效。例如，用 G92 X100 Y100 Z160；建立原点为 O_W 的工件坐标系，则须先将 O_W 点设置为相对坐标系零点，即通过对刀将 P 点的相对坐标设置为(50,40,0)，然后在相对坐标显示画面中将刀具移至相对坐标值为 X100、Y100、Z160 的位置(P_3 点)，这样，执行 G92 X100 Y100 Z160；就能建立原点为 O_W 的工件坐标系。

6.3 数控加工工艺基础

6.3.1 数控机床的合理选用

数控机床的最大特点是柔性化和灵活性，最适合轮番生产和产品更新换代快的要求。如果产品生命周期较长且批量大，选用专机、专线保证生产率和生产节拍要求更为合理。选用数控机床还要注意上下工序间的节拍协调一致，要注意外部设备的配置、编程、操作、维修等支撑环境。如果它们不能协调运行，再好的数控机床也不能很好地发挥作用。从工艺角度分析，选用数控机床必须适应被加工零件的形状、尺寸精度和生产节拍等要求。

1. 形状尺寸适应性

选用的数控机床必须能适应被加工零件群组的形状尺寸要求。通常，数控车床适合加工形状比较复杂的轴类零件和由复杂曲线回转形成的模具内型腔；立式数控铣床适合加工形状复杂的平面或立体零件，以及模具的内、外型腔等；卧式数控铣床则适合加工箱体、泵体和壳体类零件；多坐标联动的加工中心可以加工各种复杂的曲线、曲面、叶轮和模具等。这里要注意的是防止由于冗余功能而付出昂贵的代价。

2. 加工精度适应性

选择的数控机床必须满足被加工零件群组的精度要求。为了保证加工误差不超差，必须分析生产企业给出的数控机床精度指标，保证有三分之一的储备量。但要注意不要一味地追求不必要的高精度，只要能确保零件群组的加工精度即可。

3. 生产节拍适应性

根据加工对象的批量和节拍要求决定是用一台数控机床完成加工，还是选择几台数控机床完成加工；是选择柔性加工单元、柔性制造系统完成加工，还是选择柔性生产线、专用机床和专用生产线完成加工。

6.3.2 数控加工工艺设计

数控机床加工与普通机床加工在方法和内容上有相似之处，也有许多不同，其主要区别在控制方式上。以切削加工为例，用普通机床加工零件时，其工步的安排、机床运动的先后次序、位移量、走刀路线和切削参数的选择等,由操作者手工操作进行控制。用数控机床加工零件时,数控加工程序是数控机床的指令性文件,数控机床受控于程序指令,全部加工过程都是按程序指令自动进行。数控机床虽然自动化程度高,但自适应性较差,不能根据加工过程中出现的问题,灵活、适时地自行调节。而工艺设计是编制程序的基础,工艺设计是否合理、先进、准确、周密,关系到零件的加工质量、加工效率和设备的安全运行。

1. 零件图分析

零件图分析的主要内容是对零件进行工艺审查,如检查图纸的视图、尺寸标注、技术要求等是否有遗漏、错误。对发现的问题及时与设计人员进行沟通,并由设计人员决定是否进行修改完善。主要分析内容如下:

(1) 尺寸标注分析。设计人员考虑装配等使用特性,有时采用局部分散标注尺寸,一般应将局部分散标注尺寸修改为同一基准标注尺寸或直接给出坐标尺寸,这种标注方法便于数控程序编制。

(2) 轮廓几何元素分析。零件的视图应表达清楚、准确;给定的几何元素应充分、完整。如直线与圆弧、圆弧与圆弧是否相切,图纸上给出的尺寸是否满足相切的条件等。

(3) 零件技术要求分析。零件的技术要求包括尺寸精度、位置精度、表面粗糙度和热处理要求等。零件技术要求分析主要包括:技术要求的合理性和可行性,重点分析重要表面和部位的加工精度和技术要求,以确定技术要求是否过于严格。过高的精度和过小的表面粗糙度要求会使工艺过程变得复杂,加工难度增大,加工成本增加。

(4) 零件材料分析。在满足零件功能要求的前提下,选择成本较低的材料。

(5) 零件结构工艺性分析。零件的结构工艺性是指零件对加工方法的适应性,即所设计的零件结构应便于加工成形。良好的结构工艺性会使零件易于加工,节省工时和材料;较差的结构工艺性会增加加工难度和成本,甚至无法完成加工。通过零件结构工艺性分析,可以确定零件加工所需的加工方法和数控机床的类型、规格。

2. 加工方法的选择

确定加工方案时,首先应根据主要表面的精度和表面粗糙度的要求,初步确定为达到这些要求所需的加工方法,加工方法的选择原则是保证加工表面的加工精度和表面粗糙度的要求。由于获得同样精度所用的加工方法很多,因而实际选择时,要结合零件的形状、尺寸大小、热处理要求等全面考虑。例如,对 IT7 级精度的孔采用镗削、铰削、磨削等加工方法均可达到要求,但箱体上的孔一般采用镗削或铰削,而不宜采用磨削。一般小尺寸的箱体孔选择铰孔;当孔径较大时,则应选择镗孔。此外,还应考虑生产率和经济性的要求,以及生产设备等实际情况。常用加工方法的经济加工精度和表面粗糙度可查阅有关工艺手册。

3. 工序的划分

(1) 工序划分的原则。工序划分的原则有工序集中原则和工序分散原则两种。

① 工序集中原则。是指每道工序包括尽可能多的加工内容,从而使工序的总数减少。

采用工序集中原则的优点:减少工序数目,缩短工艺路线,简化生产计划和生产组织工作,有利于提高机床生产效率;减少机床数量、操作工人数和占地面积;减少工件装夹次数,不仅保证了各加工表面间的相互位置精度,而且减少了夹具数量和装夹工件的辅助时间。

采用工序集中原则的缺点:专用设备和工艺装备投资大、调整维修比较麻烦、生产准备周期较长，不利于转产。

② 工序分散原则。将工件的加工分散在较多的工序内进行，每道工序的加工内容很少。

采用工序分散原则的优点：加工设备和工艺装备结构简单，调整和维修方便，操作简单，转产容易；有利于选择合理的切削用量，减少机动时间。

采用工序分散原则的缺点：工艺路线较长，所需设备及工人人数多，占地面积大。

（2）工序划分的方法。在数控机床上加工零件，一般按工序集中原则划分工序，划分方法如下：

① 按零件装夹定位方式划分。以一次安装完成的那一部分工艺过程为一道工序。由于每个零件结构形状不同，各表面的技术要求也有所不同，故加工时其定位方式各有差异。一般在加工外形时，以内形定位；在加工内形时，则以外形定位。因此可根据定位方式的不同划分工序。这种方法适合加工内容较少的零件，加工完成后就能达到待检状态。

② 按所用刀具划分。以同一把刀具加工的那一部分工艺过程为一道工序。有些零件虽然能在一次安装中加工出很多待加工表面，但考虑到程序太长，会受到某些限制，如控制系统的限制、机床连续工作时间的限制等。此外，程序太长会增加出错与检索的困难。因此程序不能太长，一道工序的内容不能太多。

③ 按粗、精加工划分。以粗加工中完成的那一部分工艺过程为一道工序，以精加工中完成的那一部分工艺过程为一道工序。此时，可用不同的机床或不同的刀具顺次同步进行加工。对于加工后易发生变形的工件，为减小变形，其粗、精加工的工序要分开，如毛坯为铸件、焊接件或锻件。

④ 按加工部位划分。以完成相同型面的那一部分工艺过程为一道工序，对于加工表面多而复杂的零件，可按其结构特点将加工部位划分成多道工序，如内腔、外形、曲面或平面，并将每一部分的加工作为一道工序。

4. 加工顺序的安排

零件的加工工序通常包括切削加工工序、热处理工序和辅助工序，工序的顺序直接影响到零件的加工质量、生产效率和加工成本。下面介绍切削加工工序的顺序安排原则。

（1）基面先行原则。用作精基准的表面，要首先加工，因为定位基准的表面越精确，装夹误差就越小，如轴类零件顶尖孔的加工。

（2）先粗后精原则。零件各表面的加工顺序按照先粗加工，再半精加工，最后精加工和光整加工的顺序依次进行，逐步提高表面的加工精度并减小表面粗糙度。

（3）先主后次原则。应先加工零件的装配基面和主要工作表面，次要表面可穿插加工。由于次要表面加工工作量小，且又常与主要表面有位置精度要求，所以一般在主要表面半精加工之后精加工之前进行。

（4）先面后孔原则。对于箱体、支架、底座等零件，应先加工用作定位的平面和孔的端面，再加工孔。这样可使工件定位夹紧可靠，有利于保证孔与平面的位置精度，减小刀具的磨损，特别是钻孔时，孔的轴线不易偏斜。

5. 零件的定位与夹具的选择

（1）定位与夹紧方案的选择。在数控机床上加工零件时，定位安装的基本原则与普通机床相同，但也要合理选择定位基准和夹紧方案。为提高数控机床的效率，在确定定位基准与夹紧方案时应注意以下问题：

① 尽可能使设计基准、工艺基准与编程计算基准统一。

② 减少装夹次数，尽可能在一次装夹后能加工出全部待加工表面。

③ 避免采用占机时间长的人工调整装夹方案。

④ 夹紧力的作用点应落在工件刚性较好的部位。

（2）选择夹具的基本原则。数控加工对夹具提出了两个基本要求：一是要保证夹具的坐标方向与机床的坐标方向相对固定；二是要能协调零件和机床坐标系的尺寸关系。除此之外，还要考虑以下几点：

① 单件、小批量生产时优先选用组合夹具、可调夹具和其他通用夹具，以缩短生产准备时间并节省生产费用。在成批生产时，才考虑采用专用夹具，并力求结构简单。

② 零件的装卸要快速、方便、可靠，以缩短机床的停顿时间，减少辅助时间。

③ 夹具上各零部件应不妨碍机床对零件各表面的加工。即夹具要开敞，其定位夹紧机构元件不能影响加工中的走刀（如产生碰撞等）。

④ 为提高数控加工效率，批量较大的零件加工可采用气动或液压夹具、多工位夹具。

⑤ 为满足数控加工精度，要求夹具定位准确、夹具精度高。

6. 确定走刀路线

走刀路线是指数控加工过程中刀位点相对于被加工工件的运动轨迹和运动方向。走刀路线一旦确定，编程中各程序段的先后次序也基本确定。确定走刀路线的原则是：

（1）保证零件的加工精度和表面粗糙度。

（2）方便数值计算，减少编程工作量。

（3）缩短走刀路线，减少空行程，提高加工效率。

（4）尽量减小程序长度。

图 6-10 所示为一张直纹母线翼面曲面加工可以采取的三种走刀路线。

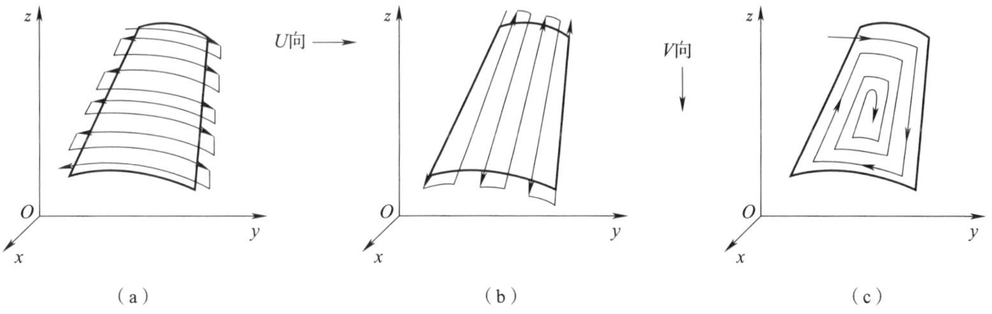

图 6-10　加工直纹母线翼面曲面的三种走刀路线

图 6-10（a）所示为沿参数曲面 U 向行切，图 6-10（b）所示为沿参数曲面 V 向行切，图 6-10（c）所示为环切。比较而言，采用图 6-10（b）的方案比较有利。因为每次沿直线进给，刀位点计算简单，程序段数少，而且加工过程符合直纹面的形成规律，可以保证母线的直线度。图 6-10（a）方案优点是便于在加工后检查翼型的准确度。图 6-10（c）的环切方案一般应用在内槽加工中，在型面加工中由于编程麻烦，一般不采用。当工件边界开敞时，为保证加工质量，应从工件边

界外进刀和退刀,如图 6-10(a)和图 6-10(b)所示。

内槽是指以封闭曲线为边界的平底凹坑,多见于飞机的骨架零件、煤矿机械的壳体零件等。加工内槽一般使用端铣刀,刀具边缘的圆角半径应符合内槽的图纸要求。内槽加工分两步:第一步切内腔;第二步切轮廓。切轮廓又分粗加工和精加工。图 6-11 所示粗加工路线为粗实线,从内槽轮廓线向里平移一个铣刀半径 R 和一个精加工余量 δ,由此得出的粗加工刀位多边形就是计算内腔进给路线的依据。

切削内槽时,环切和行切都有应用,两种进给的共同点都是要切净内腔中的全部面积,不留死角,不伤轮廓,同时尽量减少重复进给的搭接量。环切法加工的轮廓表面光整,但刀位点计算较复杂,需要多次向里收缩轮廓线,算法应用的局限性较大。例如,图 6-12 所示内槽中带有凸台,此时就难以设计通用的算法。而在行切法中,只要增加辅助边界,如图 6-12 中的虚线将一个内槽分成两个,就可以应用相应的算法进行处理。行切从内槽的一侧开始,交替变换进给方向,当内槽不带凸台时,行切走刀路线如图中带箭头的路线所示。从走刀路线的长短比较,行切法要优于环切法,但加工小面积内槽时,环切程序要比行切短。在实际应用中,往往用行切法去除大部分材料,然后用环切法光整轮廓表面,以融合两种走刀方式的优点。

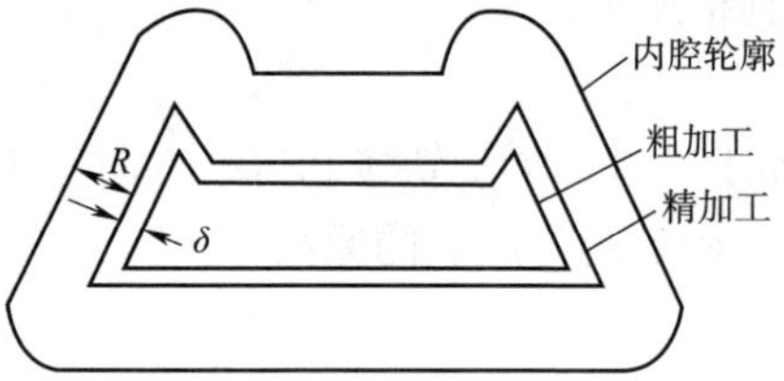

图 6-11　粗加工和精加工的刀位轨迹

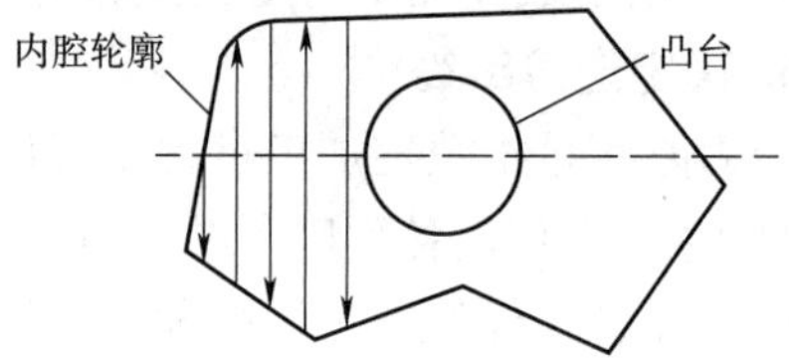

图 6-12　内槽有凸台的走刀路线

对于图 6-13(a)所示的孔分布,按照一般思维,会先加工外圆上的 8 个孔,再加工内圆上的 8 个孔,如图 6-13(b)的进给路线。但这并不一定是最好的加工路线。如果进行必要的尺寸换算,求出各孔中心的相对坐标增量值,采用图 6-13(c)所示的路线会更省时间。对于孔加工,不仅要使空行程最短,还要考虑孔深方向(轴向)的运动尺寸。

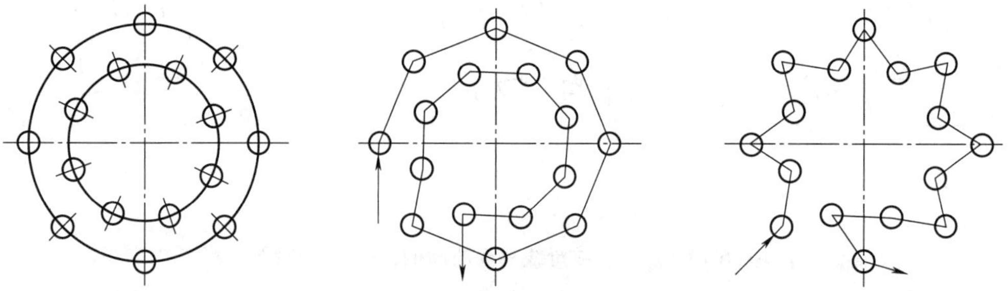

(a)同心圆工件图样　(b)先外圈再内圈孔加工的工艺路线　(c)最短进给路径加工的工艺路线

图 6-13　孔加工的两种走刀路线

镗削位置精度要求较高的矩形阵列孔时,工艺路线的定位方向应保持一致,以避免坐标轴的反向间隙造成孔的位置精度下降。例如,采用图 6-14(a)所示的工艺路线加工孔 3 与孔 4

时，来自坐标轴 x_p 的反向间隙（滚珠丝杠螺母副引起）会使孔的定位误差增加，进而影响矩形阵列孔间的位置精度；采用图 6-14(b)所示的工艺路线加工孔 3 与孔 4 时，刀具在加工完孔 2 后先沿坐标轴 x_p 的反方向移动一段距离并越过孔 4，再沿坐标轴 x_p 的正方向顺次移至孔 4 与孔 3 进行镗削，因这两个孔的定位方向与孔 1、孔 2 的定位方向一致，进而使得矩形阵列孔间的位置精度变高。

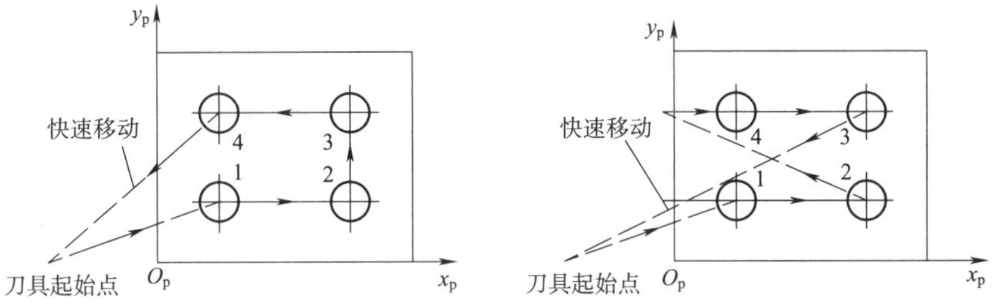

（a）定位方向不一致的工艺路线　（b）定位方向一致的工艺路线

图 6-14　孔系的不同加工路线

用立铣刀侧刃铣削平面工件的外轮廓时，切入、切出部分应考虑外延，以保证工件轮廓的平滑过渡，图 6-15(a)所示为加工外轮廓带切入、切出外延的刀具路线。图 6-15(b)所示为加工外圆刀具路线，切入、切出为圆轮廓的切线方向。图 6-15(c)所示为加工内圆刀具路线，切入、切出以弧线逐渐切入（切出）内圆弧。轮廓铣削应避免进给停顿，以防止轮廓上留下刀痕。

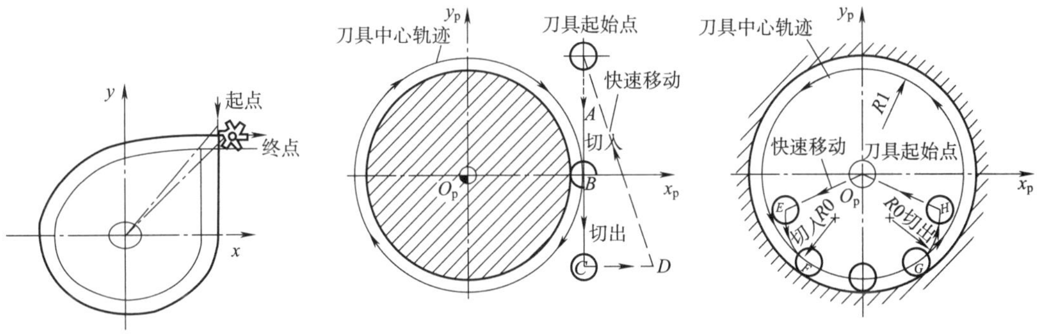

（a）轮廓铣削　（b）铣削完整的外圆　（c）铣削内孔壁

图 6-15　外延切入、切出刀具路线

7. 刀具与切削用量的选择

对于高效率的金属切削机床加工来说，被加工材料、切削刀具、切削用量是三大要素。这些条件决定着加工时间、刀具寿命和加工质量。经济、有效的加工方式，要求必须合理地选择切削条件。

(1) 刀具的选择。选择刀具通常要考虑机床的加工能力、工序内容和工件材料等因素。数控加工不仅要求刀具的精度高、刚度好、耐用度高，而且要求尺寸稳定、安装调整方便。常用车刀类型如图 6-16 所示。

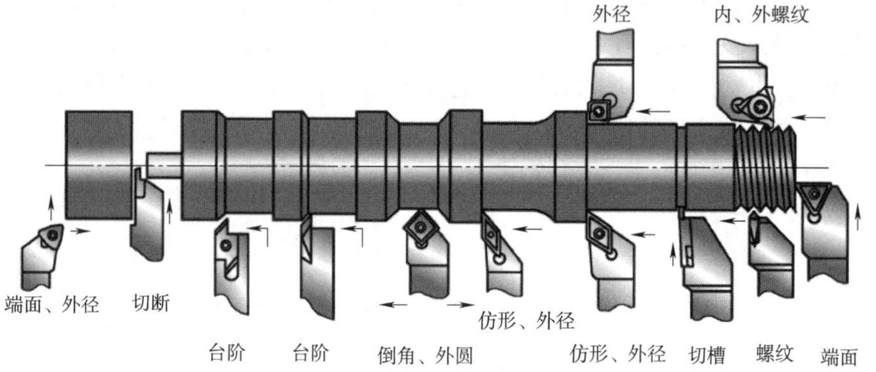

图 6-16 常用车刀类型

常用的数控铣削刀具主要有平底立铣刀、端铣刀、球头刀、环形刀、鼓形刀和锥形刀，数控刀具形状的选择与被加工表面相适应。铣削水平面时，一般使用端铣刀或面铣刀；铣削轮廓侧边时，采用端铣刀；精加工曲面时，采用球头铣刀或圆鼻刀；粗加工时采用圆鼻刀或立铣刀等。图 6-17 所示为常用铣刀及其需要表达的参数（仅供参考）。其中，图 6-17（f）所示的圆角立铣刀又称圆鼻刀或 R 立铣刀。限于篇幅，不再一一列举。

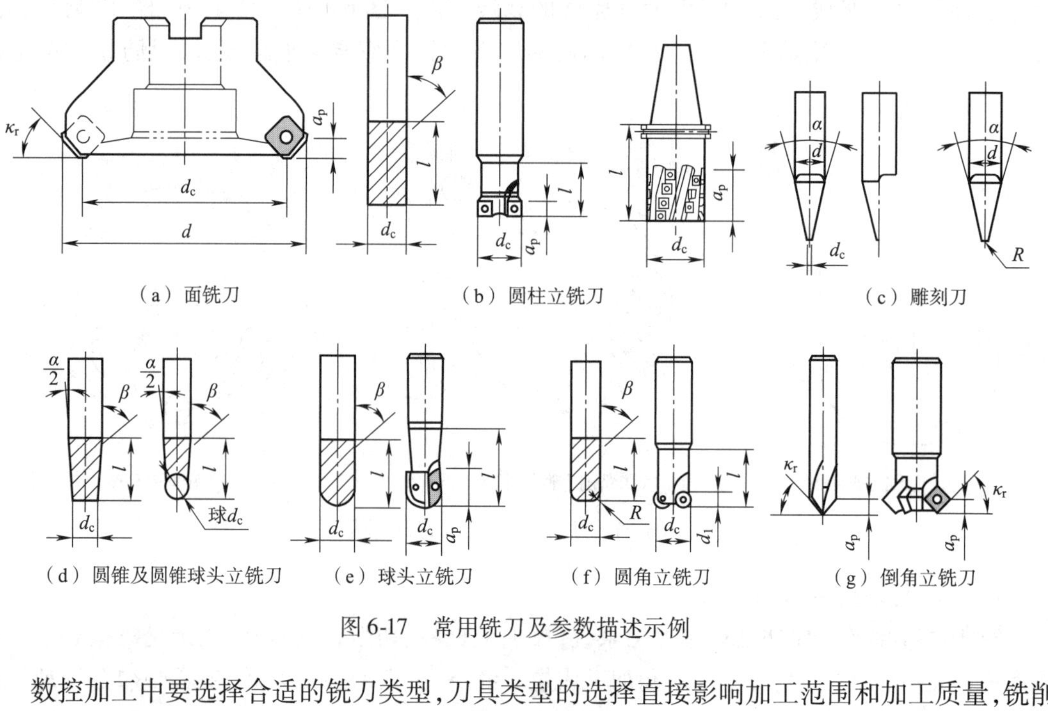

图 6-17 常用铣刀及参数描述示例

数控加工中要选择合适的铣刀类型，刀具类型的选择直接影响加工范围和加工质量，铣削加工时工件形状和刀具形状的关系如图 6-18 所示。

（2）切削用量的选择。切削用量主要包括主轴转速（切削速度）、进给量（进给速度）和背吃刀量。切削用量的大小直接影响机床性能、刀具磨损、加工质量和生产效率。数控加工中选择切削用量时，就是在保证加工质量和刀具耐用度的前提下，充分发挥机床性能和刀具切削性

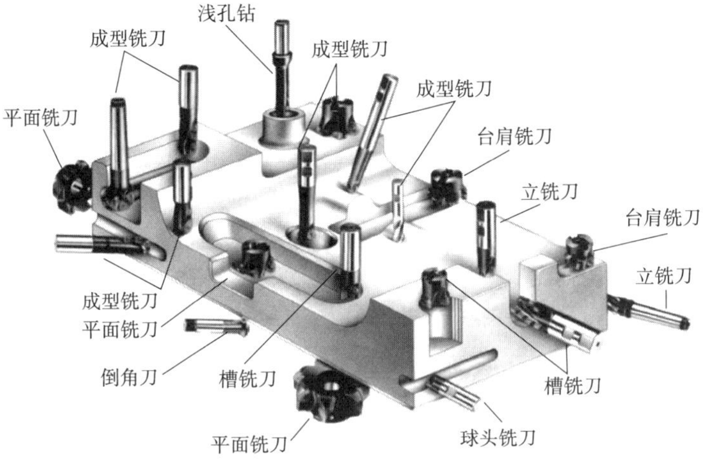

图 6-18　常用铣刀类型

能，使切削效率最高，加工成本最低。切削用量有以下选择原则：

① 粗加工时。首先选取尽可能大的背吃刀量；其次要根据机床动力和刚性的限制条件等，选取尽可能大的进给量；最后根据刀具耐用度确定最佳的切削速度。

② 精加工时。首先根据粗加工后的余量确定背吃刀量；其次根据已加工表面的粗糙度要求，选取较小的进给量；最后在保证刀具耐用度的前提下，尽可能选取较高的切削速度。

编程人员在确定每道工序的切削用量时，应根据刀具的耐用度和机床说明书中的规定选择，也可以结合实际经验用类比法确定切削用量。在选择切削用量时要充分保证刀具能加工完一个零件，或保证刀具耐用度不低于一个工作班，最少不低于半个工作班的工作时间。

8. 刀位点、对刀点与换刀点的确定

（1）刀位点。刀位点是指刀具的定位基准点，刀位点相对运动的轨迹即加工路线，又称编程轨迹。在进行数控加工编程时，往往是将整个刀具浓缩视为一个点，即刀位点。一般来说，立铣刀、端铣刀的刀位点是刀具轴线与刀具底面的交点；球头铣刀的刀位点是球心点或球头顶点；镗刀、车刀的刀位点为刀尖或刀尖圆弧中心；钻头是钻尖或钻头底面中心；线切割的刀位点则是线电极的轴心与零件面的交点。常见刀具的刀位点如图 6-19 所示。

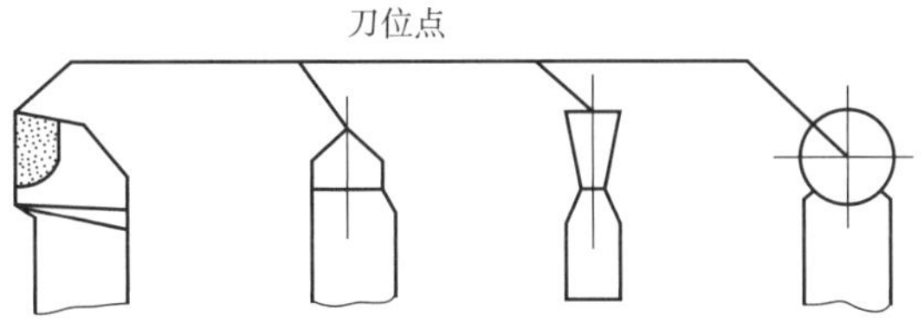

（a）90°外圆车刀　（b）螺纹车刀　（c）切断刀　（d）圆弧车刀

图 6-19　各种典型数控刀具的刀位点

（2）对刀点。对刀点是在数控机床上加工零件时，刀具相对于工件运动的起点。对刀点可以设置在被加工零件上，也可以设置在夹具上与零件定位基准有一定尺寸联系的某一位置。而且必须与零件的定位基准有一定的坐标尺寸联系，这样才能确定机床坐标系与工件坐标系的相互关系，如图 6-20 所示。

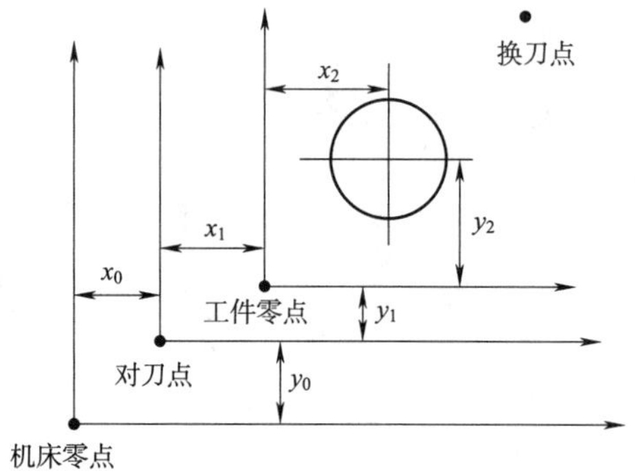

图 6-20　对刀点与换刀点

（3）换刀点。换刀点可以是某一固定点（如加工中心，其换刀机械手的位置是固定的），也可以是任意的一点（如数控车床）。为防止换刀时碰伤零件及其他部件，换刀点常常设置在被加工零件或夹具的轮廓之外，并留有一定的安全量。

（4）对刀点与换刀点的确定。每把刀具的半径与长度尺寸都是不同的，刀具安装在机床上后，应在控制系统中设置刀具的基本位置，就需要"对刀"。对刀是指使"刀位点"与"对刀点"重合的操作。对刀点可以选在机床坐标系或工件坐标系原点上，也可以选在已知坐标值的点上。对刀点尽可能设在零件设计基准或工艺基准上，与零件的定位基准有准确的尺寸关系。对于以孔为定位基准的零件，可以取孔的中心作为对刀点。

换刀点是指在编制数控机床多刀加工的加工程序时，相对于机床固定原点而设置的一个自动换刀位置，这个点往往是固定的。为了防止在换刀时碰撞到被加工零件、夹具而发生事故，除特殊情况外，其换刀点都设置在被加工零件的外面，并留有一定的安全区。

9. 制订数控加工工艺文件

工艺设计完成后形成的纸质或电子文档，如工艺卡片或工艺规程，统称为工艺文件。数控加工工艺文件是数控加工、产品验收的依据，操作者要遵守和执行的规范，同时也是产品重复生产在技术上的积累和储备。目前数控加工工艺文件还没有国家统一标准，企业一般根据自身资源特点制定，工艺文件一般包括：

（1）任务书。

（2）工件安装和零点设定卡片。

（3）工序卡片。

（4）刀具卡片。

（5）刀具数据表。

（6）机床刀具运动轨迹图。

（7）机床调整单。

（8）程序卡片。

随着 CAD/CAPP/CAM 等技术的普及和应用，数控加工中繁杂的工艺图表编制工作可以交由专用软件完成，工艺人员的主要精力将专注于工艺的"设计"和"优化"。

6.4　数控编程中的数值计算

数控加工的对象是零件,根据零件图样,按照已确定的进给路线和允许的编程误差,计算数控系统所需输入的数据,称为数控编程的数值计算。数值计算内容主要包括数值换算(标注尺寸换算、尺寸链解算)、坐标计算(基点计算、节点的拟合计算)和辅助计算(参数点计算、其他相关计算)等几个方面。

6.4.1　数值换算

1. 标注尺寸换算

(1) 直接换算。指直接通过图样上的标注尺寸,即可获得编程尺寸的一种方法。进行直接换算时,可按照图样上给定的基本尺寸或极限尺寸的中值,经过加、减运算后完成。

例如,图 6-21(a)所示是零件图样。在图 6-21(b)中除尺寸 42.1 外,其余均属直接按图 6-21(a)所示的标注尺寸经换算后而得到的编程尺寸。其中,59.94 mm、ϕ20 mm 及 ϕ140.08 mm 三个尺寸是分别取两极限尺寸平均值得到的编程尺寸。最大极限尺寸与最小极限尺寸的平均值称为该尺寸的中值,这种处理方法又称中值处理。

(2) 间接换算。指需要通过平面几何、三角函数等计算方法进行必要的解算,才能得到其编程尺寸的一种方法。用间接换算法得出的尺寸,可以是直接编程时所需的基点坐标尺寸,也可以是为计算某些基点坐标值所需要的中间尺寸。例如,图 6-21(b)所示的尺寸 42.1 mm 就属于间接换算后得到的编程尺寸。

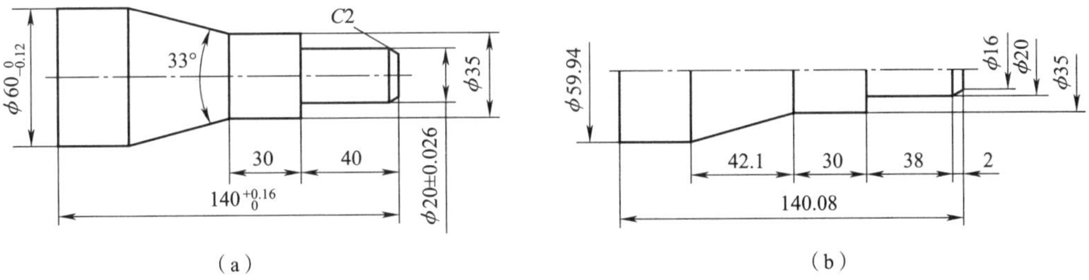

图 6-21　尺寸换算

2. 尺寸链解算

在数控加工中,通过标注尺寸换算,解决了部分图样上的数值的解。当工序基准、测量基准、定位基准或编程原点与设计基准不重合时,一些编程用的数据,如工序尺寸及其公差就不能直接获得,这时需要借助工艺尺寸链的基本知识和计算方法,通过解算工艺尺寸链才能获得。解算尺寸链,一方面为了准确得到编程尺寸,另外还需要得出某些重要尺寸的允许变动量。

图 6-22 所示为某个零件的数控加工图样,已知(50 ± 0.05) mm 尺寸已保证,求编制切断程序时的 L 尺寸及变动范围。尺寸链简图如图 6-23 所示,经解算得,编程时的 L 尺寸为 29.85 mm,加工中需要控制 L 尺寸的变化范围为 29.95 ~ 29.75 mm。

对于数控加工来说,尺寸链解算是数学处理中的一个重要内容,这一部分详细内容还可参阅其他机械工艺类图书。

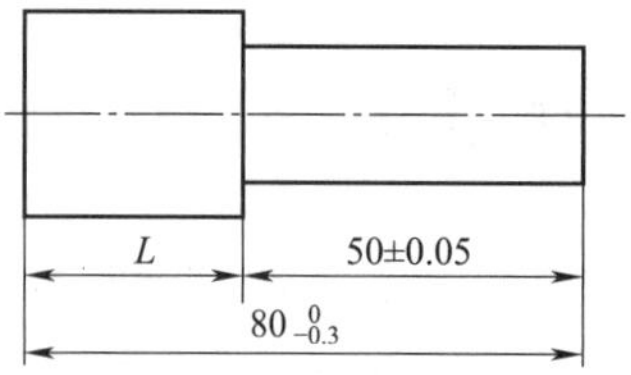

图 6-22　加工图样

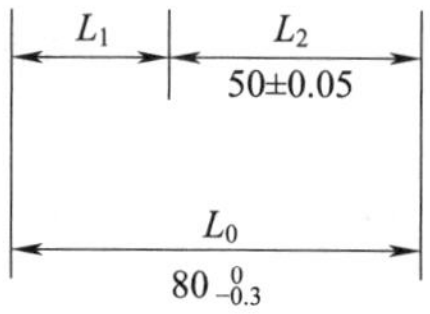

图 6-23　尺寸链分析

6.4.2　基点和节点计算

无论手工编程还是计算机自动编程，二维平面加工还是三维复杂型面加工，数值计算均包含基点、节点的计算，以及刀位轨迹坐标计算、辅助计算等。

1. 基点(base point)

机械零件的轮廓由许多不同的几何元素(如直线、圆弧、二次曲线以及阿基米德螺线等)所组成，各几何元素间的连接点称为基点。基点可能是两直线间的交点、直线与圆弧或圆弧与圆弧间的交点或切点，也可能是圆弧与其他二次曲线的交点或切点等。对于仅由直线与圆弧组成的零件，由于目前数控系统都具有直线、圆弧插补功能，故手工编程时仅需计算基点坐标及圆弧圆心点坐标，计算过程比较简单。

理论上讲，相邻基点间只能是一个几何元素。如图 6-24 中的 *A*、*B*、*C*、*D*、*E* 和 *F* 各点都是该零件轮廓上的基点。

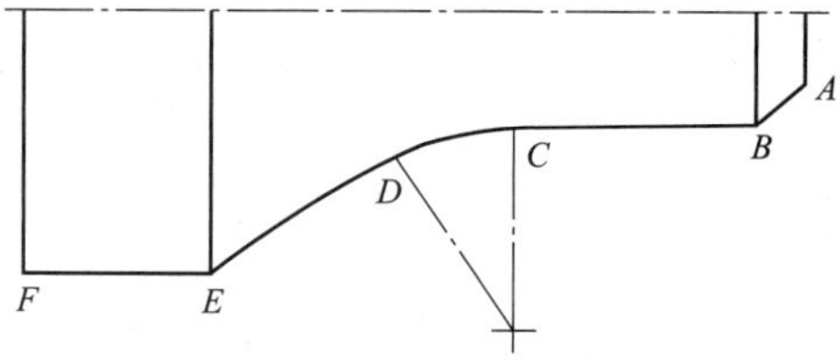

图 6-24　零件轮廓上的基点

有些零件的基点可以直接计算，也可利用计算机运算。根据编写加工程序段的要求，计算内容主要有：每条运动轨迹(线段)的起点或终点(即基点)坐标值，圆弧运动轨迹的圆心坐标值等。对于由直线与圆弧构成的平面轮廓零件，可用几何学方法计算，由人工完成。对于复杂的图样则借用计算机或其他方法完成。

2. 节点(node point)

当采用不具备非圆曲线插补功能的数控机床加工非圆曲线轮廓的零件时，加工程序的编制工作常常需要用直线或圆弧近似代替非圆曲线，称为拟合处理。拟合线段中的交点或切点称为节点。即在满足允许的编程误差的条件下，对非圆曲线轮廓进行分割，各个分割曲线段用直线段或圆弧逼近，逼近线段与已知曲线的交点或切点称为节点。

这种类型零件的程序编制，应按节点划分程序段。逼近线段的近似区间越大，则节点数目越少，相应的程序段数目会减少，但逼近线段的误差 δ 应小于或等于允许的编程公差 $\delta_{允}$，即 $\delta \leq \delta_{允}$。考虑到工艺系统及计算误差的影响，$\delta_{允}$ 一般取零件公差的 1/15 ~ 1/10。从本质上看，节点是一种特定的基点，或者说节点是在公差约束条件下的基点。

对于立体型面零件，应根据型面特征、公差及程序编制要求，将曲面分割成不同的加工截面，各加工截面上的轮廓线也应计算基点和节点。图 6-25(a) 中的 G 点为圆弧拟合非圆曲线时的节点，图 6-25(b) 中的 B、C 和 D 点均为直线拟合非圆曲线时的节点。

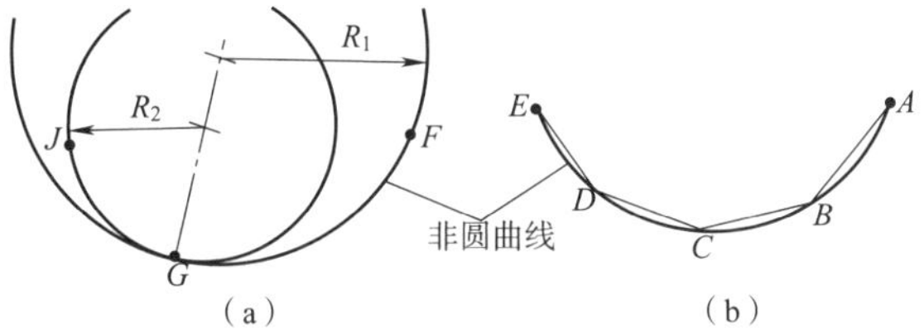

图 6-25　零件轮廓上的节点

相对来讲，节点拟合计算的难度及工作量较大，若由手工计算完成，对编程者的数学处理能力要求较高。可通过计算机完成拟合，并对每条拟合线段的拟合误差进行分析。

3. 参数点

上述的基点、节点等，均是与数控轮廓形成直接相关的点，也是数控编程中不可缺少的坐标值。在数控加工过程中还有一些点对于加工完成或编程也是不可缺少的，这些点可称为参数点。例如，轮廓的粗加工、半精加工所涉及的点（即中间加工过程刀具轨迹的基点），螺纹加工中的大径、中径、小径等的起刀点、退刀点、换刀点，以及坐标系的参考点。可见，参数点的计算涉及的内容和参数较多，需要一些工程实践经验，因为，有些参数点的计算不仅仅是单纯的数学计算，它要依据工艺、机床、控制等方面的要求才能确定。

总的来说，尽管数控加工零件的轮廓较为复杂，但都可看成是由一些较为简单的几何元素组成，如斜线、水平线、圆弧、二次曲线及列表点曲线等。由于数控机床具有直线、圆弧插补运动功能，可形成简单几何轮廓轨迹，若进一步将简单轨迹组合，就可以完成复杂多样的轮廓轨迹运动。从运动的角度看，基点、节点、参数点都属于确定几何尺寸及位置的特征点，可以看作运动轨迹几何性质改变的转换点。这些特征点是编写加工程序的基础。在实际工作中，由于在加工图样中不可能将其完全标示出来（也不符合机械制图的标准），需要编程人员建立"解题分析图"将它们一一标出，清晰显示加工准备阶段、中间工艺过程、最终成形加工等。因此，数控工作人员要学会使用"解题分析图"，奠定编写程序、实现完整加工过程的数学基础。

6.4.3 非圆曲线节点分析与计算

用直线或圆弧逼近曲线 $y=f(x)$ 时，根据曲线的特性、逼近线段的形状及允许的逼近误差三个条件可求出各节点的坐标。选择逼近线段时，应该在保证精度的前提下，使节点数目尽量少，这样不仅计算简单，程序段数目也少。一般对于曲率半径大的曲线用直线逼近较为有利，曲率半径较小时则用圆弧逼近较为合理。下面介绍几种常用的计算方法。

1. 等间距直线逼近法

这种方法是使每个程序段的某一坐标增量相等，然后根据曲线的表达式求出另一坐标值，即可得到节点坐标。在笛卡儿坐标系中，可使相邻节点间的 x 坐标增量或 y 坐标增量相等。

如图 6-26 所示，已知曲线方程为 $y=f(x)$，从起点开始，每次增加一个坐标增量 Δx，可求

出任一点的 x_i，将 x_i 代入方程 $y=f(x)$ 中，即可求得一系列 y_i，这样即可求得各点的节点坐标。这种方法的关键是确定间距值，该值应保证曲线 $y=f(x)$ 相邻两节点间的法向距离小于允许的逼近误差，即 $\delta \leqslant \delta_{允}$，$\delta_{允}$ 一般为零件公差的 1/10 ~ 1/5。在实际应用中，常根据零件加工精度要求，按经验确定间距值。

2. 等弦长直线逼近法

这种方法是使所有逼近线段的弦长相等，如图 6-27 所示。由于轮廓曲线 $y=f(x)$ 各处的曲率不同，因此各段的逼近误差不相等。计算时必须使最大逼近误差小于 $\delta_{允}$，以满足加工精度的要求。一般都假设最大误差产生在曲线的曲率半径最小处，并沿曲线的法线方向计算，这种假设适用于大多数数控加工情况。因此，计算时先确定曲率半径最小的地方，然后在该处按照逼近误差小于或等于 $\delta_{允}$ 的条件求出逼近线段的长度，用此弦长分割轮廓曲线，即可求出各节点的坐标。

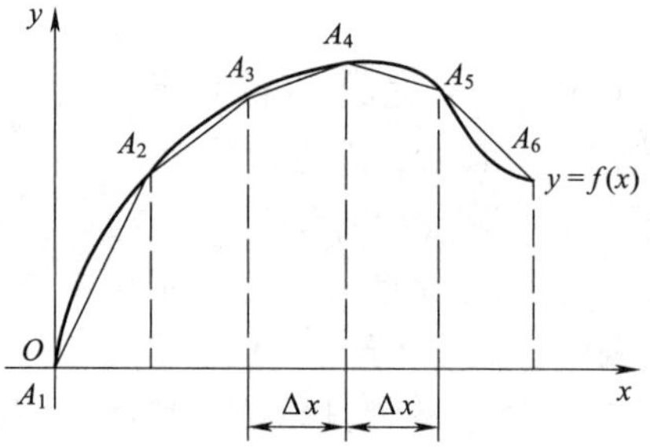

图 6-26　等间距直线逼近求节点

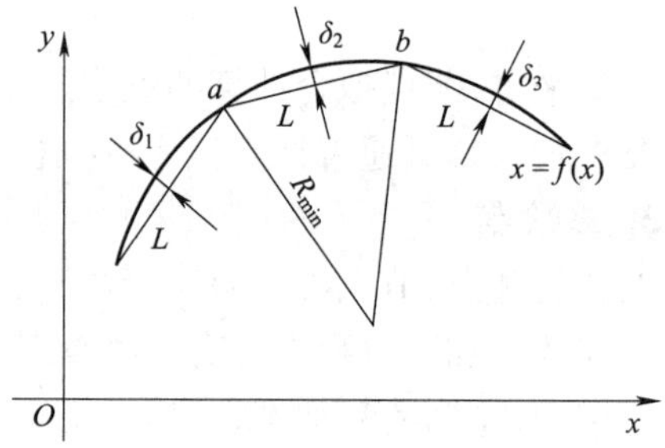

图 6-27　等弦长直线逼近求节点

3. 等误差直线逼近法

该方法是使零件轮廓曲线上各直线段的逼近误差相等，并小于或等于 $\delta_{允}$，如图 6-28 所示。用这种方法确定的各逼近线段的长度不等，求得的节点数目最少，对于一些大型和形状复杂的非圆曲线零件有较大意义。计算过程如图 6-29 所示，以曲线 $f(x)$ 起点 (x_0, y_0) 为圆心，以 $\delta_{允}$ 为半径作圆，求取圆与曲线 $f(x)$ 的公切线 $(X_0, Y_0)(X_1, Y_1)$，然后过点 (x_0, y_0) 作 $(X_0, Y_0)(X_1, Y_1)$ 的平行线交曲线于 (x_1, y_1) 点，则 (x_1, y_1) 点即为所求节点，重复上述过程可得各节点坐标值。这种方法计算过程复杂些，但所分割的程序段较少。

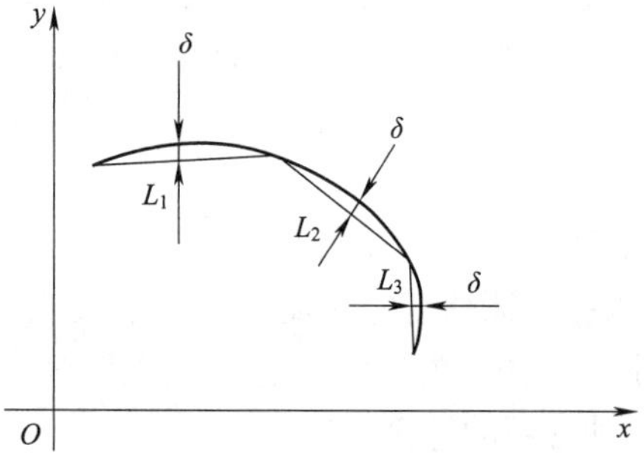

图 6-28　等误差法直线逼近求节点

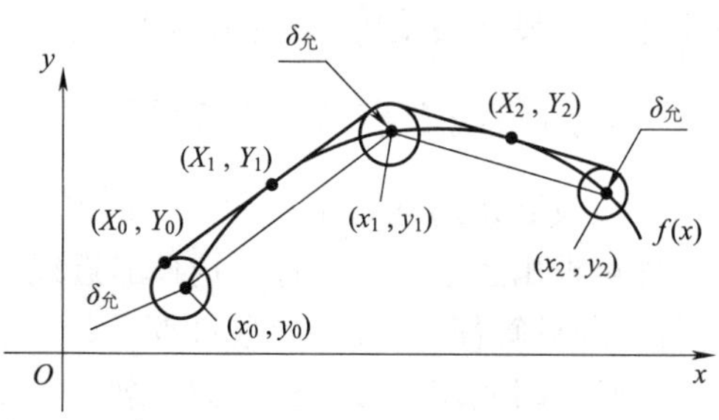

图 6-29　等误差法直线逼近求节点

4. 圆弧段逼近法

用小圆弧段逼近非圆轮廓曲线 $y=f(x)$，可使所逼近的各圆弧段光滑连接，并且程序段将大大减少。用圆弧段逼近非圆轮廓曲线的方法较多,其中双圆弧逼近法最为常用。

如图 6-30 所示,在非圆轮廓曲线上按一定方法选取四个连续的节点 P_1、P_2、P_3、P_4,根据这四个节点的分布确定中间两节点 P_2、P_3 是用内切双圆弧还是外切双圆弧逼近。

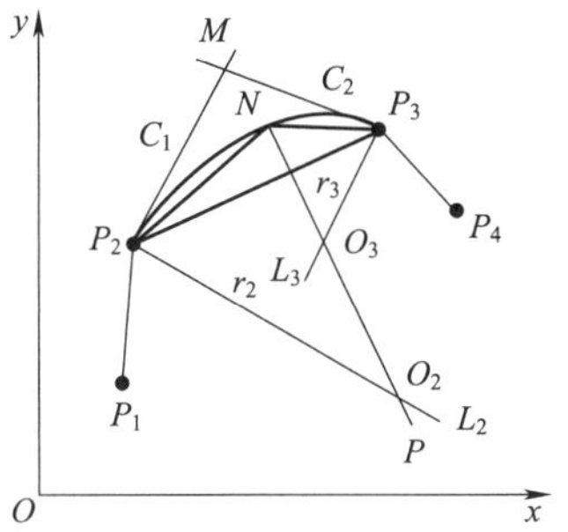
（a）内切双圆弧

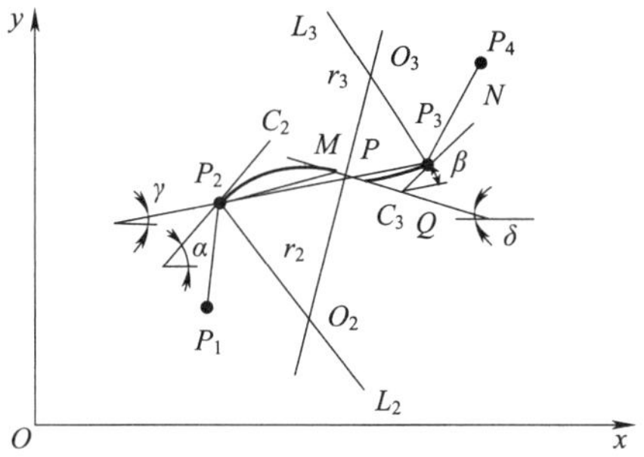
（b）外切双圆弧

图 6-30　双圆弧逼近求节点

(1) 内切双圆弧逼近。如图 6-30(a)所示,若节点 P_1 和 P_4 分布在中间两节点 P_2、P_3 连线的同侧,则用两个彼此内切的双圆弧段进行逼近。

为便于说明,这里仅用作图法分析内切双圆弧逼近的求解方法,其步骤如下:①过 P_2 作 $\angle P_1P_2P_3$ 角平分线 P_2L_2,过 P_2 作 P_2L_2 的垂线 P_2M;②过 P_3 作 $\angle P_2P_3P_4$ 角平分线 P_3L_3,过 P_3 作 P_3L_3 的垂线 P_3M;③分别过 P_2、P_3 点作 $\angle P_3P_2M$、$\angle P_2P_3M$ 角平分线 P_2N、P_3N,交于 N 点;④过交点 N 作 P_2P_3 的垂线 PN,分别与 P_2L_2、P_3L_3 相交于 O_2、O_3;⑤以 O_2、O_3 为圆心,以 P_2O_2、P_3O_3 为半径作圆弧 C_1、C_2,则 C_1、C_2 即为所求的内切双圆弧。

显然,连接 P_2P_3 节点的双圆弧 C_1、C_2 内切于 N 点。用同样的方法可作 P_1P_2、P_3P_4 点之间的双圆弧,P_1P_2 点之间的圆弧必然与圆弧 C_1 相切于 P_2 点,P_3P_4 点之间的圆弧必然与圆弧 C_2 相切于 P_3 点。可见,用双圆弧逼近的非圆轮廓曲线在节点间能够保证光滑连接。

(2) 外切双圆弧逼近。如图 6-30(b)所示,若节点 P_1 和 P_4 在中间两节点 P_2、P_3 连线的两侧或其中一节点在连线上时,则可用两个彼此外切的双圆弧进行逼近。

外切双圆弧的作图分析步骤如下:过 P_2 作 $\angle P_1P_2P_3$ 角平分线 P_2L_2,过 P_3 作 $\angle P_2P_3P_4$ 角平分线 P_3L_3;求解两圆弧圆心 O_2 和 O_3,其条件为 O_2、O_3 分别在 P_2L_2、P_3L_3 上且 $O_2O_3 = O_2P_2 + O_3P_3$。满足这样条件的有多个解,可补充限制条件,使其解唯一,即以 O_2 为圆心、O_2P_2 为半径所作圆弧弧长 C_2 等于以 O_3 为圆心、O_3P_3 为半径所作圆弧弧长 C_3,则圆弧 C_2、C_3 即为所求的外切双圆弧。显然,圆弧 C_2、C_3 外切于 P 点,必然与以同样方法所作邻近节点的圆弧相切。

6.5　数控编程案例分析

6.5.1　数控车编程案例

例 6-1　图 6-31 所示零件,实线部分为待加工部位,材料为 45 钢,外圆表面粗糙度全部为 $Ra1.6$ μm,端面必须加工。

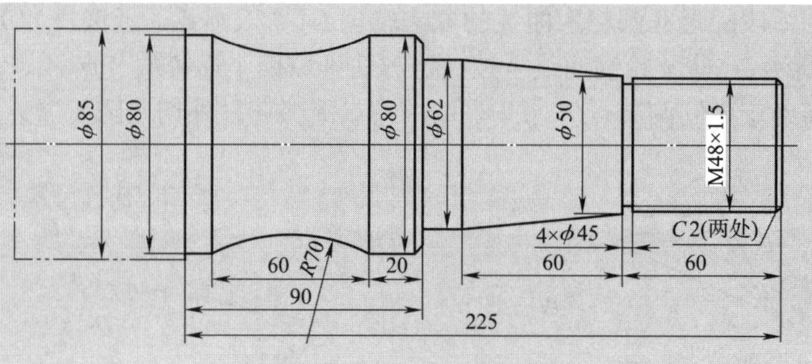

图 6-31　加工零件图

程序编制过程如下：

1. 工艺分析

由于批量不大，选用圆柱毛坯。因工件端面需加工，故工件坐标系定在毛坯端面偏材料内 1 ~2 mm 处，采用自定心卡盘装夹，如图 6-32(a)所示。由于外圆柱面存在凹陷，若外圆柱面仅采用 G73 指令粗车必然造成空刀问题，故拟考虑用 G71 指令粗车，然后用 G73 指令加工 *R*70 mm 凹陷弧面，考虑到加工质量，将 *R*70 mm 圆弧在直径方向上延伸 1 mm，计算数据如图 6-32(b)所示。

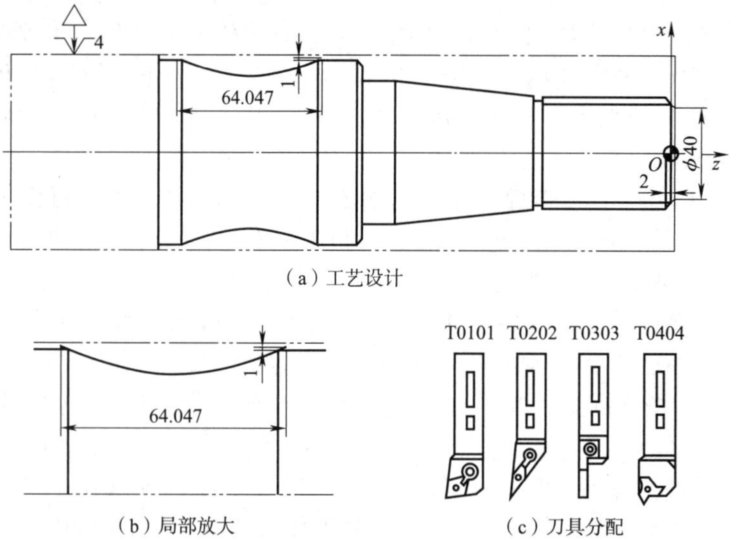

(a) 工艺设计

(b) 局部放大　　(c) 刀具分配

图 6-32　工艺设计图

加工工艺过程为：车端面→G71 + G70 粗、精车外圆→G73 + G70 粗、精车 *R*70 圆弧面→车退刀槽→车螺纹。

2. 工艺准备

(1) 刀具选择：选用机夹可转位车刀，具体刀具号与刀补号如图 6-32(c)所示。其中，外圆粗车及车端面刀为 T0101；外圆精车刀为 T0202；切槽刀为 T0303，刀宽 $B=4$ mm；螺纹车刀为 T0404。

(2) 切削用量的选择：车端面时，$f=0.2$ mm/r，$n=600$ r/min；粗车外圆时，$\alpha_p=2$ mm，$f=$

0.2 mm/r, n=600 r/min；精车外圆时，α_p=0.3 mm, f=0.1 mm/r, n=1 000 r/min；切槽时，f=0.1 mm/r, n=600 r/min；车螺纹时，n=200 r/min，导程 1.5 mm。

3. 程序编制

O0416;	程序名
N10 G54 G00 X200. Z200.;	G54 建立工件坐标系，快速定位至换刀点
N20 G97 S600 M03 T0101;	恒转速切削，主轴正转，转速为 600 r/min，调用 1 号刀及 1 号刀补
N30 G00 X88. Z0 M08;	快速定位至切端面起点，开切削液
N40 G99 G01 X0 F0.15;	指定转进给，车端面
N50 G00 X88. Z2.;	快速定位至粗车循环起点
N60 G71 U2. R0.6;	指定 G71 粗车循环及循环参数
N70 G71 P80 Q170 U0.6 W0.3 F0.2;	指定循环开始与结束行，指定精车余量及粗车进给量
N80 G00 X40.;	NS 程序段，不得有 z 轴尺寸字
N90 G01 X48. Z-2.;	
N100 Z-60.;	
N110 X50.;	
N120 X62. Z-120.;	
N130 Z-135.;	
N140 X76.;	
N150 X80. W -2.;	
N160 Z-225.;	
N170 X86.;	NF 程序段
N180 G00 X200. Z200.;	快速返回换刀点
N190 T0100;	取消 1 号刀补
N200 S1000 M03 T0202;	提高主轴转速，调用 2 号刀及 2 号刀补
N210 G70 P80 Q170 F0.1;	G70 指令精车外轮廓，精车进给量为 0.1 mm/r
N220 G00 X100. Z-185.;	快速定位至圆弧循环车削起点
N230 G73 U6. W0 R3;	指定 G73 粗车循环及循环参数
N240 G73 P250 Q260 U0.3 W0 F0.2;	指定循环开始与结束行，指定精车余量及粗车进给量为 0.2 mm/r
N250 G00 X82. W32.024;	轮廓循环起始行(NS)
N260 G02 W-64.027 R70.;	轮廓循环结束行(NF)
N270 G70 P250 Q260 F0.1;	G70 指令精车 R70 mm 圆弧轮廓，精车进给量为 0.1 mm/r
N280 G00 X200. Z200. M09;	快速定位至换刀点，关切削液
N290 T0200;	取消 2 号刀补
N300 S600 M03 T0303;	降低主轴转速，调用 3 号刀及 3 号刀补
N310 G00 X51. Z-60. M08;	快速定位至切槽开始点，开切削液

```
N320 G01 X45. F0.1;              车退刀槽,进给量 0.1 mm/r
N330 G00 X51.;                   快速退刀
N340 G00 X200. Z200. M09;        快速定位至换刀点,关切削液
N350 T0300;                      取消 3 号刀补
N360 S200 M03 T0404;             降低主轴转速,调用 4 号刀及 4 号刀补
N370 G00 X62. Z4. M08;           快速定位至螺纹车削循环指令 G92 起始点
N380 G92 X47.2 Z-58. F1.5;       G92 循环车螺纹第一刀
N390 X46.6;                      G92 循环车螺纹第二刀
N400 X46.2;                      G92 循环车螺纹第三刀
N410 X46.04;                     G92 循环车螺纹第四刀
N420 G00 X200. Z200. M09;        快速返回换刀点,关切削液
N430 T0400;                      取消 4 号刀补
N440 M30;                        程序结束,返回程序头
```

4. 刀具轨迹分析

刀具轨迹如图 6-33 所示,读者可对照前述的加工工艺过程阅读。

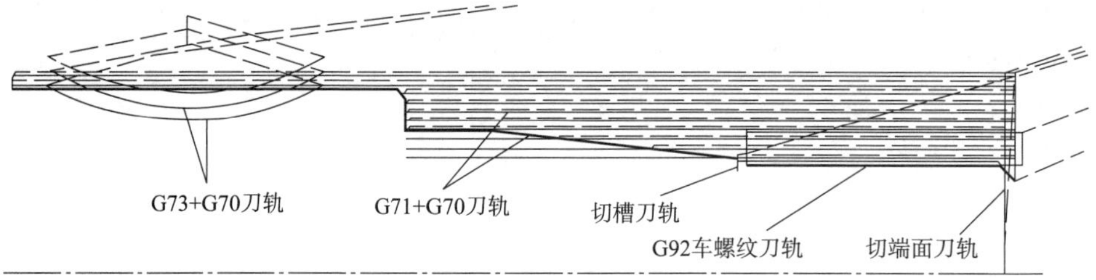

图 6-33　刀具轨迹图

6.5.2 数控铣编程案例

例 6-2　编制图 6-34 所示零件轮廓的加工程序。

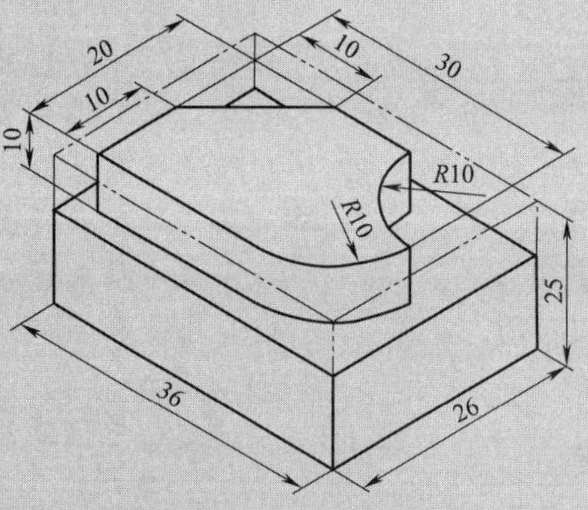

图 6-34　零件示意图

1. 工艺处理

刀具半径补偿原理以图 6-35 为例,刀具编程是在图示坐标平面中执行,图中剖面线所示部分为加工轮廓,实线及实线箭头表示编程轨迹及方向,双点画线及虚线箭头表示刀具偏置后的刀心轨迹及方向,三个小圆表示铣刀,若干小箭头表示偏置矢量 $\boldsymbol{r}$,其方向垂直于相应的轮廓线,大小等于铣刀半径,图中 $S(E)$ 点为起刀点和返回点,程序采取直线切线式切入、切出。从图中可以看出,编程轨迹是按零件轮廓编写的,逆时针方向的走刀路线,不考虑刀具半径的影响。执行了刀具半径补偿后,系统会根据刀具半径补偿偏置矢量,自动计算出偏置以后的刀心移动轨迹,如图 6-35 中双点画线所示,双点画线偏离零件轮廓的距离由程序执行前存入系统刀具半径补偿存储器中的补偿值确定。图中从 S 点出发,第一段为直线①,程序在这一段建立刀具半径补偿,返回 E 点的程序段为直线⑦,这一段为取消刀具半径补偿,这样刀具就返回起刀点 S,在中间的程序段②→③→④→⑤→⑥为补偿方式的移动轨迹。

按照刀具半径补偿原理,当换用不同直径值的刀具时,只需要修改刀具半径补偿存储器中的刀具外形(D)补偿值即可。同样,当刀具磨损后,只需改变刀具半径补偿存储器中的刀具磨损(D)补偿值即可。加工程序不需修改。这样一种设计思想,使得加工程序更加实用化。

假设材料厚度为 20 mm,工件坐标系取在工件上表面图示位置,起刀点位置为 S 点,加工路径如图 6-35 中箭头所示,设加工开始时刀具距离工件上表面 50 mm,采用 ϕ6 mm 键槽立铣刀,切削深度为 10 mm。采用 G92 建立工件坐标系,刀具补偿存储器编号取 D01,主轴转速 600 r/min,进给速度 100 mm/min,切削路径为 $A\to B\to C\to D\to E\to F\to G$,其切入、切出延伸了 5 mm,加工前将刀具半径 3 mm 存入 D01 存储器中。编程轨迹如图 6-36 所示。

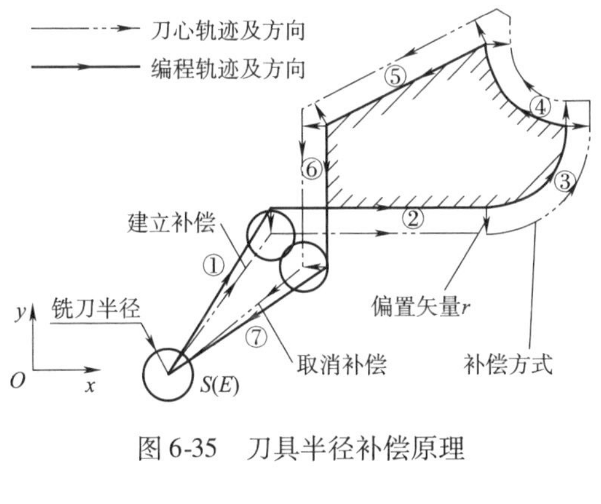

图 6-35　刀具半径补偿原理

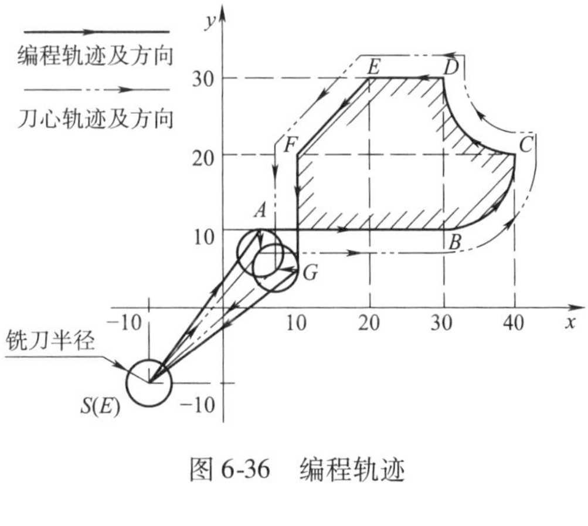

图 6-36　编程轨迹

2. 加工程序

O0506;	程序名称
N10 G92 X-10.0 Y-10.0 Z50.0;	G92 指令建立工件坐标系
N20 S600 M03;	主轴正转,转速为 600 r/min
N30 G00 Z2.0;	快速下刀至工件表面 2 mm
N40 G01 Z-10.0 F80;	切削下刀至深度 10 mm,进给速度为 80 mm/min
N50 G42 X5.0 Y10.0 D01 F120;	启动刀具半径右补偿,横向切削至 A 点

```
N60 X30.0;                          横向切削直线AB段
N70 G03 X40.0 Y20.0 R10.0;          切削圆弧BC段
N80 G02 X30.0 Y30.0 R10.0;          切削圆弧CD段
N90 G01 X20.0;                      切削直线DE段
N100 X10.0 Y20.0;                   切削直线EF段
N110 Y5.0;                          切削直线FG段
N120 G40 X-10.0 Y-10.0;             横向移动,取消刀补
N130 G00 Z50.0;                     快速提刀,快速退回起刀点S
N140 M30;                           程序结束
```

3. 分析

(1) 采用刀具半径补偿功能,按零件轮廓线编程,使程序通用性更强。

(2) G42 与 G40 成对使用。

(3) 采用 G92 建立工件坐标系,因此程序结束前,刀具应取消刀补并返回起刀点。

(4) 采用切线引入、引出方式,提高了零件的加工质量。

(5) 刀具补偿的建立和取消均取在加工轮廓线之外,可靠性较好。

6.5.3 APT 语言自动编程案例

数控语言自动编程的原理,如图 6-37 所示。编程人员根据零件图样和加工工艺要求,运用如 APT 数控语言,进行零件加工源程序的编制,通过源程序描述零件的几何形状、尺寸大小、工艺路线、工艺参数以及刀具相对零件的运动关系等。数控语言的源程序由接近车间日常工艺用语的各类语句组成,不能直接用于控制数控机床加工,必须经编译处理,进行相关的计算,生成中性的刀位数据文件 CLDF(cutter location data file),再根据具体机床的数控指令格式进行后置处理,生成相应的数控加工代码,才能控制指定数控机床加工。

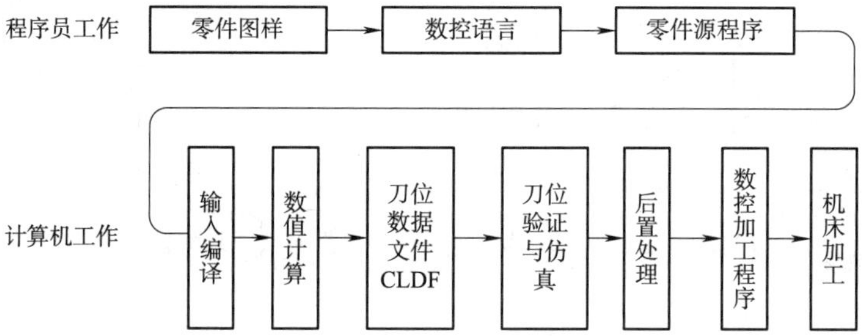

图 6-37 数控语言自动编程原理

应用数控语言自动编程,程序员需要做的工作仅仅是零件源程序的编写,其余的计算处理、刀位数据文件生成等工作均由编程系统自动完成。与手工编程相比,编程效率得到大大提高,无须编程人员熟记具体数控机床的指令代码,可完成复杂型面的数控编程作业。

例 6-3 图 6-38 所示的平板类零件,用 APT 语言编写的零件源程序列于表 6-5 中。

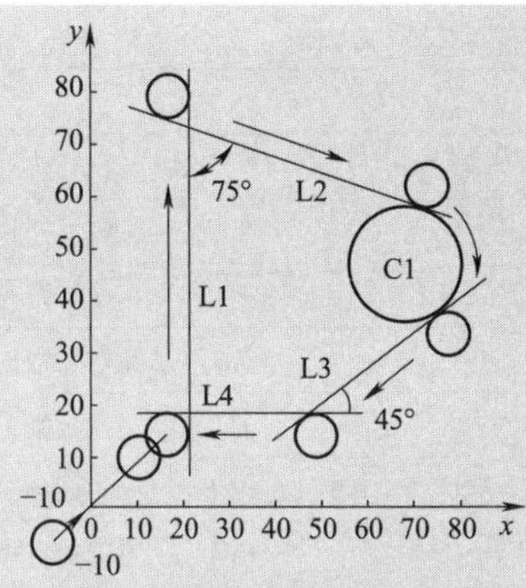

图 6-38　APT 语言编程的简单实例图

表 6-5　零件源程序举例

序号	语　句	说　明
1	PARTNO/TEMPLATE	初始语句，TEMPLATE 为零件名称，也是程序名称，作为 NC 程序的标识符，将被编制在数控纸带开头，便于检索
2	REMARKKS-002	注释语句，说明零件图号
3	REMARKWAMG15-FEB-1983	注释语句，说明编程员姓名、日期
4	$ $	注释语句，后面的语句起注释作用，不解释执行
5	MACHINE/F240,2	后置处理语句，说明控制系统的类型和系列号
6	CLPRNT	说明需要打印刀位数据清单
7	OUTTOL/0. 002	指定用直线段逼近零件轮廓的外容差为 0. 002 mm
8	INTOL/0. 002	内容差为 0. 002 mm
9	CUTTER/10	说明选用平头立铣刀，直径为 10 mm
10	$ $ DEFINITION	以下为几何定义语句(11 ~ 17)
11	L1 = LINE/20,20,20,70	定义一直线，过点(20,20)和(20,70)
12	L2 = LINE/(POINT/20,70),ATANGL,75,L1	定义一直线，过点(20,70)，并与 L1 夹角为 75°
13	L3 = LINE/(POINT/46, 20), ATANGL, 45,XSMALL	定义一直线，过点(46,20)，并与 x 轴正方向夹角为 45°
14	L4 = LINE/20,20,46,20	定义一直线，过点(20,20)和(46,20)
15	C1 = CIRCLE/YSMALL, L2, YLARGE, L3, RADIUS,10	定义一圆，与直线 L2 和 L3 相切，半径为 10
16	XYPL = PLANE/0,0,1,0	定义一个法矢指向 z 坐标正方向 $z=0$ 的平面，按方程 $Ax+By+Cz+D=0$ 定义
17	SETPT = POINT/ −10, −10,10	定义点，坐标为(−10, −10,10)
18	$ $ MOTION	以下为刀具运动语句
19	FROM/SETPT	指定起刀点为 SETPT(−10, −10,10)
20	FEDRAT/F01	选用 F01 快速前进
21	GODLTA/20,20, −5	刀具运动语句，刀具走增量(20,20, −5)

续表

序号	语 句	说 明
22	SPINDL/ON	后置处理语句,启动主轴旋转
23	COOLNT/ON	后置处理语句,送切削液
24	FEDRAT/F02	刀具运动语句,指定切入速度
25	GO/TO,L1,TO,XYPL,TO,L4	刀具运动语句,指定初始运动
26	FEDRAT/F03	刀具运动语句,指定正常切削速度
27	TLLFT,GOLFT/L1,PAST,L2	以下说明走刀路线
28	GORGT/L2,TANTO,CIR	沿直线 L2 运动直至切于圆 C1
29	GOFWD/CIR,TANTO,L3	沿圆 C1 运动直至切于直线 L3
30	GOFWD/L3,PAST,L4	沿直线 L3 运动直至超过直线 L4
31	GORGT/L4,PAST,L1	沿直线 L4 运动直至超过直线 L1
32	FEDRAT/F02	指定切出速度
33	GODLTA/0,0,10	刀具运动语句,走增量(0,0,10)
34	SPINDL/OFF	后置处理语句,主轴停
35	COOLNT/OFF	后置处理语句,关闭冷却液
36	GOTO/SETPT	刀具运动语句,回到起刀点
37	END	后置处理语句,机床停止
38	PRINT/3,ALL	后置处理语句,打印程序中所有几何元素的定义参数
39	FINI	后置处理语句,零件源程序结束

从例 6-3 可看出,APT 语言源程序由不同类型的语句组成。它包含以下常用基本语句:

(1) 初始语句如 PARTNO,表示零件源程序的开始,给出程序的名称标题。

(2) 几何定义语句如 POINT、LINE、CIRCLE、PLANE 等,对零件加工的几何要素进行定义和命名,便于刀具运动轨迹的描述。

(3) 刀具定义语句如 CUTTER,定义实际使用的刀具形状,这是计算刀位点坐标以及干涉校验所必须使用的信息。

(4) 容许误差指定如 OUTTOL、INTOL,表示用小直线段逼近曲线运动所容许误差的大小,其值越小,越接近理论曲线,但所需计算时间也随之增加。

(5) 刀具起始位置指定如 FROM,在机床加工运动之前,要根据工件毛坯形状、工装夹具情况指定刀具的起始位置。

(6) 初始运动语句如 GO,在刀具沿控制面移动之前,先指令刀具向控制面移动,直到容许误差范围为止,并指定下一个运动控制面。

(7) 刀具运动语句如 GOLFT(左转向)、GORGT(右转向)、GOFWD(直接前行)等,指定刀具所需的轨迹运动,以便加工出要求的零件形状。

(8) 后置处理语句与具体机床有关,如 MACHINE、SPINDL、COOLNT、END 等,指定所使用的机床及数控系统,指示主轴起停、进给速度转换、切削液开断等信息。

(9) 其他语句如打印 CLPRNT 语句、结束语句 FINI 等。

数控语言自动编程解决了手工编程难以完成的复杂曲面编程问题，其编程效率比手工编程有较大提高，极大地促进了数控技术的发展。但是，数控语言的专有词汇及语句格式繁多，内容庞大，熟练运用绝非数日之功。对于型面复杂的零件，由于其几何结构和运动定义工作量很大，即使一个较熟练的编程员也要花费较长时间才能完成其编程工作。此外，数控语言自动编程缺少图形的支持，编程过程不直观。因此，数控语言自动编程仍然未能解决编程效率与机床加工速度不匹配的矛盾。

思考题

1. 名词解释：直径编程与半径编程，绝对坐标编程、增量坐标编程与混合坐标编程、数控车刀的刀位点与刀尖点、恒转速与恒线速度控制。

2. 简述数控车床的前置刀架与后置刀架坐标系的异同性。

3. 数控车削系统绝对坐标编程、增量坐标编程的方法是什么？数控车削系统编程为什么允许在同一个程序段中混合编程？

4. 数控车床的进给速度控制指令有哪些？一般常用哪一种？

5. 数控车床的主轴控制指令有哪些？使用时有什么特点？

6. 简答题

(1) 机床坐标轴命名遵循什么原则？

(2) 机床坐标系与工件坐标系之间有何关系？

(3) 工件坐标系有哪些设定方法？

(4) 数控编程数值计算包括哪些内容？

7. 零件图纸如题图6-1所示，完成数控编程。要求：

① 不准用纱布及锉刀等修饰表面。

② 未标注倒角尺寸为$C1$，未注公差尺寸按GB/T 1804—2000。

③ 材料及备料尺寸：45(ϕ45 mm×110 mm、ϕ45 mm×45 mm)圆钢。

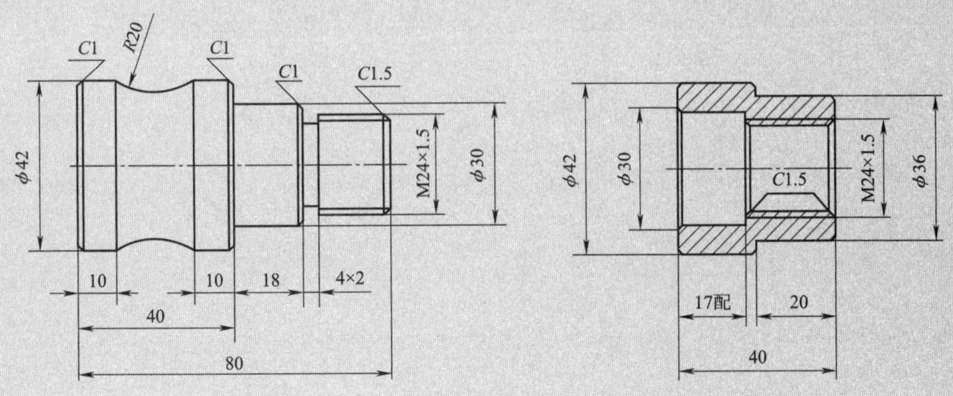

(a)

题图6-1

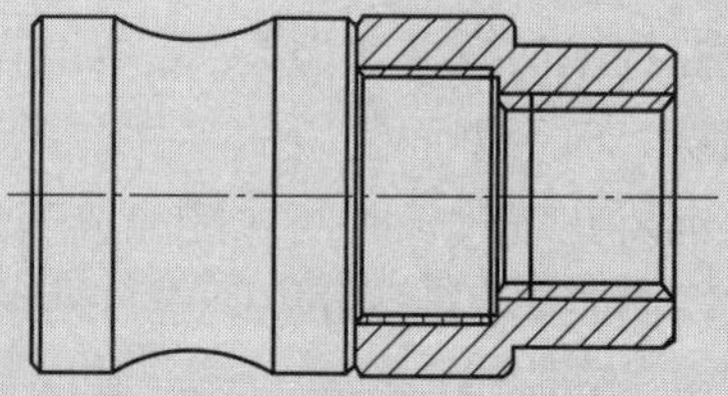

（b）

题图 6-1（续）

8. 根据题图 6-2 加工凸轮零件。

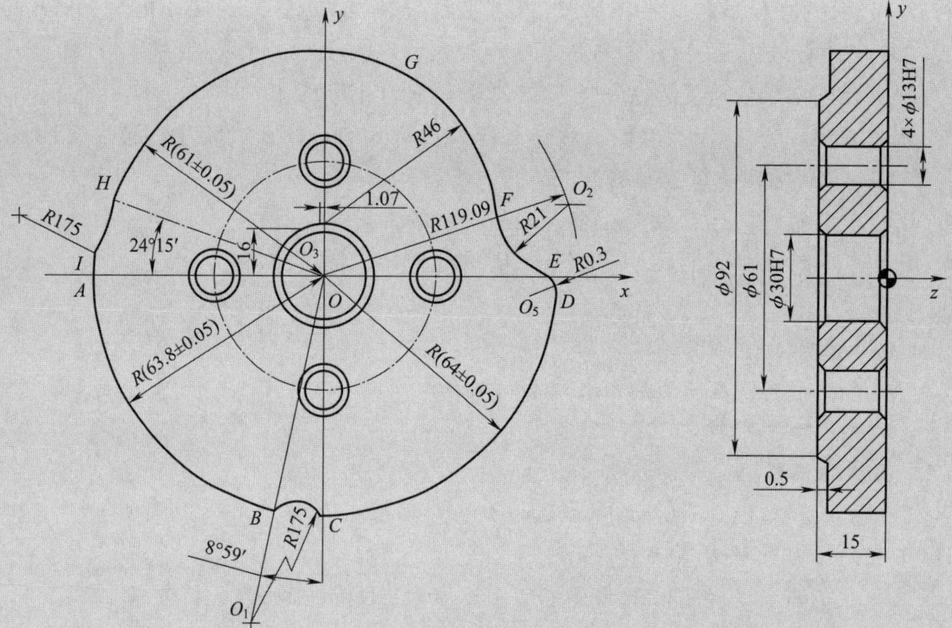

题图 6-2

第 7 章　CAM 系统自动编程

随着 CAD/CAM 技术的成熟和计算机图形处理能力的提高,直接利用三维零件模型进行数控加工编程,已成为当前数控程序编制的主要手段。CAM 系统自动编程是以待加工零件 CAD 模型为基础的一种集加工工艺规划及数控编程为一体的自动编程方法。目前,市场上较为著名的 CAD/CAM 软件系统(如 UG NX、Creo、CATIA 等)均有较强的数控编程能力。这些软件系统除了具有通常的交互定义、编程修改、实现复杂三维型面的加工编程功能之外,还具有较强的后置处理功能。本章以 UG NX 12.0 为平台,介绍 NX CAM 的基本操作方法、加工环境设置、操作导航器的应用、功能术语、仿真操作和后处理,并通过案例学习 CAM 系统自动编程。

7.1　NX CAM 加工基础

7.1.1　NX CAM 加工环境设置

1. 加工环境(machining environment)的概念

每次进入 UG NX 的制造模块进行编程工作时,UG NX 软件将自动分配一个操作设置环境,称为 NX CAM 的加工环境。程序设计员可以根据需要对 NX CAM 的加工环境自行定制和选择,因为在实际工作中,每个程序设计员所从事的工作往往比较单一,很少用到 NX CAM 的所有功能。通过定制加工环境,使得每个用户拥有不同的个性化编程软件环境,从而提高工作效率。

2. 进入 NX CAM 加工环境

进入 NX CAM 加工环境有以下两种操作方式:

(1) 打开 UG NX 进入 Gateway 环境,单击“主页”→“新建”按钮,弹出“新建”对话框,如图 7-1 所示,选择“加工”选项卡,给新文件命名。单击“确定”按钮,弹出“加工环境”对话框,如图 7-2 所示,选择加工方法后,单击“确定”按钮,进入加工模块。

(2) 首先启动 UG NX 12.0,打开一个不包含 CAM 数据的部件文件,即没有进行过加工操作的 *.prt 文件。单击“应用模块”→“加工”组中的“加工”按钮,弹出“加工环境”对话框。

UG NX 12.0 自带的若干个 NX CAM 环境将出现在“要创建的 CAM 组装”列表框中。在该列表框中列出当前加工环境中的各种操作模板,用户可以根据加工需要选择一种操作模板,单击“确定”按钮,即可进入相应的加工环境,开始编程工作。

3. 加工环境所包含的项目

NX CAM 加工环境中主要包括以下几个项目:

(1) mill_planar。平面铣,主要进行面铣削和平面铣削,移除平面层中的材料。这种操作最常用于粗加工材料,为精加工操作做准备,也可用于精加工型腔平面、垂直侧面。

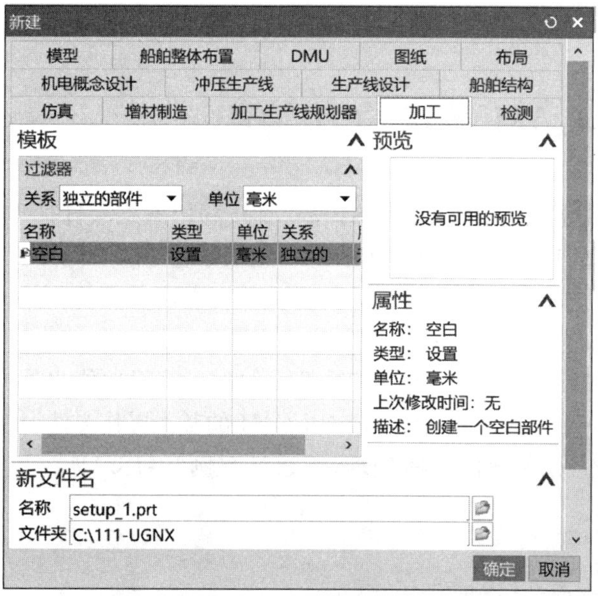

图 7-1 “新建”对话框

图 7-2 “加工环境”对话框

（2）mill_contour。轮廓铣，3 轴铣削的主要功能，可切削带锥度壁和曲面的型腔。里面包括型腔铣、Z 级深度加工、固定轴轮廓铣等。可用于粗加工、半精加工和精加工。

（3）mill_multi-axis。多轴铣，主要进行可变轴的曲面轮廓铣、顺序铣等。多轴铣是用于精加工由轮廓曲面形成的区域的加工方法，通过精确控制刀轴和投影矢量使刀轨沿着设计意图做复杂轮廓移动。

（4）mill_multi_blade。多轴铣，主要用于铣削叶片模块，包括多叶片粗加工、叶毂精加工、叶片精加工、圆角精加工等。

（5）mill_rotary。旋转底面铣。

（6）hole_making。钻孔模块，包括定心钻、钻孔、钻深孔、钻埋头孔、背面埋头钻孔、攻丝、孔铣、孔倒斜铣、顺序钻、凸台铣、螺纹铣、凸台螺纹铣、径向槽铣等操作。

（7）drill。孔加工，包括锪孔、定心钻、钻孔、啄钻、断屑钻、镗孔、铰、沉头孔加工、钻埋头孔、攻丝、铣削孔、螺纹铣等操作。

（8）turning。车削加工模块，包括中心线定心钻、中心线钻孔、中心线啄钻、中心钻断屑、中心钻铰刀、中心攻丝、面加工、粗车外侧面、退刀粗车、粗镗内侧面、退刀粗镗、精车外侧面、精镗内侧面、退刀精镗、示教模式、车外部槽、车内部槽、车外表面槽、车外螺纹、车内螺纹等。

此外，还包括电火花线切割模块、激光、机器人加工、3D 打印、探测等模块。

7.1.2 NX CAM 的界面操作

NX 12.0 CAM 的工作界面简洁直观，主要由窗口标题栏、主菜单、工具栏、主视区、提示栏、状态栏、资源导航栏、导航按钮及弹出式菜单等部分组成。

在 UG NX 12.0 主界面中进入加工模块后，会显示出常用的加工工具按钮和菜单项，如图 7-3 所示。

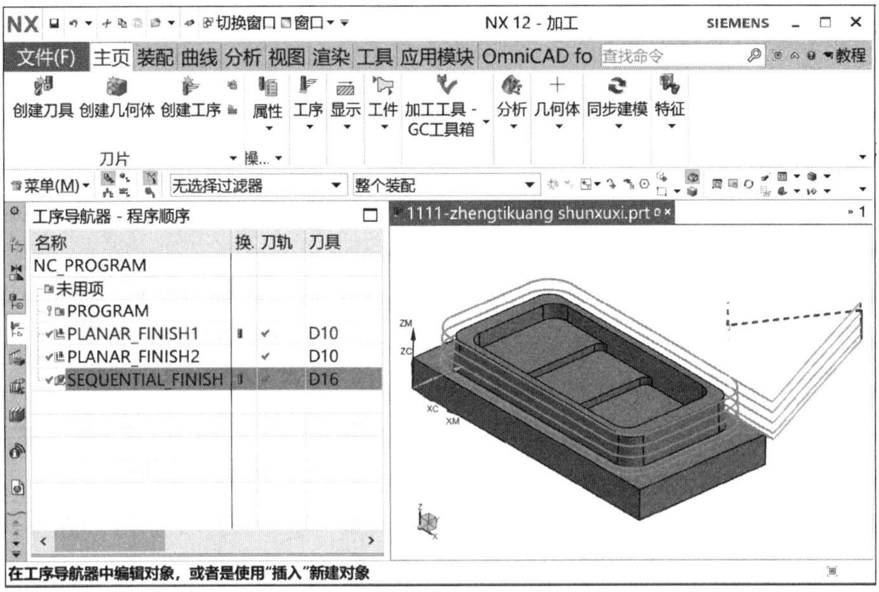

图 7-3　NX 12.0 CAM 的工作界面

1. NX CAM 的各显示区域功能

NX CAM 主界面中各显示区域功能介绍如下：

（1）标题栏。显示软件的版本和当前模块名称、打开的文件名等。

（2）菜单栏。主要用于调用各执行命令以及对系统的参数进行设置。菜单栏几乎包含了整个软件的所有命令。

（3）工具栏。工具栏以按钮的形式提供命令的操作方式，各个工具栏都对应菜单下不同的命令，用户可以添加或移除工具按钮。

（4）资源导航栏。显示当前打开模型文件中所有的资源。

（5）提示栏。固定在主界面的中间，提示读者如何进行操作。执行每个命令步骤时，系统都会在提示栏中显示必须执行的动作，或者提示下一个动作。

（6）状态栏。主要用于显示系统及图元的状态。

2. 工序导航器

在图形区窗口左边的资源条上，单击“工序导航器”按钮，弹出工序导航器，用户创建的所有工序都显示在工序导航器中。在“工序导航器”中右击会弹出一系列菜单，其中许多菜单的功能与主菜单的选项或各种工具栏中的工具功能相同，但弹出菜单更便于用户操作和使用。通过工序导航器可方便地对工序进行拖放、剪切和粘贴、删除、显示刀轨等操作。工序导航器用四种视图（view）窗口显示，分别是程序顺序视图、机床视图（刀具）、几何视图、加工方法视图。通常这四种视图窗口只显示其中的一种，用户可以通过工具栏中的按钮在它们之间进行切换。视图采用树状结构显示“对象”（组或工序）及它们之间的从属关系。根据树状结构的位置关系，“对象”具有继承作用，即位于树状结构中下一级的对象可以继承上一级对象的参数，而且通过“对象”的剪切和粘贴操作，可建立新的父子关系。

（1）程序顺序视图。程序顺序视图管理工序内容，决定工序输出的顺序，即按照刀具路径的执行顺序，列出当前零件中的所有工序，显示每个工序所属的程序组和每个工序在机床上执行的顺序。每个工序的排列顺序决定了后处理的顺序和生成刀具位置源文件（CLSF）的顺序。

在该视图模式下包含多个参数栏目，如名称、路径（刀轨）、刀具等，用于显示每个工序的名称以及工序的相关信息。其中在“换刀”列中显示该工序相对于前一个工序是否更换刀具，而“刀轨”列中显示该工序对应的刀具路径是否生成，此外在其他列中显示其他类型名称，如图 7-4 所示。

（2）机床视图。机床视图按照切削刀具组织各个工序，其中列出了当前零件中存在的所有刀具，以及使用这些刀具的工序名称，如图 7-5 所示。其中“描述”列中显示当前刀具和工序的相关信息，并且每个刀具的所有工序显示在刀具的子节点下面。

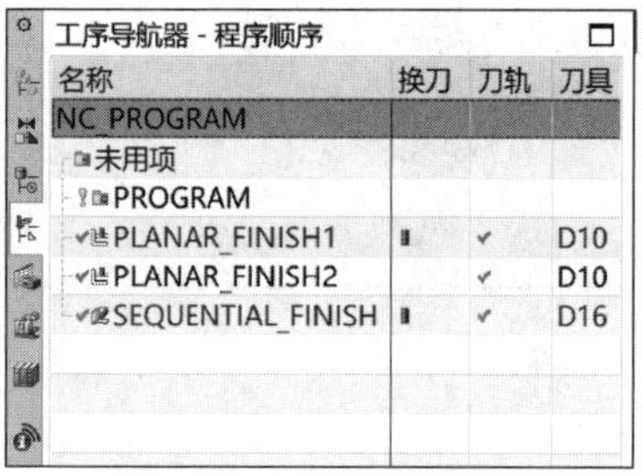

图 7-4　程序顺序视图

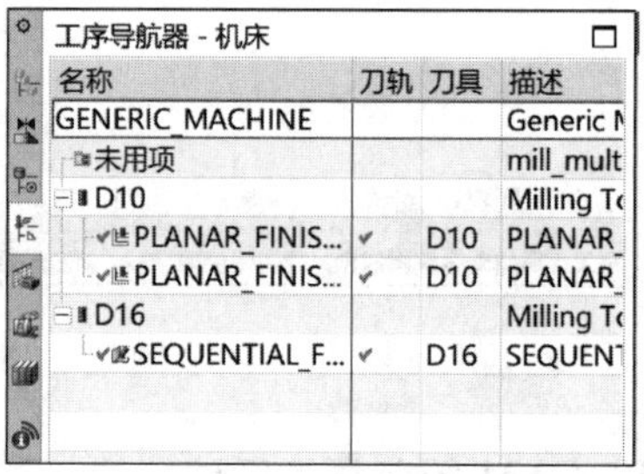

图 7-5　机床视图

（3）几何视图。几何视图显示当前零件中存在的几何组的坐标系，以及这些几何组和坐标系的工序名称。并且这些工序位于几何组和坐标系的子节点下面。此外，相应的工序将继承该父节点几何组和坐标系的所有参数，如图 7-6 所示。工序必须位于设定的加工坐标系子节点下方，否则后处理程序将会出错。

（4）加工方法视图。加工方法视图中显示当前零件中存在的加工方法，如粗加工、半精加工、精加工等，以及使用这些方法的工序名称等信息，如图 7-7 所示。

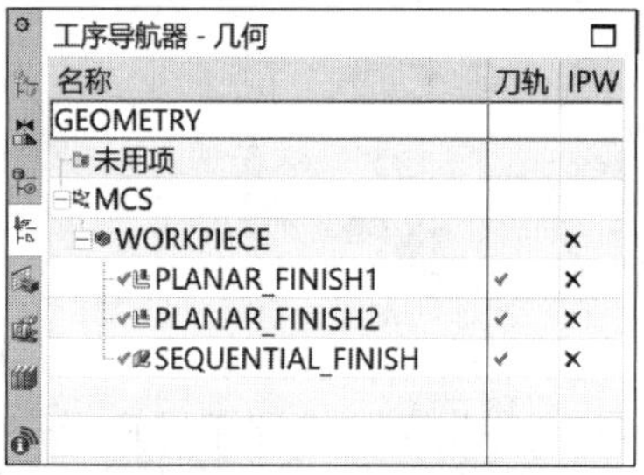

图 7-6　几何视图

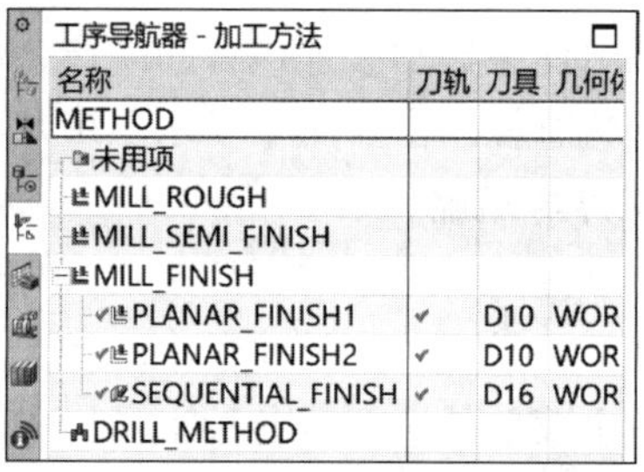

图 7-7　加工方法视图

3. 加工操作的状态标记

NX CAM 的加工操作中，为显示每个当前操作的不同状态信息，工序导航器给予了不同的图样标记。加工操作状态有三种图样标记，路径状态有两种图样标记，如图 7-8 所示。

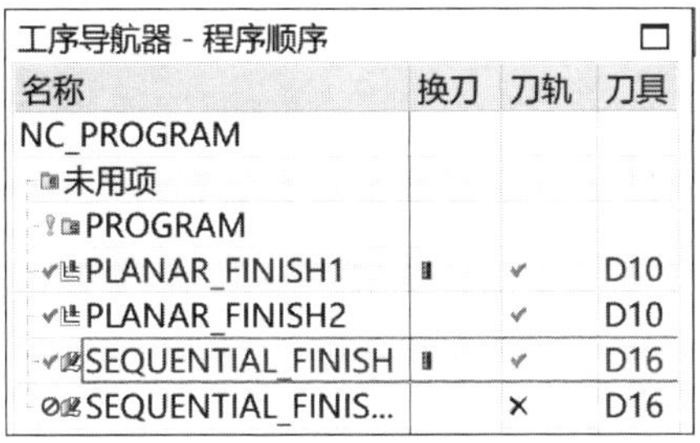

图 7-8　加工操作的状态标记

（1）加工状态三种图样标记：

①（未后处理）表示该操作包含各种加工信息，并且已经生成刀具路径，但未进行后置处理。

② √（完成）表示此操作已产生了刀具路径并且已经后处理（UG/Post Process）或输出了 CLS 文档格式（Output CLSF）。

③ ⊘（示警）表示此操作从未产生刀具路径，或此操作虽有刀具路径但被编辑后没有作相应更新，因此需重新产生刀具路径以更新此状态。

（2）刀具路径两种图样标记：

① √（完成）表示此操作已产生了刀具路径。

② ×（错误）表示此操作未产生刀具路径。

4. NX CAM 的工具条

在 NX CAM 环境里，除了显示通用的工具条，还将出现加工模块内特有的工具条，如图 7-9 所示；在“定制”导航栏的“工具条”选项内选择需要的工具条，即可实现工具条的开关。也可以在工具栏内任意位置右击，在弹出的快捷菜单中直接选取要开关的工具条类型，使用这种方法更为简便。

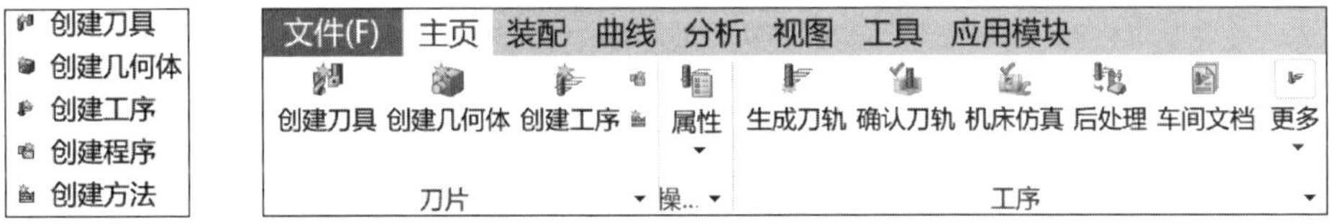

图 7-9　NX CAM 工具条

7.1.3　NX CAM 加工刀具轨迹的构成

一般而言，数控加工刀具轨迹是指刀具的路径信息。在数控加工中，刀具和被加工零件的几何位置关系可分为接触和非接触两大类。但是在数控编程中，需要考虑在不同的位置指定不同的进给速度，以便提高加工效率和加工质量。图 7-10 所示为典型的数控加工刀具轨迹构成示意图，NX CAM 中走刀轨迹颜色及其含义如图 7-11（彩色版可扫二维码查看）和表 7-1 所示。

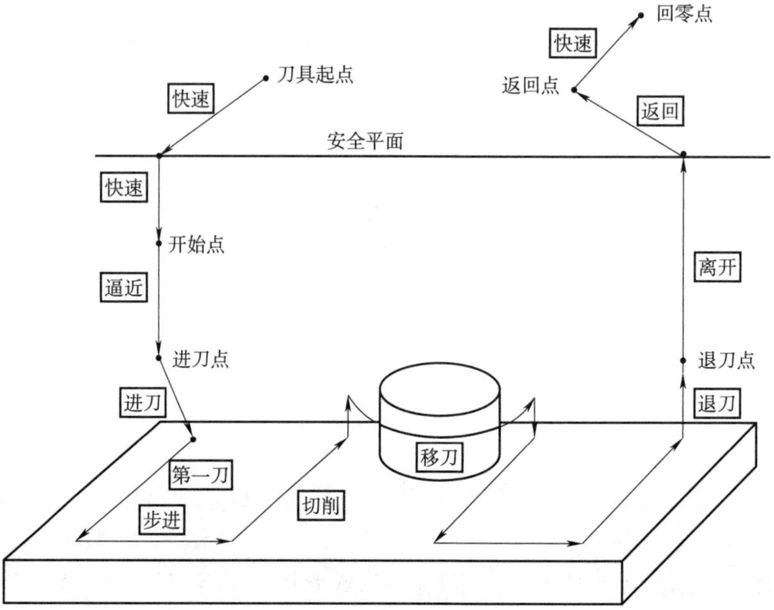

图 7-10　数控加工刀具轨迹构成

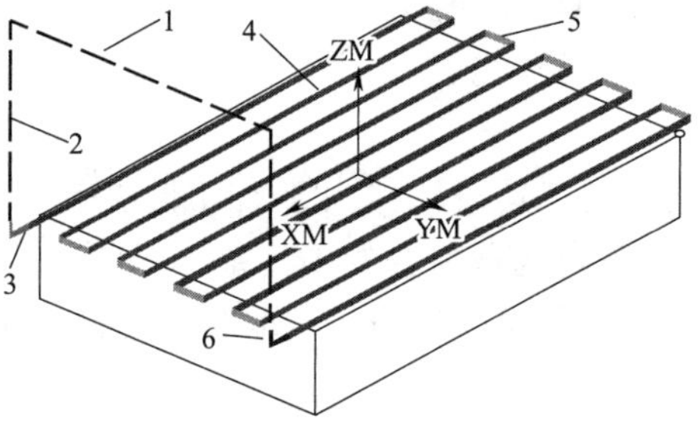

图 7-11　NX CAM 走刀轨迹颜色

图 7-11　NX CAM 走刀轨迹颜色(彩色)

表 7-1　NX CAM 走刀轨迹颜色及其含义

序号	颜　色	类　型	含　义
1	红色线	快速移动线	通常使用 G0 的速度移动机床,也可以使用 G1 给定速度
2	蓝色线	逼近移刀线 离开移刀线	指刀具从安全高度到达加工平面的移动轨迹线,速度比红色的快速移动线慢
3	黄色线	进刀线	离真正切削只要很小的一段距离,刀路在此处移动非常慢
4	青色线	切削线	刀具按照给定进给速度切削工件
5	绿色线	步进线	两条切削线之间的连接线,通常使用进给
6	粉色线	退刀线	切削之后,退出切削,再经过蓝线回到安全高度,进入下一个循环

1. 安全面以上段落

安全面是指在该平面之上,刀具在任何方向上的运动都不会碰到障碍物(不发生干涉),

即无障碍平面(clearance plance)。在安全面之上,可以指定刀具从哪一个点开始运动,加工结束后返回到哪一个点;进给速度可以设定为机床可承受的最大极限速度,如使用 G0 指令。

2. 快速接近段落

快速接近(approach)段落是指刀具从安全面上的起始点开始下降到离零件较近地方的过程。这个过程中刀具不会与零件、零件毛坯或夹具发生接触或碰撞。即使该段落中刀具发生碰撞,也只是因为编程人员考虑不周,刀具与夹具等外物发生碰撞,而不会与零件发生碰撞。该部分的进给速度可以设定较大,但要尽量避免使用 G0 指令(即机床运动最高速度),具体设定的进给速度值还要考虑机床本身运动特性,不能超过机床达不到的运动速度。

3. 进刀切入段落

进刀切入(engage)段落是指刀具从离零件毛坯很近的位置开始逐渐切入零件毛坯的过程。此过程中刀具正式开始负载,刀具负载从 0 过渡到正常切削时的负载。进刀切入段落的进给速度值可以设定为正常切削段落的速度值,为避免突然受力对刀具造成不利影响,进刀切入段落的进给速度取值可适当减小,即低于正常切削段落的进给速度值。

4. 正常切削段落

正常切削段落是指刀具稳定切削的整个过程。有时候刀具轨迹的第一行切削量较大,进给速度取值适当减小,避免因载荷过大造成刀具折断。正常切削段落的进给速度需要综合考虑机床功率、刀具直径、刀具切削齿数、每齿切削量、刀具切削额定线速度(与加工材料有关)、刀具切削深度等因素进行计算确定。此外,在之字形行切(zigzag)走刀方式下,还存在行间横越(step over)问题。行间横越是指在前一切削行结束点以接近或等于 90°角度拐弯运行到下一切削行起始点的过程。行间横越时刀具切削量可能会突然增大到满刃切削,阻力很大,这时行间横越切削进给速度可以适当降低,避免因受力过大造成刀具折断现象。

5. 岛屿避让段落

岛屿避让段落是指在加工区域内某个位置存在一个凸起的特征实体,称为岛屿(island),刀具在切削时必须避开岛屿,否则将加工出错。正常的刀具轨迹在遇到岛屿时,需要先抬刀,然后刀具从岛屿上方快速通过,最后再下降到加工工件表面进行正常切削。该过程刀具轨迹即为岛屿避让段落。刀具的抬刀和落刀过程可遵循进刀和退刀过程。而刀具横越岛屿上方时,可采用单独控制的进给速度。在确认安全的情况下,刀具可以不用抬高到安全平面之上。为保证安全,岛屿避让段落的进给速度可稍微低于安全面之上段落的进给速度,当然在确保无碰撞干涉的情况下,也可以采用 G0 指令进给速度。

6. 退刀离开段落

退刀离开段落是指加工到最后一行结束点时刀具离开零件的过程。正常情况下,退刀离开段落中,刀具不再处于切削状态,即负载为零。但是,也有一些例外情况,在退刀离开过程中,刀具有可能与工件的其他部位发生接触,如果退刀离开进给速度过大,有可能造成刀具折断或啃伤工件,这种情况在圆弧退刀过程中很可能发生。同时,退刀离开段落长度较短,进给速度低时不会严重影响加工效率。因此,退刀离开段落的进给速度最好不要太大,接近正常切削速度。

7. 快速离开段落

快速离开段落是指加工完最后一行并退刀离开工件之后,以较高速度返回到指定安全高度的过程。指定的安全高度多为安全面高度。快速离开段落一般沿刀轴方向直接高速离开工件,避免走斜线。因为沿刀轴方向离开零件,一般情况下不会发生碰撞干涉。例外的情况是当使用T形刀具时,退刀距离不够的情况下,直接沿刀轴方向离开可能会发生干涉。

7.2 NX CAM 加工流程与参数设置

7.2.1 NX CAM 加工流程

在实际工作中,一个零件的加工完成是通过创建一系列按次序排列的操作程序实现的。数控编程可以分为准备工作、技术方案、数控编程、程序定形四个阶段。利用 NX CAM 进行数控加工遵循一定的加工流程,如图 7-12 所示。

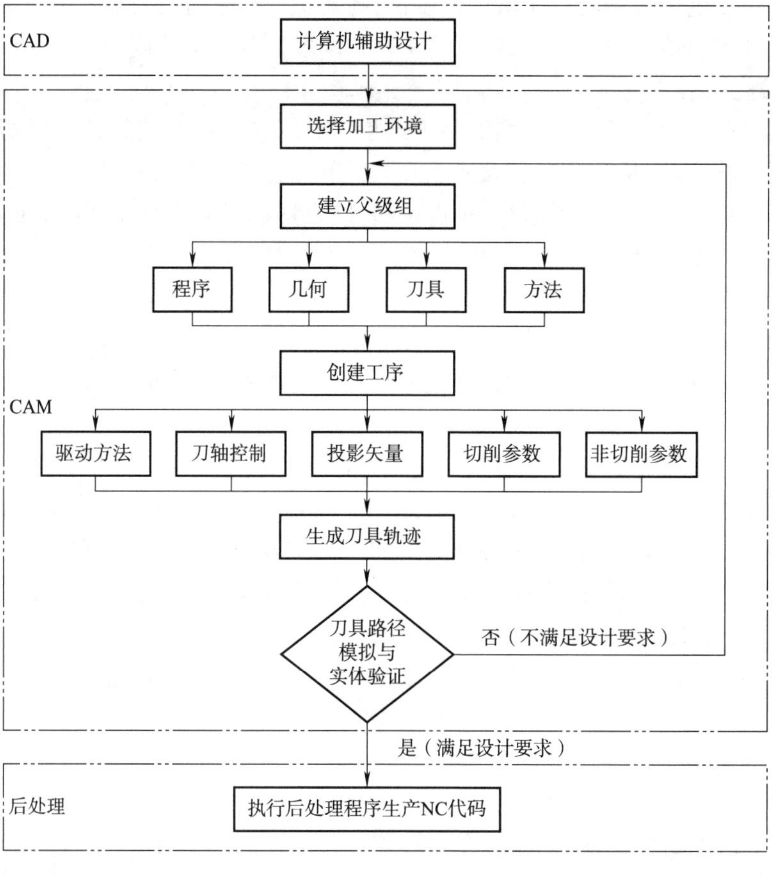

图 7-12 NX CAM 编程的基本步骤

1. 创建父节点组

在创建的父节点组中存储加工信息,如刀具数据、进给速率、公差等信息。父节点组共有四组,见表 7-2,应分别逐个通过各自的对话菜单创建。

表 7-2　父节点组类型

父节点组	包含的数据内容
程序(program)	决定输出工序的顺序
几何体(geometry)	加工对象几何体数据,如零件、毛坯、坐标系和安全平面等
方法(method)	加工方法,如进给速度、主轴转速和公差等
刀具(tool)	刀具尺寸参数

注意:父节点组创建不是 NX CAM 编程所必需的工作,即父节点组可以为空,直接在创建工序时进行设置;但是对于需要建立多个程序完成加工的零件来说,使用父节点组可以减少重复性的工作。

2. 创建工序

在相应的项目中指定该工序的程序、方法、刀具和几何体父节点组,凡是在父节点组中指定的信息都可以被该工序所继承。单击“创建工序”对话框中的“确定”按钮(见图 7-13),则 NX CAM 会弹出相应的工序对话框,用户可按要求指定相应的各种参数。这些参数随着工序类型模板的不同而各不相同,必须根据要求逐个确定并输入,它们对生成刀轨将产生较大的影响,常用的工序参数见表 7-3。

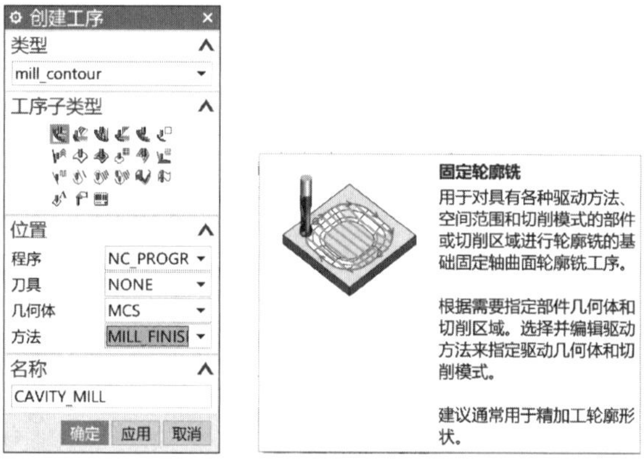

图 7-13　“创建工序”对话框

表 7-3　工序参数

参数分类	包含的数据内容
加工类型	用于选择合适的加工工序方式,可选择的工序类型有平面铣、型腔铣、固定轴曲面轮廓铣、可变轴曲面轮廓铣等
驱动方法	用于定义创建刀轨时驱动点产生方法
刀轴控制	用于控制刀轴矢量方向
投影矢量	用于确定驱动点投影到零件几何表面的方向
切削参数	用于设置切削加工参数,主要包括走刀方式、加工余量、顺铣和逆铣等
非切削参数	用于设置刀具在非切削运动时的移动参数,主要包括进刀、退刀、安全设置等
进给和速度	用于设置加工时的主轴转速和进给率等

3. 生成刀具路径

生成刀具的 NCI 数据文件,并在屏幕上显示加工刀具路径。

4. 刀具路径模拟与实体验证

模拟刀具实际切削时的走刀过程,直接对工件进行逼真的切削模拟以观察加工的过程和效果,可避免工件报废,甚至可以省去试切环节。

5. 执行后处理生成 NC 代码

将确认的刀具位置数据 CLSF 转换成适合具体机床数据的数控加工程序,即 NC 代码。在 NX CAM 中生成的刀具路径如果不经过后置处理将无法直接送到数控机床进行零件加工,这是因为不同厂商生产的机床硬件条件不同,而且各种机床所使用的控制系统也不同,对同一功能,在不同的数控系统中不完全相同。这些与特定机床相关的信息,不包含刀具位置源文件(CLSF),因此刀具位置源文件必须进行后置处理,以满足不同机床/控制系统的特殊要求。

7.2.2 NX CAM 编程参数设置

在使用 NX CAM 软件进行编程时,至少有 10 项主要参数需要进行设定。

1. 加工坐标系

在进行数控编程之前,首先应该确定加工坐标系位置,图 7-14(a)所示为 NX CAM 中加工坐标系定义对话框。数控加工程序代码中的坐标值都处于加工坐标系环境下,如果加工坐标系设置不正确,可能会导致加工找正困难。如果忽略了加工坐标系的设定,有可能默认为造型时的绝对坐标系位置,编程人员不注意时,直接生成的加工程序可能会造成工件报废。

在加工坐标系环境下,还可以设置零件几何、毛坯几何和检查几何,如图 7-14(b)所示。设置零件几何、毛坯几何和检查几何时,可以利用编程软件环境下的刀具轨迹几何仿真验证进行加工刀具轨迹的合理性检查,检查加工程序是否过切,是否存在碰撞干涉。

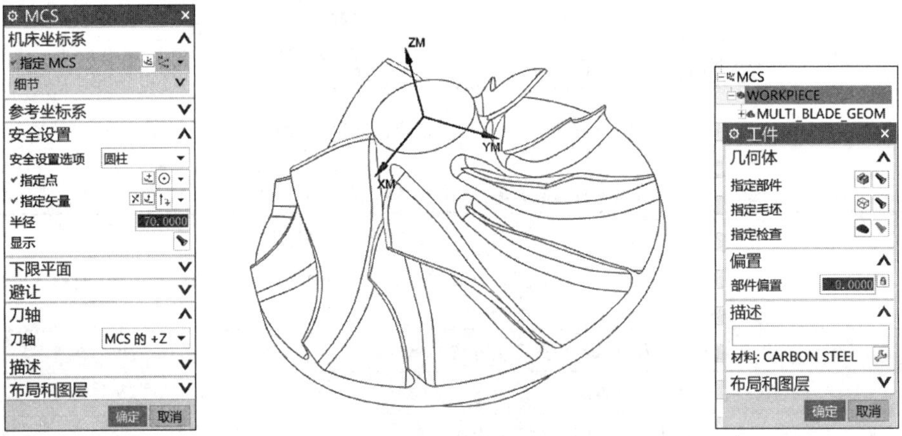

(a) 加工坐标系的定义对话框　　(b) 加工几何体的定义对话框

图 7-14　NX CAM 中有关加工坐标系的定义对话框

一个工件可以设置多个加工坐标系。如翻面加工的零件,至少需要两个坐标系。不管工件需要设定几个坐标系,加工坐标系原点位置应该保持不变,以避免找正时带来的找正误差。

2. 刀具参数

数控加工程序都需对应一个加工刀具。NX CAM 系统提供了刀具库功能,编程者可从库中选出所需刀具,也可按照所需参数和尺寸定义新的刀具。所用刀具尺寸和参数要根据工件加工部位和工件大小进行选择。不同类型的刀具定义参数也不尽相同。数控刀具在使用过程中一般都是以组合的形式出现。图 7-15(a)所示为铣刀组合,图 7-15(b)所示为车刀组合。无论是哪种刀具,都需要有存放的地方,这个地方就是刀库中的刀位(pocket),又称刀塔(carrier)中的刀槽(pocket)。

以球头铣刀为例,需要定义的最重要的参数包括:球直径、锥角、长度、刀刃长度、刀刃数等,如图 7-15(c)所示。此外,还要定义刀柄、夹持器等。

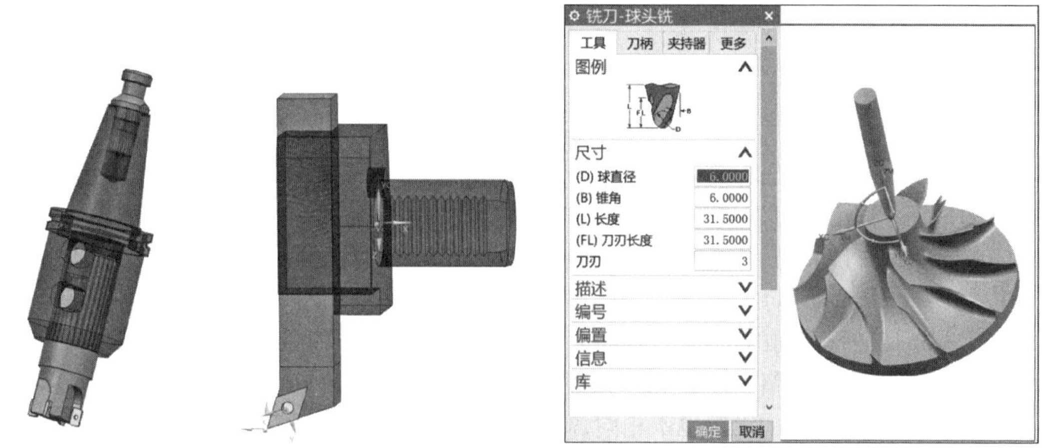

(a) 铣刀组合　　(b) 车刀组合　　(c) 刀具定义对话框

图 7-15　刀具组合及刀具定义对话框

3. 刀轴方向

刀轴方向是指在工件加工过程中刀具的轴线方向,即从刀具切削刃的底平面指向机床主轴的方向。在立式三坐标加工中,刀轴方向垂直于工作台面,在卧式三坐标加工中,刀轴方向垂直于加工坐标系的某一个平面。如果三坐标数控加工中心的主轴方向为坐标系的 z 轴,那么在三坐标加工中刀轴方向必然垂直于 xOy 平面。在四坐标和五坐标加工中,刀轴方向需要在编程过程中确定,需要注意的是刀轴方向的选取,一定要注意刀具与工件和夹具的干涉碰撞问题。数控编程中,刀轴方向的设定还必须符合所选机床的旋转坐标运动范围,否则会出现超程现象。

4. 加工余量

加工余量是指加工程序预留给下一道工序或最终加工表面的加工量,数控加工编程中多是根据加工工艺设定工件的粗、精加工加工余量。

5. 加工公差

加工公差需要根据零件要求的精度设定。加工公差用于控制加工误差的大小,根据弦高误差计算。图 7-16 所示为 NX CAM 中加工余量和公差的设定对话框。外公差是指最大欠切误差,内公差是指最大过切误差。

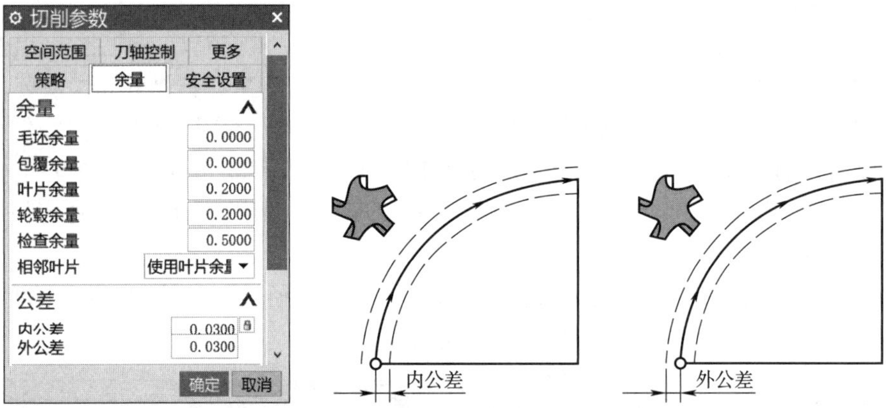

图 7-16　加工余量和公差的设定对话框

6. 走刀方式

走刀方式又称切削模式,规定刀具沿什么样的路线进行加工。数控加工需要根据不同的工件结构采用不同的走刀方式,常见的走刀方式有之字形(zigzag,又称往复走刀方式)、单向(one way 或 parallel lines)、回字形(follow periphery)、螺旋线(spiral)等。

7. 行距(path interval)

行距是指切削行之间的距离,行距的大小会影响到加工工件的表面粗糙度。行距可根据相邻行之间的距离、等残留高度、总切削行数、刀具直径的百分比等方法进行设定或计算。在不同的驱动方法中,行距的设定也不相同,需要根据具体情况进行设置。

8. 主轴转速和进给率

主轴转速需要根据被加工材料、刀具材料、刀具直径、刀具每齿切削量和刀具额定线速度进行计算得出,计算方法参见相关资料。进给速度的设定应综合考虑机床功率、刀具直径、刀具切削齿数、每齿切削量、主轴转速、刀具切削深度、刀具切削位置等因素进行计算确定,也可根据经验数据设定或从切削参数库中选取合理的速度值。图 7-17 所示为 NX CAM 中主轴转速和进给速度设定对话框,进给速度的设定对应了数控加工刀具轨迹构成的 7 个段落。

9. 安全面(clearance plane)

安全面是指开始启动主轴之前,刀具所在安全高度的平面。工件加工结束时,刀具将迅速抬起回到安全面高度。加工过程中需要抬刀分段切削加工时(如遇到岛屿),刀具也先抬起到安全面高度。安全面一定要处于工件毛坯和夹具上表面之上,处于靠近主轴的位置。图 7-18 所示为 NX CAM 中安全平面设定对话框,从图中示例可以看出安全面所处的大致位置。安全面的设定最好不要离工件太高,避免造成过多的空行程,影响加工效率。因此,安全面的设定只要保证刀具不会发生碰撞即可。但是,为安全起见,安全面至少要距离工件毛坯和夹具 20 mm 以上为佳。初始下刀点和最终返回点可以适当增大距离,保证后续的加工程序启动时刀具在一个相对安全的位置。

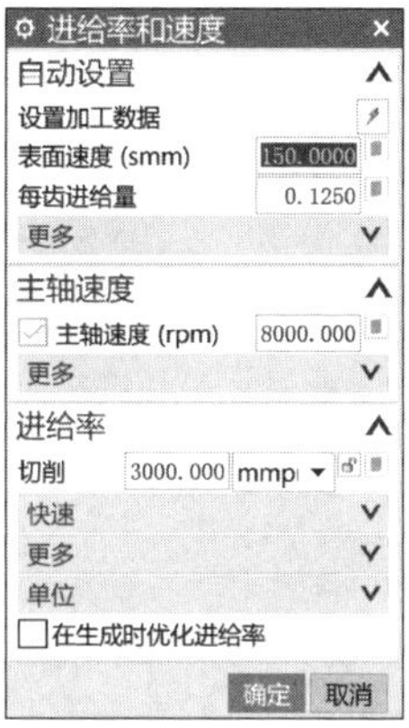

图 7-17　NX CAM 主轴转速和进给速度设定对话框

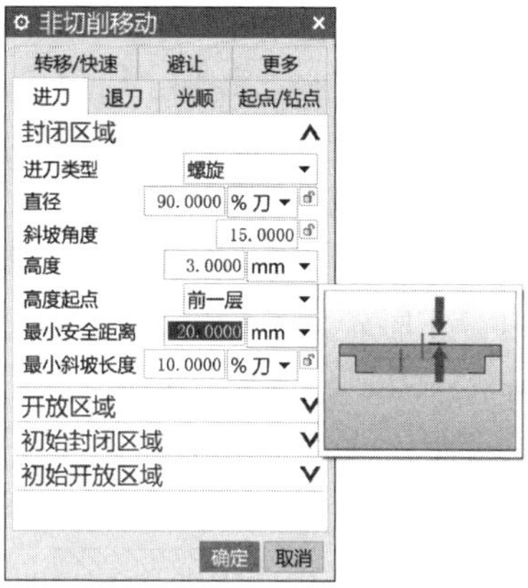

图 7-18　NX CAM 中安全面设定对话框

10. 进退刀方式

进退刀方式规定了刀具切入和切出工件的走刀路线,防止进刀/退刀过程中出现碰撞、过切而采用的进刀/退刀刀具轨迹,一般为直线(或圆弧)或离开工件毛坯的空处进退刀。从工艺角度来看,常见的进退刀方式有:①沿刀轴方向进退刀;②按给定矢量方向进退刀;③按圆弧切线方向进退刀;④按切线方向进退刀;⑤按螺旋线方式进退刀。

进刀方式选择原则是尽量避免刀具直接落在工件或毛坯表面,最好采用圆弧和切线方向进刀。加工型腔类零件时,最好采用螺旋线方式进刀。在确保刀具不会直接落在工件毛坯表面时,可采用刀轴方向进刀。退刀方向可以根据情况灵活处理,只要能够避免与夹具或工件其他部分发生碰撞干涉,最简单的方法就是沿刀轴方向直接退刀,如图 7-19 所示。

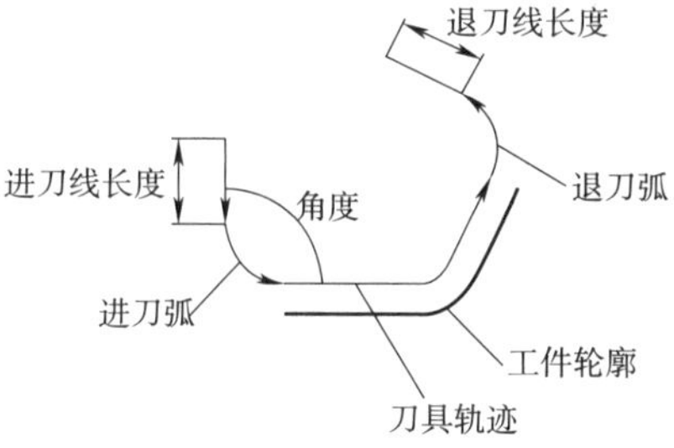

图 7-19　进刀/退刀线长度、弧和角度的基本定义

从走刀路线来看,进退刀方式也可分为线性、圆弧和螺旋三种方式。

7.3　NX CAM 编程技术

7.3.1　二维轮廓数控编程

1. 二维轮廓数控加工特点及应用

1)二维轮廓数控加工特点

二维轮廓数控加工在数控加工中占有很大比重,也是多坐标数控加工(编程)的基础。二维轮廓数控加工主要是垂直于刀轴平面上的两坐标加工,刀轴轴向运动时,机床只做单坐标运动。因此,二维轮廓数控加工可以采用两轴半数控机床加工,以节约加工成本。目前,两轴半数控机床基本上已经被淘汰,可用的主要是三轴联动数控机床。

2）二维轮廓数控加工应用范围

二维轮廓数控加工方法可加工大部分规则形状非曲面类零件,主要应用在以下几个方面:

(1) 外形轮廓(profile)。平面上的外形轮廓分为内轮廓(internal profile)和外轮廓(external profile)。内轮廓实际上是二维型腔的精加工轮廓。轮廓精加工刀具中心轨迹为轮廓线的等距线,此种加工方法往往称为周铣,如图 7-20 所示。

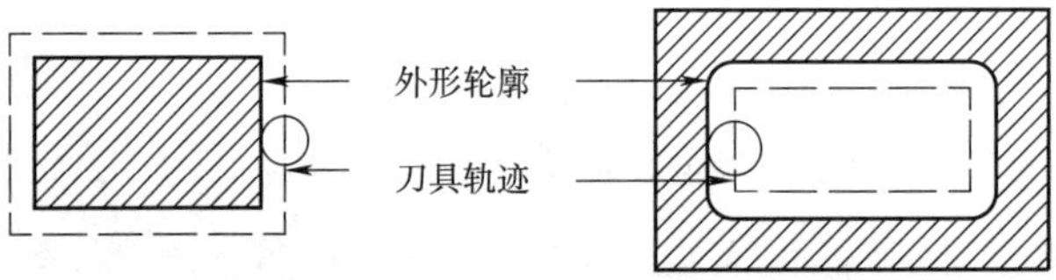

(a)外轮廓加工　　(b)内轮廓加工

图 7-20　外形轮廓及其数控加工刀具中心轨迹

计算外轮廓线的等距线,就存在尖角过渡的选取方式,通常有尖角过渡和圆角过渡两种方式,如图 7-21 所示。

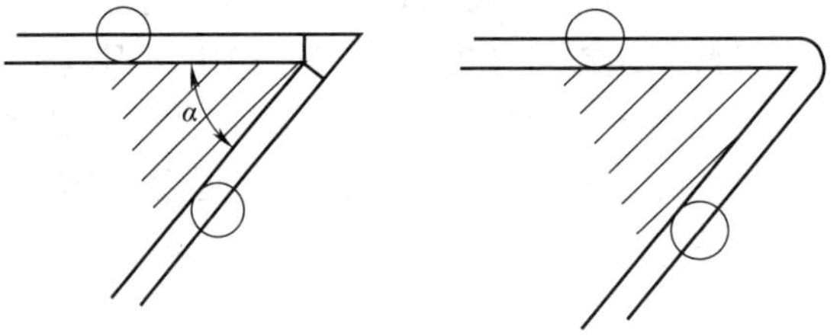

(a)尖角过渡　　(b)圆角过渡

图 7-21　尖角过渡方式

尖角过渡方式时刀具在尖点空切处容易退刀、进刀,容易保证尖角,但如图 7-21(a)中所示,a 角较小时,必然造成很长距离的空切,不利于提高加工效率;而圆角过渡方式可以使刀位轨迹距离最短,但刀具外侧面绕尖点切削,有时难以保证尖角。这两种方式各有所长,因此要根据待加工零件的具体要求灵活运用。但是,从工程和工艺角度看,工件尖角都应该做倒角处理。因此,可以说圆角过渡方式最好。

(2) 二维型腔(2D pocket)。二维型腔分为简单型腔和带岛型腔,其数控加工方式主要有环切法(contour parallel)、行切法(parallel lines)两种切削加工方式。

行切法是刀具按平行于某坐标轴方向或一组平行线方向走刀,遇到岛屿抬刀越过岛屿,或沿岛屿边界绕过去的切削方式。行切法按切削方向是否转换可以分为单向进给切削或往返进给切削,如图 7-22 所示。单向进给切削方式中刀具始终按照一个方向进行切削,切削到另一头时,刀具抬起回到起始位置再横向进刀,刀具抬刀次数很多但可以保证切削中始终按照一个方向切削;往返进给切削方式中刀具按 Z 字形走刀,不产生连续的抬刀动作,空行程少,加工效率高,但加工过程中顺铣、逆铣交替进行。

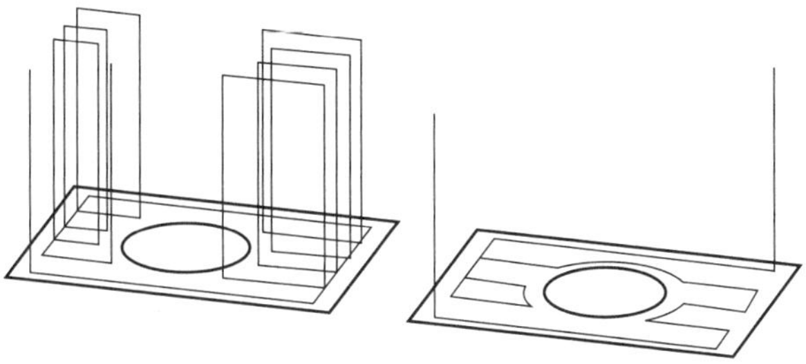

图 7-22　单向进给切削与往返进给切削

行切法刀位点计算简单，由一组平行线与型腔内外轮廓求交，计算有效的交线，按照一定的顺序输出有效交线的程序即可。

环切法是环绕型腔边界进行切削加工的方法。刀具路径由工件的部件边界及岛屿边界同时进行等距偏置产生，当各个路径产生交叉时将多余部分去除，在加工内外轮廓和岛屿时保持一致的顺铣或逆铣，加工效率高。如图 7-23 所示，环切法刀位计算步骤如下：

① 首先进行型腔轮廓边界定义，外轮廓顺时针方向描述，内轮廓逆时针描述。

② 按加工要求确定每次走刀偏置量。

③ 按确定的刀具偏置量将外轮廓向内、内轮廓向外进行偏置，形成偏置环。

④ 进行偏置环干涉检查，去除无效环，形成新内外边界环。

⑤ 重复循环，新环不断生成、分裂、退化直至消失。

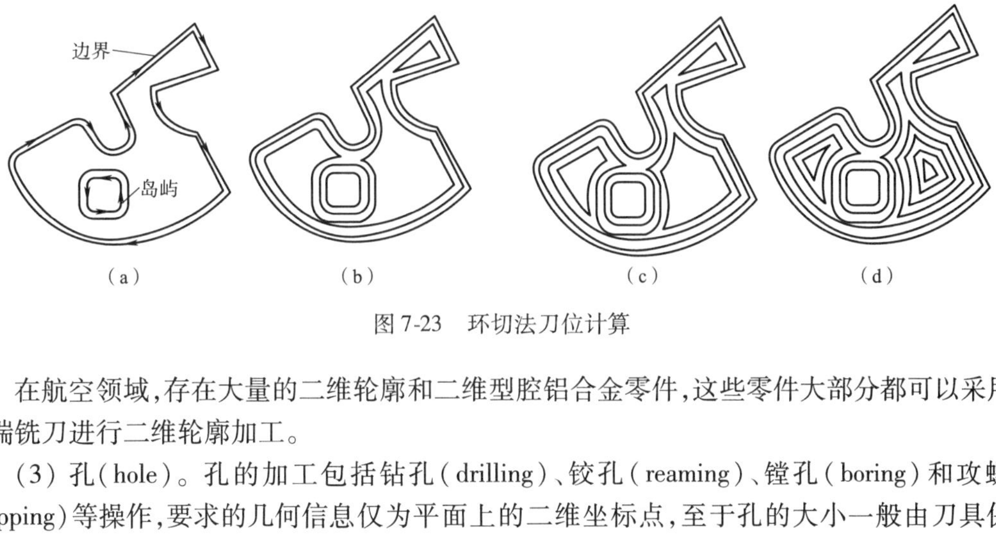

图 7-23　环切法刀位计算

在航空领域，存在大量的二维轮廓和二维型腔铝合金零件，这些零件大部分都可以采用直柄端铣刀进行二维轮廓加工。

(3) 孔(hole)。孔的加工包括钻孔(drilling)、铰孔(reaming)、镗孔(boring)和攻螺纹(tapping)等操作，要求的几何信息仅为平面上的二维坐标点，至于孔的大小一般由刀具保证(大直径孔的铣削加工除外)。孔加工常采用固定循环指令进行加工，图 7-24 所示为常见的钻孔类型。

(4) 二维字符(2D character)。平面上的刻字加工也是一类典型的两坐标加工，按设计要求输入字符后，采用雕刻加工所设计的字符，其刀具轨迹一般就是字符轮廓轨迹，如图 7-25 所示。字符的线条宽度一般由雕刻刀刀尖直径保证。字符加工可采用专用的雕刻机进行加工，有些数控机床也可进行字符加工。

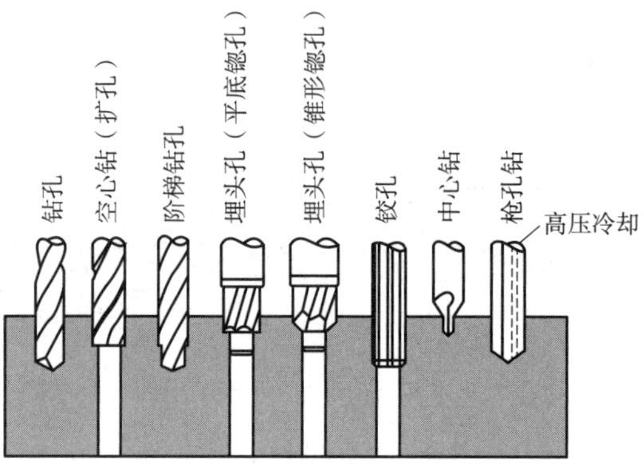

图 7-24　常见的钻孔类型

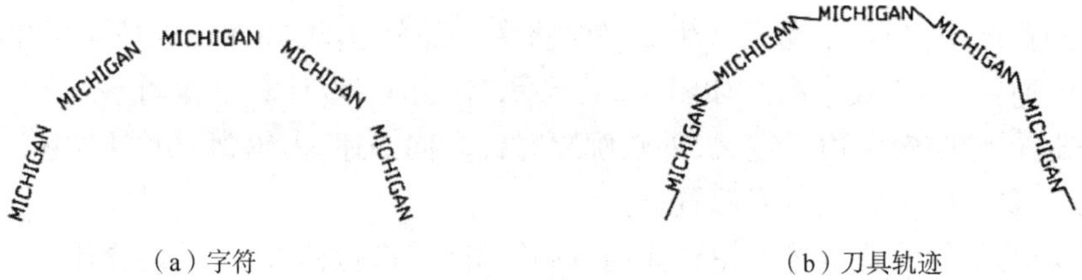

图 7-25　二维字符及其数控雕刻加工刀具轨迹

2. 二维外形轮廓刀具轨迹生成

二维外形轮廓刀具轨迹生成方法主要采用轮廓线等距偏置算法。二维轮廓线必须在同一平面内才能够进行等距偏置计算。如果轮廓线不在同一平面内，必须将其投影在一个垂直于刀轴方向的平面内进行等距偏置计算。在数控编程软件中，等距偏置算法对尖角的处理都是采用圆角方式进行过渡。

一个平面内的轮廓线常称为平面轮廓环，平面轮廓环的处理是两坐标联动刀具轨迹生成的基础。从几何学上看，环是由一系列有向线段（如直线、圆弧、样条等）组成的首尾相接的闭环，环中不能有悬边，不能有分支。作为几何模型的基本拓扑信息之一，环为面的边界，面是环所包围的区域，环的方向是确定区域所在侧的依据。在二维平面外轮廓、型腔数控编程和三轴数控编程中，都用到了环的概念。虽然几何学上的环是封闭的环，但是在实际加工中，二维平面轮廓可以是封闭的闭环，也可以是开口的开环。

计算机辅助数控编程中，二维轮廓线的拾取必须按照顺序进行。

1）开环

如果一个二维轮廓只有一条线，用鼠标拾取线的时候，拾取点靠近哪个端点，加工方向就以哪个端点为起始点。如果一个二维轮廓拥有多条线段，那么线段的拾取顺序就是加工方向。当然，通过改变顺铣和逆铣加工方式可以改变二维轮廓的加工方向。在拾取线段时，还必须指出加工时工件材料在该线段的左侧还是右侧。图 7-26 所示为 NX CAM 中二维轮廓加工中开环的拾取对话框及刀具轨迹。图中定义的材料侧为右，是指沿线段的拾取方向看，线段右侧为工件，刀具不能出现在线段的右侧。

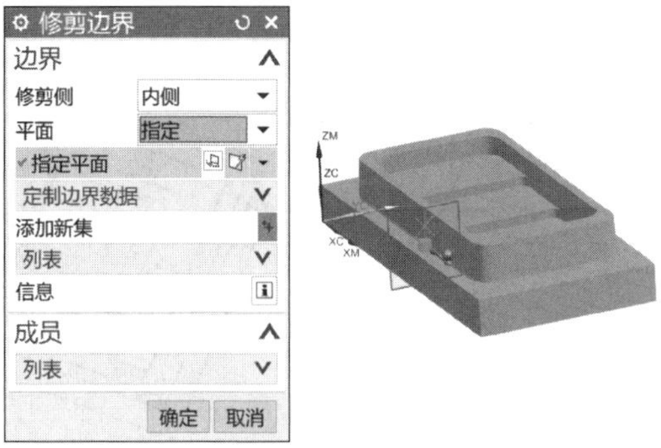

图 7-26　NX CAM 中二维轮廓开环边界拾取对话框与刀具轨迹示例

2）闭环

对于一个闭环而言，二维轮廓线的拾取仍然要按照先后顺序进行，第一条线的起点作为默认的起始点位置。闭环也可以采用拾取面的方式进行选取，通过软件智能提取面的边界线作为加工用的闭环边界。闭环的选取过程中，必须指定闭环内是工件还是闭环外是工件。材料侧为内部，指定是工件在闭环边界的内部，刀具将沿闭环轮廓外侧进行加工。反之，如果材料侧为外部，刀具将沿封闭轮廓内侧进行加工，加工结果是一个型腔。图 7-27 所示为 NX CAM 中二维外轮廓闭环拾取对话框及刀具轨迹。

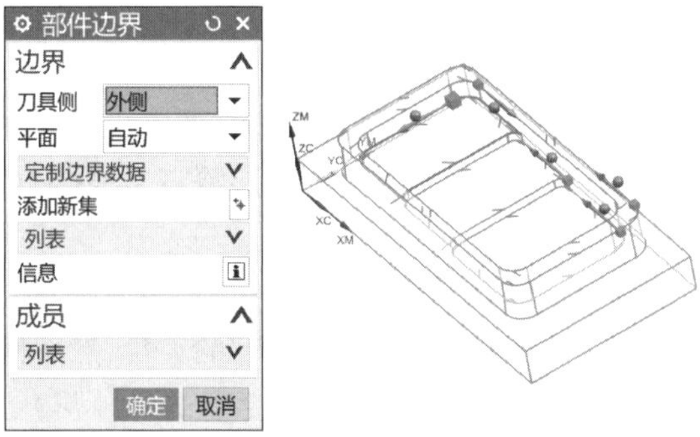

图 7-27　NX CAM 中二维外轮廓闭环边界拾取对话框与刀具轨迹示例

在二维轮廓数控编程中，除了需要指定轮廓边界外，还需要指定加工底平面。底平面是刀具中心点可移动到的最低位置。工件加工余量是指刀具距离轮廓线的理论距离，而不是刀具距离底平面的距离。刀具距离底平面的距离需要单独指定。工件加工余量和底平面加工余量根据工件的粗、精加工工艺安排进行设定。

此外，平面加工比二维轮廓加工相对简单。平面加工也可以归类到二维轮廓的闭环加工中。平面往往是开敞性的，加工中刀具轨迹会延伸到平面轮廓边界的外侧。如果平面中间有岛屿，那么岛屿的边界处理实际上就是二维轮廓闭环边界的处理问题。图 7-28 所示为平面加工的刀具轨迹。

当二维外轮廓加工深度较深时，则要分层进行加工，这时还需要定义每一层的加工深度。二维轮廓加工还可分为粗加工和精加工，粗加工给精加工留有较少的加工余量，以便保证精加工的加工质量。精加工加工余量需要根据工件的加工误差要求进行控制。

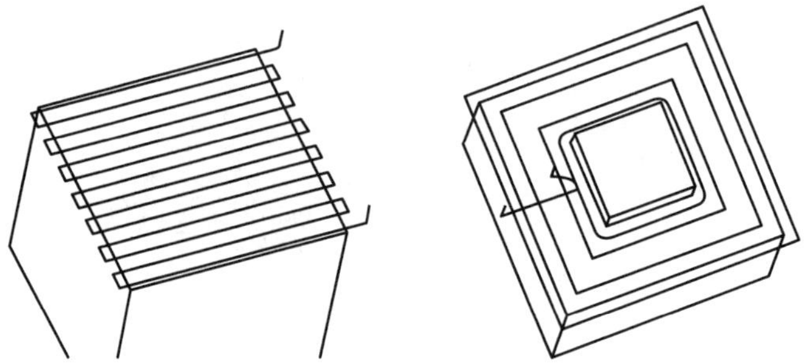

（a）无岛屿之字形行切平面加工　　（b）带岛屿环切平面加工

图 7-28　平面加工刀具轨迹示例

3. 二维型腔刀具轨迹生成

二维型腔是指以二维平面轮廓为边界的平底直壁凹腔，其典型特征是型腔壁垂直于型腔底平面。严格意义上的二维型腔是一种四周封闭的结构，但是也有一些工件结构可能有一侧或相邻的两侧是开放的结构，这类结构同样可以采用二维型腔的加工方法进行加工。因此，二维平面轮廓可以是封闭的闭环，也可以是非封闭的开环。二维型腔加工的一般过程是：沿轮廓边界留出精加工余量，先用平底端铣刀，环切或行切法走刀进行粗加工，铣去型腔的多余材料，最后沿型腔底平面和轮廓边界走刀精加工，端铣型腔底面和边界外形。二维型腔加工刀具轨迹的生成基础同样是组环和环的等距偏置算法。

当型腔较深时，往往需要分层进行粗加工，这时还需要定义每一加工层的深度以及型腔的实际深度，以便计算需要分多少层进行粗加工。加工层深需要根据刀具切削参数进行确定。

1）行切

行切加工方法的刀具轨迹计算比较简单，其基本过程是：首先确定走刀路线的角度，走刀路线的角度需要在 xOy 平面内才能确定，一般是与 x 轴的夹角，然后根据刀具半径及加工要求确定走刀步距，接着根据平面型腔边界轮廓外形（包括岛屿的外形）、刀具半径和精加工余量计算各切削行的刀具轨迹，最后将各行刀具轨迹线段有序连接起来，连接的方式可以是单向（zig，或 one way），也可以是双向（zigzag），一般根据工艺要求而定。单向连接因换向需要抬刀（到安全面高度），遇到岛屿时也需要抬刀。

行切法加工时，如果是单向走刀，加工方式不是顺铣就是逆铣，加工过程中顺铣或逆铣方式不再变化。如果是双向走刀，即之字形走刀方式，加工程序必然是一行顺铣一行逆铣。粗加工中常采用双向走刀，精加工时常采用单向走刀。

2）环切

环切法加工一般是沿型腔边界走等距线，刀具轨迹的计算相对比较复杂，其优点是刀具的切削方式不变，不是顺铣就是逆铣。环切法加工分为由内至外环切（outward）和由外至内环切（inward），如图 7-29 所示。

平面型腔环切法加工刀具轨迹的计算，在一定意义上可以归结为平面二维轮廓线的等距线计算。如果轮廓线由直线和圆弧组成，等距线的计算比较容易，为避免干涉碰撞，刀具轨迹计算时还要在等距线的基础上进行裁剪与编辑。对于包合自由曲线的二维轮廓曲线,等距线的计算相对复杂一些。对于含有岛屿的二维轮廓线的等距线计算及刀具轨迹计算更为复杂,因为对等距线进行裁剪和编辑时要考虑等距线的自交和互交,即需要对等距环进行自交处理和互交处理。目前应用较为广泛的一种等距线计算方法是直接偏置法。

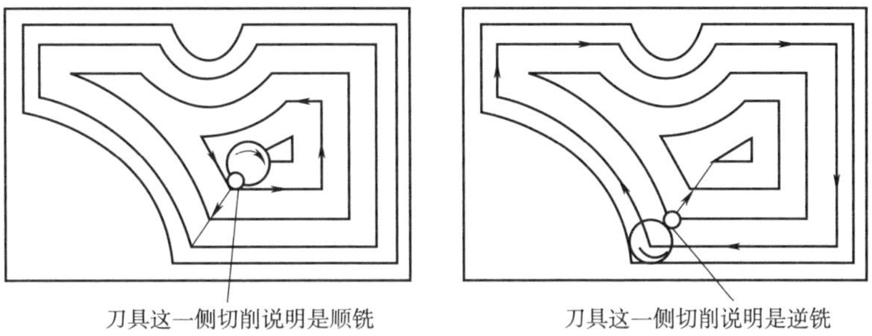

图 7-29　环切法加工中的两个方向

直接偏置算法可以处理边界为任意曲线的轮廓线,其不足之处是必须对各段偏置线的连接处进行处理,去掉偏置过程中产生的多余环,进行大量有效性测试以避免干涉,算法效率不高,而且在某些情况下多余环的判断处理是相当困难的。

现代比较先进的环切加工刀具轨迹计算方法是将待加工区域分成若干个子区域,每个子区域均可用大刀具进行粗切加工,最后用小刀具进行精切加工成形。Voronoi 图是一种有效的环切加工子区域划分方法,其核心思想是每个子区域内的所有点距轮廓线的某一段(直线或圆弧)轮廓边最近,当子区域划分结束后,在每个子区域内构造对应轮廓边的等距线,可以保证作出的等距线相互正确衔接,避免了不同等距线之间的求交、干涉检查和裁剪处理等。

3）摆线

摆线又称普通旋轮线,一个半径为 r 的轮子沿着一条水平线滚动,轮子上的一点 P 所经过的轨迹线就是摆线,其定义方程如下:

$$\begin{cases} x = r\omega t - R\sin(\omega t) \\ y = r - R\cos(\omega t) \end{cases}$$

其中,r 为轮子半径;R 为 P 点到轮子圆心的距离;ω 为角速度;t 为时间。

当 P 点在轮子边缘,即 $r=R$ 时,P 点的运动轨迹如图 7-30(a)所示。当 P 点到圆心的距离 R 不变,轮子缩小为一点,但仍然保持原来 x 方向上的直线运动速度时,P 点的运动轨迹如图 7-30(b)所示。

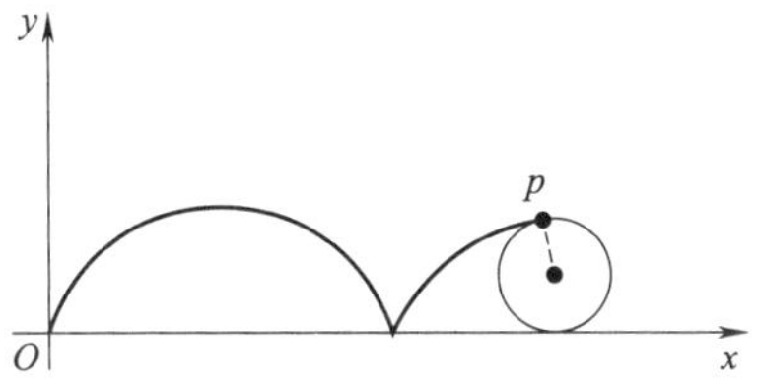

（a）$r=R$时的摆线

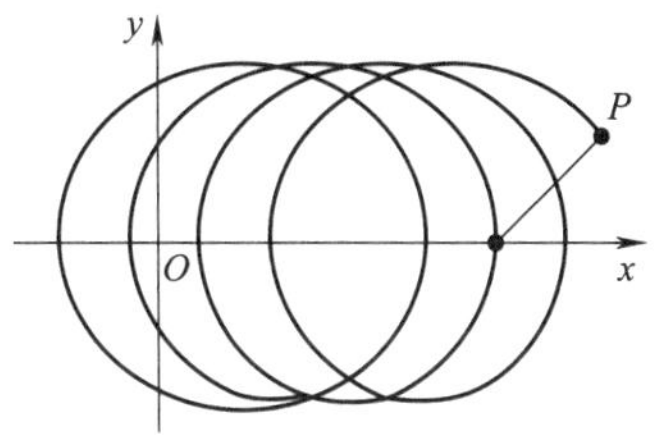

（b）$r=0$时的摆线

图 7-30　摆线图形

实际上,如果轮子缩小为一点时,理论上将不可能保持原来 x 方向上的直线运动速度,摆线轨迹实际上变成了一个圆。摆线加工方法实际上也将摆线简化成了圆,如图 7-31 所示。

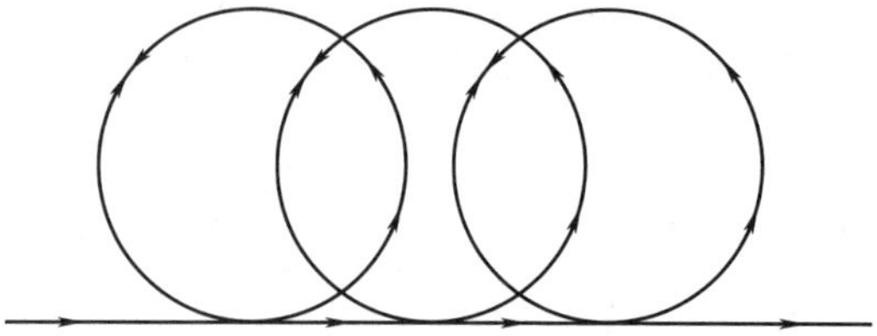

图 7-31 简化的摆线加工轨迹示意图

常规切削方法中刀具以直线刀轨向前移动,其各个侧面都被材料包围。在之前的行切和环切中,刀具都是沿直线运动。摆线铣削采用回环控制嵌入的刀具。当需要限制过大的步距以防止刀具在完全嵌入切口时折断,且需要避免过量切削材料时,须使用此功能。在进刀过程中的岛屿和部件之间、形成锐角的内拐角以及狭窄区域中,几乎总是会得到内嵌区域。摆线切削可消除这些区域。刀以小的回环切削模式加工材料,即刀在以回环切削模式移动的同时,也在旋转。

向外摆线切削是首选模式,因为向外摆线是顺铣加工,它将圆形回环和流畅的跟随移动有效地组合在一起。向外摆线切削的切削方向设置为向外,这种切削模式适合进行高速粗加工。这种模式包括摆线铣削、拐角倒圆和其他拐角及嵌入区域处理,以确保达到指定的步距,可用于型腔、平面铣削操作。

摆线宽度是在刀轨中心线处测量的摆线圆的直径,即图 7-31 中圆环的直径。摆线向前步长是摆线圆沿刀轨相互间隔的距离值,即图中连续两个圆环中心之间的距离。一般数控编程软件都可以实现可变摆线宽度算法,以便加工槽和尖角。实际应用时指定一个最小摆线宽度,软件根据需要逐步减小实际摆线宽度以避免过切。

在典型的腔体加工例程中,刀具首次进入封闭型腔或沟槽时,就被完全嵌入进去了。刀具在拐角处承受的载荷也将超出预期。金属切削率的峰值会导致刀具过早损坏。这迫使工程师减小加工参数,进而导致生产力丧失。恒定的金属切削率是高效加工的一个非常重要的准则。经过优化的摆线刀轨可确保在整个刀轨中保持预期的金属切削率。

4)应用

目前,行切、环切和摆线刀具轨迹切削模式在 CAM 软件中具有成熟的算法。编程人员需要做的工作仅仅是选择何种切削模式。在数控编程中,编程人员依然需要像二维轮廓编程时一样,进行部件边界和底平面的选取,其边界选取方法可见图 7-26 和图 7-27。NX CAM 生成的行切、环切和摆线切削刀具轨迹如图 7-32 所示。

当二维型腔较深时,则要分层进行加工,这时还需要定义每一层的加工深度。但是一般情况下,加工深度只需要指定初始加工深度、最终加工深度和中间各层加工深度。中间各层加工深度可根据型腔的加工深度和加工层数由编程软件自动计算得出。当然,加工深度也可由编程人员指定一个固定数值进行确定。切削深度计算需要综合考虑刀具、材料、切削行宽等因素,否则可能会造成刀具折断或切削效率偏低等问题。

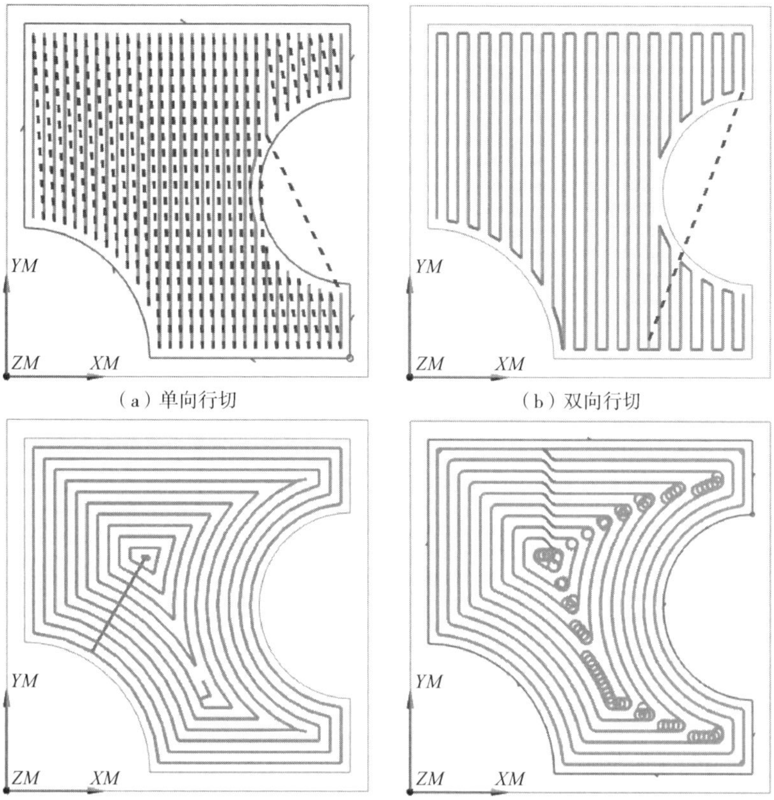

（a）单向行切　（b）双向行切

（c）沿零件环切　（d）摆线环切

图 7-32　行切、环切和摆线切削刀具轨迹

7.3.2　三坐标数控编程

1. 三坐标加工的特点和应用

刀轴方向固定是三坐标加工最显著的特点，要么是竖直方向，要么是水平方向，分别对应的是立式三坐标加工机床和卧式三坐标加工机床。另一个特点是机床可以实现三个方向的联动加工，即 x、y 和 z 三个方向的同步运动，从而可实现曲线和曲面加工。

80% 左右的曲面零件可以采用三坐标加工，如以下零件或特征的加工：①点位加工；②空间曲线槽加工；③曲面区域加工；④组合曲面加工；⑤曲面交线区域加工；⑥曲面间过渡区域加工；⑦裁剪（trimmed）曲面加工；⑧复杂多曲面加工；⑨曲面型腔（cavity）加工。

2. 三坐标加工基本概念

1）切触点（cutting contact point）

切触点指刀具在加工过程中与被加工零件曲面的理论接触点。对于曲面加工，不论采用什么刀具，从几何学的角度看，刀具与加工曲面的接触关系均为点接触。图 7-33 给出了几种不同刀具在不同加工方式下的切触点。

2）切触点曲线（cutting contact curve）

切触点曲线指刀具在加工过程中由切触点构成的曲线。切触点曲线是生成刀具轨迹的基本要素，既可以显式地定义在加工曲面上，如曲面的等参数线、两曲面的交线等，也可以隐式定义，使其满足一些约束条件，如约束刀具沿导动线运动。而导动线的投影可以定义刀具在加工曲面上的切触点，还可以定义刀具中心轨迹，切触点曲线由刀具中心轨迹隐式定义。即切触点曲线可以是曲面上实在的曲线，也可以是隐含切触点的约束条件的“虚拟”曲线。

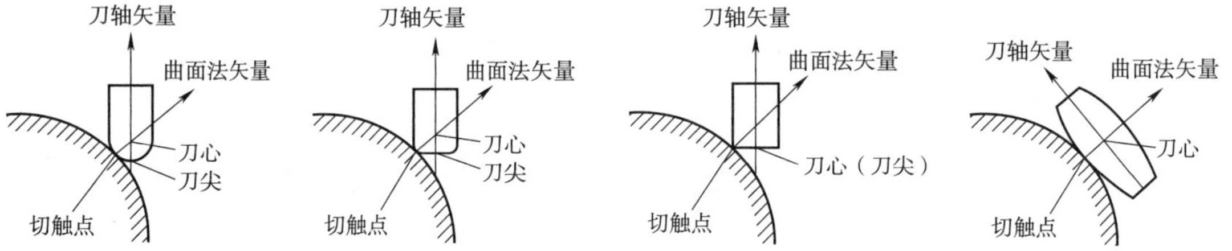

（a）球头刀　（b）环形刀　（c）平底刀　（d）鼓形刀

图 7-33　切触点

3）刀位点数据（cutter location data，CL data）

指准确确定刀具在加工过程中每一位置所需的数据。一般来说，刀具在工件坐标系中的准确位置可以用刀具中心点和刀轴矢量进行描述，其中刀具中心点可以是刀心点，也可以是刀尖点，视具体情况而定。

4）刀具轨迹（tool paths）曲线

刀具轨迹曲线指在加工过程中由刀位点构成的曲线，即曲线上的每一点包含一个刀轴矢量。刀具轨迹曲线一般由切触点曲线定义刀具偏置计算得到，计算结果存放于刀位文件（CL data file）之中。

5）导动规则（drive methods）

导动规则指曲面上切触点曲线的生成方法（如参数线法、截平面法）及一些有关加工精度，如步长、行距、两切削行间的残留高度、曲面加工的盈余容差（outer tolerance）和过切容差（inner tolerance）等。

6）残留高度（scallop height 或 cusp height）

残留高度是指相邻两行刀具轨迹加工后留下的零件面相对于理论设计曲面的最大高度。

7）刀具偏置（tool offset）

刀具偏置指由切触点生成刀位点的计算过程。

3. 三坐标加工刀具轨迹生成方法

可以将曲面加工刀具轨迹的计算过程简略地表述为：给出一张或多张待加工曲面（零件面），按导动规则约束生成切触点曲线，由切触点曲线按某种刀具偏置计算方法生成刀具轨迹曲线。由于一般的数控系统有直线、圆弧等少数几种插补功能，因此一般需将切触点曲线和刀具轨迹曲线按点串型式给出，并保证加工精度。这个过程如图 7-34 所示。

1）等参数方法（ISO-pramatric tool path method）

曲面参数线加工方法是三坐标和多坐标数控加工中生成刀具轨迹的主要方法，特点是切削行沿曲面的参数线分布，即切削行沿 u 线或 v 线分布，适用于网格比较规整的参数曲面的加工。参数域内一点与零件面的对应关系如图 7-35 所示。

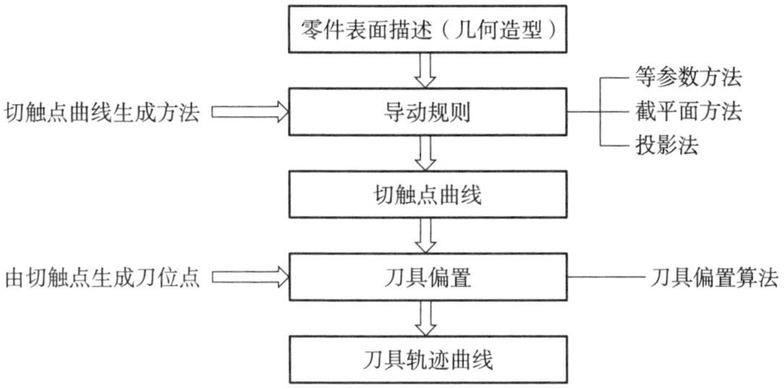

图 7-34　刀具轨迹生成过程

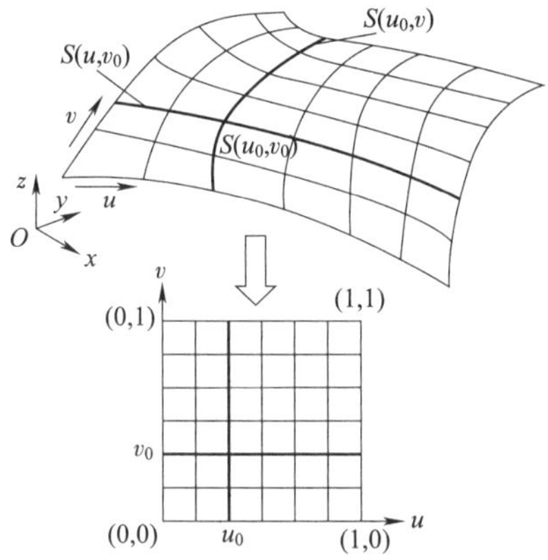

图 7-35　参数域与零件面的对应关系

通过调整 u、v 参数大小，可控制加工区域范围，如图 7-36 所示，图 7-36（a）所示加工区域正好为零件实际范围，图 7-36（b）所示的加工区域比零件实际范围小，而图 7-36（c）所示加工区域比零件实际范围大，这样就可以很方便地根据毛坯以及最终需加工范围灵活调整 u、v 参数，编制相应加工程序。行距和步距也可通过选用刀具和插补容差调整。用此种加工方法，难以保证零件面的加工精度一致。即当加工曲面的参数分布不均匀时，若沿参数线切削，其刀位轨迹不均匀，加工效率不高，利用后续的投影线环切法，即可解决此问题。

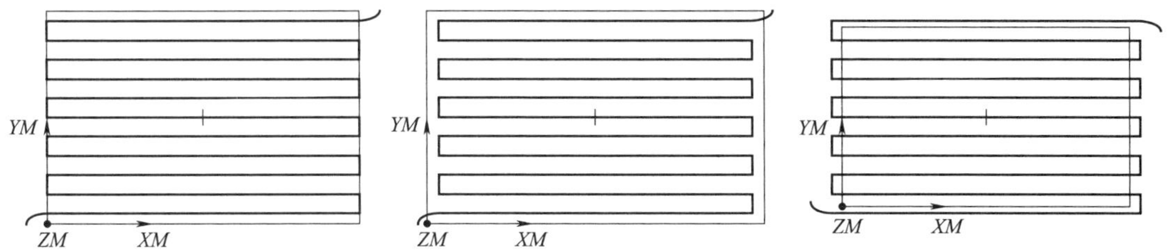

（a）参数u=1，v=1的刀位轨迹　（b）参数u<1，v<1的刀位轨迹　（c）参数u>1，v>1的刀位轨迹

图 7-36　参数线法加工曲面

等参数刀具轨迹的生成可分为三个步骤：

① 根据第一行第一个切触点计算当前刀位点。

② 根据当前刀位点计算同一切削行内的下一个刀位点。

③ 计算下一行的第一个刀位点。然后依此类推计算所有切削行的刀位点。

在三坐标加工中，如果需要采用等参数方法进行加工，可将驱动方法（drive method）选择为“曲面区域”驱动，选择曲面驱动后，曲面区域参数范围也可以由用户指定，图 7-37 所示为 NX CAM 中曲面区域驱动方法设置对话框，选择“曲面%”下拉列表框，设置曲面区域参数百分比，从上至下依次为：第一行的起点，第一行的终点，最后一行的起点，最后一行的终点，起始切削行，终止切削行。

图 7-37　NX CAM 中固定轴加工时的曲面区域驱动方法及设置对话框

2）截平面方法（ISO-planaror cartesian tool path method）

截平面法的基本思想是用一组截平面截取加工表面，截出一系列交线，如果刀具与加工表面的切触点沿这些交线运动，则完成曲面加工。

通常这组截平面为一族与刀轴平行的平行等距面，平行截面与 x 轴的夹角可以为任意角度。截平面法一般采用球头刀加工，其刀心实际是在加工表面的等距面上运动。采用之字走刀方式的截平面图像编程刀位轨迹如图 7-38 所示。

实际上，截平面方法是根据 APT 编程方法延伸出的一种刀具轨迹生成方法。在 APT 编程过程中，可以采用导动面与零件面求交线的方法计算刀具轨迹。在计算刀位点时，刀具与零件面和导动面为相切关系。将第一个导动面沿某个法矢方向进行等距偏置，分别与零件面求交线，即可生成一系列的刀具轨迹路径。在截平面方法中，导动面变成了平面，而且可以直接将一系列截平面与零件面的交线作为切触点轨迹。

在 CAM 软件中，截平面方法的实现是通过垂直于刀轴平面的边界平面作为规划刀具轨迹的边界几何。在计算刀具轨迹时，默认的初始刀具轨迹平行于 x 轴。在边界平面内根据行距要求计算出切削行数，然后将所有的切削行投影到零件面上，以投影线作为切触点轨迹，考虑切削加工误差要求，计算刀位点和步长。图 7-39 所示为 NX CAM 中固定轴加工时的“边界驱动方法”对话框及边界选取方法，单击“边界”按钮，弹出的对话框与二维轮廓加工中的“轮廓选取”对话框是一样的。

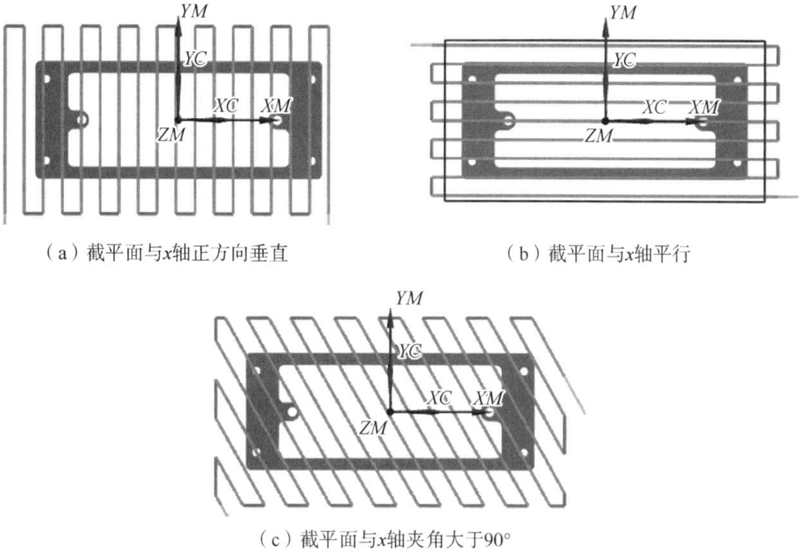

（a）截平面与x轴正方向垂直　（b）截平面与x轴平行

（c）截平面与x轴夹角大于90°

图 7-38　截平面法的之字走刀方式

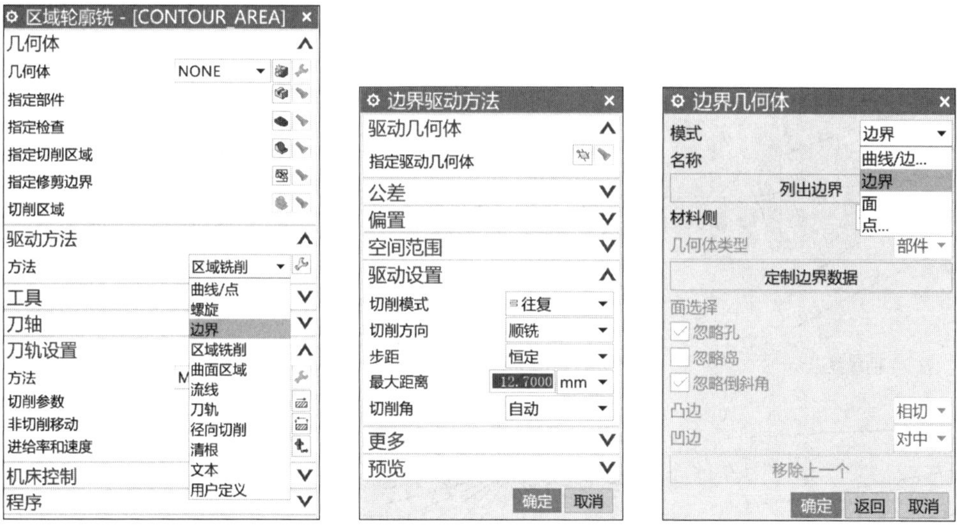

图 7-39　NX CAM 中固定轴加工时的“边界驱动方法”对话框及边界选取方法

3）投影法（projection method）

投影法加工的基本思想是使刀具沿一组事先定义好的导动曲线（或轨迹）运动，同时跟踪待加工表面的形状。导动曲线在待加工表面上的投影一般为切触点轨迹，也可以是刀尖点轨迹。切触点轨迹适合于曲面特征的加工。由于待加工表面上每一点的法矢方向均不相同，因此限制切触点轨迹不能保证刀尖点轨迹落在投影方向上，所以限制刀尖点容易控制刀具的准确位置，可以保证刀具在一些临界位置和其他曲面不发生干涉，如图 7-40 所示。图 7-40(a)描述了投影导动曲线的定义依加工对象而定，图 7-40(b)所示的投影线法可将零件完全加工到位，而图 7-40(c)所示的投影线法在左侧并没有将零件加工到位。对于曲面上要求精确成形的轮廓线，如曲面上的花纹、文字和图形，可以事先将轮廓线投影到工作平面上作为导动曲线。多个嵌套的内环与一个外环曲线作为导动曲线可用于限定曲面上的加工区域。

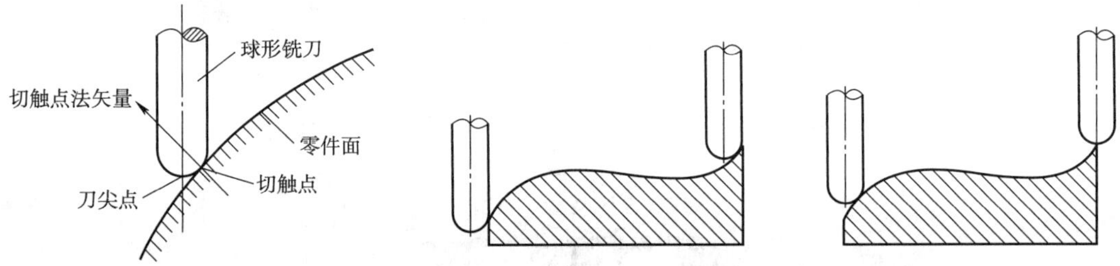

(a) 刀尖点、切触点与零件面　(b) 导动投影线与零件轮廓相切　(c) 导动投影线在零件轮廓线上

图 7-40　刀尖点、切触点与零件面之间的关系

投影法加工以其灵活且易于控制等特点在三坐标 NC 编程中获得了广泛的应用，常用于处理用其他方法难以取得满意效果的组合曲面和曲面型腔的加工。它不受组合曲面曲率半径大小和选用刀具大小的限制。投影线可以是直线或曲线，也可以是零件本身或人为控制轮廓，在有些场合还可用已生成的刀位轨迹作为投影线，以生成较为均匀的刀位轨迹。图 7-41 所示为用投影法生成三坐标刀位轨迹的几个举例。

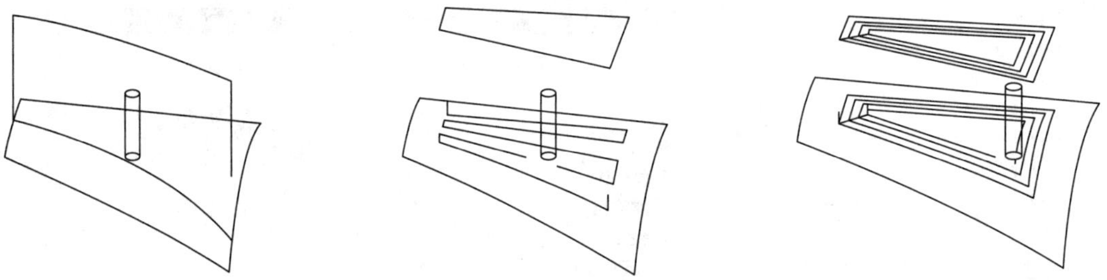

(a) 曲线投影　(b) 边界轮廓投影　(c) 刀位轨迹投影

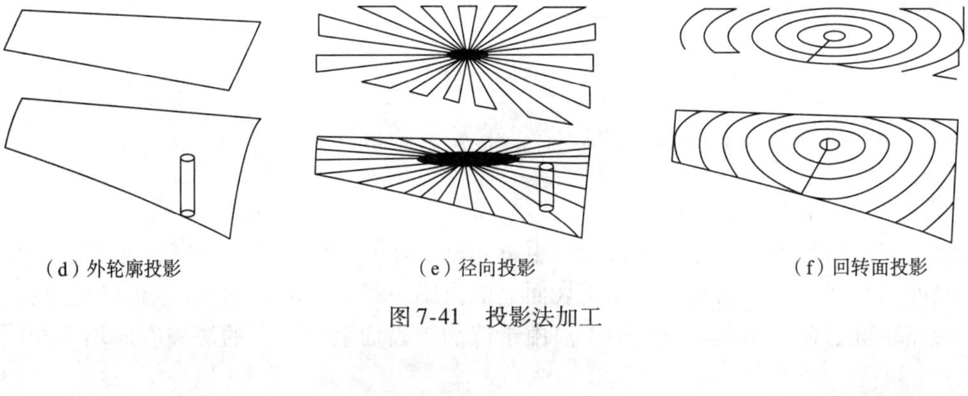

(d) 外轮廓投影　(e) 径向投影　(f) 回转面投影

图 7-41　投影法加工

实际上,在现有的 CAM 软件中,投影法并不是一种单纯的刀具轨迹驱动方法,而是与其他驱动方法进行了结合。如前文讲到的等参数方法和截平面方法,都可以应用投影法将规划好的刀具路径投影到零件面上,根据零件面的加工误差和加工余量要求重新计算刀具轨迹。在三坐标加工中,往往沿刀轴方向进行投影,例如,图 7-42 所示为 NX CAM 中固定轴加工时的刀轴投影方向控制方式,驱动方法为边界驱动,即采用截平面方法进行驱动,投影方向为刀轴(tool axis)方向。

4) 曲面腔槽加工(cavity milling)

曲面腔槽的加工,可采用平面腔槽的加工方法:首先将腔槽底面与边界曲面和岛屿边界曲面的交线投影到工作平面上,按平面型腔加工方法生成一组刀具轨迹,然后将该刀具轨迹反投影到腔槽曲面上,限制刀尖位置,即可生成加工曲面腔槽型面的刀具轨迹。

当零件面较为平坦时,可简单灵活使用投影线法,容易保证零件精度,但若遇到深腔槽,尤其是其侧壁与刀轴方向夹角较小时,投影法编程就会产生新的问题。在同样行距下,其加工残留高度会随侧壁梯度的加大而急剧增大,而且当刀具急剧向下运动时,需要球头刀担当钻头的钻削功能,而球头刀底刃中心角速度为 0,切削功能最差,易损坏刀具,啃伤零件,效率也不高,如图 7-43 和图 7-44 所示。此时必须采用新的方法,即腔槽铣。

图 7-42　NX CAM 中固定轴加工时的刀轴投影方向控制方式

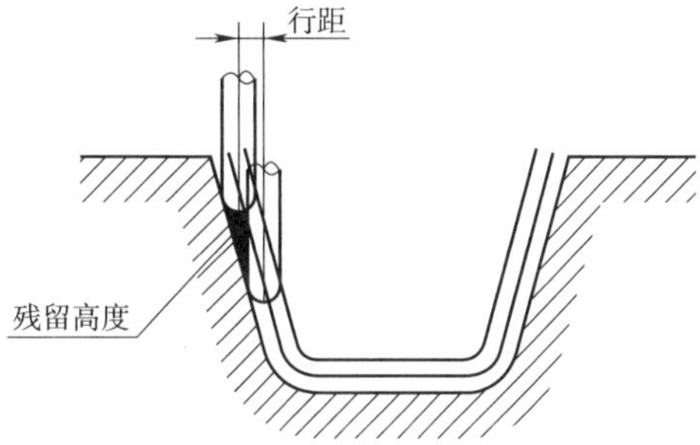

图 7-43　投影法加工深腔槽的残留高度

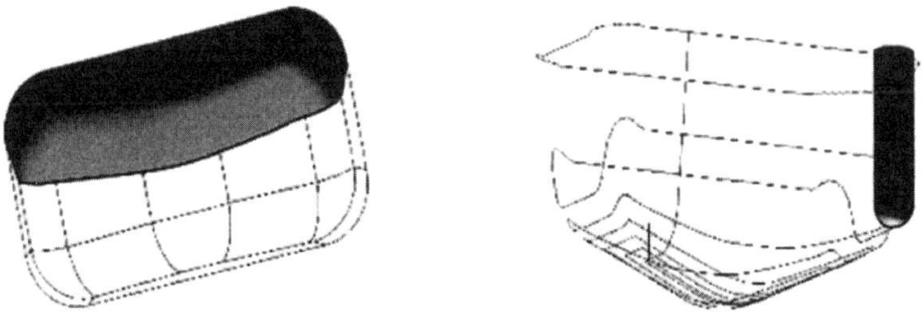

(a) 深腔槽　　　　(b) 投影法加工刀位轨迹

图 7-44　深腔槽及其投影法加工刀位轨迹

腔槽铣即其投影方向为一组等距的与刀轴方向垂直的平面与腔槽求交线，让此平面交线向内或向外偏置一个刀具半径与余量之和的距离，此即为刀心点坐标。其加工过程由前一等高线转入下一等高线，通过调整平面层间距和步长，很容易满足零件的精度要求，此加工方法在腔槽复杂且多的模具行业应用极为广泛，如图 7-45 所示。

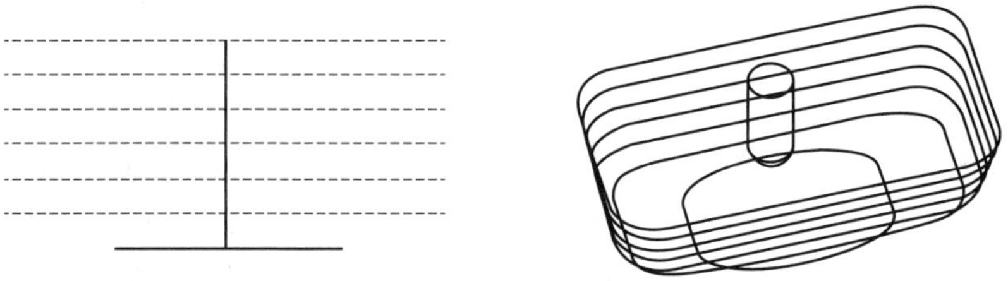

（a）腔槽铣投影平面　　（b）腔槽铣刀位轨迹

图 7-45　腔槽铣投影平面及刀位轨迹

在 CAM 软件中，腔槽铣是一种固定轴铣削加工方式，在三坐标加工中，刀轴方向是平行于机床 z 轴的。图 7-46 所示为 NX CAM 中腔槽铣时的对话框和刀具路径设置对话框。在使用时，除了必须指定的常见参数外，用户还需要指定的关键因素有工件几何、毛坯几何、走刀路线模式、分层方法、进退刀方式。如果有需要避让的几何，还需要指定检查几何。走刀路线模式确定采用行切、环切还是其他方式。分层方法确定了总的切削深度和每一层的切削深度。进退刀方式，尤其是进刀，确定刀具是从预钻孔垂直进刀还是采用螺旋线和斜坡方式进刀。为避免损伤刀具和工件，在腔槽粗铣时一般采用螺旋和斜坡方式进刀。

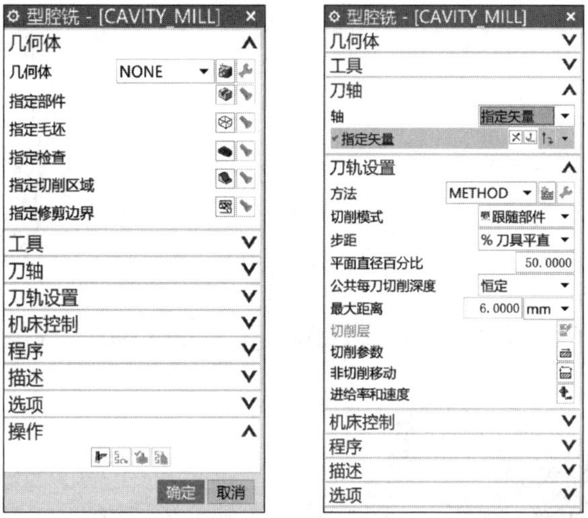

图 7-46　NX CAM 中腔槽铣时的对话框和刀具路径设置对话框

7.3.3　多坐标数控编程

1. 四坐标加工简介

四坐标及以上的加工统称为多坐标加工。四坐标机床多是在三坐标机床上增加一个旋转工作台，也有增加旋转主轴的，但此类机床很少见。如图 7-47 所示，分别为立式结构和卧式结构的四坐标加工中心。四坐标加工中心机床可以实现四个轴的同步连续运动，即四轴联动加工，因此四坐标加工又称四轴加工。四坐标加工中，自动分度旋转工作台随着机床的三个线性运动轴 x、y、z 的运动而同步旋转。相对于三坐标加工，四坐标加工的优点是在刀具切削过程中可以实现工件绕某个旋转轴的连续调整。对回转加工零件而言，四坐标加工可以实现一次装夹即可完成零件的加工，提高了加工效率并可减少加工时间。

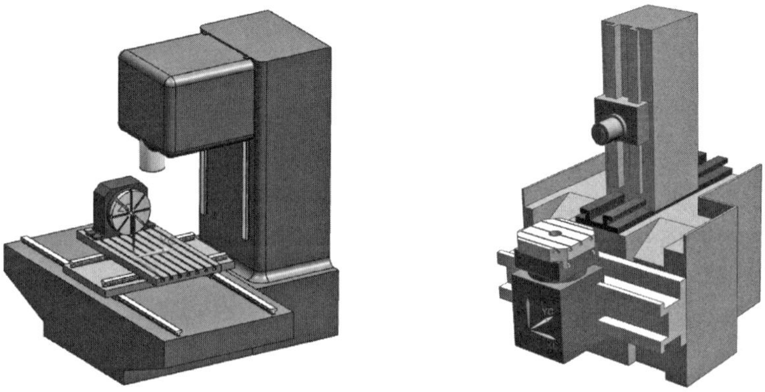

（a）立式结构　　（b）卧式结构

图 7-47　四坐标加工中心

在加工需要分度零件或零件型面由始终垂直于某轴的直纹面形成的零件时，常用到四坐标数控编程，如图 7-48 所示的零件。四坐标加工主要应用在以下几个方面：①回转件的孔加工；②叶片类零件加工；③螺杆类零件加工；④直纹面类零件加工。

但是，上述列举的四种零件也仅有部分零件可采用四坐标加工，原因是四坐标数控加工过程中，其刀轴始终与某一坐标轴垂直，刀位文件中刀轴矢量 $\boldsymbol{i}$、$\boldsymbol{j}$、$\boldsymbol{k}$ 中的一项必须始终为 0，经后置处理后即为刀心的 x、y、z 坐标和绕某轴的转角，图 7-49 所示的叶轮的刀位文件和后置结果见表 7-4 和表 7-5，刀位文件中的刀轴矢量 $\boldsymbol{j}=0$，表示刀轴垂直于 y 轴，其四联动坐标为 x、y、z、b。

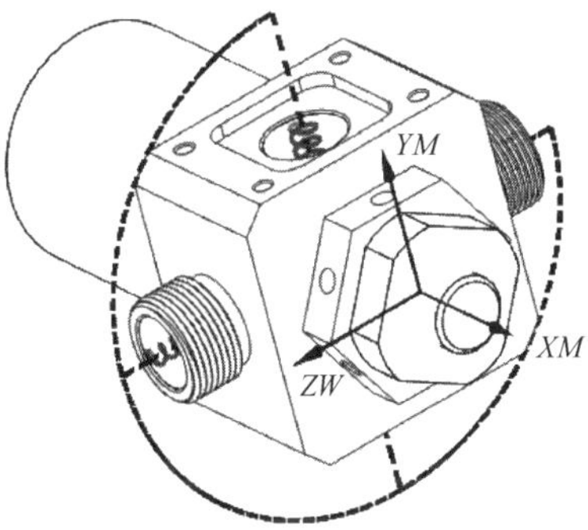

图 7-48　连接块孔加工刀位轨迹

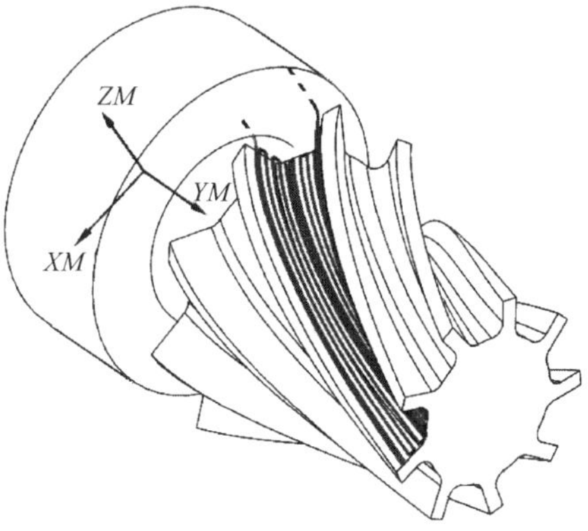

图 7-49　叶轮型面刀位轨迹

表 7-4 某转子叶轮的刀位文件

刀位文件
TOOL PATH/KC1,TOOL,FR1.5 TLDATA/MILL,3.0000,0.0000,-75.0000,0.0000,0.0000 MSYS/0.0000,0.0000,0.0000,0.0000000,0.0000000,1.00000,0.00000,-1.00000,0.00000 PAINT/PATH PATNT/COLOR,4 FEDRAT/MMPM,900.0000 GOTO/-5.9611,2.5000,21.1770,-0.2709613,0.0000000,0.9625902 PAINT/COLOR,6 FEDRAT/60.0000 GOTO/-4.1999,2.5000,14.9201 PAINT/COLOR,3 FEDRAT/100.0000 GOTO/-4.1860,2.3330,14.9240,-0.2700668,0.0000000,0.9628416 GOTO/-4.1722,-2.1659,14.9279,-0.2691727,0.0000000,0.9630919 GOTO/-4.1583,1.9989,14.9318,-0.2682792,0.0000000,0.9633412 GOTO/-4.1445,1.8318,14.9356,-0.2673866,0.0000000,0.9635893 ⋮ GOTO/4.1910,-14.1053,14.9226,0.2703902,0.0000000,0.9627508 GOTO/4.2571,-14.2370,14.9039,0.2746528,0.0000000,0.9615435 GOTO/4.3233,-14.3685,14.8849,0.2789207,0.0000000,0.9603141 GOTO/4.3894,-14.5000,14.8655,0.2831850,0.0000000,0.9590653 END-OF-PATH

表 7-5 某转子叶轮的刀位文件后置结果(MAHO 机床,Philips53 系统)

程　序	注　释
% PM388000	程序开头及程序号
N388000(DYL-FR1.5,2001.10.18)	程序号及注释(包括刀位轨迹名、刀具大小和日期)
N1 G17 F80 S600 T3 M66	加工工作平面、进给率、主轴转速、刀具编号、手动换刀
N2 E4 = -1	参数赋值
N3 G149 Nl = 58 B7 = 94	将 G58 中的 B 角值赋至 94 号参数中
N4 G150 Nl = 56 B7 = E94	将 94 号参数中的 B 角值赋至 G56 参数中的 B 原点
N6 G56	程序原点记存 G 指令
N7 G98 X-150 Y0 ZT50 1300 J100 K300	机床仿真演示外窗口范围规定 G 指令
N8 G99 X-80 Y-10 Z-80 1160 J40 K160	机床仿真演示内窗门范围规定 G 指令
N10 G1 X-10.129 Y50 Z100 B9.912 M13 F2000	起刀点、主轴顺时转动、开冷却液
N11 G1 Y13.918 F1000	下刀点
N22 X-10.12 9Y13.918 Z24.001 B9.912 F300	切入点
N23 X-10.000 Y13.305 Z24.055 B9.961 F100	切削点
N24 X-9.872 Y12.692 Z24.108 B10.011	切削点
⋮	
N57 X0.144 Y-0.335 Z26.051 B11.223	切削点
N58 X0.403 Y-0.477 Z26.047 B11.228	切削点

续表

程　　序	注　　释
N59 X0.618 Y-0.596 Z26.049 B11.233	切削点
N60 Z28 F300	退刀点
N61 Z38 F1000	安全面点
N862 El = 360	参数赋值
N863 E2 = 16	参数赋值
N864 E3 = E1:E2	参数赋值
N865 E5 = E4 * E3	参数赋值
N866 E4 = E4 · 1	参数赋值
N867 G149 Nl = 58 B7 = 94	将 G58 中的 B 角值赋至 94 号参数中
N868 G150 Nl = 56 B7 = E94 + E5	将 94 号参数中的 B 角值赋给 G56 参数中的 B 原点
N869 G56	循环后程序原点记存 G 指令
N870 G14 J15 Nl = 10 N2 = 869	循环指令、循环次数、循环程序起始、终止程序号
N871 G1 Z100 F2000	退刀点
N872 G1 Y50	退刀至安全面
N873 M30	主轴停转、关冷却液、程序结束并跳转到程序头

工作台旋转的四坐标联动数控机床零件装夹找正十分方便，装夹后不需要人工调节，只需把工作台转动相应的角度即可实现。尤其是再采用红外头测量仪，根据测量点的数据，由程序自动控制工作台所需转动的角度，将使上述工作更为敏捷和准确。

四坐标加工的刀具轨迹生成方法与三坐标加工的刀具轨迹生成方法是类似的，特别是切触点的计算是完全一样的，不同的仅仅是刀轴方向。因此，前文介绍过的等参数方法、截平面方法、投影法等都可以应用到四坐标加工中。在 CAM 软件编程中，如 NX CAM，其四坐标加工编程对话框与五坐标编程对话框是一样的，不同的是刀轴方向的设置方式稍有区别。图 7-50 所示为 NX CAM 中四坐标加工时可以采用的四种不同类型的刀轴设定方式：垂直于部件、相对于部件、垂直于驱动体、相对于驱动体。这四种刀轴设定方式都需要指定一个旋转轴，通过指定矢量的方式确定。注意，旋转轴方向一定要和机床的旋转工作台所绕的旋转轴方向平行，也就是说如果机床旋转工作台绕 x 轴旋转，那么在编程时的旋转轴必须沿着加工坐标系的 x 轴方向。刀具将以指定的旋转角绕旋转轴进行旋转，刀轴旋转之前的位置与当前切触点所在零件面或驱动面的法矢有关。

2. 五坐标加工特点及应用

1）五坐标加工的特点

相对于前面的三坐标加工和四坐标加工，五坐标加工比四坐标加工增加了一个控制坐标。三坐标仅能实现 x、y、z 三个坐标轴的联动，四坐标加工在三坐标的基础上增加了一个绕 x 轴旋转的 A 坐标，或绕 y 轴旋转的 B 坐标，或绕 z 轴的旋转的 C 坐标。而五坐标加工在三坐标加工的基础上增加了两个坐标：A、B 坐标，或 A、C 坐标，或 B、C 坐标。当零件面加工必须考虑刀心三轴联动加刀轴摆动时，常用到五坐标加工。从理论上讲，五坐标数控加工可完成任意型面的加工，但实际上还受刀具、机床等因素的制约。与三坐标加工相比，五坐标加工有很多优势，包括更快的材料去除率，更高的加工表面质量，减少了手工操作。五坐标数控加工主要应用于某些狭窄通道及在 z 坐标方向上不单调的某些曲面，有时在不增加辅助夹具的前提下，加工空间斜孔和斜平面，利用五坐标数控编程，可一次装夹完成所要求的加工面，缩短工期，减少夹具和装夹误差。

图 7-50　NX CAM 中四坐标加工的刀轴矢量设定对话框

因此，综合四坐标和五坐标的特点，采用多坐标加工具有如下几个特点：

（1）减少基准转换和装夹次数，有利于提高加工质量。多坐标加工的工序相对集中，提高了工艺的有效性，而且由于零件在整个加工过程中减少了三坐标加工中来回翻面的装夹次数。在很多情况下，采用一至两次装夹即可完成零件的加工，加工精度更容易得到保证。

（2）减少工装夹具数量，有利于减少生产准备周期。尽管多坐标数控加工中心的单台设备价格昂贵，但由于工艺链的缩短和设备数量的减少，工装夹具数量也随之减少。

（3）缩短生产周期，有利于提高企业产能。由于工序相对集中，多坐标数控机床加工可以大大缩短生产周期，工件越复杂，它相对传统工序分散生产方法的优势就越明显。同时由于生产周期的缩短，有利于提高产量，满足市场需求。

（4）缩短新产品研发周期，有利于提高产品竞争力。航空航天、汽车、电子等领域的企业，有的新产品零件及成形模具形状很复杂，精度要求也很高；有的新产品要求快速上市，抢占市场先机。具备高柔性、高精度、高集成性和完整加工能力的多坐标数控加工中心，可以很好地解决新产品研发过程中复杂零件加工的精度和研发周期问题,大大提高新产品的成功率和竞争力。

2）五坐标加工的典型应用

五坐标加工的需求主要来自两个方面:效率和可达性。在曲面加工中,采用平底刀和环形刀加工都可以获得比三坐标加工更高的效率和加工精度,这在模具制造中得到了广泛应用。在叶轮类零件加工中,五坐标加工角度可达性保证了叶轮类零件的可加工性和加工精度。五坐标加工的典型应用包括以下几个方面:①多坐标点位加工;②空间曲线槽加工;③曲面区域加工;④组合曲面加工;⑤曲面交线区域加工;⑥曲面间过渡区域加工;⑦裁剪(trimmed)曲面加工;⑧复杂多曲面加工;⑨曲面型腔(cavity)加工;⑩曲面通道(slot)加工。

3）五坐标加工刀具轨迹生成方法

五坐标加工刀具轨迹规划可以沿用三坐标加工中的刀具轨迹生成方法,如在 NX CAM 中,五坐标加工常用的驱动方法有曲面方法(surface area)、边界方法(boundary)、曲线或点方法(curve/points)、螺旋方法(spiral)、流线方法(streamline)、径向切削方法(radial cut)等,如图 7-51 所示。曲面方法、边界方法、曲线或点方法的应用类似于三坐标加工;螺旋方法适用于回转类加工的零件,如叶片类零件;流线方法适用于加工叶轮等零件的轮毂面或流线面。

图 7-51　NX CAM 驱动方法设置对话框

五坐标加工的刀位点包含了两种信息:刀具位置点和刀轴矢量。五坐标加工中刀具位置点的计算和刀轴矢量的计算往往是密不可分的。如图 7-52 所示,一个环形刀与曲面相切于切触点 C。首先在切触点 C 定义一个局部坐标系(local coordinate system,LCS),其三个坐标轴方向为 x_L、y_L、z_L,单位矢量分别为 $\boldsymbol{a}$、$\boldsymbol{v}$、$\boldsymbol{n}$。全局坐标系的单位矢量分别为 $\boldsymbol{i}$、$\boldsymbol{j}$、$\boldsymbol{k}$。x_L 轴的方向始终与刀具切削方向一致,而 z_L 轴的方向始终与切触点 C 的法矢方向一致。y_L 轴方向由 z_L 和 x_L 的叉积确定。由于五坐标加工的刀具位置和刀具轴线方向都是变化的,因此很多学者按照以下方法确定刀具姿态:刀具首先绕 y_L 轴旋转一个前倾角 α(lead angle),然后绕 z_L 轴旋转一

个倾斜角 γ(tilt angle),依此定义五坐标刀位点和刀轴方向。在计算刀轴方向和刀位点时,首先根据切触点和局部坐标系计算出旋转之前的刀轴矢量和刀位点,然后采用计算机图形学中的旋转矩阵进行坐标旋转,从而确定最终的刀轴矢量和刀位点。

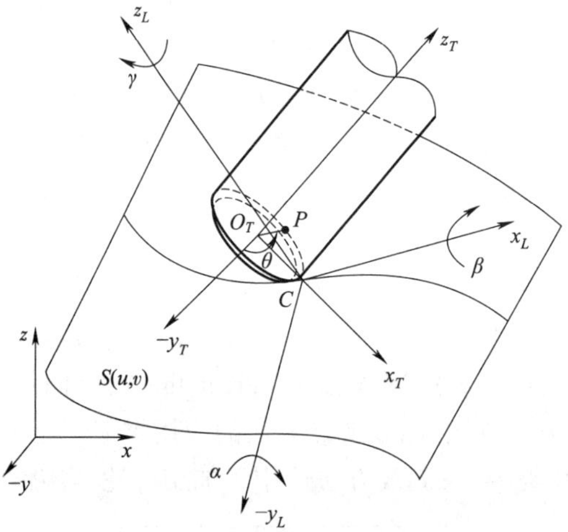

图 7-52　相关坐标系和五坐标加工刀具啮合状态

在使用 CAM 软件进行编程时,刀具位置点和刀轴矢量的计算全部交由软件完成。用户只需要知道如何规划走刀路线及控制刀轴方向即可。要实现五坐标加工,最关键的是刀轴矢量的确定,而刀轴矢量的确定主要由前倾角和侧倾角确定。在 NX CAM 中提供了多种刀轴矢量计算方法,如相对于矢量、垂直于部件、相对于部件、垂直于驱动体、相对于驱动体等。同时,四坐标加工的刀轴控制方式在五坐标加工中依然适用。刀轴与投影矢量设定如图 7-53 和图 7-54 所示。

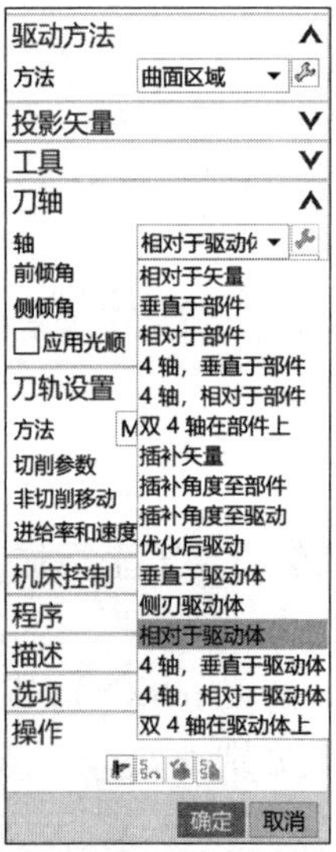

图 7-53　NX CAM 中刀轴对话框

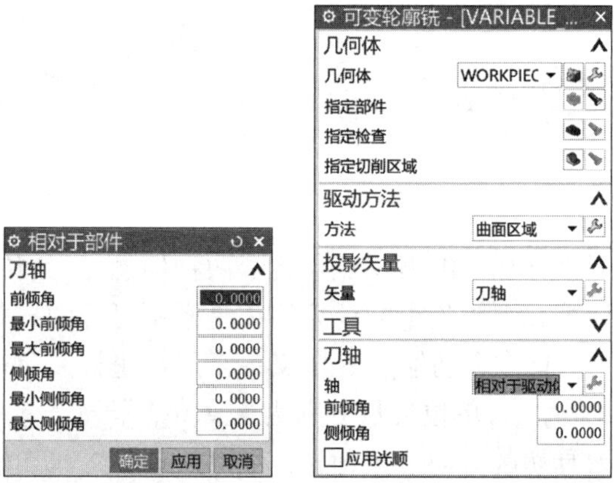

图 7-54　刀轴与投影矢量设定

下面仅简单介绍上述几类刀轴矢量指定方法的基本含义。

(1) 垂直于部件和垂直于驱动体。这两种刀轴控制方式不需要指定前倾角和倾斜角，刀轴方向沿切触点所在零件面或驱动面的法矢方向。

(2) 相对于部件和相对于驱动体。这两种刀轴控制方式都需要指定前倾角和倾斜角，刀轴方向以切触点所在零件面或驱动面的法矢方向为基准，根据指定的前倾角和倾斜角进行旋转。四坐标加工时刀轴控制方式与此类似，只是最终的四坐标加工刀轴方向必须与旋转轴保持垂直，而在五坐标加工时，不需要指定旋转轴。

(3) 直纹面驱动。这种加工方法指定直纹面侧铣加工方法，刀轴方向一定要沿着直纹面的准线方向。

五坐标数控编程的刀位文件和表 7-4 类似，但刀轴矢量 $\boldsymbol{i}$、$\boldsymbol{j}$、$\boldsymbol{k}$ 三者同时变化，其刀位文件后置结果为刀心(x、y、z)和另外两角同时变化，实现五坐标联动。

综上所述，高坐标数控机床一定具有低坐标数控机床的功能，但数控机床随坐标数的增加，其设备成本、单位床时费急剧增加，所以在能满足零件精度要求和工期的前提下，应尽可能选用成本低的低坐标数控加工设备。

7.4　NX CAM 数控铣削加工方法与叶轮五坐标编程

7.4.1　NXCAM 数控铣削加工方法

铣削加工是 NX CAM 最重要的内容，也是难度较大的部分，依据在加工过程中刀具轴线方向相对于工件是否保持不变可分为固定轴铣和可变轴铣两大类，固定轴铣又分为平面铣和轮廓铣，而轮廓铣包括型腔铣和固定轴曲面轮廓铣，可变轴铣又分为可变轴曲面轮廓铣和顺序铣。NX CAM 各种数控铣削加工方法如图 7-55 所示，加工方法比较见表 7-6。

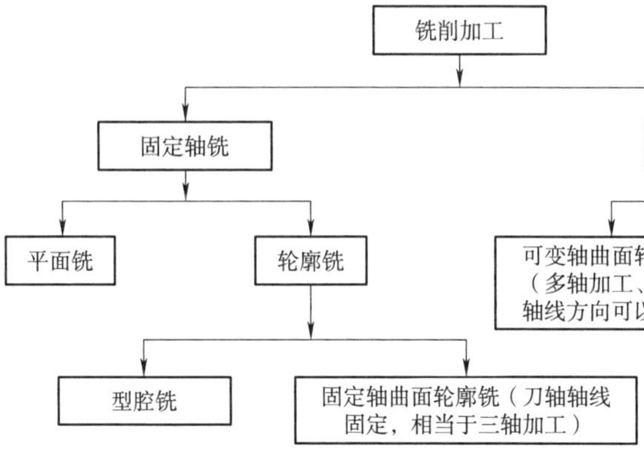

图 7-55　NX CAM 数控铣削加工方法

表 7-6　NX CAM 铣削加工方法比较

铣削方法	功　能	说　明
平面铣	实现对平面零件(由平面和垂直面构成零件)的粗加工和精加工	计算速度快，但不能过切检查

续表

铣削方法	功　能	说　明
型腔铣	型腔铣是三轴加工，主要用于对各种零件的粗加工，特别是平面铣不能解决的曲面零件的粗加工	型腔铣主要用于曲面零件的粗加工，也可对平面和曲面进行精加工，通过限定高度值可用于平面的精加工，采用 ZLEVEL_PROFILE 方式可对陡峭面进行半精加工和精加工
固定轴曲面轮廓铣	主要用于曲面零件的半精加工、精加工	刀具沿曲面外形切削，主要刀具是球刀
可变轴曲面轮廓铣	以四、五轴方式对复杂零件表面做半精加工和精加工	通过控制刀轴和投影矢量，使刀具沿复杂曲面轮廓移动
顺序铣	以三轴或五轴方式实现对特别零件的精加工，其原理是以铣刀的侧刃加工侧壁，端刃加工零件底面	仅适合直纹类曲面的精加工

1. 平面铣

平面铣是在水平的切削层上铣削，且所有水平切削层的边界完全相同，它的切削运动只有 x 轴和 y 轴联动，而没有 z 轴的运动。主要用于粗加工或精加工工件的平面，如表平面、腔的底平面、腔的垂直侧壁；也可以用于曲面的粗加工，但不可能真正加工出曲面。在平面铣这一工序类型中共有 15 种工序子类型，如图 7-56 所示，每一个图标代表一种子类型。单击不同的图标，所弹出的工序对话框也会有所不同，完成的工序功能也不一样，各工序子类型的功能可参考相关资料。

2. 型腔铣

使用型腔铣工序可移除大量材料，型腔铣对于粗切部件，如冲模、铸造和锻造，是理想的选择，型腔铣工序在垂直于固定刀轴的平面层上移除材料。部件几何体可以是平的或带轮廓的，主要用于粗加工工件的曲面。型腔铣是在水平的切削层上铣削，每个水平的切削层的边界形状是不同的；它的切削运动只是 x 轴和 y 轴联动，而没有 z 轴的运动。

轮廓铣包括型腔铣和固定轴曲面轮廓铣，如图 7-57 所示，其中型腔铣工序子类型 7 个，公共子类型 2 个，其余 12 个为固定轴曲面轮廓铣工序子类型。型腔铣各工序子类型的功能可参考相关资料。

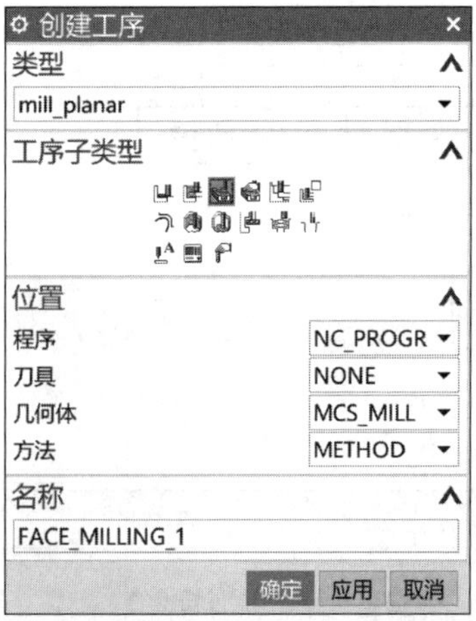

图 7-56　平面铣工序子类型

图 7-57　轮廓铣工序子类型

3. 固定轴曲面轮廓铣

固定轴曲面轮廓铣是用固定刀轴沿曲面的轮廓铣削,它的切削运动是 x 轴、y 轴和 z 轴联动,主要用于精加工工件的曲面。固定轴曲面轮廓铣之所以能用于精加工,是因为它的刀轨产生不仅使用零件几何体,而且还使用驱动几何体进一步引导刀具的运动。如图 7-57 所示,固定轴曲面轮廓铣有 12 个工序子类型,各工序子类型的功能可参考相关资料。

4. 可变轴曲面轮廓铣

在可变轴曲面轮廓铣这一工序类型中共有 11 种工序子类型,如图 7-58 所示。各工序子类型的功能可参考相关资料。

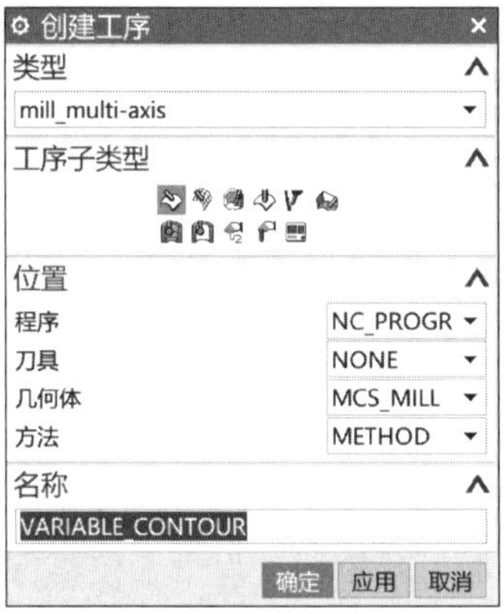

图 7-58　可变轴曲面轮廓铣工序子类型

7.4.2　叶轮五坐标编程

多叶片铣是可变轴曲面轮廓铣分化出来的一个特别的工序,专门用于加工叶轮类的零件。在多叶片铣(mill_multi_blade)这一工序类型中共有 7 种工序子类型,如图 7-59 所示。各工序子类型的功能可参考相关资料。

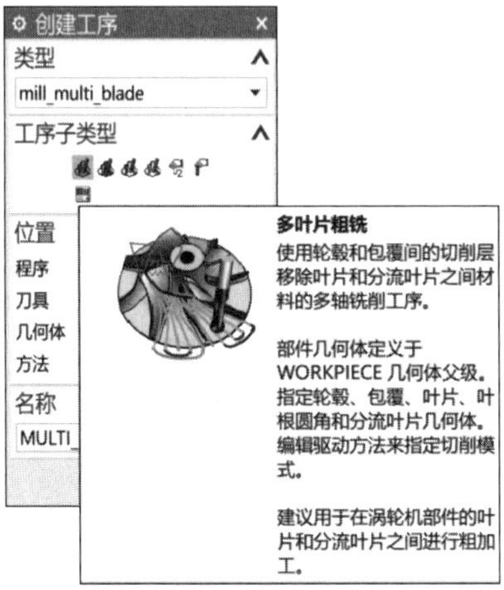

(a) 多叶片粗铣

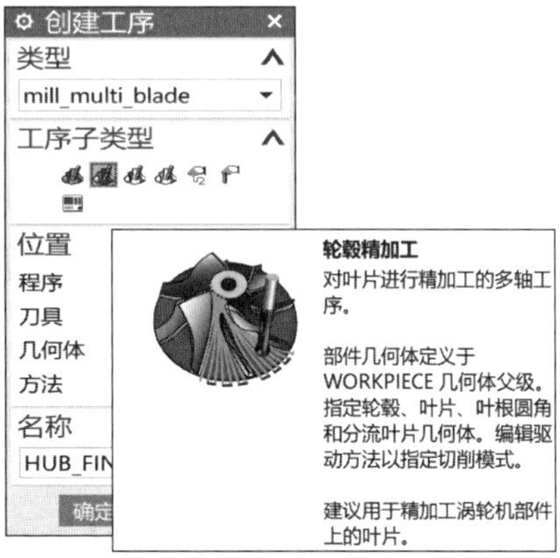

(b) 轮毂精加工

图 7-59　NX CAM 叶轮编程模块

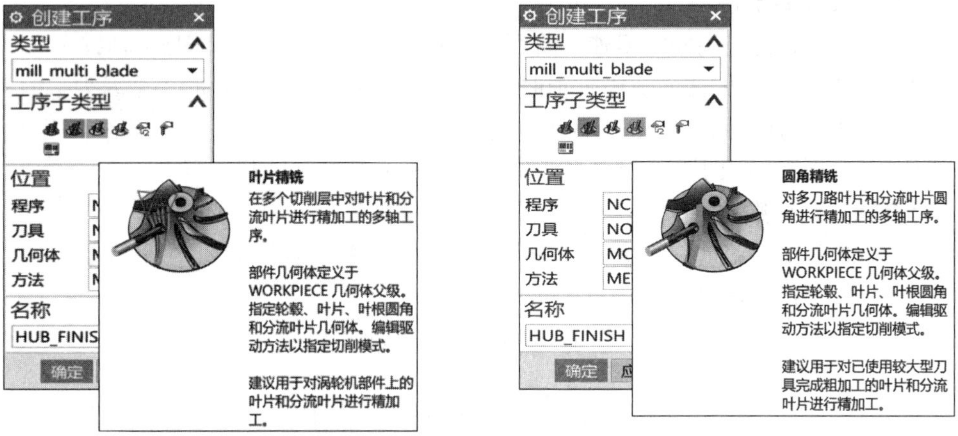

（c）叶片精铣　　　　（d）圆角精铣

图 7-59　NX CAM 叶轮编程模块(续)

整体式叶轮作为动力机械的关键部件,广泛应用于航天航空等领域,其加工技术一直是制造业中的一个重要课题。从整体式叶轮的几何结构和工艺过程可以看出,整体式叶轮加工轨迹规划的约束条件比较多,相邻的叶片之间空间较小,加工时极易产生碰撞干涉,自动生成无干涉加工轨迹比较困难。因此在加工叶轮的过程中不仅要保证叶片表面的加工轨迹能够满足几何准确性的要求,而且由于叶片的厚度有所限制,还要在实际加工中注意轨迹规划以保持加工的质量。

1. 零件分析及工艺制订

1）零件分析

叶轮的一般构成形式是若干组叶片均匀分布在轮毂上,相邻两个叶片间构成流道,叶片与轮毂的连接处有一个过渡圆角,使叶片与轮毂之间光滑连接,如图 7-60 所示。叶片曲面为直纹面或自由曲面。整体叶轮的几何形状比较复杂,一般流道较狭窄且叶片扭曲程度大,容易发生干涉碰撞。因此主要难点在于流道和叶片的加工,刀具空间、刀尖点位和刀轴方位要精确控制,才能加工到其几何形状的每个角落,并使刀具合理摆动,避免发生干涉碰撞。

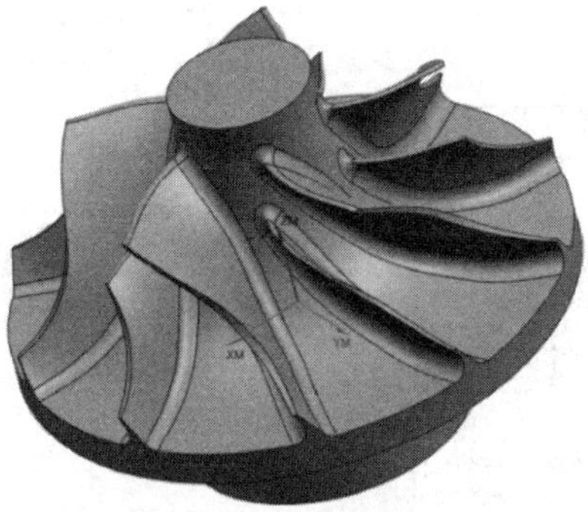

图 7-60　转子叶轮

2）工艺方案

叶轮加工首先由最初的毛坯（棒料）、铸造件或者锻压件采用车床进行外轮廓的车削加工，得到叶轮回转体的基本形状。通过对叶轮结构和加工工艺的分析，叶轮加工主要由粗加工叶片间流道（叶轮开粗）、流道曲面的半精加工、叶片精加工、流道精加工和倒圆部分的清根加工等工序组成。

（1）毛坯选用。直径为 120 mm、长度为 80 mm 的铝制圆棒料作为毛坯，为了加工效率，先车削加工成图 7-61 所示形状，以顶面圆心作为定位基准，选择三爪卡盘进行装夹。

图 7-61　转子叶轮毛坯

（2）选择刀具。刀具刚性和几何形状是叶轮加工刀具选择的主要因素，在流道尺寸允许的情况下尽可能采用大直径的刀具。粗加工刀具一般选择圆柱平底铣刀。精加工选择锥柄球头刀具，锥度有利于提高刀具的刚性，但锥度不宜太大，一般 3° ~ 5°较合适。为提高加工效率，在不发生碰撞干涉的情况下尽可能选用大直径铣刀，并优先选多刃铣刀。本例首先使用 R3 锥度球头立铣刀对叶轮整体进行粗加工，再使用 R3 锥度球头立铣刀对叶片、轮毂进行精加工；最后使用 R2 锥度球头铣刀对叶根圆角部分进行精加工。叶轮加工工艺与刀具选择见表 7-7。

表 7-7　叶轮加工工艺

序　号	加工元素	工序子类型	加工刀具
1	两主叶片之间区域	叶片粗铣	R3 锥度球头立铣刀
2	轮毂	轮毂精铣	R3 锥度球头立铣刀
3	主叶片	叶片精铣	R3 锥度球头立铣刀
4	分流叶片	叶片精铣	R3 锥度球头立铣刀
5	主叶片叶根圆角	叶片圆角精铣	R2 锥度球头铣刀
6	分流叶片叶根圆角	叶片圆角精铣	R2 锥度球头铣刀

（3）制定加工工艺。叶轮气流通道一般采用螺旋线走刀分层由上后退向下，如图 7-62 所示，刀具底刃不参与加工，可提高加工效率、减少应力产生的变形。

2. 编程准备

1）进入加工模块

双击打开模型文件“叶轮 . prt”，进入加工环境，按【Ctrl + Shift + B】组合键隐藏部件显示毛坯，如图 7-63 所示。单击“应用模块”选项卡，在加工区域单击“加工”按钮，弹出“加工

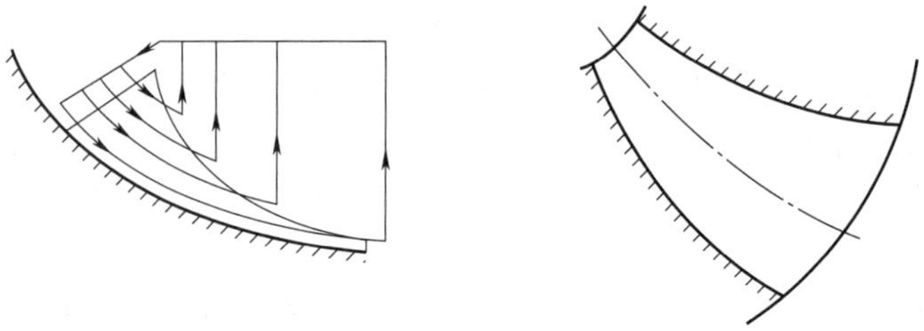

图 7-62　叶轮气流通道的开槽加工

环境”对话框，如图 7-64 所示。在“加工环境”对话框的“CAM 会话配置”列表框中选择 cam_general 选项，在要创建的 CAM 组装列表中选择 mill_multi_blade 选项，单击“确定”按钮，进入加工环境。

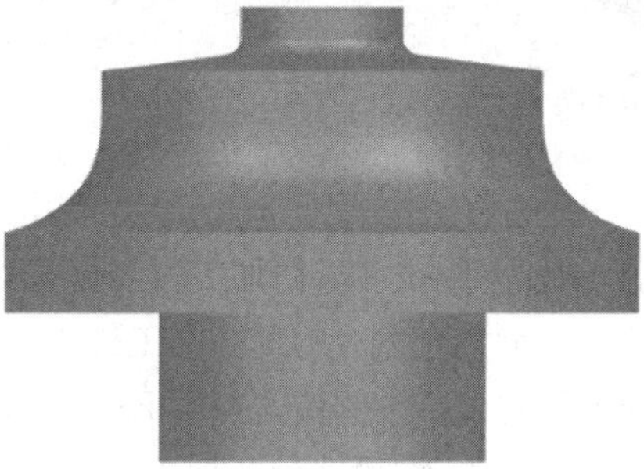

图 7-63　显示毛坯

图 7-64　“加工环境”对话框

2）坐标系设置

（1）移动 WCS（工作坐标系）的原点：在“工序导航器-几何”对话框中，单击“+”按钮展开 MCS 列表，再单击“+”按钮展开 WORKPIECE 列表，结果如图 7-65 所示。

选择“菜单”→“格式”→“WCS”→“显示”命令，显示 WCS。

选择“菜单”→“格式”→“WCS”→“原点”命令，将 WCS 原点指定为毛坯上表面的中心，如图 7-66 所示。

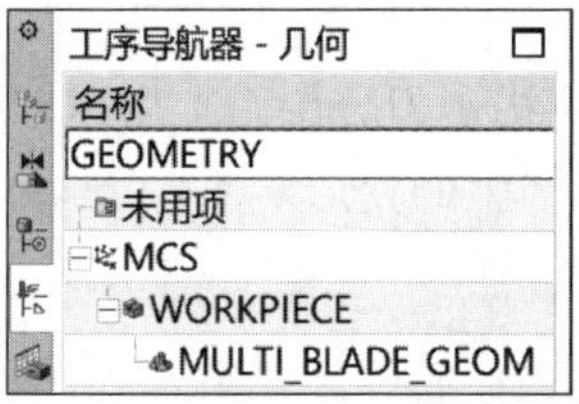

图 7-65　“工序导航器-几何”对话框

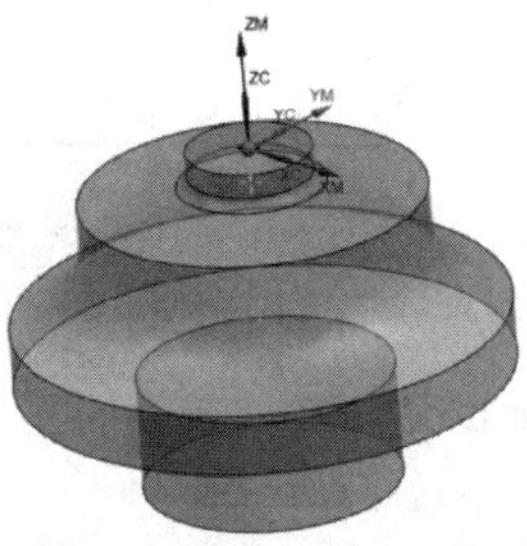

图 7-66　指定 WCS 原点位置

(2)移动 MCS(加工坐标系)的原点:在“工序导航器-几何”对话框中,双击MCS图标,弹出 MCS 对话框,如图 7-67 所示。单击“坐标系对话框”按钮,弹出“坐标系”对话框,如图7-68 所示。在“参考”下拉列表框中选择 WCS。两次单击“确定”按钮,完成加工坐标系原点的指定(叶轮顶部圆心位置),结果如图 7-69 所示。

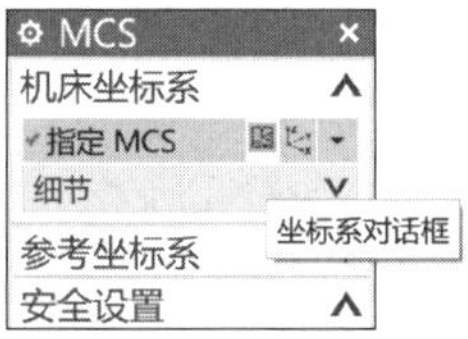

图 7-67　MCS 对话框

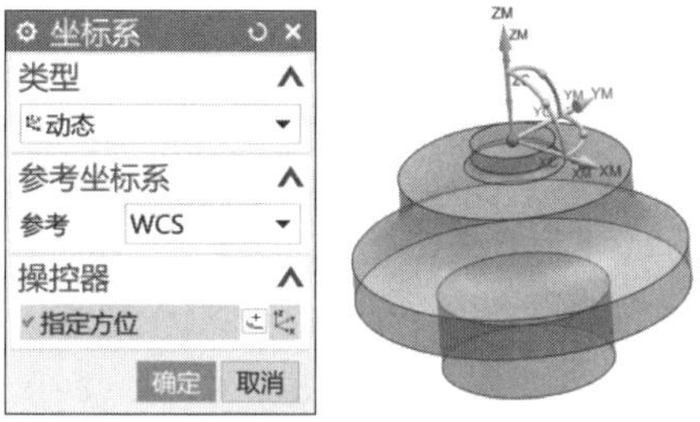

图 7-68　“坐标系”对话框

3）指定部件、毛坯几何体

在“工序导航器-几何”对话框中双击 WORKPIECE ,弹出“工件”对话框,单击“指定毛坯”按钮,选择毛坯,单击“确定”按钮,完成毛坯几何体的指定。按【Ctrl + Shift + B】组合键隐藏毛坯显示部件,单击“指定部件”按钮,窗选整个部件(曲面),如图 7-70 所示;两次单击“确定”按钮,完成部件、毛坯几何体的指定。

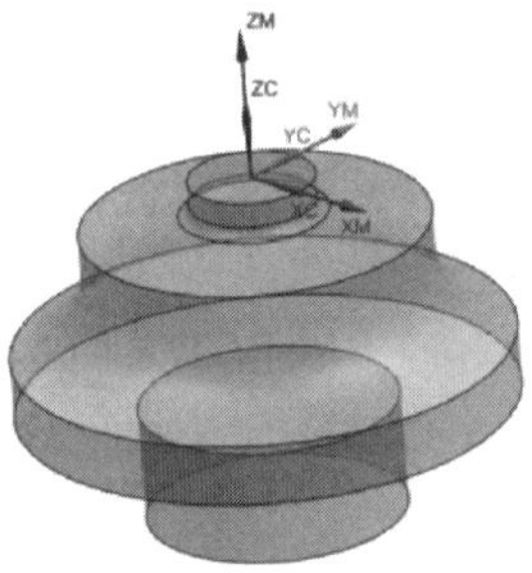

图 7-69　指定 MCS 原点位置

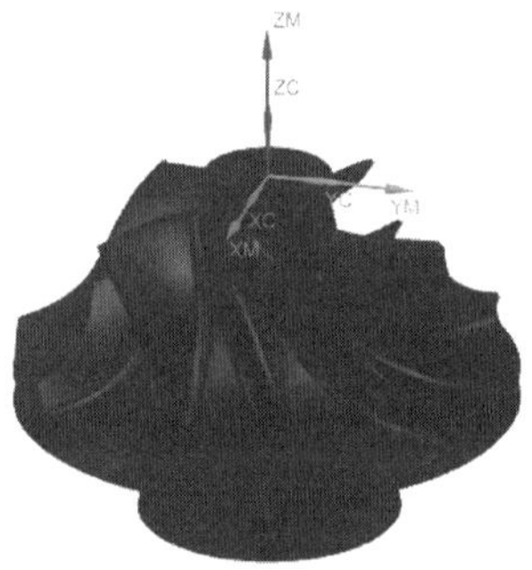

图 7-70　窗选部件几何体(曲面)

4）指定多叶片几何体

双击MULTI_BLADE_GEOM选项,弹出“多叶片几何体”对话框,如图 7-71 所示。单击“指定轮毂”按钮,弹出“轮毂几何体”对话框,选择图 7-72 所示轮毂面;单击“确定”按钮,返回“多叶片几何体”对话框。单击“指定包覆”按钮,选择叶轮上的包覆,如图 7-73(a)所示,单击“确定”按钮;单击“指定叶片”按钮,选择叶轮上的主叶片,如图 7-73(b)所示,单击“确定”按钮;单击“指定叶根圆角”按钮,选择叶轮上主叶片的叶根圆角,如图 7-73(c)所示,单击“确定”按钮;单击“指定分流叶片”按钮,选择叶轮上的分流叶片及叶根圆角,如图 7-73(d)和图 7-73(e)所示,“叶片总数”设置为 5,单击“确定”按钮。

图 7-71 “多叶片几何体”对话框

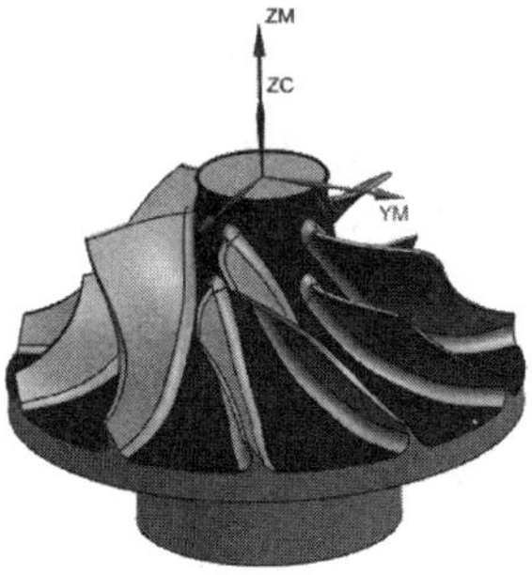

图 7-72 指定轮毂几何体

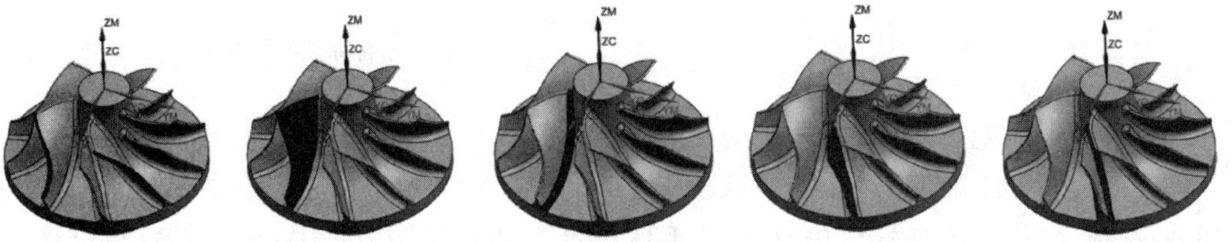

（a）包覆 （b）主叶片 （c）主叶片叶根圆角 （d）分流叶片 （e）叶根圆角

图 7-73 指定几何体

5）创建刀具

单击工序导航器中的机床视图按钮，单击“主页”→“刀片”组中的“创建刀具”按钮，弹出“创建刀具”对话框，输入刀具名称“B12R3”，如图 7-74 所示。单击按钮，弹出“铣刀-球头铣”对话框，修改参数如图 7-75 所示；同理，创建第二把刀具，刀具名称为“B6R2”，修改参数如图 7-76 所示。

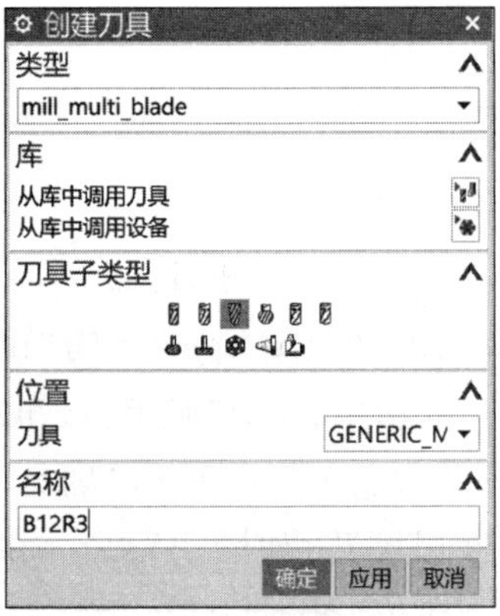

图 7-74 “创建刀具”对话框

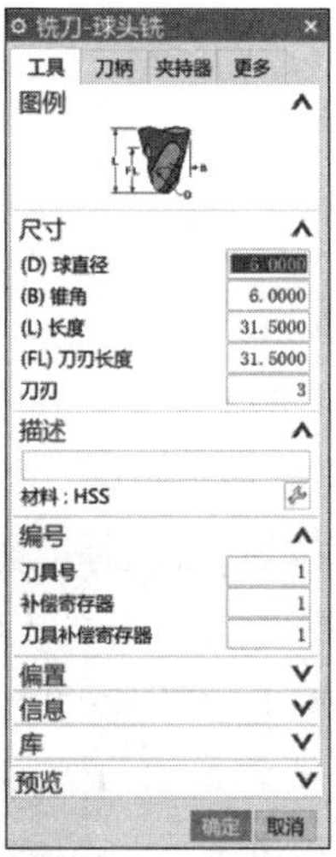

图 7-75 设置刀具 B12R3

图 7-76 设置刀具 B6R2

3. 创建程序

1)创建程序组

在“工序导航器”中单击“程序顺序视图”按钮，切换至程序视图。选择“菜单”→“插入”→“程序”命令，弹出“创建程序”对话框，输入程序名称“整体粗加工”，如图 7-77 所示，单击“确定”按钮。同理，创建程序名称为“叶毂精加工”“主叶片精加工”“分流叶片精加工”“主叶根圆角精加工”“分流叶根圆角精加工”的程序组，完成后如图 7-78 所示。

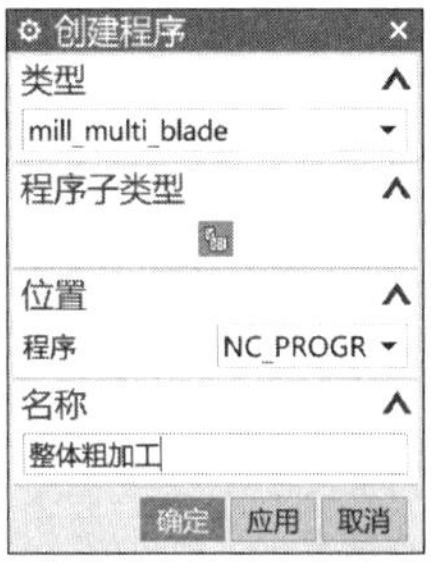

图 7-77　“创建程序”对话框

图 7-78　创建程序组

2）创建叶片粗加工工序

(1)叶片粗加工工序：单击“创建工序”按钮，弹出“创建工序”对话框，在 mill_multi_blade 类型中，选择“叶片粗铣”工序子类型，在“位置”区域中的“程序”下拉列表框选择“整体粗加工”，“刀具”选择“B12R3”，“几何体”选择“MULTI_BLADE_GEOM”，如图 7-79 所示。单击“确定”按钮，弹出“多叶片粗铣”对话框，如图 7-80 所示。

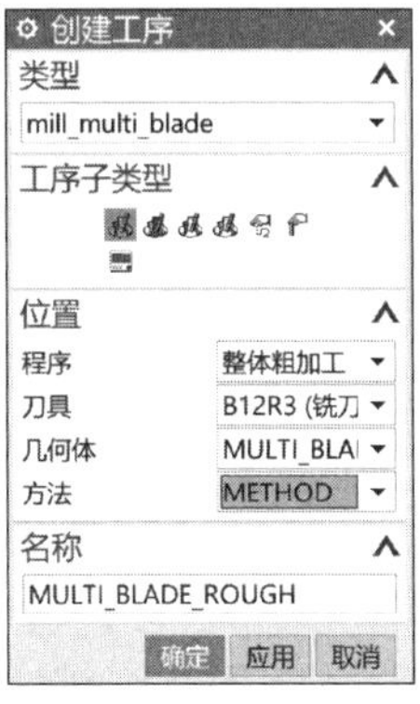

图 7-79　“创建工序”对话框

图 7-80　“多叶片粗铣”对话框

(2)设置叶片粗加工驱动方法：在“多叶片粗铣”对话框的“驱动方法”列表中单击“叶片粗加工”后的按钮，弹出“叶片粗加工驱动方法”对话框，参数设置如图 7-81 所示，单击“确定”按钮。

(3)设置切削层参数：在“多叶片粗铣”对话框的“刀轨设置”列表中单击“切削层”后的按钮，弹出“切削层”对话框，其中参数设置如图 7-82 所示，单击“确定”按钮。

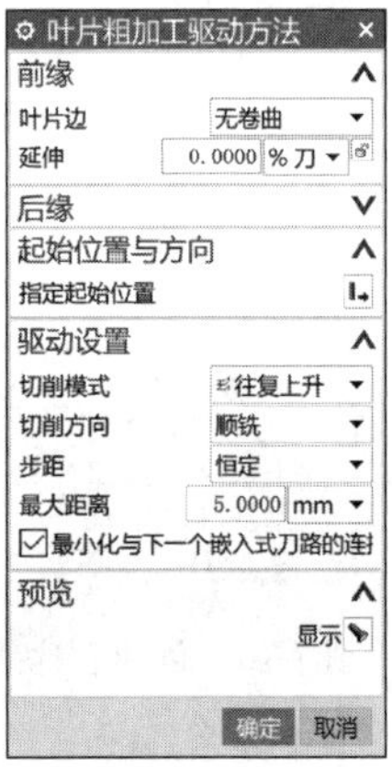

图 7-81 “叶片粗加工驱动方法”对话框

图 7-82 “切削层”对话框

(4)设置刀轴参数：在“多叶片粗铣”对话框的“刀轴”列表中单击“自动”后的按钮，弹出“自动”对话框，将“侧倾安全角”设置为 3，如图 7-83 所示，其余参数默认，单击“确定”按钮。

(5)设置余量参数：在“多叶片粗铣”对话框的“刀轨设置”列表中单击“切削参数”后的按钮，弹出“切削参数”对话框，其中参数设置如图 7-84 所示，单击“确定”按钮。

(6)设置进给率和转速参数：在“多叶片粗铣”对话框的“刀轨设置”列表中单击“进给率和转速”后的按钮，弹出“进给率和速度”对话框，设置“主轴转速”为 8 000，进给率“切削”为3 000，如图 7-85 所示，其余参数默认，单击“确定”按钮。

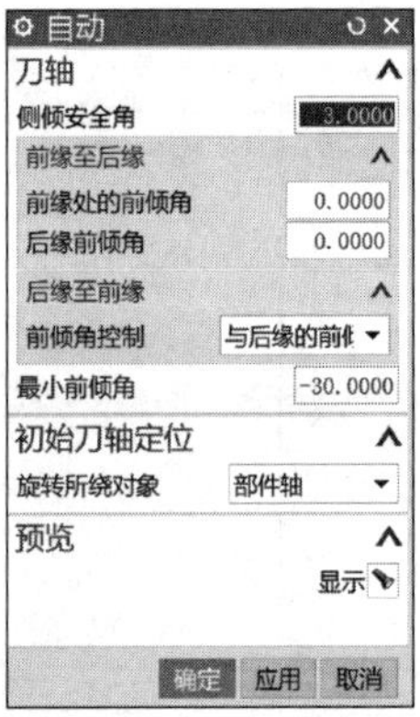

图 7-83 “自动”对话框

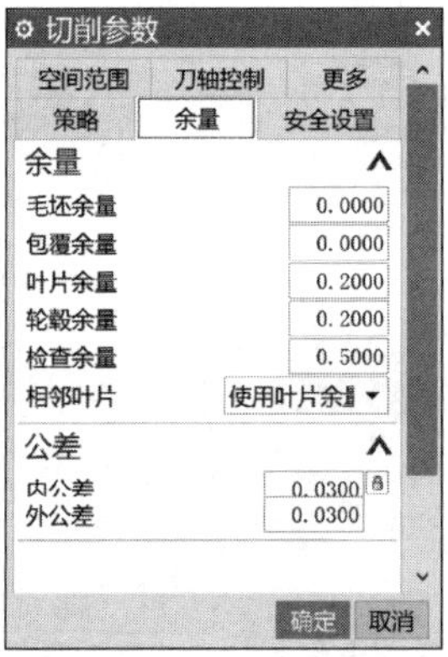

图 7-84 “切削参数”对话框

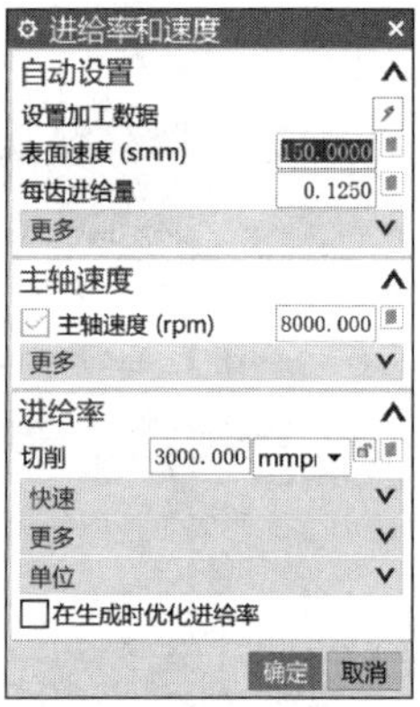

图 7-85 “进给率和转速”对话框

(7)生成刀轨与仿真:在“多叶片粗铣”对话框的“操作”列表中单击按钮,生成刀轨,如图 7-86 所示;单击按钮进行“3D 动态”仿真,仿真结果如图 7-87 所示。查看刀轨与仿真结果,确认无误后,将“叶片粗加工驱动方法”对话框中的“最大距离”和“切削层”对话框中的“距离”数值改为 1,此数值也可根据实际情况做微调;再次单击按钮,生成刀轨。

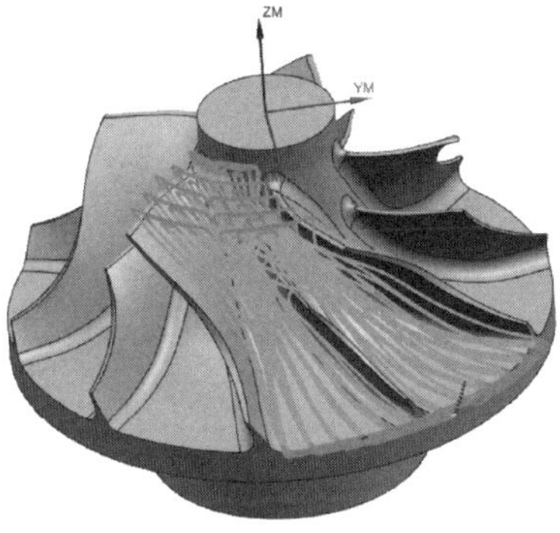

图 7-86 叶片粗加工刀轨

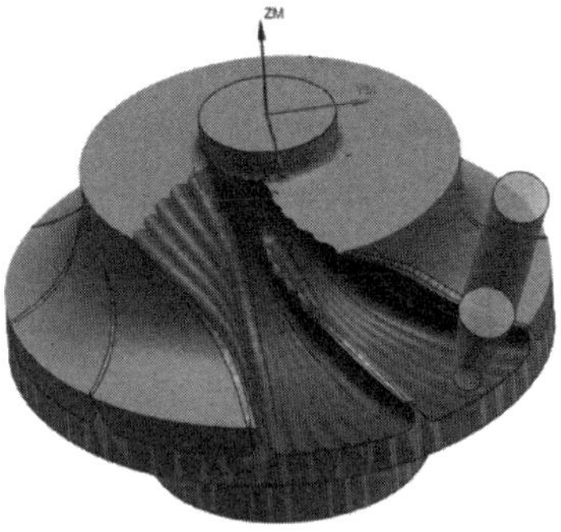

图 7-87 叶片粗加工 3D 动态仿真

3) 创建轮毂精加工程序

(1)插入轮毂精加工工序:单击“创建工序”按钮,弹出“创建工序”对话框,在 mill_multi_blade 类型中,选择“轮毂精铣”工序子类型,“位置”区域中的“程序”下拉列表框选择“叶毂精加工”,“刀具”选择“B12R3”,“几何体”选择“MULTI_BLADE_GEOM”,如图 7-88 所示。单击“确定”按钮,弹出“轮毂精铣”对话框,如图 7-89 所示。

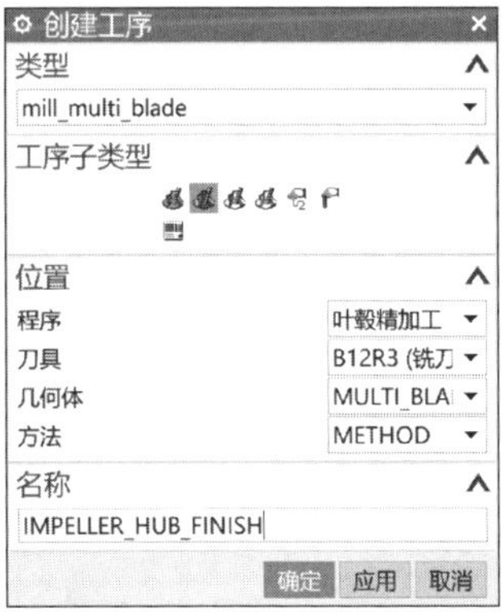

图 7-88 “创建工序”对话框

图 7-89 “轮毂精铣”对话框

(2)设置轮毂精加工驱动方法:在“轮毂精铣”对话框的“驱动方法”列表中单击“轮毂精加工”后的按钮,弹出“轮毂精加工驱动方法”对话框,其中参数设置如图 7-90 所示,单击“确定”按钮。

(3)设置刀轴参数:在“轮毂精铣”对话框的“刀轴”列表中单击“自动”后的按钮,弹出“自动”对话框,将“侧倾安全角”设置为 3,如图 7-91 所示,其余参数默认,单击“确定”按钮。

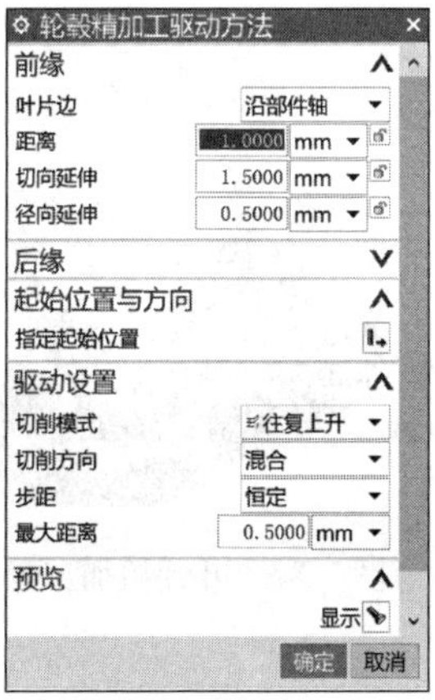

图 7-90 “轮毂精加工驱动方法”对话框

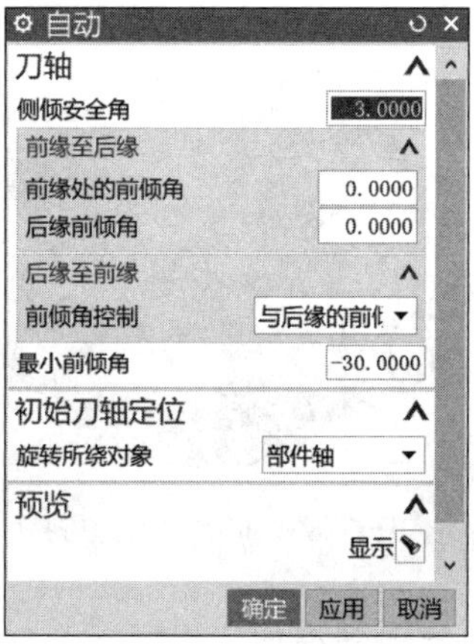

图 7-91 “自动”对话框

(4)设置余量参数:在“轮毂精铣”对话框的“刀轨设置”列表中单击“切削参数”后的按钮,弹出“切削参数”对话框,其中“余量”参数中的“叶片余量”和“轮毂余量”均设置为 0,其余参数默认,单击“确定”按钮。

(5)设置进给率和转速参数:在“轮毂精铣”对话框的“刀轨设置”列表中单击“进给率和转速”后的按钮,弹出“进给率和速度”对话框,设置“主轴转速”为 8 000,进给率“切削”为 1 500,其余参数默认,单击“确定”按钮。

(6)生成刀轨与仿真:在“轮毂精铣”对话框的“操作”列表中单击按钮,生成刀轨,如图 7-92 所示;单击按钮进行“3D 动态”仿真。

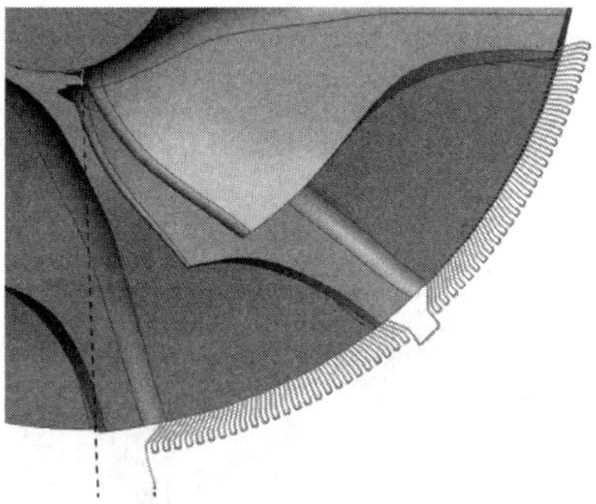

图 7-92 轮毂精加工刀轨

4) 创建主叶片精加工程序

(1)插入主叶片精加工工序:单击“创建工序”按钮,弹出“创建工序”对话框,在 mill_

multi_blade 类型中,单击“叶片精铣”工序子类型,“位置”区域中的“程序”下拉列表框选择“主叶片精加工”,“刀具”选择“B12R3”,“几何体”选择“MULTI_BLADE_GEOM”,如图 7-93 所示。单击“确定”按钮,弹出“叶片精铣”对话框,如图 7-94 所示。

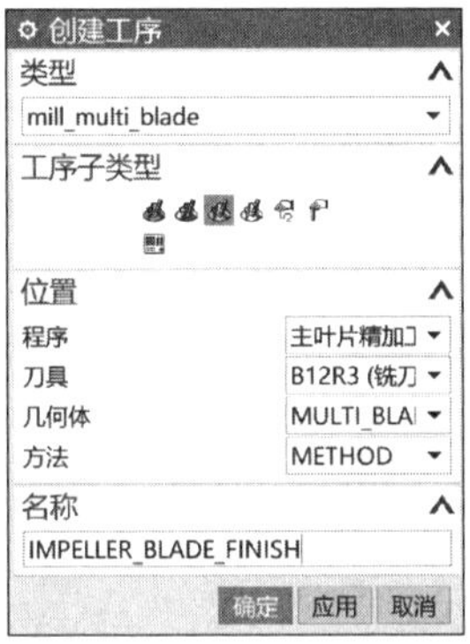

图 7-93　“创建工序”对话框

图 7-94　“叶片精铣”对话框

(2)设置叶片精加工驱动方法:在“叶片精铣”对话框的“驱动方法”列表中单击“叶片精加工”后的按钮,弹出“叶片精加工驱动方法”对话框,其中参数设置如图 7-95 所示,单击“确定”按钮。

(3)设置切削层参数:在“叶片精铣”对话框的“刀轨设置”列表中单击“切削层”后的按钮,弹出“切削层”对话框,其中参数设置如图 7-96 所示,单击“确定”按钮。

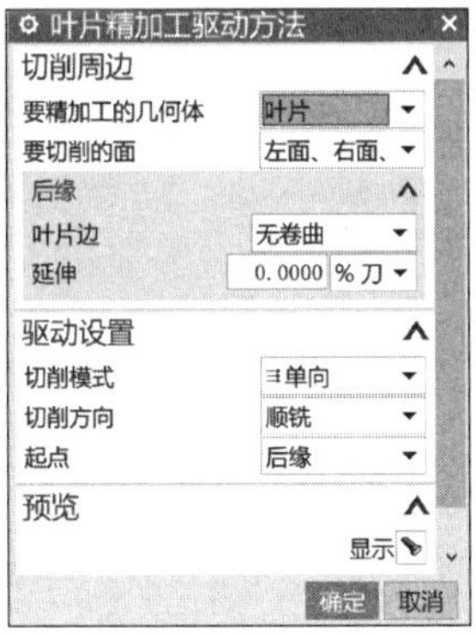

图 7-95　“叶片精加工驱动方法”对话框

图 7-96　“切削层”对话框

(4)设置刀轴参数:在“叶片精铣”对话框的“刀轴”列表中单击“自动”后的按钮 ,弹出“自动”对话框,将“侧倾安全角”设置为3,其余参数默认,单击“确定”按钮。

(5)设置余量参数:在“叶片精铣”对话框的“刀轨设置”列表中单击“切削参数”后的按钮 ,弹出“切削参数”对话框,其中“余量”参数中的“包覆余量”“叶片余量”“轮毂余量”均设置为0,其余参数默认,单击“确定”按钮。

(6)设置进给率和转速参数:在“叶片精铣”对话框的“刀轨设置”列表中单击“进给率和转速”后的按钮 ,弹出“进给率和速度”对话框,设置“主轴转速”为8 000,进给率“切削”为1 500,其余参数默认,单击“确定”按钮。

(7)生成刀轨与仿真:在“叶片精铣”对话框的“操作”列表中单击 按钮,生成刀轨,如图7-97所示。

图7-97　主叶片精加工刀轨

5)创建分流叶片精加工程序

(1)复制主叶片精加工工序:将“主叶片精加工”程序组中的“IMPELLER_BLADE_FINISH”工序复制到“分流叶片精加工”程序组中,名称为“IMPELLER_BLADE_FINISH_COPY”,如图7-98所示。

(2)设置叶片精加工驱动方法:双击“IMPELLER_BLADE_FINISH_COPY”工序进行修改,单击“叶片精加工”后的按钮 ,弹出“叶片精加工驱动方法”对话框,在“要精加工的几何体”下拉列表框中选择“分流叶片1”,如图7-99所示,其余参数均默认,单击“确定”按钮。

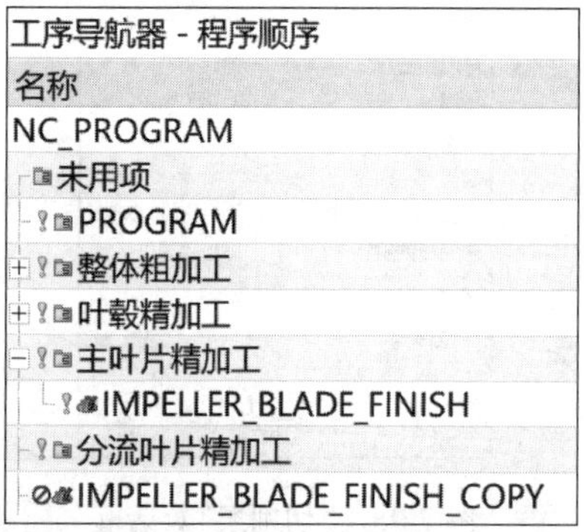

图7-98　复制主叶片精加工工序

图7-99　“叶片精加工驱动方法”对话框

(3)生成刀轨与仿真:在“操作”中点击按钮，生成刀轨,如图 7-100 所示。

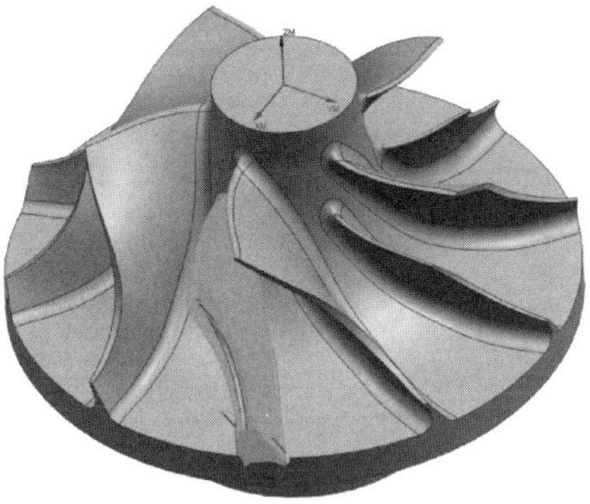

图 7-100　分流叶片精加工刀轨

6) 创建主叶根圆角精加工程序

(1)插入主叶根圆角精加工工序:单击“创建工序”按钮，弹出“创建工序”对话框,在 mill_multi_blade 类型中选择“圆角精铣”工序子类型，“位置”区域中的“程序”选择“主叶根圆角精加工”,“刀具”选择“B6R2”,“几何体”选择“MULTI_BLADE_GEOM”,如图 7-101 所示。单击“确定”按钮,弹出“圆角精铣”对话框,如图 7-102 所示。

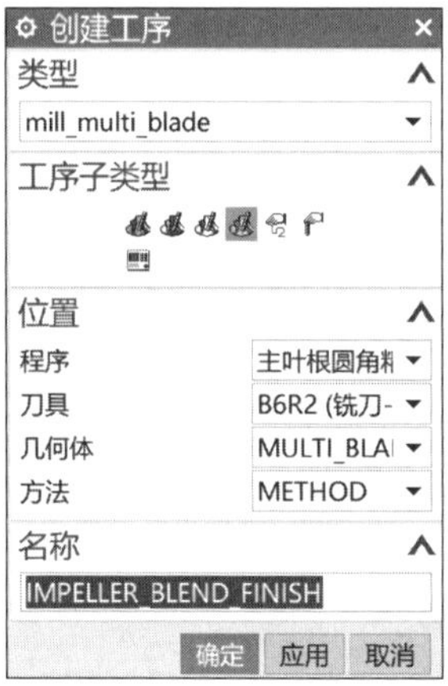

图 7-101　“创建工序”对话框

图 7-102　“圆角精铣”对话框

(2)设置叶根圆角精加工驱动方法:在“圆角精铣”对话框的“驱动方法”列表中单击“圆角精铣”后的按钮，弹出“圆角精加工驱动方法”对话框,其中参数设置如图 7-103 所示,单击“确定”按钮。

(3)设置刀轴参数:在“圆角精铣”对话框的“刀轴”列表中单击“自动”后的按钮，弹出“自动”对话框,将“侧倾安全角”设置为 1,如图 7-104 所示,其余参数默认,单击“确定”按钮。

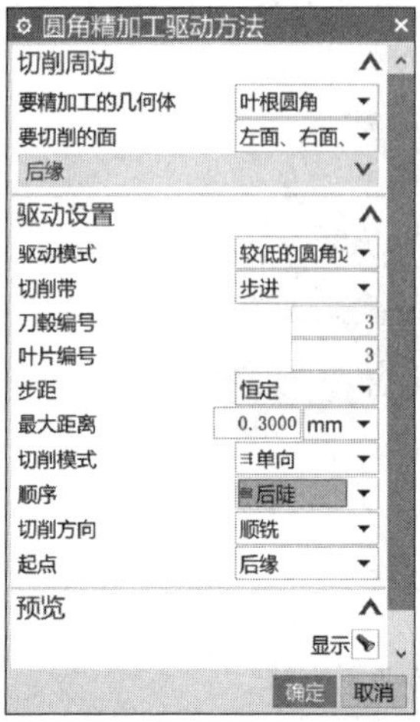

图 7-103 “圆角精加工驱动方法”对话框

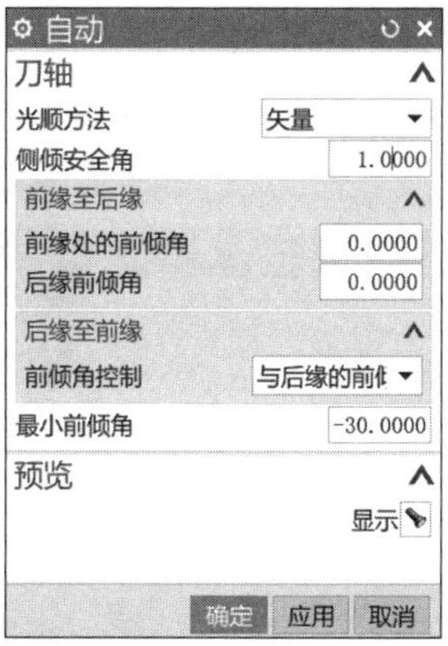

图 7-104 “自动”对话框

(4)设置余量参数:在“圆角精铣”对话框的“刀轨设置”列表中单击“切削参数”后的按钮，弹出“切削参数”对话框,其中“余量”参数中的“叶片余量”和“轮毂余量”均设置为0,其余参数默认,单击“确定”按钮。

(5)设置进给率和转速参数:在“圆角精铣”对话框的“刀轨设置”列表中单击“进给率和转速”后的按钮，弹出“进给率和速度”对话框,设置“主轴转速”为10 000,进给率“切削”为1 500,其余参数默认,单击“确定”按钮。

(6)生成刀轨与仿真:在“圆角精铣”对话框的“操作”中单击按钮,生成刀轨,如图7-105所示。

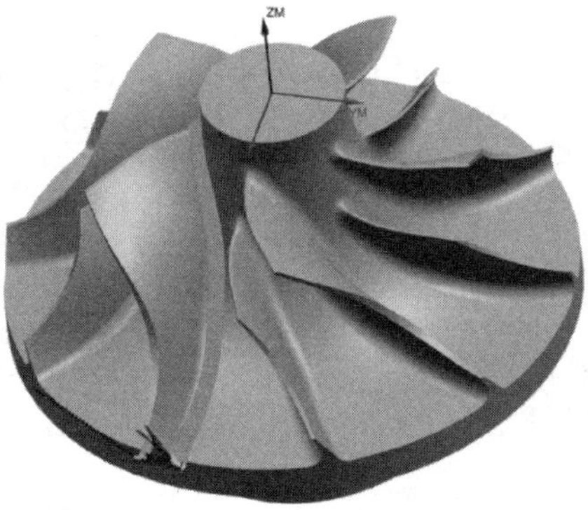

图 7-105 主叶根圆角精加工刀轨

7）创建分流叶根圆角精加工程序

(1)复制主叶根圆角精加工工序:将“主叶根圆角精加工”程序组中的“IMPELLER_BLEND_FINISH”工序复制到“分流叶片精加工”程序组中,名称为“IMPELLER_BLEND_FINISH_COPY”,如图7-106所示。

(2)设置分流叶根圆角精加工驱动方法:双击“IMPELLER_BLEND_FINISH_COPY”工序

进行修改，单击“圆角精铣”后的按钮，弹出“圆角精加工驱动方法”对话框，在“要精加工的几何体”下拉列表框中选择“分流叶片 1 倒角”，如图 7-107 所示，其余参数均默认，单击“确定”按钮。

图 7-106　复制主叶根圆角精加工工序

图 7-107　“圆角精加工驱动方法”对话框

(3) 生成刀轨与仿真：在“操作”中点击按钮，生成刀轨，如图 7-108 所示。

8）创建其他四组叶片加工程序

由于这五组叶片造型完全相同，所以在创建完一组程序后，可通过“变换”指令完成其他程序的创建，具体操作如下：

(1) 在“程序顺序”视图中找到要变化的叶轮粗加工程序并右击，在弹出的快捷菜单中选择“对象”→“变换”命令，弹出“变换”对话框，如图 7-109 所示。

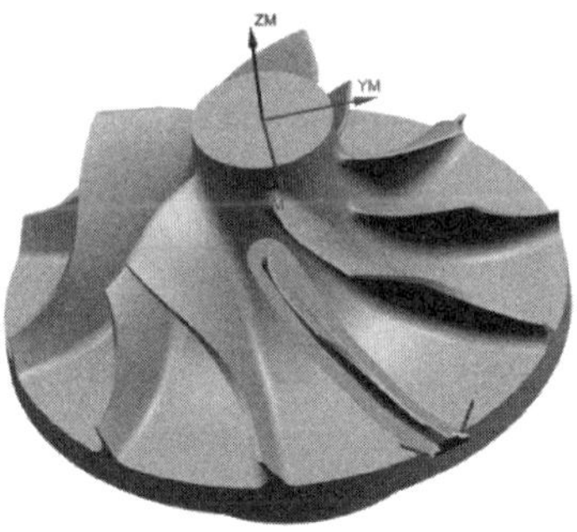

图 7-108　分流叶根圆角精加工刀轨

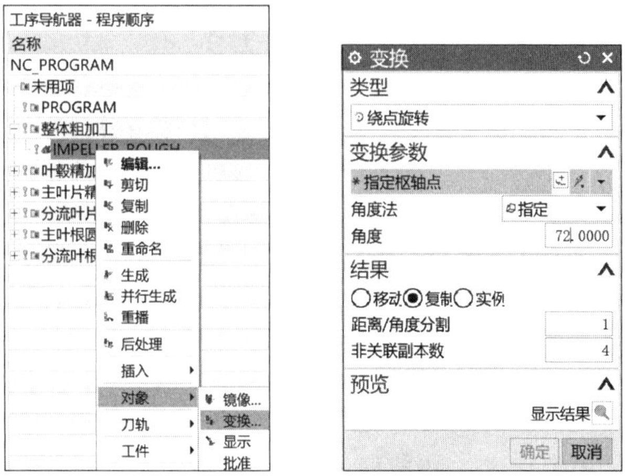

图 7-109　“变换”对话框

(2) 在“变换”对话框的“类型”下拉列表框中选择“绕点旋转”，将“变换参数”中的“指定枢轴点”设置在 MCS 坐标系的原点上，其他参数如图 7-109 所示。单击“确定”按钮，其余叶片粗加工程序就被复制创建出来了，如图 7-110 所示。

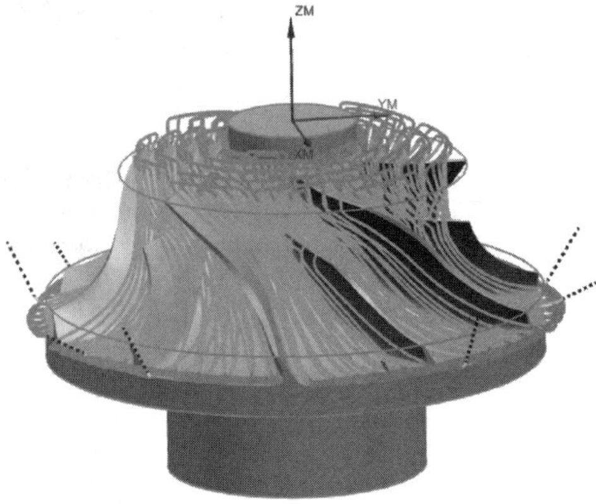

图 7-110　叶片粗加工程序复制

（3）同理，使用“变换”命令复制创建其余加工程序，图 7-111（a）所示为全部的叶毂精加工程序，图 7-111（b）所示为全部的主叶片精加工程序，图 7-111（c）所示为全部的分流叶片精加工程序，图 7-111（d）所示为全部的主叶根圆角精加工程序，图 7-111（e）所示为全部的分流叶根圆角精加工程序，此时“程序顺序”视图应如图 7-112 所示。

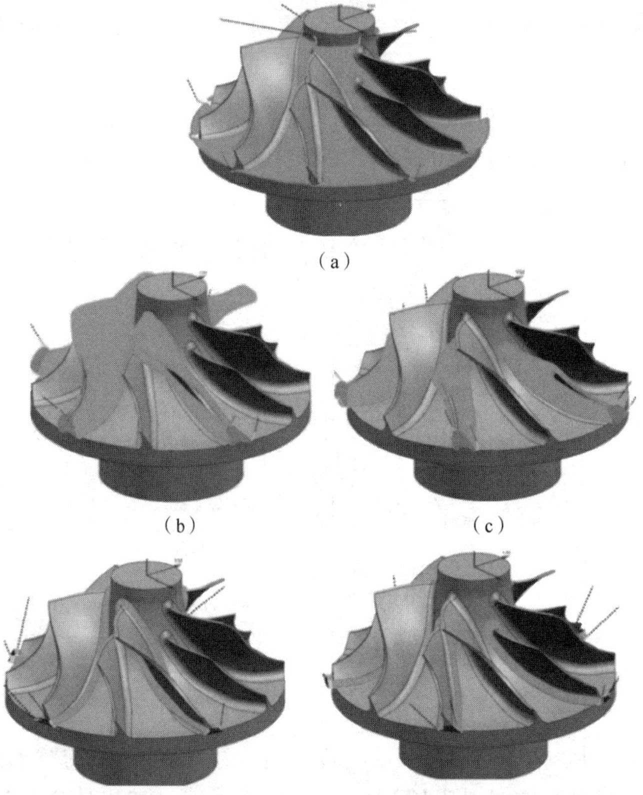

（a）　（b）　（c）　（d）　（e）

图 7-111　程序复制

工序导航器 - 程序顺序

名称	换...	刀.	刀具
NC_PROGRAM			
未用项			
PROGRAM			
整体粗加工			
IMPELLER_ROUGH	▮	✔	B12R3
IMPELLER_ROUG...		↳	B12R3
IMPELLER_ROUG...		↳	B12R3
IMPELLER_ROUG...		↳	B12R3
IMPELLER_ROUG...		↳	B12R3
叶毂精加工			
IMPELLER_HUB_FI...		✔	B12R3
IMPELLER_HUB_FI...		↳	B12R3
IMPELLER_HUB_FI...		↳	B12R3
IMPELLER_HUB_FI...		↳	B12R3
IMPELLER_HUB_FI...		↳	B12R3
主叶片精加工			
IMPELLER_BLADE_...		✔	B12R3
IMPELLER_BLADE_...		↳	B12R3
IMPELLER_BLADE_...		↳	B12R3
IMPELLER_BLADE_...		↳	B12R3
IMPELLER_BLADE_...		↳	B12R3
分流叶片精加工			
IMPELLER_BLADE_...		✔	B12R3
IMPELLER_BLADE_...		↳	B12R3
IMPELLER_BLADE_...		↳	B12R3
IMPELLER_BLADE_...		↳	B12R3
IMPELLER_BLADE_...		↳	B12R3
主叶根圆角精加工			
IMPELLER_BLEND...	▮	✔	B6R2
IMPELLER_BLEND...		↳	B6R2
IMPELLER_BLEND...		↳	B6R2
IMPELLER_BLEND...		↳	B6R2
IMPELLER_BLEND...		↳	B6R2
分流叶根圆角精加工			
IMPELLER_BLEND...		✔	B6R2
IMPELLER_BLEND...		↳	B6R2
IMPELLER_BLEND...		↳	B6R2
IMPELLER_BLEND...		↳	B6R2
IMPELLER_BLEND...		↳	B6R2

图 7-112　“程序顺序”视图

4. 刀具路径后处理

对于编程要求来说,到此步就已经完成了整体叶轮的数控加工编程。但为了确认编制的刀路轨迹是否存在不合理的地方,要对已编制的刀路轨迹进行仿真查看,对不合理的地方进行适当修改。当查看没有问题之后,就可以进行刀轨确认、后处理及车间文档的生成。

整体式叶轮加工轨迹规划的约束条件比较多,相邻的叶片之间空间较小,加工时极易产生碰撞干涉,自动生成无干涉加工轨迹比较困难。因此在加工叶轮的过程中不仅要保证叶片表面的加工轨迹能够满足几何准确性的要求,而且由于叶片的厚度有所限制,还要在实际加工中注意轨迹规划以保证加工的质量。由于有上述问题的存在,在叶轮编程之后一定要进行刀路的仿真分析。

在“工序导航器-程序顺序”视图中选择所有生成刀具路径并右击,在弹出的快捷菜单中选择“后处理”命令,弹出“后处理”对话框。选择 MILL_5 AXIS 后处理器类型,如图 7-113 所示。选择程序文件存放的目录后单击“确定”按钮,生成数控加工程序。

在菜单中选择“文件”→“保存”命令,保存生成的数控加工程序如图 7-114 所示。

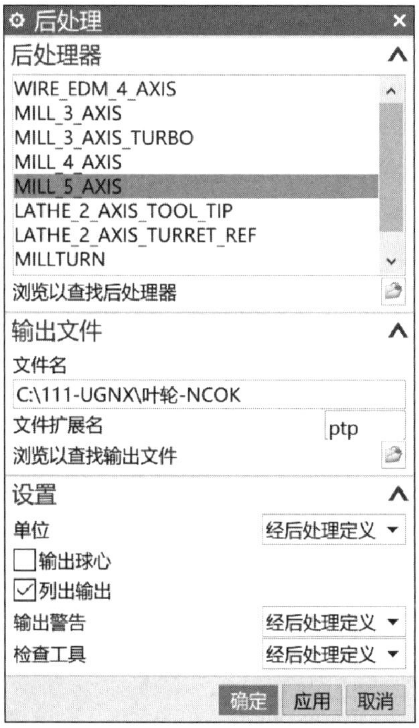

图 7-113 选择 MILL_5AXIS 后处理器类型

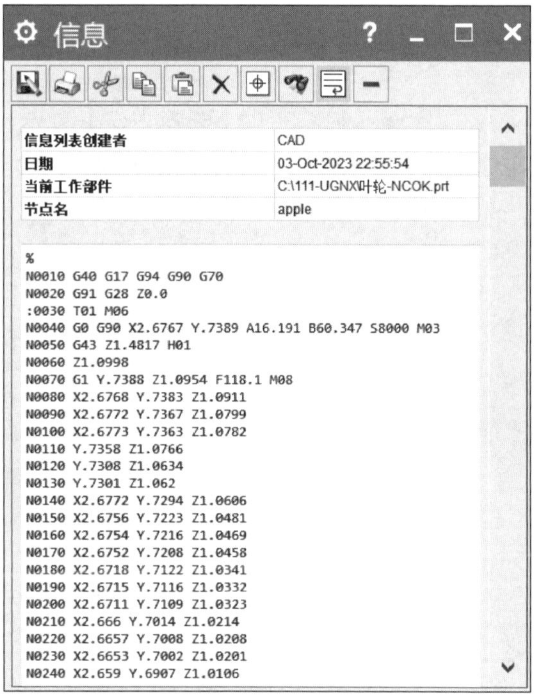

图 7-114 保存生成的数控加工程序

5. 创建车间文档

在工序导航器下选择“NC PROGRAM”节点,在“工序”组中单击“车间文档”图标,弹出“车间文档”对话框,如图 7-115 所示。在“报告格式”列表中选择“Tool List Select CHTML/Excel ”选项,并指定输出文件路径和名称,单击“确定”按钮,完成创建刀具清单。

在“车间文档”对话框的“报告格式”列表中选择“Operation List Select CHTML/Excel”选项,并指定输出文件路径和名称,单击“确定”按钮,完成创建加工顺序清单车间文档。

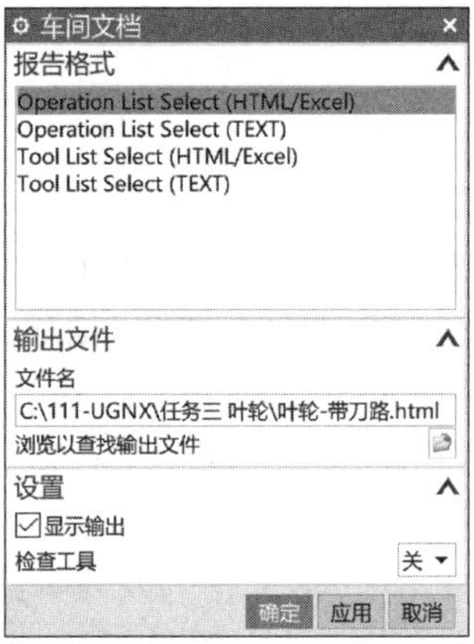

图 7-115 “车间文档”对话框

思考题

1. 方形凸模零件尺寸如题图 7-1 所示，完成其数控编程。毛坯件可以先在普通机床（铣床或磨床）上加工好，然后在数控铣床上进行凹模型腔的加工，毛坯侧面和底面余量可以为 0，顶面留有合适余量。

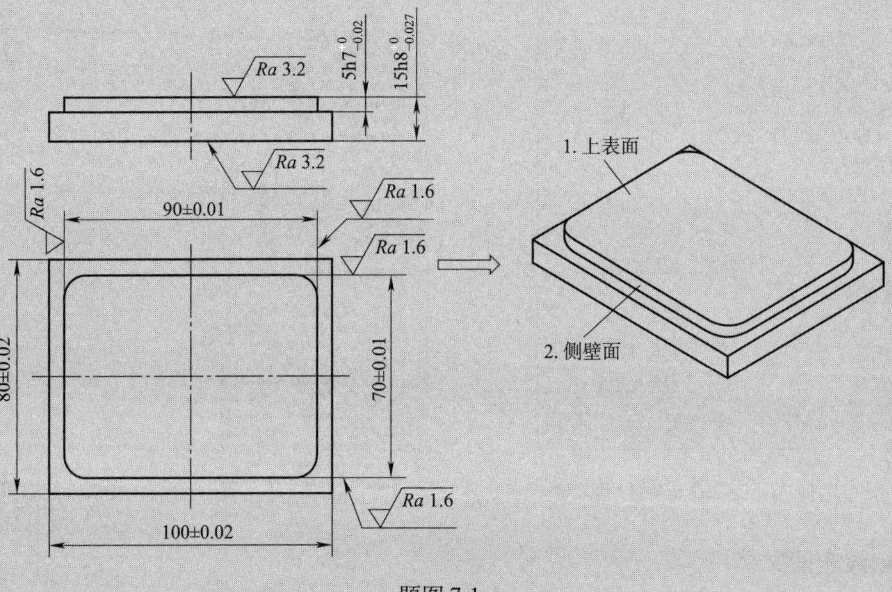

题图 7-1

2. 题图 7-2 所示为一对凹凸相配的零件，材料为 45 钢，要求配合间隙小于或等于 0.12 mm，毛坯已完成六面加工，尺寸为 45 mm × 40 mm × 15 mm，完成其数控编程。

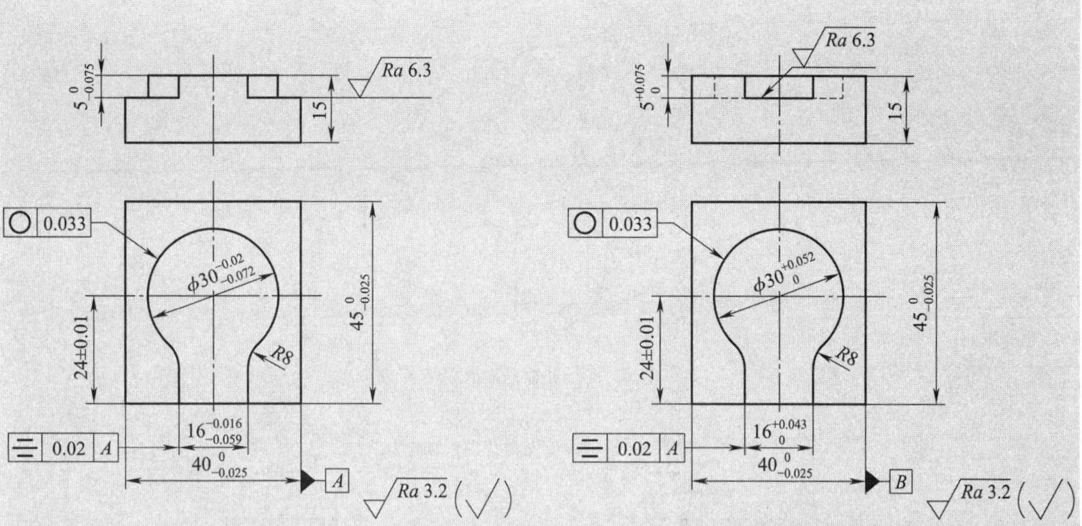

(a) 凸件　　(b) 凹件

题图 7-2

3. 根据题图 7-3 所示图纸，完成零件造型，并生成零件的加工轨迹和数控加工程序。

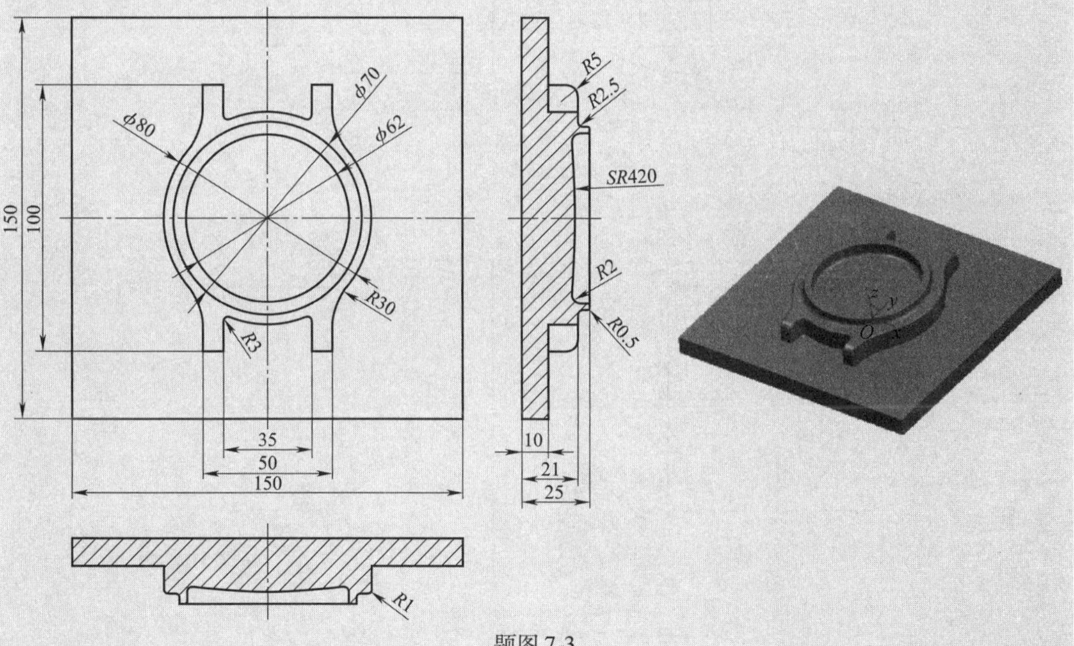

题图 7-3

4. 题图 7-4(b) 所示为箱体零件图，题图 7-4(c) 所示为毛坯图，40 mm × 20 mm 的阶台已经在三轴数控上完成。要求在 20 mm × 40 mm × 20 mm 的方台上完成 ϕ6 孔系的加工，其中 20 mm × 40 mm × 20 mm 的方台已经加工完毕。零件材料：45 钢，完成数控编程。

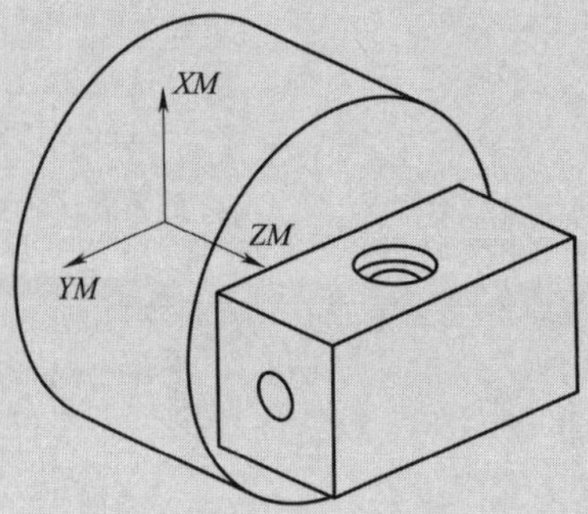

（a）三维线框模型

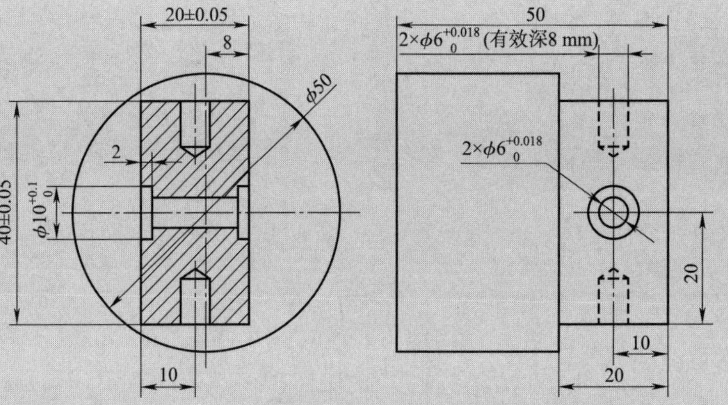

（b）箱体零件图

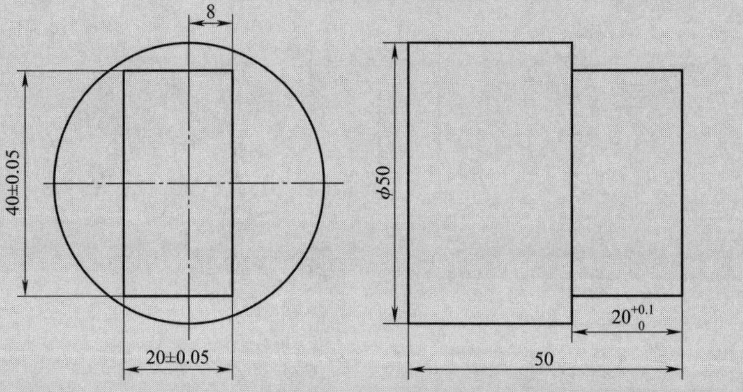

（c）毛坯图

题图 7-4

第8章　产品数字化开发集成技术

8.1　CAx 集成概述

CAx 是 CAD、CAM、CAE、CAPP、CIMS 等各项技术的综合叫法,CAx 对产品设计、性能分析计算、工艺过程设计和数控编程等起到重要作用。但是,CAx 技术和管理模块是各自独立发展起来的,如果不能实现系统之间的信息交换,就会形成"自动化孤岛"和"信息孤岛",使产品信息和企业资源难以发挥应有的作用。在现实中,因为统一规划的不足或者修正的原因,必须面对不同系统之间的信息集成问题。同时,面对制造业全球化竞争态势,企业除了要整合内部业务流程外,还要实现与合作伙伴及联盟企业的资源共享、协同工作和产品数据集成。因此,单元技术和管理模块的集成、企业内部与合作伙伴之间的集成及产品全生命周期信息的集成,成为 CAx 系统集成研究的关键技术,而数据交换与数据管理是 CAx 系统集成的基础技术。

8.2　产品数据交换技术

8.2.1　产品数据交换接口

为了实现不同 CAx 系统之间的数据交换,可通过设置数据交换接口的方式,以便在不同的计算机内部模型之间架起桥梁。图 8-1 所示为数据交换接口常用的两种形式。

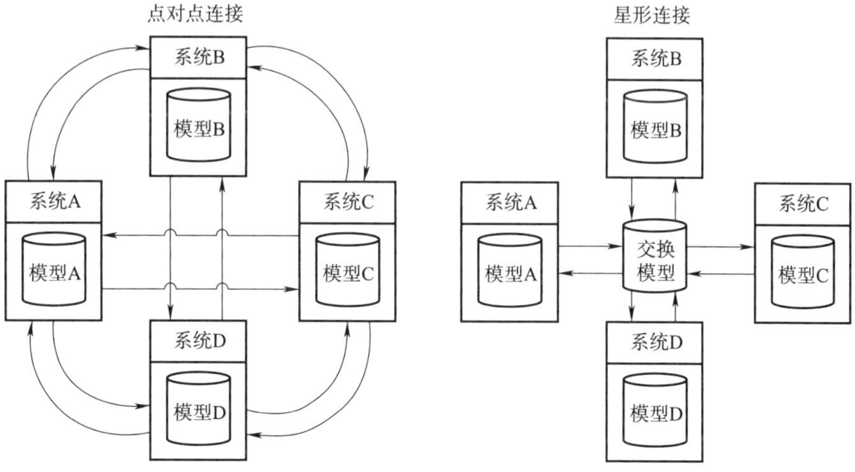

（a）专用数据交换接口方式　　（b）通用数据交换接口方式

图 8-1　数据交换的两种方式

1. 专用数据交换接口

如图 8-1(a)所示,为实现系统 A 与 B 的数据交换,通过专用的数据接口程序,将 A 系统的数据格式直接转换为 B 系统的数据格式,反之亦然。这是一种点对点的数据交换方式,原理简单,运行效率较高。但由于不具有通用性,对 N 个系统之间的数据交换,需要设计 $N(N-1)$ 个处理程序。同时,一旦其中某个系统的数据结构发生改变,与之相关的所有接口程序都要进行修改。

2. 通用数据交换接口

如图 8-1(b)所示,它是利用一个基于数据交换标准且与系统无关的接口文件实现连接。每一个系统都需要设置一个前置处理器和一个后置处理器。前置处理器负责将计算机内部模型(如系统 A 的模型)转换成交换接口的模型;后置处理器实现模型逆转换。对于 N 个系统而言,需 $2N$ 个处理程序。而且,当其中一个系统的数据结构发生改变时,只需修改该系统的前后置处理程序即可。为提高数据交换的速度,保证数据传输的完整、可靠和有效性,一般基于通用数据交换标准,使用通用的数据交换接口。目前世界上已研制出了多个通用数据交换接口标准,其中的典型代表是 IGES 和 STEP。

3. 业界数据接口

在软件的发展过程中,由于没有完全满足要求的标准接口,又需要和其他软件进行数据共享和交换,于是诞生了有影响的、被业界认可的通用接口规范。例如,二维 CAD 软件有 AutoCAD 公司的 DXF;三维软件有 Spatial Technology 公司的 ACIS SAT、Siemens 公司的 Parasolid X-T。

(1) Autodesk DXF。DXF(drawing interchange file,图形转换文件)是包含了对 AutoCAD 图形上各种实体及绘图环境的详细描述的 ASCII 文件,其二进制为 DXB,主要用于不同版本 AutoCAD 之间及与其他 CAD 系统之间的图形转换。

(2) ACIS SAT。ACIS 是美国 Spatial Technology 公司推出的三维几何建模引擎,它集线框、曲面和实体建模于一体,并允许这三种方式共存于统一的数据结构中,为各种三维建模应用的开发提供了几何建模平台。许多著名的大型系统都以 ACIS 作为建模内核(如 AutoCAD、CADKEY、MDT、TurboCAD 等)。ACIS 提供了两种模型存储文件格式:以 ASCII 文本格式存储的 SAT(save as text)文件,以二进制格式存储的 SAB(save as binary)文件。

(3) Parasolid X-T。Siemens 公司的 Parasolid X-T 是与 ACIS 等系统齐名的商用几何建模系统,可以提供精确的几何边界表达,它的拓扑实体包括点、边界、片、环、面、壳体、区域、体。以它为几何核心的 CAD 系统间能可靠地传递几何和拓扑信息,NX、SolidWorks、SolidEdge 等都采用 Parasolid X-T 作为内核。

8.2.2 IGES 标准

IGES(initial graphics exchange specification,初始图形交换规范)是在美国国家标准局(NBS)的倡导下,由美国国家标准协会(ANSI)公布的美国标准,是 CAx 系统之间图形信息交换的一种规范。它由一系列产品的几何、绘图、结构和其他信息组成,可以处理 CAx 系统中的大部分信息,是用于定义产品几何形状的现代交互图形系统。

从其公布到现在,IGES 经历了一个漫长的发展过程:

① 1980 年,IGES 1.0 仅限于描述工程图样的二维模型和三维线框模型。

② 1983 年,IGES 2.0 增加解决电气及有限元信息的传递功能,进一步扩充图形描述。

③ 1986 年,IGES 3.0 增加了曲面模型,包含工厂设计和建筑设计方面的内容。

④ 1988 年,IGES 4.0 引入 CSG 三维实体描述法、三维管道模型,并改进有限元模型。

⑤ 1991 年,IGES 5.0 引入 B-Rep 描述法。

IGES 是目前应用最广的数据交换标准,当前流行的商用 CAD/CAM 系统,如 UG NX、CATIA、I-Deas、Creo 等都含有 IGES 接口,所以它已成为事实上的国际标准。

1. IGES 的文件结构和格式

IGES 文件是以 ASCII 码表示,记录长度为 80 个字符的顺序文件。从 IGES 2.0 版本开始,增加了二进制文件格式的定义。ASCII 格式便于阅读,二进制格式则适于传送大容量文件。

IGES 文件包括图 8-2 所示的五个或六个段,即标志段、开始段、全局参数段、目录条目段、参数数据段、结束段。它们在 IGES 文件中必须依次出现。

从图 8-3 所示的 IGES 文件物理记录格式看,记录的第 1 ~ 72 列为该段的内容,73 列分别用 S、G、D、P、T 作为段的标识,其中 S 表示开始段;G 表示全局参数段;D 表示目录条目段;P 表示参数数据段;T 表示结束段;第 74 ~ 80 列则是每一节的顺序编号。

图 8-2　IGES 文件结构

图 8-3　IGES 文件物理记录格式

2. IGES 模型实体

IGES 模型指用于定义组成某产品的实体(entity)的集合。定义 IGES 模型就是通过定义实体,对产品的形状、尺寸以及某些说明产品特性的信息进行描述。

IGES 中的基本单元是实体,共分为三类。第一类是几何实体,如点、直线、圆弧、样条曲线、曲面等;第二类是绘图实体,如尺寸标注、绘图说明等;第三类是结构实体,如结合项、图组、特性等。图 8-4 所示为 IGES 的主要实体。

目前,国内外常用的商用 CAx 系统中,IGES 接口采用的实体基本上是 IGES 所定义实体中的一个子集。

3. 初始图形信息交换规范文件的内容

IGES 文件各个段表述的内容如下:

(1) 开始段代码为 S,该段提供一个可读文件的序言,主要记录图形文件的最初来源及生成该 IGES 文件的相同名称。IGES 文件至少有一个开始记录。

(2) 全局参数段代码为 G,主要包含前处理器的描述信息及为处理该文件的后处理器所需要的信息。参数以自由格式输入,用逗号分隔参数,用分号结束一个参数。主要参数有:文件名、前处理器版本、单位、文件生成日期、作者姓名及单位、IGES 的版本、绘图标准代码等。

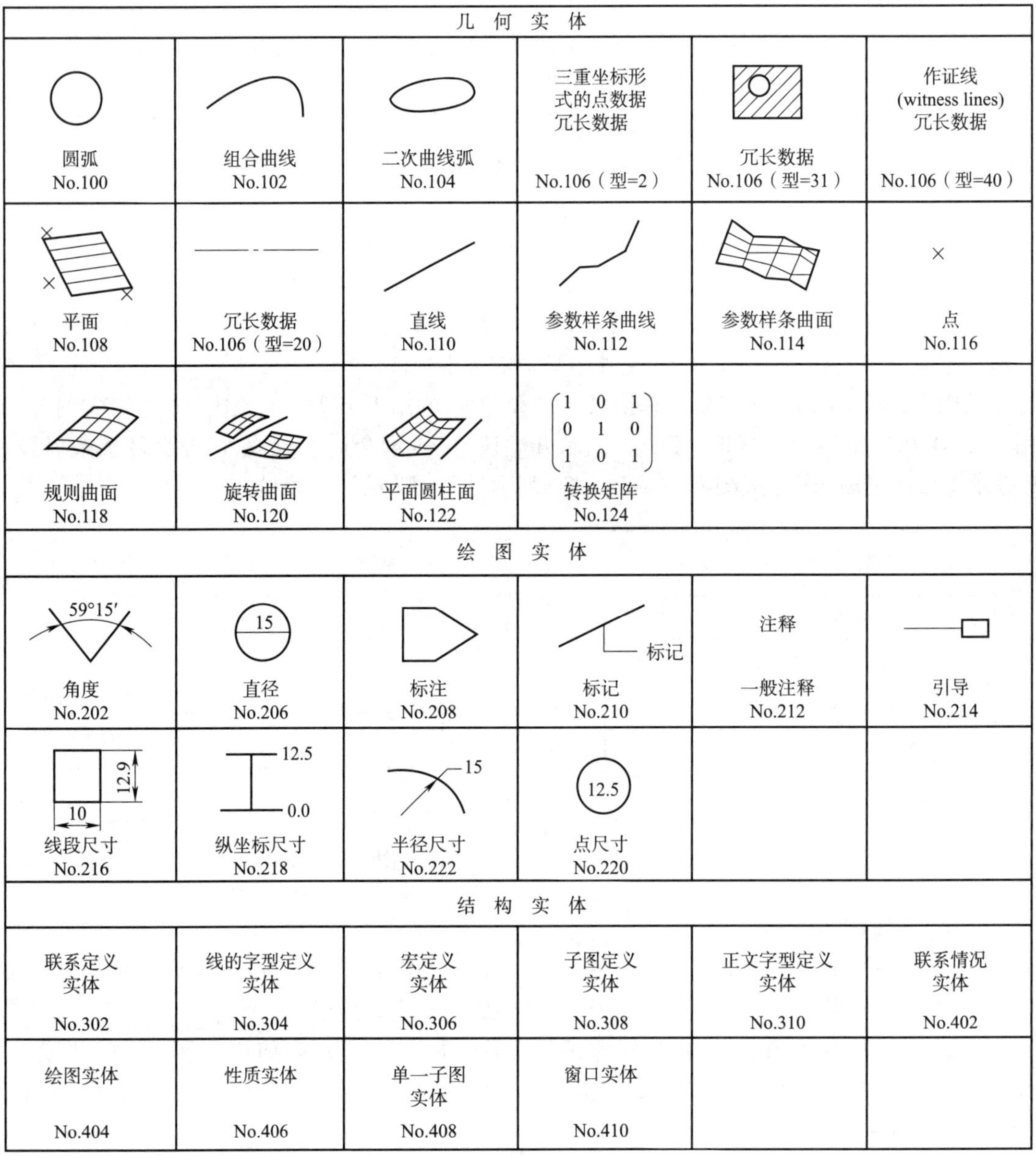

图 8-4 IGES 的主要实体

(3) 目录条目段代码为 D,该段主要为文件提供一个索引,并含有每个实体的属性信息,文件中的每个实体都有一个目录条目,大小一样,由 8 个字符组成一域,共 20 个域,每个条目占用两行。

(4) 参数数据段代码为 P,该段主要以自由格式记录与每个实体相连的参数数据,第一个域总是实体类型号。参数行结束于第 64 列,第 65 列为空格,第 66 ~ 72 列为含有本参数数据所属实体的目录条目第一行的序号。

（5）结束段代码为T,该段只有一个记录,并且是文件的最后一行,它被分成10个域,每域8列,第1~4域及第10域为上述各段所使用的表示段类型的代码及最后的序号（即总行数）。

在IGES文件中,信息的基本单位是实体,通过实体描述产品的形状、尺寸以及产品的特性。实体的表示方法对所有当前的CAx系统都是通用的,实体可分为几何实体和非几何实体,每一类型实体都有相应的实体类型号,几何实体为100~199,如圆弧（100）,直线（110）等;非几何实体又可分为注释实体和结构实体,类型号为200~499,如注释实体有直径尺寸标注实体（206）、线性尺寸标注实体（216）等,结构实体有颜色定义（314）、字型定义（310）、线型定义（304）等。

几何实体和非几何实体通过一定的逻辑关系和几何关系构成产品图形的各类信息,实体的属性信息记录在目录条目段,而参数数据记录在参数数据段。

IGES文件中实体是有界的,直线第一点为起点P1,第二点为终点P2,参数数据为起点和终点的坐标 *P*1（X1,Y1,Z1）,*P*2（X2,Y2,Z2）。直线实体的类型号为110,其定义如下:

110 1432 1 1 0 9 0 000020001D 2747

110 0 0 1 0 0D 2748

参数定义字段为

110,442.01251,-338.64197,0,440.41876,-338.64197,0.;2747P 1432

上式中,起点坐标为（442.01251,-338.64197,0）,终点坐标为（440.41876,-338.64197,0）,2747表示该直线实体在目录条目段中的第一行序号,1432表示该直线实体在参数数据段中的序号。

4. 基于IGES的数据交换

通常在不同的CAx系统中,可以采用IGES文件实现数据交换。其数据交换通过前置和后置处理进行。

IGES的前置处理程序,即把系统生成的图形文件转换成IGES格式的文件,后置处理则是将IGES文件转换成系统内部的图形文件格式。目前的很多CAD系统中,都具有IGES的前、后处理程序,但为了满足具体应用系统数据的要求,有时需自行设计前后处理程序的工作过程。

5. IGES在应用中的问题和发展

IGES标准在国际范围内获得广泛应用,其成功应用的典型例子是:①不同CAD系统之间工程图样信息的交换;②CAD与NC系统之间的连接;③CAD与FEM系统的连接等。

模型之间进行数据交换的前提条件是保证所有数据都能完整、准确无误地进行传递。然而时至今日,IGES还不能完全满足这一点。在实际应用中,IGES还存在一些问题,这些问题可归纳为三个方面:

（1）单元范围有限。IGES定义的主要是几何方面的信息,主要限于形状模型,CAx系统数据交换时,可能会发生数据丢失现象。

（2）占用的存储空间较大。由于选择了固定的数据格式和存储长度,IGES数据文件是稀疏的。

(3) 时常发生传递错误。错误的产生主要是由于语法上的二义性,造成解释上的错误。在 IGES 发展的同时,欧美发达国家相继推出了更高层次的数据交换标准。美国 IGES 委员会从 1984 年开始了全新的产品数据交换规范 PDES(product data exchange specification)接口的研究,PDES 1.0 版本从一开始就能实现实体模型间的数据传递及非几何数据的传递。法国 1984 年推出的 SET 1.1 版本,德国汽车工业协会(VDA)推出了专门传递自由表面数据的接口 VDA-PS,等等。所有这些标准有各自不同的目的和使用范围,同时也存在不同的问题。为了覆盖过去所有交换规范的功能和应用范围,进一步解决产品信息交换中存在的问题,国际标准化组织 ISO 启动了制定 STEP 标准的计划。

8.2.3 STEP 标准

产品数据表达与交换标准(standard for the exchange of product model data,STEP),是一个关于计算机可理解的表示和交换产品数据的国际标准(ISO 10303),目的是提供一种不依赖于具体系统的中性机制,用于建立包括产品整个生命周期的、完整的、语义一致的产品数据模型,从而满足产品生命周期内各阶段对产品信息的不同需求,以及保证对产品信息理解的一致性。因此,STEP 标准能够解决生产过程中产品信息的共享,并最终从根本上解决制造系统信息的集成问题。

ISO 工业自动化系统技术委员会(TC184)第四分委员会(SC4)负责 STEP 标准的制定,采取了分别制定、逐步完善、陆续发布的策略。该标准不但受到了各成员方标准化组织的支持,也受到了国际制造业的有力支持。

STEP 标准的制定要实现两个目的,一是产品的数据表示,二是产品数据的共享与交换。由于 STEP 标准是国际合作的许多专家经过严密的规程制定的,对产品表达与交换的完整性、一致性考虑得相当周全,因此,STEP 标准不仅能完整地表达产品数据并支持产品生命周期的各个环节,而且有多种实现形式。

1. STEP 标准的特点

STEP 不仅是一项国际标准,而且还是一门技术、一种方法学。它不仅提供了正确建立产品信息模型的方法及标准化过程,而且在信息交换的实现方法上也给予了指导。STEP 具有以下特点:

(1) 引入形式化数据规范(express)语言。为产品信息的描述提供了标准化机制,保证了数据描述的精确性和一致性。

(2) 三层次结构。在三个层次上将产品信息的表达和应用同数据交换的实现方法区分开,STEP 三层次的划分如图 8-5 所示。①应用层:在产品生命周期内,各应用领域按照自己的经验、术语、技术和方法建立产品信息参考模型,并通过形式化定义语言或图表的方式表达,为相应领域提供便于应用、完备和最小冗余的产品信息模型。②逻辑层:通过对各需求模型的分析,找出共同点,协调冲突,形成统一的集成信息资源,为各个应用领域提供一些通用、语义一致的实体集和关系集,用于描述不同的产品信息模型,并运用形式化工具描述逻辑层与物理层之间的联系。③物理层:将集成信息转换成用于交换的物理格式,用于计算机内部存储。STEP 的这种层次结构思想来源于数据库系统设计的外模式、内模式和存储模式技术,这种层次结构的划分和组织使 STEP 在应用和逻辑上更加完整,语义层次更高,且面向各种应用的资源信息模型,以保障应用系统数据交换逻辑层次上的正确性。

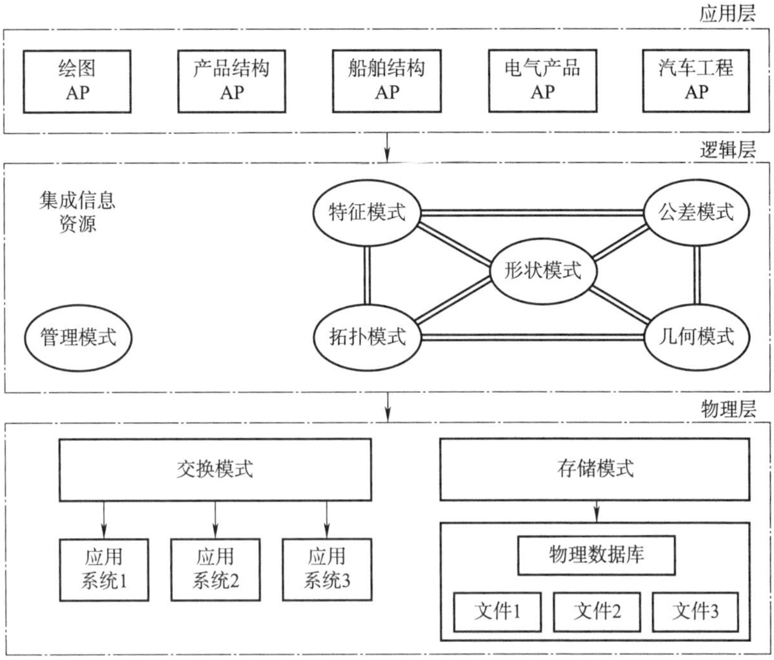

图 8-5　STEP 标准的三层次结构

(3) 一致性检验。STEP 将一致性检验包括在规范的定义中,用于检查应用系统是否实现了应用协议,同时提供了一致性检验的标准程序和工具,为系统功能检验及系统性能检验等高层次的验证奠定了基础。

综上所述,STEP 是一个可扩充的标准,这是因为它建立在形式化定义语言 express 之上,能拓展到任何工业领域。虽然 STEP 是国际性标准,但它是由用户而不是供应商开发。用户驱动的标准是面向结果的,而厂家驱动的标准是面向技术的,因而 STEP 将会继续适应技术的发展而发展。

2. STEP 标准的组成

按 STEP 的文本内容,STEP 标准包括:①描述方法(第 11 ~ 19 部分);②集成资源(第 41 ~ 199 部分);③应用协议(第 201 ~ 1 199 部分);④实现方法(第 21 ~ 29 部分);⑤一致性测试(第 31 ~ 39 部分)和抽象测试集(第 1 201 ~ 2 199 部分)。这五方面的内容分成七个系列文件:0、10、20、30、40、100 和 200 系列,见表 8-1。

表 8-1　STEP 标准

系列	系列名	系列号	内　容	说　明
0	概述	1	概况与基本原理	
10	描述方法	11	Express 语言	提供支持 STEP 开发所需的方法与工具
		12	Express-1 语言	

续表

系列	系列名	系列号	内　容	说　明
20	实施方法	21	物理文件格式	指明产品模型将被用于哪些数据处理任务
		22	标准数据存储接口	
30	一致性测试方法和框架	31	一致性测试方法和框架	用以检查软件对本标准的符合程度
		32	对测试库和一致性评估人员的需求	
		33	抽象测试套件规范	
		34	对不同实施方法的抽象测试方法	
40	通用资源	41	产品描述和支持的基础	用 Express 语言描述的产品的概念模型
		42	几何与拓扑表示	
		43	表达结构	
		44	产品结构配置管理	
		45	材料	
		46	直观表示	
		47	形状公差	
		48	形状特征	
		49	产品生命期支持	
100	应用资源	101	绘图	指明产品模型的哪些部分将付诸实施
		102	工程设计 AEC(未定)	
		103	电子/电气连接	
		104	有限元分析	
		105	运动学	
200	应用协议	201	显式绘图	描述特定应用领域的信息要求,规定无二义性的信息描述方法,提供一致性测试需求与目标
		202	相关绘图	
		203	配置管理设计	
		204	使用边界表达的机械设计	
		205	使用曲面的机械设计	
		206	使用线框的机械设计	
		207	钣金冲模规划与设计	
		208	生命周期产品变动过程	
		209	构件和金属结构的分析与设计	
		210	电子印制电路的装配、设计与制造	
		211	电子器械的测试、诊断与返修	
		212	电工设备	
		213	车床加工零件的数控过程规划	
		214	汽车机械设计过程中的核心数据	
		215	船体布置	
		216	船体制模形状	
		217	船体管道	
		218	船体结构	

1）标准的描述方法

为保证产品数据定义的一致性，避免出现二义性，使用形式化方法定义集成资源的结构及应用协议。这种形式化方法的具体体现就是形式化语言 Express。Express 是面向对象基于模式的语言，是形式化信息建模语言。Express 并不是一种程序设计语言，它不包含输入/输出、信息处理、异常处理等语言元素。Express 具有如下特点：

① 不仅定义模型中的实体及其关系，还定义对实体及其属性所施加的约束和操作。

② 能将抽象与具体的事务分离，以适应不同层次用户的需要。

③ 可在已存在的构件上增加约束和属性，以便于生成应用协议。

Express 不仅可以用于描述概念模式，即 STEP 的逻辑层，还为所有实现形式和其他有关工具（如句法检查程序）奠定了基础。STEP 中定义的每种实现形式均表示为 Express 句法的映射。有关 Express 语言的详细内容见 ISO 10303-11《Express 语言参考手册》。

2）集成资源

集成资源是 STEP 推荐使用的概念模型，是 STEP 的核心部分。集成资源属于 STEP 体系结构中的逻辑层，相当于概念模式。每一集成资源是一个由 Express 描述的产品数据的集合，这些数据描述称为资源构件。一个资源构件可以经过修改以及增加约束、关系和属性支持特殊的应用，不同应用中相似的信息可以用一个资源构件表达。一个集成资源的定义可能依赖于其他集成资源的定义。

集成资源的组成分两大部分：通用资源和应用资源。通用资源在应用上有通用性，与具体实现无关。而应用资源则描述特定应用领域中的数据，是通用资源的引用和拓展，依赖于通用资源的支持。通用资源部分有产品描述基础和支持、几何和拓扑表示、表达结构、产品结构配置、直观表示、材料、形状公差和形状特征等。应用资源部分有绘图、电子/电气连接、有限元分析和运动学等。

3）应用协议

STEP 标准支持广泛的应用领域，应用协议以文件方式说明如何用标准的 STEP 集成资源解释产品数据模型，以满足工业需求。也就是说，根据不同应用领域的实际需要，对集成资源进行选取、修改，补充特殊的约束、关系、属性，形成应用协议。作为标准，强制要求各应用系统在交换、传输与存储产品数据时应符合应用协议的规定。

应用协议是通过应用活动模型（AAM）、应用参考模型（ARM）与应用解释模型（AIM）实现的。它不是将 STEP 的集成资源分割出，而是通过应用解释模型认定其中的部分。

ISO 10303 标准中已有多种应用协议。对于有特殊需要的应用领域，要专门制定应用协议。应用协议中还包括实现形式的规定与一致性测试的要求。目前，高端的 CAD/CAM 系统（如 UG NX）已经支持应用协议 AP203 和 AP214。

AP203 目前已经成为正式版（ISO TC184/SC4 N 152），其全称是“配置控制的设计协议”。AP203 定义了在特定范围内，为了满足企业交换，通过配置控制的三维数据的需要而使用的产品数据，主要描述了两大类产品信息：三维几何形状信息和产品配置信息，重点是用于跟踪和管理产品数据的配置数据。AP203 的配置数据仅限用于控制三维产品设计数据的信息和过程，即仅限于三维数据的表达与控制。AP203 主要关注的是产品在设计阶段的数据，只要处于设计阶段的机械零件和装配体都可以通过本协议进行数据交换。当然，企业之间用本协议交换数据,可能还会有额外的契约关系,这不在本协议描述范围之内。

AP214 的全称是“汽车机械设计过程的核心数据”,于 1992 年由德国 STEP 中心(ProSTEP 公司)负责组织开发,德国的宝马、奔驰,美国的通用、福特,日本的日产、丰田等汽车制造厂家参与了开发工作。目前,德国 ProSTEP 公司准备建议将 AP214 的名称改为“机械设计过程核心数据”,使 AP214 成为支持机械产品设计开发过程的国际标准。

4) 实现方法

STEP 标准将数据交换的实现方法由低到高划分为四个层次:文件交换、工作格式交换、共享数据库交换、知识库交换。STEP 标准的这几种实现方法具有不同的复杂程度,采用何种方式应根据实施的目标和应用水平而定。

文件交换是最常用的一种交换方式,它通过 STEP 交换格式文件实现数据交换。各个应用系统之间的数据交换经过前置处理或后置处理程序处理为标准的中性文件进行交换。

工作格式交换是一种特殊形式的交换,是利用内存数据管理系统产生一个数据管理环境,对用 Express 描述的产品模型在内存中的映像进行集中处理,产生 STEP 文件。不同的应用程序可以依次存取或改变这些数据而无须像文件交换那样移动文件,这就是工作格式交换,它的实现须定义标准的数据存储机制。

共享数据库交换通过共享数据库实现。在集成环境下,经常需要在 CAD、CAPP、CAM、CAE 以及其他系统之间传递信息。由于所传递的数据量大、结构复杂,采用文件交换的方式很难满足要求,因此需要采用数据库交换方式。应用程序通过标准的数据库管理系统语言(如 SQL)或标准数据存储接口(如 SDAI)访问数据。这种方式可实现多应用程序、多用户对数据的同时存储,即实现了数据的共享。

知识库交换通过知识库实现数据交换。它可对 STEP 模型施加复杂的约束,并用人工智能对模型及有关数据进行处理,此外,还有望提供实施 STEP 的更先进的工具。这种方式不仅能完成传统意义上所有数据库管理系统所能完成的操作,还要具备知识及规则驱动的能力;另外,还期望对一个企业内的几个数据库管理系统的集成更易管理。该层尚处于定义和开发阶段,还未提供标准界面。

5) 一致性测试和抽象测试

即使资源模型定义非常完善,但经过应用协议,在具体的应用程序中,其数据交换是否符合原来意图,尚需经过一致性测试。对应每个应用协议,STEP 均有标准的抽象测试集。STEP 实施的一致性要从抽象测试集产生的可运行测试集判定。

STEP 标准的一致性要求在各个应用协议中给出,它们和测试意图是应用协议的一个重要组成部分。一致性测试的目的是确定被测实施是否满足有关应用协议中提出的一致性要求。根据测试给出的一致性程度,测试可分为两类:基本测试和能力测试。

基本测试提供被测实施具有一致性的初步证据。能力测试检查被测实施的可见功能和所实施的一致性声明中说明的功能是否一致,对标准中规定的一致性要求的整个范围提供尽可能全面的测试。

3. STEP 标准的应用

STEP 标准不仅允许在公司内部高效率地交换数据,还可以让企业与国际上的合作伙伴交换数据。STEP 支持设计重用、数据保存,并且在产品的整个生命周期内均提供了对其数据的访问。产品开发策略,如并行工程、企业集成、电子商务和质量管理规划,将在 STEP 的应用中受益匪浅。通过克服设计、制造和支持领域在灵活性方面的障碍,STEP 将使生产者在降低成本和缩短上市时间的同时,达到更高的质量与生产效率水平。

鉴于以上优点,现在国内外对 STEP 标准的应用给予了很高的热情。目前,STEP 应用领域极为广泛,举例如下:

(1) 数据交换。这是开发 STEP 的初衷,也是 STEP 的主要用途之一。STEP 在我国的主要应用也是在这个领域,用于 CAD/CAM 系统之间进行数据交换。使用针对 STEP 应用开发的一些工具软件(如 Steptools 公司的 STEP-Developer),可大大简化 Express 语言转换到编程语言的工作。

(2) 产品数据库。STEP 可把企业各个领域的应用程序集成到企业的一个公用数据库上,使企业历史资源数据继续给企业带来效益。

(3) 并行工程。大型项目需要若干不同学科的专业组协同工作。每个专业组都有自己的数据库和应用系统,STEP 标准及有关工具可把这些各不相同的系统组成一个信息工程环境。

(4) 产品数据的长期存档。产品数据通常要在批量生产结束以后继续保持 15 ~30 年,主要满足备件供应需求和企业对用户承担的维护和支持承诺,这个时间远大于 CAD/CAM 系统的生存周期。利用 STEP 将产品数据转换为独立于生成这些数据的应用系统,从而保证了长期存档产品数据的可用性。

8.2.4　JT 数据格式

随着全球化市场的形成与互联网技术的发展,产品开发呈现出向网络化、协同化、虚拟化三个方面紧密结合的发展趋势。以三维模型为基础的建模技术、虚拟装配技术、虚拟仿真技术、虚拟制造技术以及虚拟环境下进行的设计验证及优化,极大地缩短了产品开发周期,降低了开发成本。由于 Internet 网络环境带宽的限制,基于三维数模的数据协同存在传输效率低下的问题。为了提高共享协同效率,在产品的全生命周期内,为用户在产品设计、工艺、制造、采购与销售等方面,提供高效、全方位的二维和三维可视化支持,必须支持对一些主流 CAD/CAE/CAM 软件,如 Creo、UG NX、CATIA、SolidWorks 等三维模型的轻量化和可视化,并以通用接口支持与 PDM 的集成。

JT 数据格式是一种专门为行业协同制定的文档格式,具有高性能、轻便和柔性的特点,用于捕捉三维产品定义数据,并让其实现一档多用的目的,从而在整个延伸企业内实现协作、验证和可视化操作。事实上,JT 已经成为汽车行业标准的三维可视化格式,并且是航空航天、重型设备以及其他机械 CAD 领域中最重要的三维可视化格式。JT 最早由 UGS 公司开发,2012 年 12 月被 ISO 接收为国际标准,现在由 JT 开放组织管理。

1. JT 数据格式规范

JT 格式的核心是一个带有与 CAD 相关的节点和属性的场景图、面信息(小三角形),利用复杂的集合压缩技术保存。能支持视觉属性,如灯光、纹理、材料和阴影等。同时还支持产品和制造信息(PMI)、精确零件表达(B-Rep)和元数据,以及其他各种表示配置。JT 格式也是结构化的,从而保证能支持各种分发方法,包括异步内容流。

除了 JT 格式的数据内容描述,整个物理结构和格式组织也支持以下操作:

① 数据内容的离线优化。

② 文件粒度和灵活性优化,以满足企业级数据转换解决方案的需求。

③ 异步内容流。

④ 查看优化,如视区裁减、遮挡剔除、固定帧率显示模式。

⑤ 层以及层过滤器。

对于查看和处理 JT 数据在运行时的体系架构,JT 格式并不作具体的实现规定和定义。这是因为,尽管 JT 格式特别瞄准能进行快速运行时的数据表示、有效地数据加载和卸载,但格式本身并不定义具体的交互行为,也不定义特定的查看控制形式、视区信息、动画行为或其他基于事件的交互性。将交互行为排除在外,使得 JT 格式能在不同应用程序之间的互操作中得到重用,也有助于增量更新,在原始 CAD 数据修订后,不会失去下游数据。

2. JT Open Toolkit

JT Open Toolkit 是一个 C ++ library,用于读写访问 JT 数据。使用该 Toolkit 能减少在创建 JT-enabled 应用程序中所涉及的编码和维护工作,保证 100% 的数据兼容性。

JT Open Toolkit 适用于多种硬件和操作系统平台,包括 Windows、SUN、HP、SGI 和 AIX,同时支持 32 位和 64 位版本。JT Open Toolkit 文档提供了众多带注释代码的样例,为应用程序中的 JT 数据使用提供了框架。

JT read 功能确保应用程序能解析 JT 文件的内容。该 Toolkit 支持所有版本 JT 文件的读取,在过去许多年中积累了数百万个表示文件。

JT write 功能确保应用程序能向 JT 文件中存储数据,也可以以特定的格式保存,便于今后与其他 JT-enabled 应用程序交换数据。

3. JT2Go 浏览器

JT2Go 是 Siemens PLM 软件公司免费提供的一个 3D JT 浏览器,允许在全球每一台计算机上进行 3D 协同。JT2Go 允许任何人自由下载,使用户方便地操作 3D 数据,提供对零件、装配、2D 图样(CGM 和 TIF)的全面交互性。通过 JT2Go,用户可以与把 JT 用作主要设计协作格式的客户、供应商和合作伙伴进行协作。

使用 JT2Go,任何人都可以用 IE 浏览器查看可视化的 JT 轻量文件模型。用 JT2Go 浏览器可以对 3D 设计模型进行设计审核、征求意见并完成任何需要 3D 模型的工作。用户也可以用它打开和浏览 2D 的 CGM 工程图及 TIF 格式文件。此外,将 JT2Go 变成微软的一个控件后,可以将 3D 的模型植入任何微软的工具软件包中。如 Word 文档用于 RFQ 文件、Excel 文档用于技术报告、PowerPoint 文档用于设计评审等。

8.3 产品全生命周期管理

8.3.1 基本概念

1. 产品数据管理

产品数据管理(product data management,PDM)是在现代产品开发环境中成长发展起来的一项以软件为基础,以产品为核心,实现对产品相关的数据、过程和资源进行一体化集成管理的技术。它将所有与产品有关的信息和所有与产品相关的过程集成在一起,使产品数据在其整个生命周期内保持一致,保证已有的产品信息为整个企业用户共享使用,帮助部门或企业管理贯穿于整个产品生命周期的产品数据及开发过程。

PDM 可看作一个企业信息的集成框架,各种应用程序作为一个个对象被集成进来,使分布在企业各个地方、各个应用中的所有产品数据得以高度集成、协调、共享,所有产品研发过程得以高度优化或重组。

2. 产品全生命周期管理

产品全生命周期管理(product over all life cycle management,PLM)是管理产品从需求、规划、设计、生产、经销、运行、使用、维修保养直到回收再处理,全生命周期中的信息与过程。它不仅是一门技术,而且是一种制造理念,支持并行设计、敏捷制造、协同设计和制造、网络化制造等先进的设计制造技术。PLM 是一类软件和服务,使用 Internet 技术,使每个相关人员在产品的生命周期内协同地对产品开发、制造和销售进行管理,而不必在意这些人员在产品开发和商务过程中担任什么角色、使用什么计算机工具、身处什么地理位置或在供应链的什么环节。PLM 主要包含三部分,即 CAx 软件、cPDM 软件和相关的咨询服务,主要包含以下内容:

(1) 基础技术和标准,如 XML、可视化、协同和企业应用集成等。

(2) 信息创建和分析的工具,如 CAD、CAM、CAE、计算机辅助软件工程 CASE、信息发布工具等。

(3) 核心功能,如数据库、文档和内容管理、工作流和任务管理等。

(4) 应用功能,如配置管理。

(5) 面向业务/行业的解决方案和咨询服务,如汽车和高科技行业。

8.3.2　PLM 发展回顾

PDM 是 PLM 的基础,PLM 是 PDM 的延伸,它们的关系如图 8-6 所示,PLM 包含了 PDM 的全部内容和功能。有些国外厂商并不严格区分 PLM 和 PDM,或者将 PDM 写作 PLM。PDM 主要针对产品开发过程,强调对工程数据的管理,其应用也是围绕工程设计部门而展开的;而 PLM 是一种对所有与产品相关的数据在其整个生命周期内进行管理的技术,强调了对产品生命周期内跨越供应链的所有信息进行管理和利用的理念,这是它与 PDM 的本质区别。

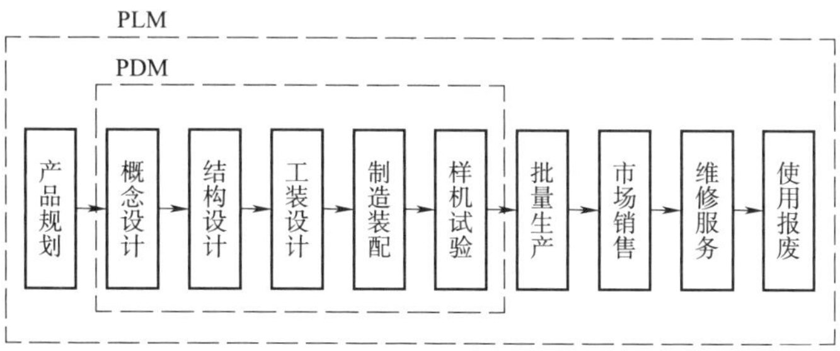

图 8-6　PDM 与 PLM 的关系

从 20 世纪 80 年代初起,各种计算机辅助制图(CAD)软件开始在企业中得到广泛应用,工程设计领域从纸质绘图发展为电子制图。CAD 的出现为工程设计领域带来了根本性的变革,也由此产生了大量电子图样,引发了电子文档保存、版本管理、安全保密等一系列问题,PDM系统应运而生。最初的 PDM 系统主要是解决大量电子数据的存储和管理问题,成为附属于 CAD 的图文档管理系统。功能也比较简单,主要是扫描与成像、文档的分类编码保存、简单的版本控制、检索等,后来又增加了工作流管理。这时的 PDM 产品还只是各厂商辅助增强其 CAD 软件销售的一个商业工具。

随着工程设计领域 CAx 工具在功能和内容上的不断丰富,自 20 世纪 90 年代中期开始,PDM 本身功能也不断发展,逐渐脱离 CAD 系统而成为独立的工程设计领域业务支撑平台。如对各种形式产品数据的管理能力、对产品结构与配置的管理、对电子数据的发布和更改的控制以及基于成组技术的零件分类管理与查询等,同时软件的集成能力和开放程度也有较大的提高,成为企业级的信息集成和过程集成。

当今社会产品制造越来越多,结构越来越复杂,周期越来越短,更新速度也越来越快,企业对产品生命周期信息的需求也越来越高。据世界知名咨询公司的分析报告显示,发达国家制造业企业在 IT 应用系统上增长最快的是 PLM。来自 Aberdeen 公司的分析显示,企业全面实施 PLM 后,可节省 5%~10% 的直接材料成本,提高库存流转率 20%~40%,降低开发成本 10%~20%,进入市场时间加快 15%~50%,降低用于质量保证方面的费用 15%~20%,降低制造成本 10%,提高生产率 25%~60%。实施 Siemens PLM 软件解决方案的福特公司,仅开发蒙迪欧一款车,就节约了 2 亿美元研发费用,开发周期缩短 13 个月,设计效率提高 25%;计算机硬盘厂商 Seagate,数据存取时间从几天减少到几分钟,ECO 时间从一周减少到一天,全球共享数据跨越从北美、欧洲到亚太。

8.3.3 PLM 发展趋势

在数字化企业网(e-works)与国际知名 PLM 研究机构 CIMdata 联合举办的 PLM 市场与产业发展论坛上,CIMdata 总裁 Peter Bilello 就曾指出,在产品生命周期中,如果产品全生命周期没有形成闭环将会阻碍具有颠覆性和全球竞争力产品的开发和支持,并且企业内和上下游企业间多个领域的团队难以有效协作。所以,在智能制造体系架构下,PLM 系统具有非常重要的作用,其应用趋势主要表现在以下几个方面。

1. 为企业搭建产品创新管理平台

PLM 系统将设计、工艺、工程、分析与仿真、制造、质量、维修维护、回收等相关过程的多种数据进行统一组织、管理和呈现,实现产品数据集中、安全、有效的管理。同时,通过搭建涵盖各部分数据的 BOM,将分散于各阶段、各部门的设计、工艺、制造、质量等数据整合起来,为整个智能制造体系提供数据基础。并且还可以集成程序设计与管理、仿真、优化、创新、质量等工具,使研发体系可以快速高效地应用这些工具,从而进行差异性、高性能、高品质的智能产品研发创新。

2. 增强企业个性化和系列化产品开发能力

PLM 系统通过以产品结构为中心组织产品信息,既能够实现产品的系列化管理,通过有效建立物料清单的多视图管理和配置规则,又能够保障产品及零部件版本的有效控制。根据预定义的零部件集及它们之间的相互约束关系,通过合理的模块化、标准化组合,形成满足客户个性化要求的产品设计过程。在 PLM 系统产品配置过程中会涉及大量的数据信息(如物料信息、各种参数信息、零部件版本信息等),同时也会涉及企业多个职能部门(如设计、采购、工艺、制造、售后等)间信息的交互与传递。为了解决这个问题,企业还必须搭建全流程、多层级、多功能的企业级 BOM 体系,通过一套切实有效的 BOM 体系支撑企业大批量定制的生产模式。

3. 构建协同的设计创新环境与客户进行联合创新

协同的设计创新环境如图 8-7 所示,PLM 系统基于云端可以与供应商、合作伙伴、客户进行协同研发,让所有人都能够参与到开放式的创新中来。帮助企业在产品早期研发过程中与设计伙伴、供应商等进行协同,通过实时协同、信息共享、移动化,使企业能够更有效地开展合作,并能利用社交实现更大范围的协同创新,加速产品开发。国际知名 PLM 研究机构 CIMdata 曾指出社交计算对于 PLM 发展的重要意义,主要表现在三个方面:使用社交计算开发产品;在产品里运用社交计算;用社交计算营销产品。

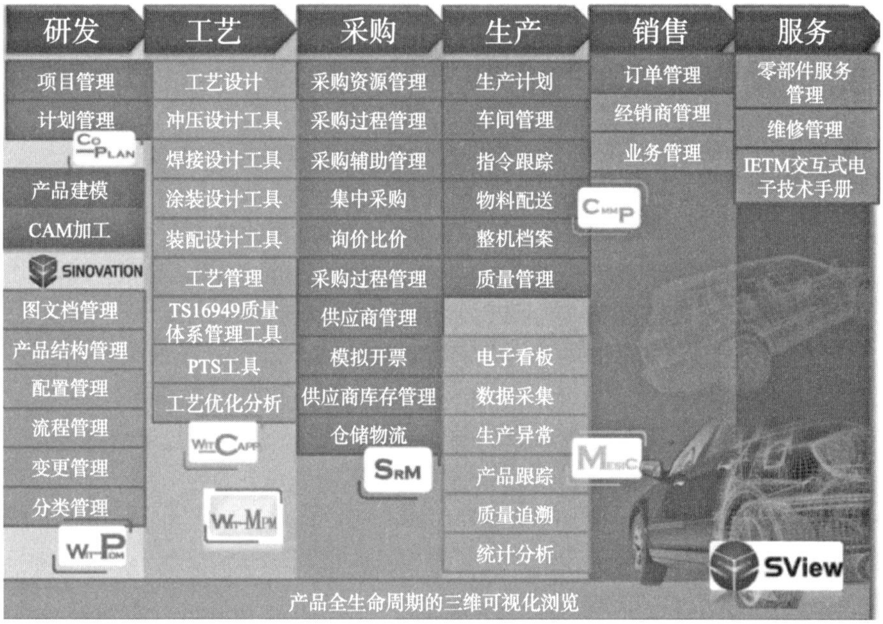

图 8-7　协同的设计创新环境

4. 建立全局变更管理

在产品全生命周期中还存在变更管理,包括功能、设计、零件、成品、维修等阶段的产品数据都会存在发布前的多次调整以及发布后的多次改变,这种调整和改变都需要进行相应的管理与执行。在 PLM 系统上,建立以业务流程驱动的变更管理,管理整个变更过程。同时,通过分析变更的影响范围,为受影响的对象执行变更提供相应的依据和参考,保证变更的准确性;通过流程的控制,协同变更过程中各参与人的工作,保证变更的及时性;通过数据集成平台接口,将变更数据及时下发到 ERP、MES 等系统,覆盖整个产品全生命周期的各个相关业务部门,保证变更的有效性。

5. 以模型为核心构建基于模型的企业

企业可以将产品全生命周期中所需要的数据、信息和知识进行整理,结合 PLM 系统,建立便于系统集成和应用的产品模型和过程模型,通过模型进行多学科、跨部门、跨企业的产品协同设计、制造和管理,通过模型支持技术创新、大批量定制和绿色制造。

6. 互联资产开展大数据分析

基于传感器、物联网技术,现在已经可以对产品的性能、质量进行实时监控,使工程技术人员更加直观地了解当前产品在实际工况下的软硬件运行状况。在此基础上,就能够基于大数据分析和智能优化对搜集到的海量数据进行处理、分析、编程以及预防性的维修维护,也可以明确在以往产品研发过程中出现的问题,继而在下一代产品研发中改进设计,实现产品动态优化改善用户体验,持续改进产品质量和功能。

7. 建立端到端的客户结构化需求管理

企业的产品能否迅速占领市场,很大程度上取决于其产品是否准确把握住客户多样化的需求并付诸实践,及时在产品策略上做出转变。PLM 系统通过结构化需求管理可以集成产品全生命周期所有过程的需求目标,并关联到文件、产品主数据以及物料清单上,明确各阶段需求的相关角色和职责,确定其他过程开始的先决条件和技术策略,并在产品全生命周期内动态地反馈与产品需求相关的各种信息,使产品全生命周期各阶段及时响应需求变化,确保需求管理的顺利实施。

8. 建立以“系统工程”为核心的产品研发体系

系统工程是一个用于实现智能产品开发的跨学科方法,这也是智能制造时代研发智能产品的核心需求之一。将“系统工程”融合在 PLM 系统中,可以将研发过程中不同部门所产生的系统模型数据集中在一个单一的环境下进行管理,对产品进行设计综合和系统验证;其次,对这些系统模型还可以进行权限管理与版本管理,并实现研发流程关联,保障数据的可靠性及可追溯性。而且不同的系统模型会演变出各种不同的设计方案,所以必须将这些模型数据有效地管理起来,基于系统工程下的 PLM 就是将开发组织中的人、数据以及模型、流程进行有效集成,建立设计变量和方案管理平台,以支持协作开发。

9. 实现流程行业的配方管理

随着 PLM 管理范畴从最初的离散制造行业,逐渐向流程行业延伸,特别是食品、生命科学、制药、服装等以工艺配方生产产品的配方型企业,通过 PLM 系统可以实现对产品的工艺配方和工艺过程进行管理。

10. 建立结构化工艺管理平台

企业需要开展结构化工艺设计并实行设计工艺一体化、工艺仿真应用、数据集成等工作,同时利用 PLM 系统更有效地管理工艺数据并与产品设计实现同步工程。结构化工艺设计能够提升制造工艺设计的效率、提高工艺知识重用率,结构化工艺数据理论上能更好地与 ERP、MES 等系统开展数据集成,在解决了前后系统的数据一致性后,实现数据集成的自动化,提高产品研发整体信息化效率,能更好地帮助企业实现数字化、智能化转型。

除了上述十点以外,在智能制造时代,随着新兴技术的不断发展成熟,PLM 系统的应用必然会有更多的延伸,将会对产品全生命周期各阶段产生的数据进行集中管理,有效打通设计、制造、使用、维修维护、回收的数据流,充分实现数据流的自动化,满足智能制造数据管理的要求。

8.4　基于 MBD 数字化工艺设计

美国“下一代制造技术计划”(the next generation manufacturing technologies initiative, NGMTI)的六个目标之一是建立“基于模型的企业”(model-based enterprise,MBE)。MBE 分为三大主要部分:①基于模型的工程(MBe);②基于模型的制造(MBM);③基于模型的维护(MBS)。MBE 的核心是基于模型的产品数字化定义(MBD),2003 年颁布的《数字产品定义规范》被批准为美国国家标准。我国参照 ISO 16792 标准,在其基础上制定了 GB/T 24734.1 ~ 11—2009《技术产品文件　数字化产品定义数据通则》系列国家标准。

8.4.1　基于 MBD 三维设计技术

MBD 模型分为零件模型与装配模型。MBD 零件模型有三个子类,包括简单几何元素构成以图形方式表达的三维设计模型、以文字表达的注释和属性数据,如图 8-8 所示。零件模型以三维方式描述产品几何形状信息;属性数据表达了产品的原材料规范、分析数据和测试需求等产品内置信息;而注释数据包含了产品尺寸与公差范围、制造工艺和精度要求等生产必需的工艺约束信息。MBD 装配模型由一系列 MBD 零件模型组成的装配零件列表,加上以文字表达的注释和属性数据组成。

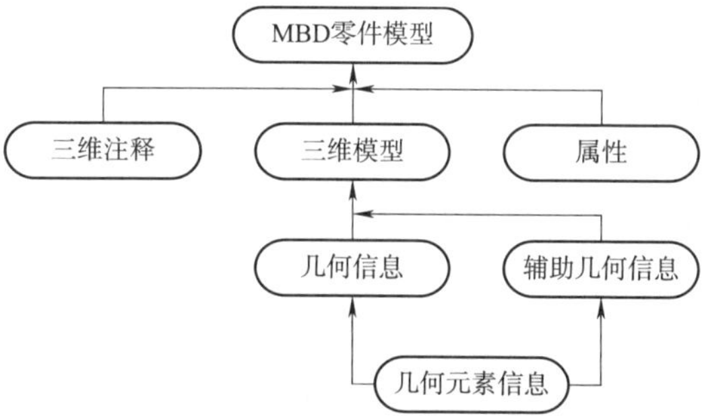

图 8-8　MBD 零件模型结构

8.4.2　基于 MBD 的工艺信息模型

工艺信息是产品设计、工艺、制造和检验等过程中产生的全部信息的总和,而工艺信息模型则是对产品在不同状态时期的过程的概括和描述,是产品生产制造过程中传递工艺信息的依据和载体,因而工艺信息模型会随着产品工艺信息的变化而变化。针对产品各个阶段工艺设计的内容不同,工艺信息模型也有着不同的模型与之相对应。

1. 工序/工步模型的构建

创建毛坯模型是建立三维机加工序模型的首项任务。毛坯模型的快速构建可采用以下四种方式实现,分别是由典型毛坯库导入、典型毛坯实例动态创建、基于设计模型生成毛坯模型以及三维软件建模。这四种方法中前两种方法可通过调用现有三维毛坯模型或毛坯模板进行参数化赋值生成毛坯模型。毛坯模型可基于设计模型生成,可以在设计模型的基础上,对机加工特征添加加工余量或者隐含零件特征得到毛坯模型。基于设计模型生成毛坯模型的方法适用于机加工过程较为简单、加工前后形状变化较小的零件。当毛坯模型既不能通过原有设计模型得到,又不能通过修改模型参数得到时,就需要由三维建模软件直接创建。

加工特征是指工序模型上一个具有语义的几何实体,它描述了三维模型上材料的切除区域,表达一个加工过程的结果,包括形状特征、精度特征、材料热处理特征以及该特征的加工方法。假设,Part 代表零件模型(等同于设计模型),M_b 代表毛坯模型,IPM_i(in process model)代表第 i 道工序的工序模型,F_{ij}代表第 i 道工序切除的第 j 个加工特征,n 代表所有工序总数,S_i 代表第 i 道工序需要加工的特征数,则 IPM 建立过程可以表示为

$$IPM_i = M_b; Part = M_b - \sum_{i}^{n} \sum_{j}^{S_i} F_{ij} (i = 2,3,\cdots,n-1; j = 0,1,\cdots,S_i)$$

由此公式可以看出,已知设计模型 Part 和毛坯模型 M_b 要求解 IPM_i,需要确定加工操作定义的几何特征 F_{ij}。

从毛坯投入生产直到最后形成零件,每道工序都会形成一个中间模型即工序模型。假如已知 IPM_{i-1},要建立 IPM_i,需求得 $F_{ij}(j=0,1,\cdots,S_i)$。通过对第 i 道工序的第 j 个加工特征的加工类型进行定义,确定边界信息的邻接关系,再根据邻接关系定义特定的参照关系即可得到 F_{ij},并求得 IPM_i。IPM_i 的建立过程可以表示为

$$IPM_i = IPM_{i-1} - \sum_{j=0}^{S_i} F_{ij} \quad (i = 2,3,\cdots,n-1; j = 0,1,\cdots,S_i)$$

2. 机加工艺信息的三维表达

MBD 机加数据模型包括机加件几何形状信息,同时也包含了公差、机加工艺信息以及模型定义的其他说明等,这些是原二维工程图中定义的非几何信息。同时,MBD 对这些信息在三维模型中的描述和管理做出了详细规定,通过合理的表达方式恰当而准确地呈现给使用者。对于机加件来说,机加工艺信息需要规定的信息繁多,如果均以文本标注的形式表示,将形成庞大的标注信息,显示出来可把整个实体几何模型遮盖。为了方便、快捷、有条理地让使用者了解并应用到这些信息,需要将信息采用更加直观简洁的方式进行表达。而信息符号化能很好地解决这个问题,符号化的信息简单且方便通用,使用者也能很好地理解设计意图,避免了纯文本表示的缺陷。

8.4.3 三维工艺规程设计技术

1. 工艺规程树的创建

工艺规程树按照实际工艺流程,组织表达三维机加工艺过程数据,工艺规程树与工艺特征之间建立关联关系,实现每个工序甚至是工步节点都有相应的三维工艺模型与之关联,还包含每道工序所用到的制造资源,从而实现了模型、工艺、资源的有效整合,工艺规程树的分级显示如图 8-9 所示。

研究按照树状结构组织的工艺规程,确定工艺流程及每道工序或工步的工艺信息及相关属性信息,其中工序和工步的分组定义严格遵循模型树结构关系,作为节点附加在工艺规程树下。为了方便显示和说明,工艺规程树可以根据节点的层次分为工艺、工序和工步三级。表述为一个工艺规程节点下可以有多个工序,每个工序节点下可以包含多个工步信息。工艺规程

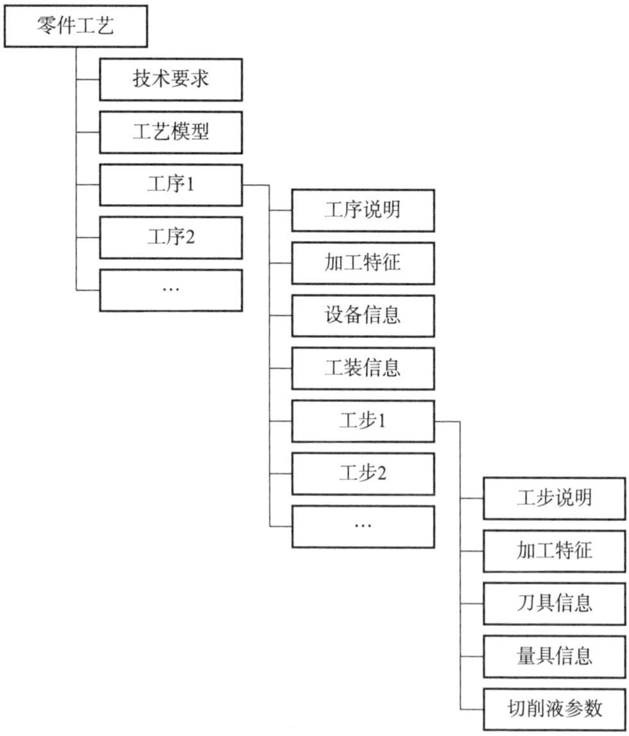

图 8-9　工艺规程树的分级显示

树的节点定义如下：

(1) 技术要求、工序/工步说明。作为描述性信息节点，阐明整个工艺规程或具体工序、工步的热处理、公差等加工要求，还包括节点的编号、名称等信息。

(2) 工艺模型。工艺整体展示的三维模型节点，为工艺设计完成后包含有工艺制造信息的三维模型。

(3) 工序。车间工人在一个工位上连续完成一个或多个工件的加工工艺过程。工序根节点下包含有本道工序所需要的设备信息和工装信息。

(4) 设备与工装。该节点定义了完成每道工序的机床、夹具等信息。

(5) 工步。工艺规程树最小的组织节点，即加工表面、刀具和加工参数都不变的情况下完成的工位内容。节点下包括了本工步用到的刀具信息、量具信息及切削液信息。

(6) 加工特征。该节点指工序或工步模型上表达加工过程中描述加工区域的几何实体。

2. 工序/工步模型与工艺规程节点信息关联存储

工艺模型为零部件加工中间过程的三维实体模型，可作为数控编程的依据和下游工艺设计的输入，是按照工艺规程结构树顺序生成面向制造过程的各道中间工序/工步模型。

按照工艺规程结构树将各工艺节点属性信息存储到数据库中，同时保持与工序/工步模型的关联关系，为后续轻量化发布及生产车间可视化提供数据源。工序/工步模型存储在 PDM 系统的模型区，工艺规程节点属性信息离散存储到 PDM 中的各个数据表内，并通过数据库技术保持关联关系。

3. 工艺规程卡片模板

三维工艺规程卡的布局基本上和二维工艺规程卡类似,各类工艺信息分区域显示,图样显示区域变化为三维显示插件。在工艺模型显示区域,可以调用测量工具进行非标注尺寸的测量。三维工艺规程卡各区域分别为基本信息区、工艺规程区、模型显示区、工艺信息区、检验信息区、工时定额区和流程审核区。

8.4.4 三维机加工艺信息存储与管理

三维机加工艺数据将在 PDM 中进行统一存储和管理,因而需要分析三维工艺数据的类型与构成,并制定三维工艺数据的存储规则。

1. 三维工艺数据的类型和构成

三维机加工艺设计结果数据包括三类,即三维工艺模型、结构化工艺信息和三维工艺可视化数据文件。三维机加工艺设计软件产生如图 8-10 所示的工艺数据。

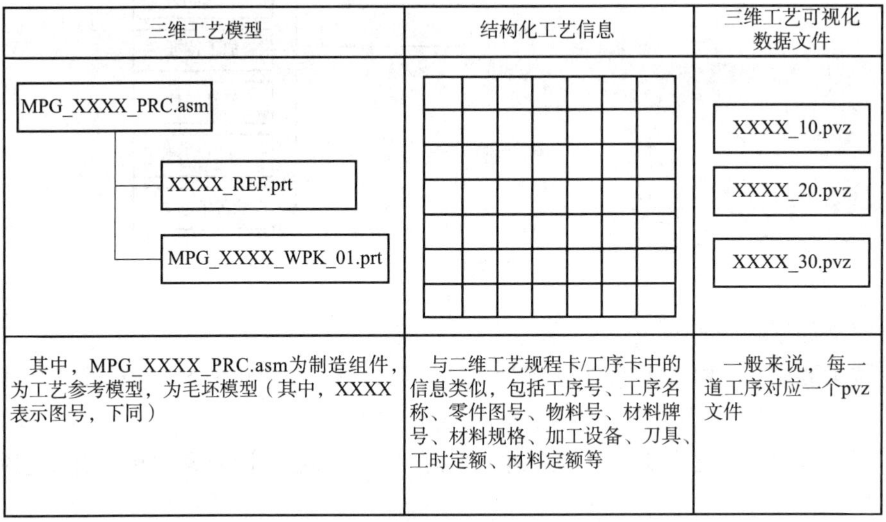

图 8-10　三维机加工艺设计数据

2. 三维工艺数据的存储规则

三维工艺数据文件较多,特别是三维工艺可视化数据文件较多,为了阅读、查找和检索方便,应制定不同类型工艺数据的存储规则。在 PDM 中,各种产品设计数据存储在产品库中(标准件、外购件等放在存储库中),由多级文件夹进行存储。

8.5 数字制造信息集成技术

8.5.1 基于 STEP 的信息集成方法

STEP 是在初始图形交换规范(IGES)和产品数据交换规范(PDES)的基础上,可以对产品生命周期中的物理和功能特征,提供无二义且计算机可识别的描述,使得产品信息能够以数字格式表达并共享整个产品生命周期中的计算资源。除了支持几何信息外,它还支持全面的非几何数据,如性能、公差规范、材料性质和表面加工规范。

1. 应用 AP203 在 CAD 系统之间的数据交换

STEP 作为产品数据交换的中性格式,它允许通过标准数据操作界面(SDAI)动态地在不同系统之间共享数据。STEP 已经开发了几种应用协议(APs),用于支持不同类型的工程应用。当前,使用最广泛的应用协议是 AP203,它是一种用于表示设计和配置管理信息的方式。许多 CAD/CAM 系统都支持 STEP 的 AP203。在图 8-11 中,四个设计者使用各自所擅长的 CAD 系统完成同一个产品不同部件的设计任务。这些应用系统之间发生的数据交换和数据共享,可通过统一的 AP203 数据实现。

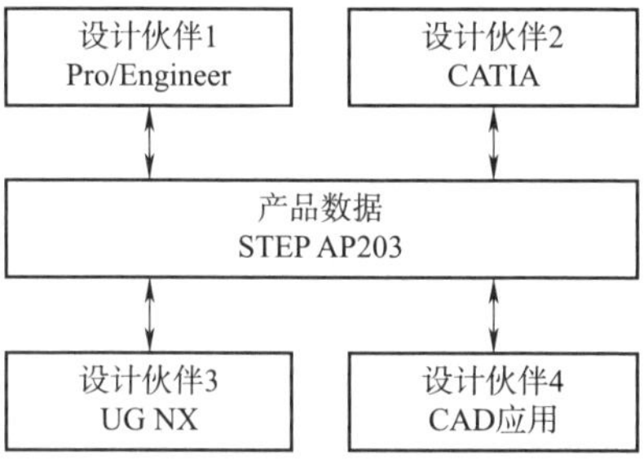

图 8-11　应用 AP203 在 CAD 系统之间的数据交换

基于 STEP 标准的间接交换方式要求企业使用能够识别和生成 STEP 格式文件的应用系统,企业间交流与共享的信息为 STEP 中性文件,通过第三方完成满足 STEP 不同应用协议的数据格式间的转换。该方法可实现企业间异构信息的交流与共享。

2. 采用 Internet 和 XML 技术的网络数据交换

XML 是一种元语言,即可以让用户定义自己的标记语言,从而在 XML 文件中描述并封装数据。将 STEP 的统一机制与 XML 语言的表达能力和信息传递机制有机地结合,就能较好地解决网上产品结构数据(如三维模型数据)的传送和处理问题。具体实施时,产品几何模型可利用 STEP 标准的 EXPRESS 语言建立,在此基础上通过附加有关语义信息,转换成为 XML 文件在网上发布,被合作伙伴的应用系统共享。通过行业用户间的协调,可以建立一个模型独立的 DTD。网络设计系统使用者可以通过互联网取得由 CAD 软件产生的产品信息,从而实现产品信息的共享和重用。

ISO 1030328(STEP Part 28)标准为 STEP 的 XML 实现提供了理论基础。根据该标准给定一个描述产品信息的 EXPRESS Schema,在定义 XML DTD 时,可以为这些信息提供两种不同的方法,分别是前期绑定和后期绑定。前期绑定 DTD 为所有的 EXPRESS Schema 提供同一种方式,并不特别为某一种 Schema 定义结构;而后期绑定 DTD 建立在指定的 Schema 基础上,并且包含一些特殊的元素,在后期绑定 DTD 中用于表示数据的元素,还可以用来作为定义前期 DTD 的基本结构。比较而言,前期绑定 DTD 方式下,对 EXPRESS 中的每个实体和属性都需要进行定义,并且其格式与 XML 并不完全一致,所以是一种直观但容易产生组合爆炸的方法。后期绑定 DTD 方式形成的 Schema 结构与 XML 完全一致,更适合对 EXPRESS 的转化。在具体应用中,向转换系统输入 STEP 文件,系统根据对应的 EXPRESS 表达,从 XML Schema 库中调用合适的 Schema，将 EXPRESS 转化为 Schema，从而实现 STEP 到 XML 的转化，如图 8-12 所示。

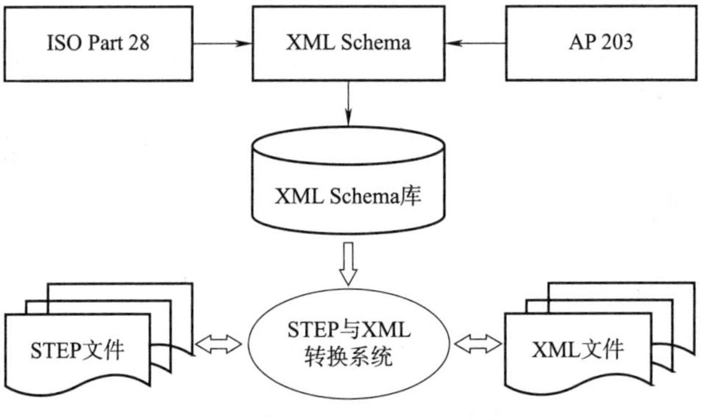

图 8-12 STEP 与 XML 的转换

3. 数字制造信息集成实现方式

设计制造软件系统要理解制造信息的 STEP 模型，使软件系统之间能相互理解制造语义，应采用 CORBA 规范。在图 8-13 所示的信息集成的实现方式中，数据访问使用 Web 服务器和浏览器的接口机制，访问与提供数字制造信息的双方构成客户端/服务器结构，它们交换的数据应符合 STEP 的语义，它们的互操作应符合 CORBA 规范。

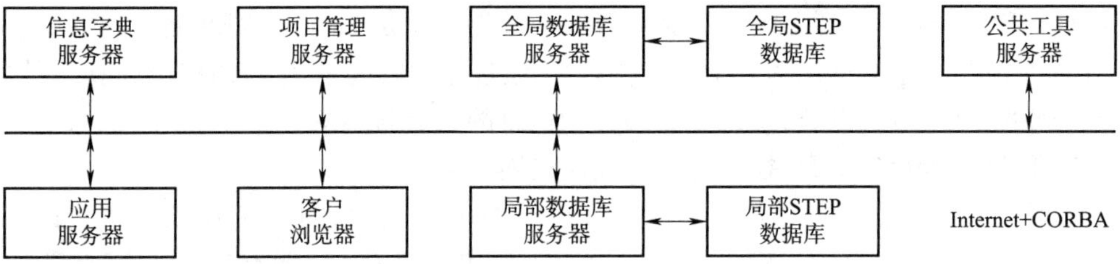

图 8-13 数字制造信息集成实现方式

数字制造信息集成实现方式中各个部件的功能如下：

（1）全局 STEP 数据库和全局数据库服务器存储和管理数字制造信息全局数据库，其中不但包含了产品数据模型数据，也包含了数字制造过程信息；局部 STEP 数据库和局部数据库服务器存储和管理制造信息的局部数据库，如设计信息、工艺信息和装配信息等。

（2）客户浏览器提供了使用各种信息和工具的能力。它包含指向数字制造信息和软件工具的各种链接，通过客户浏览器，既可实现用户使用工具和访问数字制造信息，还可以用于定位和搜索 STEP 产品模型和其他数字制造信息，允许用户通过 Internet 访问存在于某个成员公司内部的信息。

（3）应用服务器是可以提供服务的大型数字制造软件系统，如 CAD、CAPP、FEM 等系统；公共工具服务器提供了一般操作工具集，使用其中工具的方法是通过 CORBA 的激活调用，也可以是基于移动代码技术（如 Java Applet 的下载使用）。与应用服务器的服务功能相比，公共工具服务器提供了小巧和灵活的工具，如基于浏览器的信息访问接口。

（4）项目管理服务器负责管理、使用制造项目的应用，包括工程项目建立、运行控制和访问数字制造信息的控制数据；信息字典服务器的功能是维护数字制造信息的数据字典，提供管理和访问数字制造信息的控制数据。

8.5.2　基于 XML 的信息集成方法

1. 基于 XML 的应用信息描述

XML 的兴起，源于网络数据传输的需要，目前已经扩展到众多领域，已成为许多应用系统数据存储与传输的主要形式。当前，XML 技术得到了众多软件公司的支持，促使 XML 语言与各种开发平台有机地结合到一起，并且与各主流数据库越来越紧密地衔接。由于 XML 信息表达能力和信息结构约束能力强，非常适合信息描述。尤其是 XML 具有平台无关性和语言无关性，适合分布式异构系统间的数据交换和互操作。另外，XML 还允许为特定的应用领域制定特殊的数据格式，在领域内各系统间通过传递格式化数据实现数据的交换与共享。因此，XML 技术已经迅速成为数据交换和信息共享的一种标准。

图 8-14 所示为基于 XML 描述的一个装配信息的例子，左边为 XML 格式文档，右边为该 XML 文档代表的树结构信息。XML 文档通过层级的元素节点、内容和属性进行信息描述。由于近似于"树结构"，XML 文档的信息描述能力非常强大。并且由于其标记是可定义的，人们也很易于理解 XML 文档，因此很适合人机之间的信息交流。

```
〈?xml
version="1.0"encoding="GB2312"?〉
〈assemble name="底座"〉
  〈child name="主轴"〉
  〈/child〉
  〈child name="底座"〉
    〈child name="上板"〉
    〈/child〉
    〈child name="下板"〉
    〈/child〉
  〈/child〉
  〈child name="盖板"〉
  〈/child〉
〈/assemble〉
```

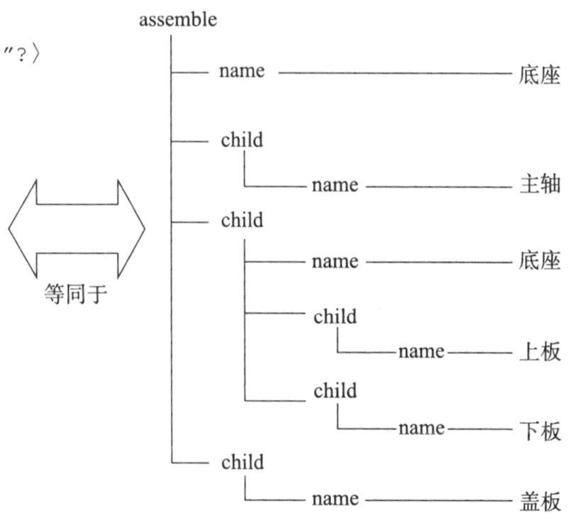

图 8-14　XML 的文档示例

XML 还提供了有效而灵活的信息约束，可以约定某一类 XML 文档的具体结构和内容，使得符合约定的为合法文档，不符合约定的即为非法文档。当信息双方开始约定好某种信息的结构后，则以后信息发送方发送的信息就只能是合法信息，而信息接收方接收信息时，只需要进行合法性判别，只接收合法的信息。而且合法的信息，也是接收方可以理解的信息。如当 CAPP 系统与 PDM 系统需要传递的信息都用 XML 技术进行信息结构约定，成为大家都遵守的规则，那么任何一种 CAPP 产品的集成信息都可以很容易为一种 PDM 产品接收和理解；反之亦然。因此，应用 XML 技术有利于促进信息表达的标准化。

文件类型定义(document type definition,DTD)是一套关于标记符的语法规则,它告诉用户可以在文档中使用哪些标记符,应该按什么次序出现,哪些标记符可以出现于其他标记符中,哪些标记符有属性等。XML Schema 技术更是在 DTD 的基础上,大大提高了 XML 的结构约束能力,而且它本身也是一个 XML 文档,满足 XML 文档的所有优点,因此迅速成为一种国际标准。

2. 制造信息集成规范

XML Schema 作为 W3C 国际组织推荐的标准,用于约束和规范 XML 文件的格式,通过 XML Schema 语言定义基于 XML 的数据交换的格式和内容,可以在集成双方建立统一的交互模型,称为集成规范。

基于 XML Schema 的数字制造信息集成规范,是一组有序组合在一起的 XML Schema 语言文档,其中定义了数字制造信息在不同软件系统间交互的通用标记以及数据格式。遵循该规范的异构应用系统,可通过一致的接口进行动态的信息集成。所以,基于 XML Schema 的数字制造信息集成规范的研究,主要是基于制造企业中不同应用系统间数据交换的需要,面向企业集成自动化,制定出一种易于扩展和推广的数据交换标准体系。

基于 XML 的数字制造信息集成框架如图 8-15 所示。在由多个企业组成的分布式制造系统中,各数字制造成员按共同制定的 XML 标准通过网络传输需要采集的数字制造信息,包括基本配置数据和实时的状态数据等,所有 XML 文档信息通过 XML 数据解析器集中存入中心数据库,对各制造成员的制造信息进行集成和共享,以实现分布式制造系统的远程监控和远程决策。

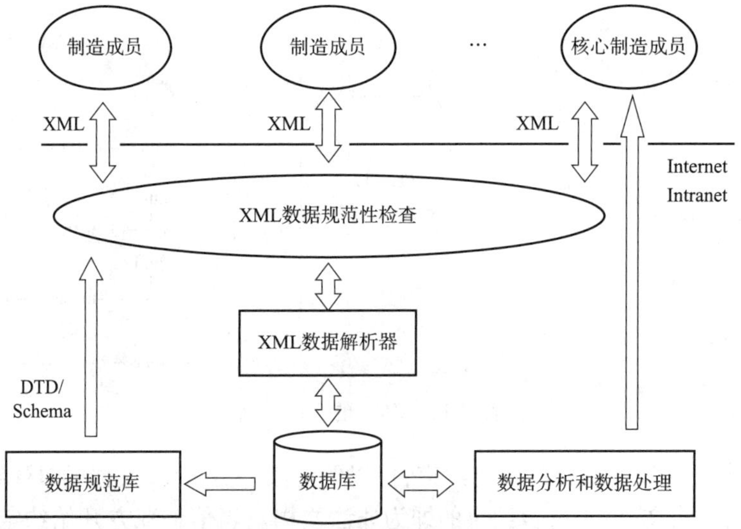

图 8-15　基于 XML 的数字制造信息集成框架

基于 XML 文档的制造信息经 XML 数据解析器最终集成到中心数据库,以利于进行统一的数据分析和数据处理,因此 XML 和数据库的数据模式之间的映射是实现制造信息有效集成的关键之一。XML 与数据库之间的数据转换有两种实现方式:样板驱动映射和模式驱动映射。样板驱动的映射通过一些命令样板实现;模式驱动的映射使用某种数据模型在 XML 文档的层次结构和数据库结构之间建立对应关系,进而进行数据的转移。

根据数据模型的不同,模式驱动映射分为基于表的映射和基于对象的映射。基于表的映射将具有特定结构的 DTD 文档理解成一张表,直接与关系数据库的表相对应;基于对象的映射将 DTD 文档首先映射到同样具有层次结构的若干个对象树,然后将这些对象树映射到面向对象的数据库中或通过对象关系映射到关系数据库中。基于样板驱动的映射和基于表的模式映射不大适用于复杂的 DTD。

由于制造企业中的应用系统种类繁多,涉及的制造信息既包括产品相关的几何拓扑信息、产品结构信息等,还包括制造过程中的订单、计划、工艺、资源、加工能力及进度信息等,所以制造信息集成规范的建立,应该根据制造企业应用集成的实际状况,遵循以下原则:

① 兼容性。对已普及使用的标准,应参照该标准建立与该标准描述语言间的匹配关系。

② 实用性。数据交换需求来源于 CAD、CAPP、CAM、CAE、PDM、ERP、SCM 和 MES 的主要软件厂商,将来的集成规范也将直接应用于这些厂商的产品,以保证集成规范的实用性。数字制造信息集成规范的体系结构如图 8-16 所示。

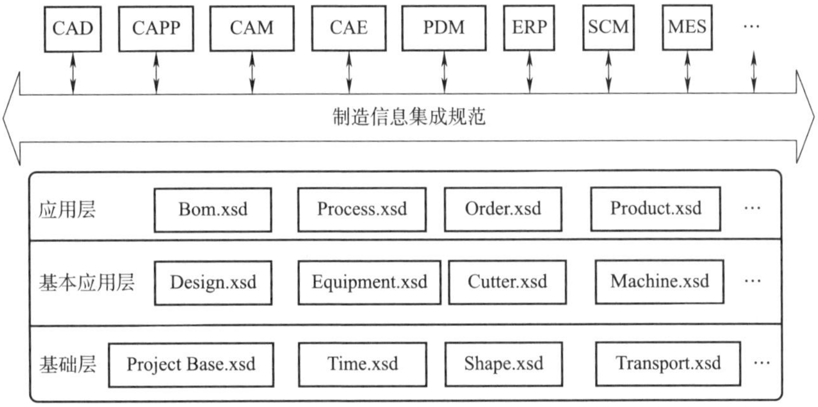

图 8-16 数字制造信息集成规范的体系结构

③ 通用性。抽象出制造企业中的共性信息,满足一般制造企业应用软件集成的需要。

④ 可扩展性。新技术、新产品不断出现,对制造信息交换的需求也千变万化,建立的集成规范不可能满足所有的需要,所以必须具有好的扩展性;在统一文档规范的基础上,能够容易、迅速地扩展,以满足特定应用场景下的要求。

⑤ 标准性。只有制定的规范获得行业的共识和一致认可,才能真正起到作用。所以,规范的制定需要国家标准化部门的直接指导和参与。

利用面向对象的设计思想和 XML Schema 中的扩展技术,确保集成规范良好的可扩展性。值得注意的是:产品数据交换规范和制造过程数据交换规范的建立应采取不同的策略。前者以基于 STEP 的映射和转换得到;后者则采取重新定义新标记的方法,并借鉴已有规范的内容和思想。

8.5.3 基于 EAI 的信息集成方法

由于历史的原因,企业在信息系统架构方面存在诸多问题,如多种孤立的、不兼容的遗留系统;不兼容的硬件系统和设备;异构平台,无法彼此通信;不兼容的、无法移植的开发语言;不兼容的数据格式;异构网络;不同供应商的成套应用程序等。因此,企业在新的市场竞争环境与决策机制中,迫切需要一种构架信息资源中心的工具,EAI 方法和技术的出现,为实现基于各种平台、用不同方案建立的异构应用集成成为可能。它已成为当前一个技术关键和热点,而 EAI 的核心技术就是通过中间件完成跨平台的应用集成。

EAI 的集成可以在三个层次(即数据级、应用级和过程级)上进行。数据级的集成负责实现现有系统数据共享,最好还能够屏蔽数据的分布性、复杂性、异构性和不统一性;应用级的集成使得企业的各种应用系统之间(如 PDM 和 ERP 系统之间)能够进行相互的调用;过程级的集成使得分布式的企业应用系统之间的协作成为可能。从这三个层次上来看,首先要解决的是系统之间的相互通信和数据交换问题,从某种角度看企业应用的集成就是信息集成。

EAI 的目的是将企业内的应用彼此连接起来。EAI 主要包括两个方面:企业内部应用集成(Intra-EAI),又称 A2A 集成(application to application);企业间应用集成(Inter-EAI),又称 B2B 集成(business to business)。B2B 集成不是企业内所有的系统都需要实现企业之间的信息集成,而是只需要集成一些与企业之间的业务过程有关的信息和系统,因此,B2B 集成是一种有选择的集成。A2A 集成是 B2B 集成的基础和前提条件。

1. EAI 的模式选择

1) 面向数据/信息的集成

这种方式主要解决不同应用和系统之间接口级的转换以及数据交换,是目前企业内集成应用的常用方法。数据集成采用的主要数据处理技术有数据复制、数据聚合和接口集成。

数据复制的目的是保持数据在不同数据库间的一致性,而数据库既可以是同一厂商的也可以是不同厂商的,甚至可以是采用了不同模型和管理模式的数据库。对于数据复制的基本要求是其必须能够提供一种数据转化和传输的基础结构,以屏蔽不同数据库间数据模型的差异。数据复制的特点是简单、成本低、易于实施,但是需要对系统内部业务深入了解,应用固定。

数据聚合是将多个数据库和数据库模型集成为一种统一的数据库视图的方法。数据聚合体可以认为是一种虚拟的企业数据库,它包括多个实体的物理数据库。其方法是在分布的数据库和应用之间放置一个中间件层,该层与每个后台的数据库自带的接口相连,并将分布的数据库映射为一种统一的虚拟数据库模型,而这种虚拟模型只在中间件中存在。可以利用该虚拟数据库访问需要的信息,同时,该数据聚合软件也可以通过将相关数据映射和导入实体数据库,进行数据库更新。

接口集成方法利用良好定义的应用接口可实现企业的 PDM、ERP、SCM 等系统的集成,是目前应用非常广泛的集成方法。在面向接口的集成中,具体实现是通过集成代理使用适配器。这些适配器可以是基于消息的中间件(MOM)、文件系统等。接口集成方法的不足是缺乏明晰的过程模型,也缺少面向服务的框架结构,使其应用受到了限制。

2) 面向过程的集成

面向过程的集成是按一定的顺序实现过程间的协调并实现数据在过程间的传输,通过企业相关业务过程的协调和协作,实现业务活动的价值最大化。实现过程集成的方法,目前较流行的是使用过程代理。

过程代理可视作消息代理的扩展，它除了处理消息代理中格式化的应用会话外，在过程代理中还封装了与各个应用系统相连的过程逻辑。当所有过程逻辑都封装在过程代理中时，就可以建立一个过程库对过程进行统一管理，并且使用可视化的图形界面对过程进行设计、在线监控和调整，这种可视化的过程设计界面可减少过程设计的复杂性，使不同层次的人都能参与到过程设计中，提高过程设计的效率和过程的合理性。

3）面向服务的集成

基于服务的集成允许动态地应用集成和具有公共业务逻辑的大规模伸缩性，可以通过Internet或者分布式服务器、中心服务器提供访问的方法。传统的EAI集成思路是组件封装和虚拟组件，虚拟组件是构建模块，基于模块进行集成。这种传统的集成方法最初并没有考虑和企业外部信息系统的共享，所以对电子商务的支持较差。由于面向信息和面向过程的集成的局限性，在EAI开发领域提出了Web服务技术的“面向服务的集成方法”，它通过整合业务层服务实现，具体体现为一种对共享对象上“方法”的调用。这种“方法”通过一些基础设施服务为多个系统所共享，而且这种“方法”可以位于集中服务器、分布式服务器及Internet上，并以标准的“Web服务”机制提供。

2. Web Service 技术

传统的EAI是一个紧耦合问题，主要采用点对点系统的集成，一旦需要共享的应用系统增多，代码开发的工作量会呈几何级数增加，而且对于环境或需要的改变，缺乏灵活性。因此传统的EAI比较适用于那些对性能要求较高的、需要多种层次集成的应用集成系统。XML和Web Service的出现使得构建基于Internet的灵活的EAI系统成为可能。

根据W3C的定义，Web Service是指支持网络上计算机之间互操作的软件系统。Web Service主要包括Web服务描述语言（web service description language，WSDL），简单对象访问协议（standard object access protocol，SOAP）和统一描述、发现和集成（universal description discovery and integration，UDDI）注册中心。其中，WSDL是一个模板/接口，用来定义应用程序如何互相交互；SOAP负责调用应用程序；UDDI注册中心负责完成服务注册、查询、发现、检索、交换、管理等功能。

Web Service有一个可以由计算机识别的接口（即使用WSDL描述的）。其他系统与Web Service使用SOAP消息中描述的方式进行互动，这些SOAP消息在使用其他相关Web标准进行XML串行化之后一般通过HTTP协议在网络上传输。Web Service是一种标准化的松耦合集成模式，比较适用于那些需要更大的灵活性、改动频繁的应用集成系统。

Web Service的概念协议栈可以用图8-17所示的五个层次描述，在底层，Web Service使用HTTP、FTP等协议，可以轻松穿越网络上的防火墙。另外，采用这些协议使得Intranet和Internet的服务开发可以使用统一的编程模型。

UDDI是一套基于Web的、分布式的规范，它包含一组使企业能将自身提供的Web服务注册，以便别的企业能够发现访问协议的实现标准。UDDI登记系统可以是逻辑上集中、物理上分布，由多个根节点组成，相互之间采用P2P（对等网络）架构，按一定规则进行数据同步。当一个企业在一个UDDI登记系统注册后，其注册信息会被自动复制到其他UDDI根节点，于是可以“一次注册、分布发现”，从而实现了真正意义上的B2B应用服务集成。

工作流	WSFL	管理	服务质量	安全
服务发现、集成	UDDI			
服务描述	WSDL			
消息	SOAP			
传输	HTTP、FTP、SMTP			

图 8-17　Web Service 的概念协议栈

在网络层之上,Web Service 使用基于 XML 的消息协议 SOAP。SOAP 由三部分组成:一个使用 XML 信封描述消息内容的机制、一组编码各种类型数据的编序规则和一个提供远程过程调用(RPC)和响应的机制。基于 XML 的 WSDL 描述了服务的实现和接口。在服务发现、集成层次上使用 UDDI 进行描述。UDDI 提供一种发布和查找服务描述的方法。UDDI 数据实体提供对定义业务和服务信息的支持。WSDL 中定义的服务描述信息是 UDDI 注册中心信息的补充。WSFL(web service flow language,网络服务流语言)是协议栈顶层的服务工作流标准,WSFL 针对商务流程建模和工作流描述了 Web Service 在工作流中如何相互作用以及它们如何处理服务的协同和通信问题。

基于 Web Service 的 EAI 集成框架如图 8-18 所示。其中,应用系统既可以是已有的应用系统,也可以是新开发的 Web Service 应用。当服务请求者选择了一个服务时,它使用 WSDL 描述找出访问该服务的方法,用 SOAP 消息向注册中心发出查询请求,注册中心将该服务的 WSDL 描述返回服务请求者。服务请求者得到的 WSDL 描述便被用来生成发送给应用服务器的 SOAP 请求消息,应用服务器担任服务提供者的角色,SOAP 请求被作为一条 HTTPPOST 请求发出。穿过防火墙后的 SOAP 请求消息由 HTTP 服务器处理,HTTP 服务器分析 HTTP 头信息并找到 SOAP 路由器组件的名称,请求消息被传递到指定的 SOAP 路由器。SOAP 路由器分析 HTTP 头信息,找到某个 Web Service 适配器的位置并将该请求传递到所请求的适配器。对于每个 SOAP 服务请求,Web Service 适配器调用一个后端应用。后端请求的组合结果被合并成一个 SOAP 响应,这个 SOAP 响应接着被回传给服务请求者。

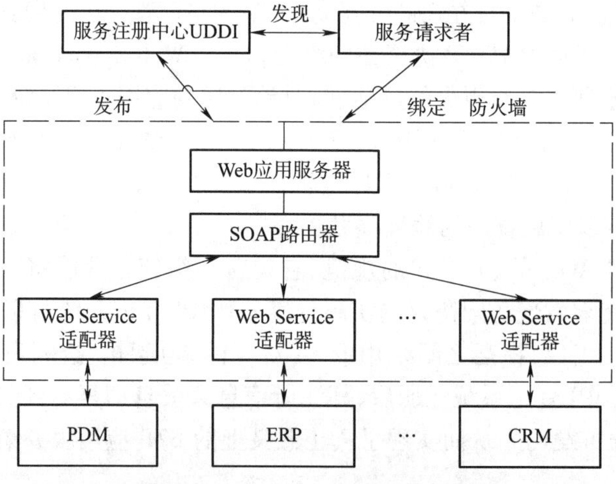

图 8-18　基于 Web Service 的 EAI 集成框架

使用 Web Service，通过松散的应用集成，一个企业可以仅仅实现 EAI 的一个子集，即能取得实效。Web Service 能够快速、低代价地开发、发布、发现和动态绑定应用。结合了 Web Service 的 EAI 系统实现了一种面向服务层的松耦合的企业应用集成系统，可以最大限度地同时满足性能和灵活性的要求。

3. 中间件技术

随着 Internet 分布式组件技术的逐步发展与完善，可根据中间件的技术特点，基于 XML 建立数据交换标准，构造出基于中间件系统的应用系统集成框架，如图 8-19 所示。该框架是一个四层结构，以通用中间件系统作为应用集成的核心，通过应用适配器将各种应用集成起来，并通过 Web Service 建立电子商务及 B2B 的 Web 应用。

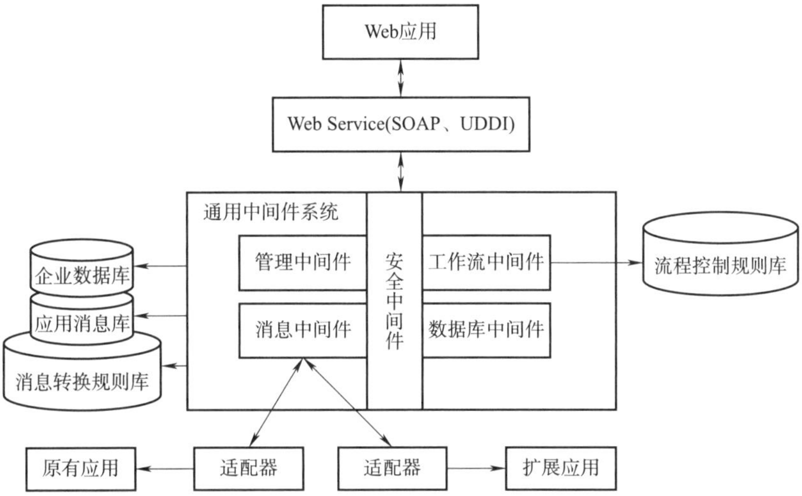

图 8-19　基于中间件系统的应用系统集成框架

基于中间件系统的应用系统集成框架分为以下几个层次。

1）底层

应用适配器是一种可配置的软件组件，可实现查询或将数据从一种模式转变成另一种模式。应用适配器还提供了 XML 数据格式的封装功能，将预定义的 XML 验证脚本转化成 XML 消息，并将生成的消息发送给消息中间件。它负责与应用交互并操作应用数据，且提供了与消息中间件的应用接口。应用适配器使应用能够访问消息中间件。一个应用适配器映射消息中间件的应用级接口到由下面消息中间件支持的异步消息传递机制中，还可在应用和消息中间件之间提供额外的功能。应用适配器是一个对应于相应具体应用的专用适配器，当具体应用发生改变时，就只需要修改适配器的实现，使集成系统具备良好的松耦合性。

2）中间层

通用中间件系统主要包括一些通用的中间件并提供相应的中间件管理机制以及一些系统服务功能。通用的中间件包括数据库中间件、消息中间件、工作流中间件、安全中间件、管理中间件等。各中间件采用软件组件的形式实现：

（1）数据库中间件适用于应用程序与数据源之间的互操作，客户端使用面向数据库的应用程序接口，以便直接访问和更新基于服务器的数据源。这类中间件大都基于 SQL 语句，采用同步通信方式。此类中间件的使用可简化应用系统的开发。

(2)消息中间件负责与所有应用适配器通信,并负责消息的存储。所有应用适配器所产生的消息都送到消息中间件,消息中间件根据预先定义好的应用消息转换机制将消息转换成目标应用需要的数据并存到应用消息库中,并由它通知目标应用的应用适配器提供相应消息。

(3)工作流中间件的作用是定义以事件序为主的应用过程,用于支持系统建模和运行过程的自动化。工作流中间件实现了对流程的管理,包括流程的定义、解释、交互、修改等。它需要将集成应用系统的应用逻辑与业务过程逻辑分开,业务过程的改变不会引起应用系统的改变,因而实现了一种松耦合的应用集成。

(4)安全中间件引擎对来自接口处与数据转换过程中的消息进行身份验证、授权和防抵御处理。

3)服务层

Web Service 是企业发展电子商务和 B2B 集成的接口,是一个自包含的、模块化的应用逻辑,可以用标准的 Internet 协议访问。其目标是解决不同中间件平台上服务之间的互操作性。只要用户能创建并使用为 Web Service 接口定义的消息,就可以使用任何语言在任何平台上调用 Web Service。企业可以利用消息代理积累起来的企业应用数据并根据已有的业务设计新的 Web 服务,对一些接口有效地扩展集成,将原有的数据提供给新的应用。Web Service 具有可扩展性和灵活性,是企业实施电子商务和网上交易的基础设施。

4)应用层

通过服务层的 Web Service,企业可以建立电子商务及 B2B 的 Web 应用。

基于中间件系统的 EAI 集成框架可以将企业众多信息系统都与一个由中间件组成的底层基础平台相连接,各种“应用孤岛”“信息孤岛”通过各自的适配器连接到一个总线上,很好地解决了传统集成方法紧耦合、异构数据共享和交互的问题,同时它为企业发展电子商务和 B2B 提供了良好的基础。

数字制造系统的集成体现在三个方面:从集成的空间跨度上,由过去侧重于产品的设计和制造过程,变为现在重视产品全生命周期的集成;从集成的重点上,由强调信息共享,发展到信息集成再到过程集成及企业集成;从集成的关键技术上,由单元技术产品通过集成平台,形成企业的信息集成平台系统。

CAPP、PDM 和 ERP 是制造型企业中常见的系统,它们的集成是目前制造企业关注的热点。作为工具系统的 CAPP,以及作为管理系统的 PDM 和 ERP,它们之间的集成既包含了信息集成,又包含了过程集成。信息集成是实现 CAPP/PDM/ERP 有效集成的基础,为过程集成提供了统一和完善的信息共享平台和环境。随着信息共享实时性的提高,人们要求在更高的层次上考察应用集成,因此,过程集成已经成为企业应用集成的发展方向和趋势。目前,在 CAPP/PDM/ERP 集成实施中,一般都只考虑了它们的信息集成,而很少去实现它们的过程集成管理。而作为数字制造系统的标准集成模式,需要研究和实现数字制造型企业中的 CAPP、PDM 和 ERP 系统之间的基于 EAI 的 CAPP/PDM/ERP 集成。具体而言,需要实现基于 CORBA 和 XML 的 CAPP/PDM 紧密集成,基于 Web Service 的 PDM/ERP 松散集成以及基于企业应用门户的 CAPP/PDM/ERP 过程集成。这些需求都可采用上述集成方法。

思考题

1. 简述 CAD/CAM 集成的必要性。
2. 在 CAD/CAM 集成中存在哪些关键问题?
3. 目前在 CAD 系统中,有哪些常用的数据交换接口?
4. 简述 PDM/PLM 内涵和 PDM/PLM 的核心功能。
5. 简述 Teamcenter 软件特征。
6. IGES 文件的格式是如何定义的? 在应用过程中主要有什么问题?
7. 什么是 STEP? STEP 具有什么特点?
8. 在机械制造领域应用的 STEP 标准有哪些?
9. 产品模型轻量化的目的是什么? 有哪些常用的轻量化数据格式?

参考文献

[1] 刘显贵,易际明,林勇明. 汽车底盘控制子系统集成优化研究[J]. 机械设计,2016,33(10):90-95.

[2] 易际明,陈沼欣,谢传禄. 中厚板焊接机器人焊枪位姿规划[J]. 厦门理工学院学报,2014,22(1):1-5.

[3] 梅丽芳,易际明,刘金武. 车用轮椅跳板门装置设计与受力分析[J]. 长江大学学报(自科版),2013,10(19):102-105.

[4] 易际明,赵军. 离合器星轮精冲挤压工艺分析与模具设计[J]. 模具工业,2012,38(5):58-60.

[5] 易际明,彭浩舸. 基于 XML 和 B/S 的冲模数据表存储及检索方法研究[J]. 锻压技术,2004,29(3):72-74.

[6] 卜昆,单晨伟. 计算机辅助制造[M]. 北京:科学出版社,2022.

[7] 张浩,易良培. UG NX 12.0 多轴数控编程与加工案例教程[M]. 北京:机械工业出版社,2021.

[8] 苏春. 数字化设计与制造[M]. 北京:机械工业出版社,2019.

[9] 何县雄. UG NX 12.0 数控加工编程应用实例[M]. 北京:机械工业出版社,2018.

[10] 刁燕,殷鸣,殷国富. 机械 CAD/CAM 技术基础[M]. 武汉:华中科技大学出版社,2022.

[11] 杨义勇. 现代数控技术[M]. 北京:清华大学出版社,2015.

[12] 高长银,李万全,黎胜容,等. UG NX 10.0 多轴数控加工典型实例详解[M]. 北京:机械工业出版社,2017.

[13] 何雪明. 机械 CAD CAM 基础[M]. 武汉:华中科技大学出版社,2015.

[14] 北京兆迪科技有限公司. UG NX 12.0 数控加工实例精解[M]. 北京:机械工业出版社,2019.

[15] 贺建群. UG NX 12.0 数控加工典型实例教程[M]. 北京:机械工业出版社,2018.

[16] 麓山文化. UG NX 12.0 中文版机械与产品造型设计实例精讲[M]. 北京:机械工业出版社,2020.

[17] 展迪优. UG NX 12.0 数控编程教程[M]. 北京:机械工业出版社,2019.

[18] 陈为国. 数控加工编程技术[M]. 北京:机械工业出版社,2016.

[19] 单岩,吴立军,蔡娥. UG NX 12 三维造型技术基础[M]. 北京:清华大学出版社,2020.

[20] 张云杰,郝利剑. UG NX 12 数控加工技能课训[M]. 北京:电子工业出版社,2020.

[21] 钟日铭. UG NX 12.0 中文版完全自学手册[M]. 北京:清华大学出版社,2019.

[22] CAX 技术联盟. UG NX 12.0 中文版从入门到精通[M]. 北京:电子工业出版社,2019.

[23] 麓山科技. UG NX 10 零件设计实例精讲[M]. 北京:机械工业出版社,2015.

[24] 范淇元,覃羡烘. 机械 CAD/CAM 技术与应用[M]. 武汉:华中科技大学出版社,2019.

[25] 高伟强,成思源,胡伟,等. 机械 CAD/CAE/CAM 技术[M]. 武汉:华中科技大学出版社,2012.

[26] 陈峰华. ADAMS 2020 虚拟样机技术从入门到精通[M]. 北京:清华大学出版社,2021.

[27] 肖阳,吴爽,李健. UG NX 10.0 数控编程与加工教程[M]. 武汉:华中科技大学出版社,2017.

[28] 安晶,殷磊,黄曙荣. 产品数据管理原理与应用:基于 Teamcenter 平台[M]. 北京:电子工业出版社,2015.